PRODUKTIONS- UND OBERFLÄCHENFEHLER IN KERAMISCHEN BEREICHEN

(Ursachen und Beseitigung)

Prof. Dipl.-Ing. (i.R) Werner Lehnhäuser
Fachhochschule für Keramik
Höhr-Grenzhausen

und

Stud.-Dir., Dipl.-Chem. Klaus Lehnhäuser
Staatliche Fachschule
für Keramikgestaltung und Keramiktechnik
Höhr-Grenzhausen

Aus der Praxis, für die Praxis
mit 552 Fehlerbehandlungen

VERLAG NEUE KERAMIK

Inhaltsverzeichnis

Produktions- und Oberflächenfehler in keramischen Bereichen (Ursachen und Beseitigung)

Produktions- und Oberflächenfehler in keramischen Bereichen (Ursachen und Beseitigung)

Überarbeitete und erweiterte Neuauflage

Vorwort

Es gibt keine Produktionsbranche der Welt, die älter ist als die keramische und stets werden von Generation zu Generation gleiche Produktionsfehler gemacht, deren Ursachen und Durchführungen der Beseitigungen immer wieder verloren gingen. Dies gilt sowohl für kleine Werkstätten als auch für Großbetriebe.
So muss sich der keramische Bereich auch heute noch mit zeitraubender Fehlerbeseitigung plagen, was die Normal-Produktion verteuert und zu hohen Verkaufspreisen der Keramikprodukte führt. Oft bleibt dadurch auch die Möglichkeit von Neuentwicklungen zurück.
Bei Kenntnissen der Fehler-Entstehungen und deren Beseitigung können Zeit, Kosten und Ärger stark vermindert werden, welches das eigentliche Ziel dieser kurzen Zusammenstellung von umfangreichen, praktischen Erfahrungen sein soll.

W. u. K. Lehnhäuser
Höhr-Grenzhausen, 2009

Einführung

Im Bereich glasierter und unglasierter Keramiken, wie Ziegel, Töpferwaren, Ofenkacheln, Sanitär-, Baukeramik, Schleifmittel, Email, Manufakturen etc. sind Fehler aus Produktionsbereich und Einsatz bei Rohstoffen, Aufbereitung, Formgebung, Trocknen, Glasieren, Schmelzdekorieren, sowie Oberflächen- und Nachbehandlungsfehler die oft mitentscheidenden Ursachen für Qualitätsminderung oder gar Unverkäuflichkeit der entsprechenden Werkstücke.
Es kann auch sein, dass Fehler nach dem Brennen nicht sofort zu erkennen sind und sich erst nach längerer praktischer Anwendungszeit ergeben. So kann dies z.B. bei Geschirren, Wandfliesen, Ofenkacheln, Baukeramiken u.a. der Fall sein.
Auch können gleiche Glasuren auf verschieden zusammengesetzten keramischen Unterlagen, andere Glasureigenschaften (so auch Fehler) erhalten, da der entsprechende Scherben beim Brand stets mit der Glasur in Reaktion tritt.
So sind auch bei den verschiedenen Ofentypen und Ofengrößen die Fehlerentstehungsmöglichkeiten ganz verschieden. Es zeigen sich z.B. in Gasöfen völlig andere thermische Einflüsse auf den Brennablauf als in einem Elektro-Ofen, so dass hier verschiedenartige Effekte und Fehler auftreten können.
Bei dieser Schrift handelt es sich um jahrzehntelange Produktionserfahrungen aus Bereichen der allgemeinen Keramik (Grob- und Feinkeramik), Schleifmittel, Email und Glasveredlung, welche Ihnen helfen sollen, die Fehler aus den verschiedenen Einsatzbereichen zu finden, eventuell ihre Ursachen zu erkennen und die Fehler zu beheben bzw. zu beseitigen.
Sie werden sicher auch hier nicht alles finden und auch der Druckfehlerteufel wird sich wahrscheinlich zeigen, so dass Angaben und Mitteilung erwünscht sind, um dies bei Neudruck mit weiteren Ergänzungen zu berücksichtigen.

001. Abdrehfehler an lederharten, rotationsgeometrischen Werkstücken

Hier können Fehler entstehen, die dem Rotationsstück leicht zackige bis aufgeraute Oberflächen geben, so dass sich keine ebene Außenfläche zeigt.

Hier können zu große Spandicken beim Abdrehen aus dem lederharten Formung die Ursachen sein.

- Kleine Wellen in der Oberfläche können durch falsche Schnittgeschwindigkeiten und falschem Schnittwinkel vom Abdrehstahl entstehen. Der Grad der Werkstücksfeuchtigkeit spielt ebenso ein Rolle.

Hilfe:

1) *Schnittgeschwindigkeit richtig einstellen, wobei mit Zunahme der Werkstückgröße die Geschwindigkeit abnehmen soll.*
2) *Das Schneidewerkzeug muss fest aufliegen und darf beim Abdrehen nicht vibrieren.*
3) *Je feuchter der Rohling, desto dicker kann der Spanabtrag eingestellt werden, je trockener und magerer, desto geringer darf die Spandicke sein. Der Schnittwinkel muss erprobt und je nach Fehler geändert werden.*

002. Abgasbeeinträchtigung der Umwelt beim Trocknen und Brennen

Hier entstehen Abgase, die meist durch eine starke Geruchsbelästigung und Schädigung (meist an Pflanzen erkennbar) die Umwelt beeinflussen.

Die Abgase können:

A) *schon im Trockner entstehen, wie z.B. bei kunstharzgebundenen Schleifkörpern oder pressölhaltigen plastisch- und trockengepressten Werkstücken.*
B) *beim Brennen von keramischen Werkstücken, deren Arbeitsmassen entgasende (oft organische) Tone, Pressöle, Bindestoffe, Ausbrennzusatzstoffe u.a. enthalten.*

Hilfe:

1) *Entweichungsgase nach außen abführen und abfackeln (wenn möglich).*
2) *Verunreinigte Tone aus der Arbeitsmasse entfernen (wenn möglich austauschen. Wenn S-Verbindungen in der Arbeitsmasse, so $BaCO_3$ (ca. 0,3-0,5%) in die Arbeitsmasse einarbeiten (mit aufbereiten), so dass während des Hochheizens ein unlösliches Bariumsulfat entsteht, so dass kein Sulfat mehr entweichen kann.*
3) *An Stelle von Pressölen, synthetische Additive als Gleit- und Schmiermittel verwenden, die beim Brand keine giftigen Abgase erzeugen.*
4) *Nicht brennbare Abgase mit entsprechender Filteranlage reinigen. (z.B. bei Masseverunreinigungen, wie Fluor in Arbeitsmasse).*

003. Abgase beim Schmelzbranddekor in Betrieb und Umgebung

Bei Abgasen, die beim Einbrennen von Glasdekorfarben und Keramikschmelzfarben (Abziehbilder, Siebdruck- und Malerei-Schmelzarben) entstehen, handelt es sich ausschließlich um Verdampfungsgase von organischen Medien, die aus den Zusatzstoffen (z.B. Rosmarinöl, Alkohol, Spiritus, Nelkenöl, Gelatine, Terpentinöle, ätherische Öle u.a.) der Schmelzfarbenmischungen herrühren.

Das Verdampfen beginnt schon bei Zimmertemperatur und ist deutlich durch Gerüche (wie bei jedem Duftwässerchen) feststellbar und von der Verdampfungstemperatur des jeweiligen Stoffes abhängig.

Gelangen diese Gerüche in der Hauptverdampfungszone in die Arbeitsräume (oder nach draußen), so ist es für den Menschen, je nach Geschmack, unangenehm zu riechen; jedenfalls sind sie meist in dauernder Anwendung gesundheitsgefährdend und geben oft Anlass (z.B. von Anliegern und Umgebung) zu Klagen.

Diese Gase kann man verhindern oder auch thermisch zu völlig unriechbaren, ungiftigen Stoffen aufspalten. Allerdings liegt die Hauptverdampfungstemperatur zwischen 200 und 450°C, wobei die Gase aber noch nicht aufspaltbar, bzw. abfackelbar (verbrennbar) sind.

Hilfe:

1) *Abzugskamin vom Ofen erhöhen (ca. 3 m über Nachbargebäude).*
2) *Abgase zum Sublimieren bringen, dies kann in langen (mit Absicht) Abzugsrohren geschehen. Dies hat aber den Nachteil, dass sich die Gase an der Innenwand der Rohre niederschlagen und dort erst eine klebrige, harzige Schicht bilden, die schließlich erhärtet und ca. 2-3 mal im Jahr gereinigt werden muss.*
3) *Die heißen Gase, nahe dem Ofen durch einen gekühlten Prallblechfilter führen, wo sie schnell sublimieren (Auch hier müssen Prallbleche gereinigt werden).*
4) *Abfiltern (z.B. durch Kohlefilter) die es bis heute für hohe Durchströmungsmengen nicht gibt (nur für kleine Laboröfen).*
5) *Die dem Ofen entweichenden Gase müssen im Abzugskamin (meist in beheizbarem Zwischenrohr) auf sicherheitshalber > 650°C gebracht werden, so dass diese sich in einem Katalysator in CO_2 (Kohlendioxid) und H_2O (Wasser) aufspalten (verbrennen - abfackeln).*

004. Abheben der Glasur vom Scherben

Falls die Glasurschicht schon im rohen Zustand abhebt (nach Trocknen), so fehlt die Haftung (Klebekraft) gegenüber der Unterlage. Wird das Abheben der Glasur erst nach dem Brand sichtbar, so sind fast immer zu geringe Schmelzreaktionen zwischen Scherben und Glasur als Ursachen anzusehen. Hier können verschiedene Maßnahmen zur Vermeidung dieses Fehlers durchgeführt werden.

Hilfe:

1) *TRENNSCHICHT auf Unterlage (Pressöl, Staub, Salzausscheidungen, etc.)!*
a) die Pressmedien austauschen, evtl. weglassen;
b) Gipsformen (Gieß-, Eindreh-, Überdrehformen) säubern oder austauschen.
c) Rohformlinge in trockenem Zustand, feucht (mit ausgedrücktem Schwamm oder Fensterleder) ganzflächig abputzen (notfalls entstauben) und dann glasieren.
c) Salze in Masse binden (Zugabe von 0,3-0,5% $BaCO_3$ zur Masse).

2) *KEINE HAFTUNG IM ROHZUSTAND (zu wenig Klebekraft des Schlickers)!*
a) Zugabe von Klebemitteln (Dextrin, Relantine, CMC, Wasserglas, Dolapix, Bentonit, hochplast. Ton u.a.) in Glasurschlicker.
b) Es kann auch sein, dass der Glasurschlicker zu fein (zu lange) aufgemahlen ist. Hier hilft dann nur Neuaufbereitung und den zu feinen Schlicker jeweils mit geringen Prozenten (ca 10-15%) zu mischen.
c) Die Unterlage saugt nicht, was verschiedene Ursachen haben kann (z.B. zu feucht, zu dicht -z.B. beim Nachglasieren-).

3) *ABHEBEN DER GLASUR NACH DEM BRAND!*
a) höher brennen.
b) Pendelzeit bei Endtemperatur erhöhen.
c) Flussmittelanteile in Glasurversatz erhöhen (z.B. 3—5% Frittezusatz, oder 3-5% Borax, bei Temperaturen oberhalb 1180°C können auch Zusätze von Feldspat, Nephelinsyenit, Nalsit u.Ä. Verbesserungen bringen. Diese Zusätze müssen mit der Glasur aufbereitet werden, nur beim Borax reicht ein ca. 1/4-stündiges Einquirlen in Schlicker.

4) *BEI SALZGLASUREN, die im offenen Feuer gebrannt sind!*
a) Arbeitsmassen dürfen keine löst. Salze (z.B. S-Verbindungen) enthalten.
b) Bei Öl-Öfen darf kein Schweröl verwendet werden.
c) Farbsmalten möglichst nicht pur verwenden, ein Zumischen von plastischem Ton oder wenig Arbeitsmasse (ca. 10-20%) ist ratsam.
d) Farbsmalten nicht zu dick auflegen.
e) Eine oxidierende Brennatmosphäre sollte im ersten Brennabschnitt (bis ca. 1000°C) immer vorhanden sein.

005. Abheben der Engobe vom Scherben

Es kann sowohl die Engobe alleine auf dem keramischen Werkstück aufliegen, um z.B. einen Scherben abzudecken, bzw. ihm eine äußerlich andere Brennfarbe zu geben oder auch zusätzlich mit einer Glasur überzogen sein.

Da die Hauptbestandteile einer Engobe fast immer tonige Bestandteile sind, werden ihr, zwecks besserer Haftung im Brand, meist Flussmittel zugegeben, um eine gute Verzahnung mit der Unterlage zu erreichen. So kann es Engoben geben, die zwar überwiegend tonige Zusammensetzung haben, aber bei einem entsprechend hohen Brand (z.B. 1200°C) zu einer Glasur werden, so wie es z.B. bei den Lehmglasuren (z.B. bei Steinzeugröhren u.Ä. der Fall ist).

Im Allgemeinen sind Engoben für sich alleine eine, aus verschiedenen Gründen aufgebrachte Schicht (Zwischenschicht) zwischen Scherben und Glasur. Da die Engobe fast immer auf den rohen Scherben aufgelegt wird, ist die erste Forderung, dass die Schwindungen von Engobe und Scherben aufeinander abgestimmt sind.

Hat die Engobe eine höhere Schwindung als der darunter liegende Scherben, so entstehen Risse in der Engobe, die auch von der darüber schmelzenden Glasur ausgefüllt werden, so dass eine Aderung im Glasurbild entsteht. Hierbei entstehen in den Adern (Engoberisse) eine direkte Reaktion Scherben - Glasur. Diesen Effekt kann man, je nach Originaldekor, als Fehler oder als gewolltes Dekor ansehen.

ABHEBEN der Engobe vom Scherben geschieht dann, wenn die Unterlage (Scherben) eine größere Schwindung besitzt als die aufgebrachte Engobe. Das Abheben kann schon beim Trocknen passieren, wenn hierbei große Schwindungsunterschiede auftreten.

Das Abheben kann auch dann geschehen, wenn die Unterlage (Werkstück) sehr plastisch und zu nass ist.

Bei nicht vollautomatisch ablaufender Produktion, wo es Stillstandzeiten und Pufferungen gibt, ist es ratsam, immer das vollgetrocknete Werkstück zu engobieren, wobei die Schwindungsdifferenzen von Scherben dann stets gleich bleiben.

Ist hierbei die Engobe noch glasiert, so wird der Fehler des Abhebens meist nicht verhindert, so dass kleine glasierte Engobestücke (oft nur folienstark) abheben.

Ein zu schnelles Brennen (z.B. beim Schnellbrand) kann ein Abheben der Engobe (auch mit Glasur) bewirken. Hier kann der plötzlich auftretende Wasserdampf (bei Entwässerung des Werkstückes) die Engobeschicht abdrücken. Dieser Fehler geschieht vor allem bei sehr feinkörnigen Engoben.

Hilfe:

1) Bei Abheben von Engobe mit Glasurüberzug helfen Zusätze von (ca. 3-6%) magernde Stoffe, sowie verzahnende Stoffe wie Feldspat, Fritte, Nephelinsyenit, Nalsit, u.Ä. Diese Stoffe geben der Engobe, Sinterengobe und Glasur höhere Porosität im Temperaturbereich der Entwässerung, so dass der Dampf ohne Widerstand entweichen kann, während bei höheren Temperaturen die Fritte etc. eine bessere Verzahnung mit der Unterlage ergeben.

2) Bei Abheben von Engoben ohne Glasurauflage muß man die Engobierung auf völlig trockenen Scherben vornehmen.

3) Man kann dem Engobeversatz (Zustand wie zu 2) eine höhere Schwindung verleihen, indem man den Versatz plastischer macht, notfalls durch Zugabe von 1-2% Bentonit.

4) Bei Schnellbrand müssen engobierte (auch glasierte) Werkstücke völlig trocken sein, so dass nach Schlickerauftrag eine Vortrocknung (bis 200-250°C), vor dem Ofeneinsatz immer Vorteile bringt.

006. Abheben von Farbflächen bei Salzglasuren

Farbdekore mit Farboxiden oder Farbsmalten, die auf salzglasierten Waren aufgebracht sind, heben von der Scherbenunterlage ab und zeigen an den entsprechenden Stellen nur Flächen mit hellem, farblosen Salzglasurüberzug.

Diese erkennt man so z.B. an dekorierten (meist mit dem Pinsel oder per Hand aufgetragene Farbmedien) Artikeln, wie Krüge, Vasen etc., wobei teilweise das gewünschte Farbdekor derart beschädigt ist, dass sich die farbige Glasur abgehoben oder zusammengerollt (zurückgetreten) hat.

Bei der Verwendung von Smalten, die sehr oft selbst erstellt wurden, ist deren Trockenschwindung (und meist auch die folgende Brennschwindung) gegenüber dem Scherben zu klein, so dass die Farbschicht, schon vor der Endtemperatur abhebt und sich später nicht mehr mit dem Scherben verbindet.

Da die Smalten meist Mischungen von Farboxid (z.B. Kobaltoxid oder auch Kobaltfritte), plastischem Ton (ca. 10-20%) und wenig Fritte (ca. 5-8%; oft auch noch 3-5% Nalsit oder Feldspat) selbst hergestellt werden, kann man mit Variieren der Tonmenge, die Schwindung regulieren.

Bei zu hohem Flussmittelanteil der Farbsmalte kann diese, z.B. bei zu hoher Oberflächenspannung, sich zusammenziehen und auch farbglasurfreie Stellen ergeben.

Die Ursache kann auch in der Beschaffenheit des Scherbens und eines zu schnellen Brandes im Bereich der Smaltenschmelze liegen.

Hilfe:

1) *Die Trocken- und Brennschwindung der Smalte erhöhen, durch Erhöhung (bzw. Zugabe) vom Anteil des plastischen Tones.*
2) *Flussmittel zugeben, die einen hohen Ausdehnungswert -und eine geringe Oberflächenspannung besitzen (z.B. Alkali-Fritten mit gleichzeitiger Zugabe von Nalsit).*
3) *Keinesfalls die Farboxide (oder Farbfritten) alleine verwenden, da dann der notwendige Kontakt und Haftwirkung am Werkstück fehlt, so dass spätestens nach dem Brand diese Stelle als glasierter Farbfleck abspringt.*
4) *Vor der Smaltenauflage das rohe Werkstück abstauben.*
5) *Nur auf das völlig trockene Werkstück mit Smalten dekorieren.*

007. Ablaufen der Glasur

Das Ablaufen der Glasur oder eines Glasurdekors während des Brandes besagt, dass die Glasur (Glasurdekor) im Schmelzzustand zu dünnflüssig (zu wenig viskos) ist. Diese Fehler führen oft zum Anbacken der Werkstücke auf der Unterlage, bzw. zum Ablaufen (Abrutschen) vom entsprechenden Glasurdekor. Falls dieser Fehler nur an einem bestimmten Glasurtyp auftritt, während alle anderen Glasuroberflächen unverändert sind, kann man davon ausgehen, dass die Ursache nur in der Glasurzusammensetzung der entsprechenden Glasur liegt.

Hierbei ist der Flussmittelanteil zu hoch, so dass zu viel leichtflüssige Schmelze entsteht.

Da betrieblicherseits meist die Glasur schon fertig vorliegt, kann man keine Flussmittel vermindern (nur bei Neuansatz möglich), sondern muss man, mit entsprechenden Zusätzen, die Viskosität vermindern ohne die Basis zu verändern (d.h. bei einer sauren Glasur muss man saure, schwer schmelzbare Stoffe zugeben und umgekehrt).

Hilfe:

1) *Viskosität erhöhen durch Zugabe von schwer schmelzbaren Stoffen, wie Quarz, Kaolin, Feldspat, Nephelin-Syenit, Nalsit u.Ä.), wobei oft schon geringe Zusätze (max. 4-8%) ausreichen.*
2) *Bei höheren Temperaturen (oberhalb 1060°C) und farbempfindlichen Glasuren hat sich der synthetische Nephelin (Nalsit = Na_2O * Al_2O_3 * $2SiO_2$) als Zusatz bewährt, der frei von jeder Verunreinigung ist und ein extrem breites Sinterintervall besitzt und sich auch besonders für den schnellen Brand bewährt hat (Zusatzmengen 5-15%).*
3) *Falls die Glasur es zulässt, kann man das Ablaufen verhindern bzw. vermindern durch Verkürzung der Endtemperatur-Haltezeit, oder durch geringe Verminderung (5-10 °K) der Brenntemperatur.*
4) *Das Ablaufen kann man außerdem vermindern durch dünnere Glasurauflage (Wasser zum Glasurschlicker).*

008. Abplatzer und Absprengungen an Glasur und Oberflächen

A) Abplatzer von Glasuren entstehen, wenn diese unter zu hoher Druckspannung stehen (zu niedriger Glasur-AK). Dieser Fehler entsteht zuerst an Kanten und starken Rundungen von Werkstücken (z.B. Tellerränder etc.). Hier muss zuerst der Glasur-AK erhöht werden, was man durch Zusatz von oxidischen Rohstoffen erreicht, die eine AK-Erhöhung in der Glasur bewirken. Bei Glasur-Neuentwicklung müssen z.B. die Alkalioxide der Segerformel gering erhöht werden.
Falls die Glasur (Glasurdekor) nicht verändert werden soll, muss man den AK-Wert der Masse verändern, indem man den Masse-AK erniedrigt, was durch Einbau entsprechender Rohstoffe in den Masseversatz geschehen kann.

B) Absprengungen von glasierten Oberflächen zeigen kleine, glasierte Stücke, die aus der Glasuroberfläche ausgesprengt werden, wobei, je nach Glasurzusammensetzung und Viskositätszustand, die Teile umgeklappt oder aber in die nähere Umgebung weggesprengt werden. Hier liegt die Ursache in Bestandteilen der Masse, die durch plötzliche Volumenvergrößerung einen Druck auf die meist schon abgedichtete Glasurschicht ausüben und diese mit einem immer anhängenden Scherbenanteil abdrücken oder wegsprengen.

Dies kann durch gröbere Kalkteilchen (< 200 μm) bei rohglasierten Werkstücken geschehen, während bei vorgeschrühter Ware (besonders nach einiger Lagerzeit) schon Kalkteilchen mit < 90-100 μm ausreichen, wenn sie an oder dicht unter der Scherbenoberfläche liegen.

B1) Absprengungen an unglasierten Oberflächen können ebenfalls durch zu grobe $CaCO_3$-Anteile (< 200 μm) verursacht werden, die beim Brand CaO bilden. Bei späterer Feuchtigkeitsaufnahme (z.B. bei Einsatz oder Lagerung) bildet sich $Ca(OH)_2$, welches eine wesentliche Volumenvergrößerung bewirkt, wodurch ein hoher Druck auf die Umgebung erfolgt.

Dieser bewirkt, je nach Festigkeit des Scherbens und Lage des Kalkhydrats, eine mehr oder minder große Absprengung am Werkstück (als sogenannte „Kalkmännchen" im baukeramischen Bereich bekannt).

Dieser Fehler tritt auch an $Ca(OH)_2$-haltigen, vorgebrannten Werkstücken auf, die glasiert und dann glattgebrannt werden, hiernach entstehen oft Abplatzer, die dem Fehler zu 1) entsprechen.

In rohglasierten Werkstücken (z.B. Ofenkacheln) kann dieser Fehler auftreten, wenn im Schamotteanteil der Arbeitsmasse körnige Kalkanteile als Verunreinigungen vorliegen.

Hilfe:

Zu A) Abplatzer

1) *Zusatz von wenigen Prozenten (2-5%) an Alkalifritte, Tonerde, Na-Feldspat, Nalsit etc. Unter Umständen hilft schon ein 15-minütiges Untermischen von 3-5% Soda oder Borax, während man die anderen oxidischen Stoffe im Glasurversatz mit aufbereiten muß.*
2) *Höheres Brennen und/oder eine längere Endtemperzeit kann ebenfalls eine Verbesserung bringen.*
3) *Eine dünnere Glasurlage aufbringen, wenn der Fehler nur sehr minimal auftritt.*
4) *Wenn die gesamte Produktion Glasurabplatzer zeigt, so kann auch die Massezusammensetzung geändert werden. Hierbei sollte eine AK-Kontrolle (Dilatometer) zeigen, ob sich die Masse verändert hat, so dass man im Bedarfsfall den Masse-AK erniedrigen kann (z.B. CaO und/ oder SiO_2) erniedrigen, oder Kaolin und/oder fetten Ton erhöhen.*

Zu B) Absprengungen an glasierten Oberflächen

1) *Masse feiner aufbereiten, so dass eine größere Feinheit (< 100 μm) erreicht wird, was man am einfachsten durch Nachmahlen in der Trommelmühle erreicht.*
2) *Bei Quirlaufbereitung die Rohstoffe direkt in Pulverform, mit entsprechender Feinheit (< 100 μm), einführen.*
3) *Rohstoffe und Masse auf Ca-haltige Verunreinigungen (Dolomit, Gips, auch evtl. aus Abfallmasse u.Ä.) prüfen.*

Zu B1) *Absprengungen an unglasierten Oberflächen*

1) *Bei feinkeramischer Aufbereitung Kalkrohstoffe mit feiner Fraktion (< 100 µm) einführen.*
2) *Notfalls, an Stelle von $CaCO_3$, Calziumsilikat (Wollastonit) in Masse einführen.*

009. Abplatzer an Email

Dies wird auch als Abplatzer von der Unterlage (vom Grundemail) oder direkt vom Metall verstanden. Es kann aber auch der gesamte Überzug (Grundemail und Deckemail) von der Unterlage abgesprengt werden. Hierbei können Abplatzungen nur an einzelnen Stellen, aber auch an größeren Emailflächen auftreten.

Die Ursachen können hierbei verschiedener Art sein. So können bei diesem Fehler im Deckemail die Einbrenntemperatur und ihre nicht angepassten Schmelzbereiche von Grund- und Deckemail die Ursache sein, wobei das Grundemail noch keine genügende Schmelzreaktion mit dem Deckemail zeigte.

Ebenso kann ein Absprengen erfolgen, wenn das Deckemail einen geringeren AK besitzt als das Grundemail.

Eine nicht genügende Sauberkeit der Unterlage kann bei nicht genügender Haftbarkeit die Ursache sein.

Ein zu niedriges Einbrennen des Grundemails kommt ebenso als Ursache für nicht genügende Haftfestigkeit und Abplatzer in Betracht.

Hilfe:

1) *AK des Deckemail erhöhen (z.B. wenn Deckemail abspringt).*
2) *Grundemail höher einbrennen (wenn Grundemail abspringt und/oder das Deckemail nicht genügende Haftfestigkeit besitzt.*
3) *Im Grundemail etwas Flussmittel (Fritte) erhöhen.*
4) *Schmelzintervalle von Deck- und Grundemail anpassen. Grundemail immer höher einbrennen (ca. 30-60 K).*
5) *Deckemail etwas Flussmittel (Fritte) zugeben.*

010. Abplatzen von Lüster

Hierbei ist der Lüster, eine hauchdünne, irisierende, im Schmelzbrand aufgeschmolzene Metallhautschicht abgeplatzt (abgeblättert), was vor allem an Kanten und Rundungen zuerst geschieht (siehe auch „234"). Hier kann es auch zum Abheben ganzer Flächenteile dieser hauchdünnen Lüsterschichten kommen.
Die Ursachen sind hier sehr verschieden, wobei diese bei der Vorbereitung der Unterlagen, dem Auftrag der Lüsterpasten, dem Trocknen und Brand liegen können.

Hilfe:

1) *Gutes Säubern der Unterlage (Glasurschicht oder Glasoberfläche), wobei Fett, Staub, Schweiß und sonstige Verunreinigungen völlig entfernt werden müssen.*
2) *Die Lüsterauflage (Paste) wesentlich dünner auftragen.*
3) *Die Trocknung muss langsam und intensiv sein, da sonst feinste Trockenrisse als Förderer des Abhebens wirken.*
4) *Brenntemperatur muss so hoch sein, dass eine gute Verbindung zur Unterlage gegeben ist, andererseits aber so tief, dass der Lüstereffekt (Reduktionseffekt) nicht aufgelöst wird.*

011. Abplatzen (Absprengen) von Gefäßböden an zylindrischen Behältnissen (bei plastischer Verformung)

Reißen und Abplatzen von meist zylindrischen Gefäßböden, an Krügen und Töpfen, zeigt sich sofort nach dem Brand bzw. nach kurzer, praktischer Beanspruchungszeit, wobei der gefüllte Inhalt oft ausläuft.

Dieser Fehler tritt fast ausschließlich bei Flachbodengefäßen auf, wobei es sich z.T. auch um Kühlrisse handelt, wobei der Boden, beim schnellen Abkühlen vom Boden abgesprengt wird. Diese Absprengungen geschehen durch sehr große Druck- und Zugspannungen beim Abkühlen, wobei die Seitenwände des Gefäßes schon abgekühlt sind, während der, auf den noch sehr heißen Einsatzplatten stehende Boden noch wesentlich heißer ist und sich noch nicht abgekühlt und zusammengezogen (AK-mäßig verkleinert) hat. Es entstehen somit zwischen Seitenwand und Bodenteil große Spannungen, die bei zu großer Spannungskraft zum Reißen und Absprengen führen.

Dieses Absprengen kann auch nur innere Risse erzeugen, die erst im späteren, praktischen Einsatz zu Füssigkeitsdurchlässigkeit oder gar noch zu Absprengungen führen. Weitere Ursachen können sein:

A) Zu dicker Gefäßboden kann schon Innenrisse beim Trocknen ergeben, die beim Brennen und Abkühlen den Fehler begünstigen.
B) Verunreinigungen (wie Sand, Staub etc.) können, beim Vorpressen des zylindrischen Behälters, mit in die Werkstücke eingepresst werden, was dann Trennstellen geben kann.
C) Pressstempel können mit Fremdteilen wie Öl, Staub, Fett u.Ä. mit in den Gefäßunterteil eingepresst werden und ergeben Trennstellen, die zu Rissen, Abplatzern führen können (z.B. bei Verdunstern, Krügen, Schalen, Kübeln etc.).

Hilfe:

1) *Bodenstärke der geformten Werkstücke kontrollieren und im Bedarfsfalle vermindern.*
2) *Beim Füllen der Füllpresse (Gefäßvorformung), den Innenteil (vor allem den Boden) sauber halten.*

3) *Den Quarzgehalt der Arbeitsmasse kontrollieren (Dilatometer) und bei Bedarf herabsetzen.*
4) *Je nach Scherbenfarbe im Rissquerschnitt langsamer trocknen, hochheizen und vor allem abkühlen.*
5) *Den Ofenbesatz lockerer einsetzen (falls möglich).*

012. Abblättern von Glasurschicht (kleine Flächen)

Die Glasur ist hierbei, ohne jegliche Verbindung, getrennt vom Scherben geschmolzen. Hierbei sind Trennschichten verschiedener Art möglich, die einen Schmelzkontakt der Glasur mit der Unterlage verhindern. Dies können pulvrige, nicht schmelzende Staubteile sein, welche die Verbindung der Glasurschmelze verhindern und selbst die Schmelze aufnehmen. Diese Staubteile können Ablagerungen aus der Umgebung sein, können aber auch während des Trockenvorganges des Scherbens aus demselben als Salz angelagert worden sein (z.B. Schwefel-, Vanadinsalze u.Ä.).

Die Ablagerungen liegen dann als Trennschicht zwischen Glasur und Scherben und verhindern somit den direkten Schmelzkontakt von der Glasurschmelze mit der Unterlage. So schmilzt die Glasur als eigener Körper und hat nach dem Brand keinen Kontakt mit der Unterlage. Hierbei sind meist einige Stellen gering mit der Glasur in Reaktion gegangen, die sich aber bei der geringsten mechanischen Beanspruchung ablösen.

Es sind so einzelne Stellen, wo die Glasur sofort abhebt, während sie an anderen Flächen erst nach Beklopfen abfällt.

Hilfe:

1) *Werkstücksoberfläche vor dem Glasieren gut säubern.*
2) *Vorgebrannte (geschrühte) Ware (z.B. Fliesen u.a.) gut mit Pressluft abblasen, wobei die entstehenden Stäube über einen Filter abgesaugt werden.*
3) *Bei rohglasierten Werkstücken sind die getrockneten Oberflächen mit einem (ausgedrückten) feuchten Schwamm zu säubern, um so auch evtl. nicht sichtbare Salze zu entfernen und staubige Teile zu binden.*
4) *Wenn der Fehler nur ganz vereinzelt auftritt, kann eine geringe Temperaturerhöhung (10-20 K) oder eine Verlängerung der Endhaltezeit (Pendelzeit) eine Verbesserung bringen.*

013. Abreißen von Werkstückteilen bei Rohlingen in der Gipsform (z.B. Henkel, Füße, Ausgüsse etc.)

Hierbei sieht man an den Gießrohlingen (teils erst nach dem Trocknen), dass Werkstückteile, z.B. Henkel oder Ausgießer gerissen (teils abgerissen) sind.

Bei Gießwerkstücken, welche Henkel (z.B. Bierkrüge), Füße (z.B. Schalen), Ausgussteile (z.B.Kaffeekannen) besitzen, muss man bei der flüssigen Verformung darauf achten, dass nach der Scherbenbildung (und Entleeren der Gießform) das

Abtrocknen in der Gipsform beginnt. Bleiben nunmehr die Rohlinge zu lange in der Form, so beginnt die Trockenschwindung. Hierbei können Teile, welche in der Gipsform noch festgehalten werden, nicht mitschwinden und reißen ab (z.B. Griffe, Henkel u.a.). Nach dem späteren Entformen sind diese Fehler sichtbar und das Werkstück ist nicht mehr zu retten.

Die Ursachen können hierbei verschiedene sein, so z.B. zu hohe Trockenschwindung, zu trockene (warme) Gipsform, zu lange Verweilzeit des Rohlings in der Form und zu rapide Trocknung.

Hilfe:

1) Keine neuen trockenen Gipsformen einsetzen (wenigstens einen Fehlguß durchführen und Rohling zum Ausschuss).

2) Trockenschwindung der Gießmasse herabsetzen durch Zugabe von mageren Stoffen (Kaolin, Kreide, Dolomit, Scherbenmehl), wobei Scherbenmehl das sicherste ist, da es die wichtigen Endeigenschaften nicht verändert.

3) Nach dem Ausgießen des Schlickers aus der Gipsform den Rohling früher ausformen (nach Abtrockenzeit- Abstumpfzeit). Die genaue Zeit ist für die einzelnen Werkstücke zu ermitteln.

4) Trocknungshilfsmaßnahmen, wie z.B. Anblasen der inneren Form (nach Abstumpfzeit) mit heißer Luft oder Einhängen einer Wärmequelle sind mit Vorsicht zu erproben.

014. Abreißen (Abplatzen) von Garnierteilen an Werkstücken

Diese Fehler können sowohl ein einseitiges Abreißen vom Werkstück zeigen, als auch ein völliges Abplatzen des angarnierten Teils. Es entstehen auch oft im Garnierteil mehr oder minder große Risse, wobei das angeformte Teil ohne weiteren Fehler am Werkstück bleibt. Auch bei grobkeramischen Keramiken (z.B. bei schamottierten Werkstücken, wie Gartenkeramiken, Plastiken u.a.) erscheinen diese Abplatzer. Der Fehler kann bei allen keramischen Produkten auftreten und hat seine Ursache:

a) in verschiedenen Verarbeitungszuständen von Rohling und den Angarnierteilen, welche dann auch verschieden große Schwindungen haben und hierdurch abreißen.

b) in nicht ordnungsgemäßer Angarnierung, wobei nicht intensiv genug verkittet (garniert) wurde.

c) in nicht sauberen Flächen (z.B. Fett, Staub, Salze oder sonstige Haut), worauf das Garnierteil angeklebt (z.B. mit Garnierschlicker) wird.

Hilfe:

1) Garnierstellen (z.B. bei Feinkeramik) gut säubern, ehe Teile (Henkel, Griffe, Füße u.a.) angeklebt (garniert) werden.

2) *Stets darauf achten, dass Garnierteile gleiche Feuchtigkeit und gleiche Schwindung besitzen, wie das entsprechende rohe Werkstück.*
3) *Bei Werkstücken die entsprechenden Stellen gut aufrauen (z.B. mit Drahtbürste, Spitzgabel o.Ä.) und gleichzeitig auch die Garnierteile entsprechend behandeln.*
4) *In schwierigen Fällen, wobei nach intensiver Trocknung noch keinerlei Risse an Garnierstellen festzustellen sind, kann man dem Garnierschlicker wenig Flussmittel (ca. 3-6% Fritte, Feldspat o.Ä., je nach Brenntemperatur) zugeben.*

015. Abrieb von Gold- und anderen Schmelzfarben

Dieser geschieht zuerst an den Rändern von Werkstücken (Teller, Tassen, auch Gläser etc.), welche einen Goldrand oder Schmelzfarbenrand besitzen, welcher bei Benutzung und Reinigung dem Abrieb am meisten ausgesetzt ist.

Diese Ränder zeigen durch den Abrieb ein stetes blasser werden der Farben, wobei auch ein Glanzverlust eintritt. Beim Goldrand werden Glanz und Gold geringer, bis er fast völlig verschwindet.

Bei Gebrauch einer Spülmaschine geht der Abrieb (ganz verschieden, je nach Spülmittel) schneller voran, so dass oft nach 4-6 Monaten schon deutlicher Abrieb erkennbar ist.

Hilfe:

1) *Höhere Einbrenntemperatut (ca. 10-20 K).*
2) *Endtemperaturhaltezeit verlängern (um ca. 30-50%).*
3) *Flussanteil im Schmelzfarbengemisch erhöhen.*
4) *Falls Fehler nur bei einer bestimmten Glasur auftreten, muss diese weniger viskos eingestellt werden (z.B. Zusatz von 4-8% Fritte).*

016. Abrieb (Verschleiß) von Fußbodenfliesen, zu schneller -

Am deutlichsten sieht man den Oberflächenverschleiß an Fliesen mit hochglänzenden Glasuren. Schon bei geringem Abrieb oder Beschädigung verringert sich der Glanz, dagegen sind bei matten oder vollkommen kristallinen Glasurauflagen, bei geringem Abrieb fast keine Glanzveränderungen festzustellen, so dass hier optisch eine heile Oberfläche vorzuliegen scheint.

Letzteres ergibt bei PEI-Test, der nach der Prüfung überwiegend eine optische Veränderung als Kriterium für eine Qualitätseinstufung bewertet, für kristallinmatte Glasuren meist höhere Verschleißgruppen. Auch die Glasurfarben, die sich beim geringen Abrieb verschieden stark abändern können, haben einen Einfluss auf die Qualitätseinstufung (die ja eine optische Veränderung beinhaltet).

So zeigen erdige Farbglasuren (gräuliche und bräunliche) weniger optische Abänderungen und somit oft bessere Qualitätsaussagen bei matten und halbmatten Glasuren (vor allem in den Verschleißgruppen I—III).

Direkte Kristallausscheidungen nur in Glasuroberflächen (wie auch die Glanzglasuren) zeigen schon bei geringem Abrieb optische Veränderungen, während Glasuren mit durchgehender, kristalliner Glasurschicht weniger Veränderungen zeigen.

Hilfe:

1) *Glasuren mit halbmatt-kristallinen Oberflächen erzeugen, wobei CaO, MgO, BaO und ZrO_2 gute Werte ergeben.*
2) *Abrieb verringernd bewirken schwer schmelzende Zusätze wie Al_2O_3 (Korund), Zirkonkorund, die man in feinsten Fraktionen zusetzen muss.*
3) *SiO_2 und CaO-Zusätze erhöhen ebenfalls die Verschleißfestigkeit und müssen an der Glasurschmelze teilnehmen. Hierbei ist meist eine Erhöhung der Brenntemperatur erforderlich.*
4) *Eine weitere Möglichkeit, die gerne benutzt wird, ist die, dass man eine entsprechend zusammengesetzte Sinterengobe (mit speckigem Glanz) als Fliesenüberzug einsetzt.*

017. Abrollen von Glasur und Dekor

Glasurabroller, ob transparent oder farbig, ergeben glasurfreie Stellen auf dem keramischen Werkstück.
Die Ursachen können von verschiedenen Faktoren abhängig sein. Sie können von der Unterlage (Fett, Staub u.Ä.), von der Glasurzusammensetzung (zu hohe Oberflächenspannung), von zu viel organischen Zusätzen (Klebemittel), von zu hohen Anteilen an Feinstfraktionen im Glasurschlicker (zu langes Mahlen), vom Glasurauftrag (Stärke und Auftragsart), von der Trocknung (zu rapide) und der Art des Brennens (zu schnelles Hochheizen) herrühren.

Hilfe:

1) *Werkstücke vor dem Glasieren gut säubern (abblasen, abschwämmen).*
2) *In Glasurversatz weniger plast. Ton und weniger Bentonit einführen.*
3) *Weniger langes Aufmahlen in Trommelmühle ergibt Verbesserung.*
4) *Alkalien (notfalls SiO_2) erhöhen und Al_2O_3, MgO und B_2O_3 erniedrigen, was meist für Versatzneuaufbau in Frage kommt.*
5) *Weniger dick glasieren (Glasurschlicker dünner einstellen mit H_2O).*
6) *Beim Spitzglasieren dürfen sich keine Tropfen (und kein Ablauf) bilden, denn hierdurch wird das Zusammenziehen stark begünstigt.*
7) *Zusatz von Alkalifritte (meist reichen 4-8%), falls hierbei Glasurrisse entstehen, so kann man diese durch geringen SiO_2-Zusatz (3-6%) wieder beseitigen.*
8) *Langsamer trocknen, so dass keine Trockenrisse entstehen, welche die Glasur/Scherbenhaftung labilisieren.*

018. Abrutschen von Nassemailauftrag

Dieser Fehler tritt meist beim, oder direkt nach dem Nassemaillieren auf. Hierbei löst sich der aufgetragene, noch sehr nasse Emailschlicker bei leichter Erschütterung vom Blech und rutscht ab. Die Ursachen können sein: Zu große Thixotropie, die a) vom falschen Versatz, b) vom Übermahlen des Schlickers, oder vom nicht richtigen Herstellungsablauf, die alle zur Thixotropie führen können, die zu diesem Abrutschfehler führt. Beim Email ist keine saugende Unterlage vorhanden, so dass der thixotrope Zustand der Schlickerauflage eine lange Zeit voll erhalten bleibt.

Beim Überzug eines thixotropen Glasurschlickers auf Keramikscherben, wird fast immer, durch eine saugende Unterlage, der thixotrope Zustand schnell abgeschwächt und beendet und damit ein Abrutschen normalerweise verhindert. Nur beim Glasieren auf dichter Unterlage, z.B. bei einem Nachbrand, kann es zum Abrutschen von Glasurschlicker kommen.

Hilfe:

1) *Mahlfeinheit ändern, durch weniger lange Mahlzeit des Mühlenversatzes.*
2) *Mehrmaliger und dünner Auftrag mit Zwischentrocknung.*
3) *Weniger alkalireiche Fritten einsetzen (bei Email kaum möglich).*
4) *Emaillierton und Bentonit stark vermindern und dafür im Versatz einen synthetischen Nephelin (z.B. Nalsit) einsetzen. Hierzu sind einige Vorversuche notwendig (siehe auch „Schwundrisse in E-Oberflächen“ und „Emailweißgehalt zu niedrig“).*
5) *Additive (z.B. Stellmittel) anwenden ($NaAlO_2$, $Al(OH)_3$, K_2CO_3, $Mg(OH)_2$, Allophan u.a.) oder austauschen.*
6) *Vorwärmen der Rohware (nicht zu heiß!).*
7) *Reopexe Emailschlickereinstellung beim Emaillieren am Transportband.*
8) *Einsatz von Elektrophorese.*

019. Abschreckrisse

Diese Risse entstehen durch plötzliche Temperaturdifferenzen und gehen durch den ganzen Körper. Diese Abschreckrisse können sowohl beim plötzlichen Hochheizen als auch beim plötzlichen Abkühlen (Sturzkühlung) eintreten.

Grundsätzlich entstehen solche Risse, die meist durch das ganze Werkstück gehen, durch unterschiedliche Dehnungen (bzw. Schrumpfungen) zur gleichen Zeit, das heißt also: wenn derselbe keramische Körper an einer Stelle eine andere Dehnung hat als an einer anderen, wie es z.B. bei hoch quarzhaltigen Keramiken (sowohl beim Hochheizen, als auch beim Abkühlen) vorkommt.

Je stärker (dicker) die Wandstärken eines keramischen Körpers sind, desto größer sind auch die Temperaturdifferenzen und damit auch die Dehnungsunterschiede, die zu großen Spannungen im Werkstück führen und es zum Reißen bringen.

Hilfe:

1) *Langsamer Abkühlen (und Hochheizen), besonders wenn noch Quarz in der Masse mitwirkt.*
2) *Scherbendicke vermindern und die Wärmedehnung der Werkstücksmasse vermindern (Quarzanteil im Versatz herabsetzen).*
3) *Höhere Umluftgeschwindigkeit im Bereich der Rissbildung durchführen.*
4) *Lockerer Ofenbesatz bringt immer eine Verbesserung.*

020. Absetzen von Glasurschlicker

Beim Absetzen von Glasurschlicker sedimentieren die schweren Teile nach unten, so dass eine laufende Durchmischung notwendig wäre, um eine gute Gleichmäßigkeit der Zusammensetzung für das Glasieren zu erhalten. Das Absetzen kann aber auch so stark sein, dass dies erst in der Glasieranlage geschieht, so dass es leicht zu Betriebsunterbrechungen kommen kann.
Das Absetzen kann durch Hydrolyse geschehen, wobei in langer Zeit sich eine starke Verflüssigung einstellt, die zum Absetzen führt. Es kann aber auch an der Glasuraufbereitung liegen, wie z.B. zu viel Wasser, zu lange (auch zu kurze) Mahldauer, zu wenig Quellungs- und Stellmittel (z.B. Ton, Bentonit, Leim, Harnsäure und sonstige Additive) und falscher Versatzeinwaage.

Hilfe:

1) *Weniger fein aufmahlen.*
2) *Zusatz anorganischer Stellmittel (4-8% Ton; 0,5-1% Bentonit, minimale Wasserglasanteile, 4-5% Nalsit u.a.).*
3) *Zusatz von organischen Quellmitteln (Leim, CMC, Tylose, Dextrin u.a.).*
4) *Zusatz von chemisch wirkenden Stellmitteln, wie schwache Säuren (Essigsäure, Magnesiumchlorid, Natriumaluminat u.a.) und sonstige handelsüblichen Stellmittel.*

021. Absetzen von Masseschlickern (in Vorratsbehälter und Form)

In Vorratsbehältern sedimentieren die Feststoffteile und an der Oberfläche des Gießwasseschlickers zeigt sich wässrige Flüssigkeit. Oft ist diese Oberfläche auch von kleinen Flüssigkeitsadern (Priel-ähnlich) durchzogen, die fast klar sind, wobei hier deutliche Entmischungen des Schlickers eingetreten sind.

Ein Absetzen eines Gießschlickers in der Form (meist Gipsform), ist äußerlich optisch nicht feststellbar. Erst nach dem Ausgießen und Entformen merkt man, dass der Rohling ein extrem hohes Gewicht hat. Zur Kontrolle kann man den Rohling, von oben nach unten durchschneiden.

An der nach unten immer stärker werdenden Scherbenstärke erkennt man das Absetzen des Schlickers, (siehe auch „ungleiche Scherbenstärken"). Die Fehler können in beiden Fällen ganz verschieden sein und reichen von falscher Herstellungstechnologie bis zur falschen Zusammensetzung der Gießmasse, deren Rohstoffe und falschen Elektrolytwirkungen.

Hilfe:

1) *Masse viskoser einstellen durch Verminderung der Wasseranteile.*
2) *Elektrolyte ändern (auch austauschen).*
3) *Tone mit höheren Feinkornanteilen und mehr Quellfähigkeit einsetzen.*
4) *Zusatz von wenig Bentonit (ca. 1-2%) kann schon Abhilfe schaffen.*
5) *Mahldauer (bei Mühlenaufbereitung) verlängern.*
6) *Masse im Vorratsbehälter dauernd in Bewegung halten (Rührquirl).*

022. Absprengteile (Abplatzer) an Handschlagsteinen

Bei Handschlagsteinen sind oft ganze Teile abgeplatzt, wobei es auch vorkommt, dass ein Stein in zwei oder drei Teile gesprengt wird. In der Produktion wird bei der Herstellung mit Quarzsand gearbeitet, der vor dem Endformen der Steine über den Rohling gestreut wird und beim Formen (Schlagen) mehr oder weniger tief in die relativ weiche Masse eingedrückt wird. Wenn hierbei der eingedrückte Quarzsandanteil zu hoch ist, oder noch einzelne Grobkornanteile vorhanden sind, so kommt es (durch den Quarzsprung) zur Rissbildung oder gar zu Absprengungen am Stein.

Hilfe:

1) *Streusand feiner absieben.*
2) *Geringere Besandung (vor Endformen) aufbringen.*
3) *Ofen langsamer abkühlen (650°C - 100°C).*

023. Abziehbild-Fehler

Abziehbilder (auch als Schiebebilder bezeichnet) erhalten im Dekorbrand fehlerhafte Oberflächen, die meist unvollkommene Farbflächen und Dekore zeigen. Es handelt sich hierbei um dekorfreie Stellen, um Farb- und Konturenverzehr, um Schwachbrand oder Überbrand oder um Brennablauf-Fehler. Die Ursachen sind verschieden und können von nicht richtiger Mischung des Schmelzfarbenversatzes bis zur falschen Vorbehandlung der Werkstücke, der Abziehbilder und der Trocknung bis zum fehlerhaften Brennablauf sein.

Hilfe:

1) *Unterlage gut reinigen (sonst kann Abrollen u.Ä. erfolgen).*
2) *Abziehbild so lange wässern, dass sich das Bild mit Gelatine gut vom Trägerpapier abschieben lässt.*

3) *Zu langes Wässern(und auch nicht öftere Wassererneuerung) kann zur Teillösung der Farbträgergelatine führen, die leicht zu Stippen auf dem Dekor führen kann, vor allem wenn zu schwach oxidierend gebrannt wird.*

4) *Beim Auflegen (nach Abschieben) des Abziehbildes muss es fest an die Unterlage angerieben werden, wobei man gleichzeitig die letzten Wasserreste zwischen Unterlage und Bild herausdrücken muss (Rakel). Bleiben selbst kleinste Tröpfchen, so entstehen hier farbfreie (dekorfreie) Stellen auf dem Werkstück.*

5) *Zu hoher Brand und/oder zu lange Endtemperatur-Haltezeit kann zum Auflösen (Verzehr) von empfindlichen Farben (z.B. Rot und Gold) und es kann zum Verlaufen der Dekorkonturen kommen.*

6) *Zu niedriger Brand ergibt meist schöne Farben, aber die Abriebfestigkeit geht stark zurück (siehe auch „Abrieb von Gold-Dekoren").*

024. Adernbildung in Glasurbild

Die Glasuroberfläche, bzw. Glasurdekor ist von Adern durchzogen, so dass keine einheitliche Oberfläche und keine uni-farbenen Dekorfarben entstehen. Die Glasur ist von mehr oder minder starken Adern durchzogen, welche einen anderen Farbton zeigen und meist etwas grabenförmig gering vertieft sind.

Die Adernbildung kann auf verschiedene Ursachen zurückzuführen sein. Wenn ein Glasurschlicker einen zu hohen Versatzanteil an schwindenden Rohstoffen hat (z.B. plast. Ton, Bentonit, Dextrin, Gelatine, CMC u.a.), so kann hier die Ursache liegen. Sind beim Trocknen und Anheizen schon Schwindungsrisse entstanden, so werden diese Risse beim Schmelzen der Glasur wieder gefüllt, so dass die Aderstruktur in der Glasur entsteht. Oft sind es die zuerst schmelzenden Anteile, welche in die Schwindungsrisse eindringen und füllen, so dass fast immer eine farblich abgeänderte Aderung entsteht.

Dieser Fehler erscheint besonders stark, wenn die Glasur eine etwas hohe Oberflächenspannung hat, so dass durch die zusätzlich wirkende Kraft der OS, besonders breite Aderungen entstehen.

Stark borhaltige Glasuren können ebenfalls Aderungen zeigen, die meist breiter sind und immer ein unregelmäßiges Netz bilden. Hierbei handelt es sich fast immer um Trennen in zwei Schmelzphasen, wobei beide auch unterschiedliche Oberflächenspannungswerte haben. Bei farbigen Glasuren zeigen die beiden Schmelzphasen auch unterschiedliche Farbtöne, so dass ein Dekor entstehen kann.

Ein Übermahlen des Glasurschlickers kann ebenfalls die Aderungsfehler ermöglichen, jedenfalls werden diese begünstigt.

So kann man diesen Fehler zu einem gewollten Glasurdekor anwenden. Wesentlich größere Aderungen erhält man durch Übereinanderlegen von zwei oder mehreren Glasuren, wobei die untere Glasur eine sehr starke Trockenschwindung (mit Absicht) hat.

Hilfe:

1) *Glasur sehr langsam trocknen und hochheizen.*
2) *Die Anteile von plastischem Ton und Bentonit zum Teil oder ganz durch Kaolin ersetzen.*
3) *Alle CO_2-haltigen Versatzstoffe (wie $CaCO_3$, $MgCO_3$ u.a.) durch Silikate einführen (z.B. Wollastonit)*
4) *Die Mahldauer bei Glasurschlickeraufbereitung verkürzen.*
5) *Die Adernbildung (Entmischungen) kann man durch Erhöhung von Al_2O_3 (Kaolinzusatz) beseitigen.*
6) *Völliger Tonaustausch durch Einsatz von „Nalsit" (bei Zusätzen von Na AlO_2, K_2CO_3, $Mg(OH)_2$ u.a.) bringt Fehlerbeseitigung bei gleichzeitiger Verbesserung der Helligkeit, wobei auch ein niedrigeres Litergewicht möglich ist.*

025. Adern-Risse in Email

Die Emailoberfläche (meist bei farbigem Email) zeigt hierbei eine Aderung, welche meist hell und wässriger erscheint (Priel-ähnlich). Es handelt sich hierbei um ein Zusammenziehen von Emailschmelze, wobei die Aderung auf eine zu hohe Oberflächenspannung zurückzuführen ist. Diese O-Spannung wird von verschiedenen Faktoren unterstützt, so dass die Aderung mehr oder weniger stark entsteht.
Die Unterlage hat einen wesentlichen Einfluss auf sie, so dass bei einem Deckemail auch die O-Spannung des Grundemails mitwirkt. Je größer die Unterschiede der O-Spannungen in beiden Emails, desto leichter entstehen die Adern-Risse. Bei sehr hohen Oberflächenspannungen kommt es zu Email-freien Flächen auf dem Werkstück.
Da im Emailversatz überwiegend Substanzen mit keiner Trockenschwindung sind, entstehen Trockenrisse, welche die spätere Aderung begünstigen, nur sehr selten, sollten aber trotzdem kontrolliert werden.

Hilfe:

1) *Emailschlicker nicht so fein aufmahlen.*
2) *Zusatz von alkalireicher Fritte (3-6%) im Mühlenversatz.*
3) *Langsame und intensive Trocknung durchführen.*
4) *Emailschlicker dünner (notfalls mehrmals) auftrqgen.*
5) *Bei Trockenrissen müssen quellende Versatzanteile (Ton, Bentonit u.a.) vermindert oder ganz ergänzt werden durch nichtschwindende Stoffe (siehe auch „Schwindungsrisse" und „Emailweißgehalt").*

026. Altern von Gießmasseschlicker

Hier kommt es zu verschiedenen Eigenschaftsänderungen des Gießschlickers.
So kennt man: A) das Ansteifen, oft verbunden mit einer Hautbildung auf der

Schlickeroberfläche, die meist nicht zusammenhängend mit einzelnen Adern durchzogen ist. B) Das Absetzen des Schlickers, der im oberen Bereich sehr wässrig wird. C) Das Faulen und Schimmelbildung auf der Oberfläche des Gießschlickers.
Hier reichen die Ursachen von Art und Anteil der Elektrolyte, dem Abtrocknen der Schlickeroberfläche, bis zum Masseversatz und Anmachwasser, wobei auch die Zusätze, wie Tylose, Wasserglas, Algen, Humussäuren, Mitverursacher sein können.

Hilfe:

1) Nur einwandfreies Anmachwasser verwenden (Prüfung auf S-Verunreinigungen).
2) Vorratsbehälter abdecken, langsamlaufendes Rührwerk immer in Betrieb halten, so wird ein Absetzen und Wasserverdunstung stark vermindert.
3) Bei den täglichen Viskositäts- und Gewichtskontrollen notfalls mit Wasser und Elektrolytzugaben Neueinstellung vornehmen. Bei Überdosierung durch Alkali-Elektrolyten hilft fast immer ein minimaler Zusatz von Magnesiumchlorid ($MgCl_2$).
4) Schimmelbildung und Faulen werden verhindert bzw. vermindert durch Zusätze von Phosphatsalzen, welche direkt bei der Masseaufbereitung zugegeben werden. Nach Möglichkeit keine organischen Quellmittel einsetzen.

027. Anbacken von keramischen Werkstücken

Das Anbacken von keramischen Erzeugnissen ist immer auf eine Reaktion zwischen Werkstück und der Unterlage zurückzuführen. Bei glasierten Stücken kann 1. eine nicht saubere Werkstück-Stellfläche (z.B. Glasurabputz nicht einwandfrei) die Ursache sein, 2. kann die Unterlage (z.B. Schamotteplatten u.Ä.) nicht sauber sein und 3. kann die Glasur beim Schmelzen vom Werkstück ablaufen, was verschiedene Ursachen haben kann.

Hilfe:

1) Stellflächen der zu brennenden Werkstücke müssen von Verunreinigungen (z.B. Glasur) gereinigt werden.
2) Brennunterlagen müssen von Verunreinigungen befreit sein (z.B. anhaftende Glasur und evtl. Brennhilfsmittel-Reste).
3) Dünner glasieren (Schlicker mit Wasser verdünnen), um das Ablaufen der Glasur zu vermindern, evtl. sogar zu verhindern.
4) Viskosität der Glasur erhöhen durch Zusatz (ca. 5-8%) von Kaolin. Oder Feldspat durch Nalsit ersetzen, welcher ein breites Sinter- und Schmelzintervall hat.
5) Brenntemperatur herabsetzen (wenn alle Glasurtypen im Ofen den Anbackfehler zeigen). Meist reicht eine Herabsetzung um 10-15 K.
6) Oft hilft eine Verringerung der Endtemperatur-Pendelzeit um etwa 50%.

028. Anbacken von Glas im Dekorbrand

Beim Dekorbrand von Glas kann es zum Anbacken von Glaskörper kommen. In Großfirmen kommt dies sehr selten vor, da hier fast immer die gleichen Voraussetzungen im Glaswerkstück, Dekorschmelz-Medien und Brand vorliegen. Erst wenn in den angegebenen Voraussetzungen Schwankungen eintreten, kann der Fehler des Anbackens auftreten.

Die Ursachen liegen also in den unterschiedlichen Gläsern und damit unterschiedlichen Zusammensetzung oder zu hohen Brenntemperaturen für ein bestimmtes Glasdekor oder einen zu hohen Dekorbrand oder einer falschen, bzw. verschmutzten Unterlage. Sehr oft ist ein Anbacken auch mit einem leichten Verziehen der Gläser verbunden.

Hilfe:

1) Brenntemperatur erniedrigen und/oder die Endhaltezeit verkürzen.
2) Brennhilfsmittel kontrollieren (reinigen und evtl. beschichten).
3) Glaskörper auf Anklebeverhalten (Probebrand) kontrollieren und evtl. andere Glassorten einsetzen.
4) Schmelzfarben mit mehr Fluss versehen und niedriger brennen.

029. Anflug von Glasur-Dämpfen auf Umgebung

Durch Anflug von Glasurdämpfen auf die Umgebung können sowohl im Brennraum befindliches Brenngut, die Ofenwände als auch die Brennhilfsmittel betroffen werden. Im Gasbrand (besonders im Schnellbrand) werden zusätzlich die Abgaskanäle und im E-Ofen auch die Spiralen von den Glasurdämpfen mehr oder weniger angegriffen.

Je nach Zusammensetzung der Glasurdämpfe (bzw. Verursacherglasur) verdampfen außer Flussmittel (meist Alkalien) auch noch Farboxide, die dann zu glasigen Farbanflügen führen und somit Fehldekore ergeben können.

Bei Salzglasuren sind bei entsprechenden Temperaturen überschüssige Natriumdämpfe im Brennraum, die auf alle vorhandenen Teile niederschlagen und dort zu einem glasigen Überzug erstarren. Hat hierbei die entsprechende Unterlage eine SiO_2-haltige Zusammensetzung, (z.B. Steinzeug, Schamotte u.a.), bildet sich eine Salzglasur. Da man hierbei die absichtlich erzeugten Na-Dämpfe nicht im Anflug (Niederschlag) beeinflussen kann, ist bei einer Salzglasurproduktion stets ein Anflug von Flussmitteln im Brand vorhanden.

Hilfe:

In Auftragsglasur (Normalglasur)
1) Auflagenstärken verringern (dünner glasieren).
2) Viskosität der Glasur erhöhen durch Zusatz von Kaolin (ca. 5-10%).

3) Bei Versatzneuentwicklung die Alkalianteile (auch PbO) verringern, und den Al_2O_3-Anteil erhöhen.
4) Die Glattbrandtemperatur herabsetzen (abhängig vom Glasurschmelzverhalten).
5) In Gasöfen eine Reduktionsphase vermeiden, vor allem in oberen Temperaturbereichen.
6) Farboxide durch feuerbeständige Farbpigmente ersetzen.

In Salzglasur (Anflugglasur)

1) Beim Salzglasieren weniger Salzeingabe in den Brennraum.
2) Bestreichen der Brennhilfsmittel mit Al_2O_3-reichen Stoffen (z.B. Kaolinschlämme) verhindert festkleben der Waren, da der Na-Dampf aufgesaugt wird.
3) Ebenso kann man die Ofenwände und Decke mit einer Al_2O_3-reichen Schlämme bestreichen, um ein Zerstören (Auflösungserscheinungen durch Na-Glasbildung) zu vermeiden bzw. stark zu vermindern.

030. Ankleben der plastischen Masse an Gipsform

Das Ankleben geschieht fast immer bei zu feuchter Arbeitsmasse, die im Bereich der nicht evakuierten Massen verwendet wird, da sie für Form und Presse (Verformung) schonender und leichter verarbeitet werden kann.

Neben dem Ankleben entstehen oft noch Wasserlunker im Pressung, was von Auspressen des Wasserüberschusses herrührt. Beim Ablegen des zu feuchten Werkstückes entstehen oft zusätzliche Deformierungen.

Oft ist das Ankleben jedoch so stark, dass nur durch Zerstören des Rohlings eine Formenentleerung stattfinden kann.

Hilfe:

1) Feuchtigkeit (Wassergehalt) der Arbeitsmasse erniedrigen. Hier hilft oft ein Zumischen von pulverisiertem Trockenbruch, der gut homogen durchgearbeitet und wenigstens 24 Std. gelagert werden muss.
2) Mit Wasserabsaugung an der Gipsform (durch Vakuum) während des Pressvorgangs und anschließendem Lösen durch Luftdruck arbeiten, z.B. RAM-Presse, Ziegelpresse u.Ä.

031. Ankleben von Gießrohlingen in Gipsform

Hierbei ist das Ankleben so stark, dass ein Ausnehmen des Rohlings nicht möglich ist, ohne ihn zu beschädigen oder gar zu zerstören. Schon beim Öffnen der Gipsform reißt der Körper an der Naht auf, ohne dass er sich von der Form ablöst. Hier gibt es verschiedene Ursachen, die in der Beschaffenheit der Gipsform liegen können.

Hilfe:

1) *Bei zu dickflüssigem (viskosen) Gießschlicker, Wasser und Elektrolyt erhöhen.*
2) *Bei zu dünnflüssiger Gießmasse, Wasser erniedrigen, evtl. Elektrolyte erniedrigen, wenn Thixotropie eintritt.*
3) *Bei zu magerer Masse (fast keine Trockenschwindung), den Anteil an plastischen Tonen hochsetzen (notfalls auch zusetzen).*
4) *Phosphathaltige Additive (Elektrolyte) aus der Gießmasse entfernen, da diese mit dem CaO (Gipsform) Calzium-Phosphat bilden und so eine starke Verzahnung mit der Form vollziehen.*
5) *Zu trockene (warme) Gipsgießformen bei solch einer Gießmasse nicht verwenden.*

032. Ansaugzeiten von Glasurschlicker - zu hoch, - zu gering (beim Glasieren)

Beim Glasieren müssen die zu glasierenden Werkstücke eine gewisse Saugfähigkeit besitzen, um eine bestimmte Glasurstärke zu erhalten. Wichtig sind die Glasierzeiten, die im Allgemeinen die Auflagenstärke der Glasur bestimmen. Hier sind aber durch die Viskosität des Schlickers und Saugverhalten der Unterlage gewisse Grenzen gesetzt.
Beim Glasieren (Tauchglasieren) saugt der Scherben den Glasurschlicker an, indem das Wasser des Schlickers vom Scherben abgesaugt wird, während die Feststoffe außen auf dem Scherben kleben bleiben und im späteren Brand die Glasur bilden. Dies ist vor allem wichtig beim Rohglasieren, da das von den Werkstücken aufgesaugte Wasser den Scherben erweichen kann, so dass Pustelbildung und Verziehen der Artikel (schon im rohen Zustand) eintreten kann. Man muss den Glasurschlicker so einstellen, dass sich das Wasser nicht so leicht entziehen lässt, so dass nur noch wenig Wasser in den Scherben eindringen kann, so dass dessen Stabilität erhalten bleibt. Hier muss die Glasierzeit unter Umständen verringert werden.
Ist die Glasierzeit zu hoch, so wird schließlich die Saugfähigkeit überschritten, so dass der Glasurschlicker schließlich vom Scherben abrutschen kann.
Beim Glasieren von vorgebrannter Ware kann der Glasurschlicker etwas weniger viskos eingestellt werden, wobei die Ansaugzeiten auch hier (vor allem beim Tauchglasieren) nicht überschritten werden dürfen.

Hilfe:

1) *Beim Rohglasieren den Glasurschlicker mit solchen Zusatzmitteln viskos einstellen, die das Schlickerwasser nur zögernd an die Unterlage abgeben (z.B. plast. Ton, Bentonit, CMC u.a.).*
2) *Beim Glasieren von vorgebrannten Werkstücken kann man den Glasurschlicker etwas weniger viskos einstellen, und die Saugfähigkeit des Scherbens mehr ausnutzen.*

3) *Das Regulieren der Glasur-Auflagenstärke wird am meisten durch die Ansaugzeit beeinflusst. Allgemein kann man sagen: transparente Glasuren bedürfen einer geringeren Glasierzeit (geringere Tauchzeit; am Band: schnellerer Bandlauf; beim Spritzen: kürzere Spritzzeit), während deckende und kristallisierende (matte) Glasuren einer dickeren Auflage (also längere Glasierzeit) bedürfen. Falls die Glasurschicht, wegen der dicken Lage keine Haftung erhält (abrutscht), sollte man lieber zwei dünne Lagen (mit Zwischenzeit-Zwischentrocknung) hintereinander auftragen.*

033. Ansaugzeiten bei Gießschlickern, zu lange -

Zu lange Ansaugzeiten bei Gießschlickem bis zur geforderten Scherbenstärke, kann innerhalb des Produktionsablaufes zu verschiedenen Fehlern führen.
Es sind dies: Lange Standzeiten bis zum inneren Abtrocknen, zu geringe Rohlingsfestigkeiten beim Entformen, zu weiche (teils noch zähflüssige) Scherbenkerne beim Vollguss (z.B. bei Ofenkacheln, Feuerton u.a.), was später innere Hohlräume und Verziehen ergeben kann, zu geringe Produktionsleistung, Ausblühungen von Gipsformen

Hilfe:

1) *Trockene Gießformen verwenden.*
2) *Richtige Viskosität einstellen (Wasser : Ton : Elekrolyt-Verhältnis).*
3) *Bei Großteilen muss eine gewisse Thixotropie vorhanden sein (notfalls mit Zusatz von Ca-Salz), um eine leichtere (schnellere) Entwässerung und stärkere Scherbenbildung zu erreichen.*
4) *Zu viel Wasserglas in Gießschlickern ergibt eine schnelle Hautbildung auf der Schlickeroberfläche, die im 2. Ansaugabschnitt eine weitere Entwässerung stark bremst. (Notfalls Elektrolyte austauschen).*
5) *Zusatz von Schamottemehl oder Porzellanmehl (< 100 my) erhöht fast immer die Scherbenstärke durch Offenhaltung der sich im Scherben bildenden Kapillaren. Am vorteilhaftesten setzt man aber Scherbenmehl hinzu (falls möglich), wodurch fast alle Endeigenschaften erhalten bleiben.*
6) *Ein Einsatz von Druckguss ist hier (wenn möglich) immer vorteilhaft.*

034. Ansteifen von Glasurschlicker

Das Ansteifen von Glasurschlicker, nach einiger Standzeit, ist meist auf Hydrolytebildung zurückzuführen, wobei Entmischungserscheinungen an der Glasurschlickeroberfläche sichtbar werden. Hier zeigen sich wasserartige Ädern mit fast klarer Flüssigkeit. Es ist offenbar eine Entmischung eingetreten, wobei Glasurschlicker mit hoher Thixotropie und niederviskoser, wässriger Schlicker nebeneinander liegen. Falls hier ein Nachrühren nicht hilft, muss der Glasurschlicker mit Elektrolyten nachgestellt werden.

Hilfe:

1) *Bei zu steifen Schlickern minimale Verflüssigungselektrolyte zusetzen (z.B. Wasserglas, Natriumphosphat, Nalsit und sonstige handelsüblichen Verflüssigungs-Additive).*
2) *Bei zu stark alkalihaltigen (meist schon zu flüssigen) Schlickern, Zusätze von schwachen Säuren vornehmen ($MgCl_2$, $CaCl_2$, NaCl, CH_3COOH und handelsübliche Stellmittel).*

035. Ansteifen von Gießschlicker

Beim Aufsteifen von Gießschlickem kommt es zu einer Viskositätserhöhung, so dass es beim Gießen zu verschiedenen Fehlern, wie Verstopfen von Gießkanälen, Hohlräume in Werkstücken, Rauigkeit an der Oberfläche, Auslaufverhinderung beim Auskippen, Rotznasen und Schlierenbildung kommen kann. Die Ursachen des Ansteifens können verschieden sein und können von Wasserentzug, Nachquellen, Hydrolysebildung und Entmischungen u.a. herrühren.

Hilfe:

1) *Schlicker im Vorratsbehälter (Gießbehälter) muss stets in Bewegung gehalten werden (Rührquirl), wobei der Behälter immer abgedeckt sein soll.*
2) *Tägliche Viskositäts-Nachstellung durch Wasserzugabe.*
3) *Masseversatz kann zu viel quellfähiges Tonmaterial enthalten (z.B. Fire-Clay, montmorillonitische Anteile u.a.) Diese Anteile vermindern (durch kaolinitische und wenig-illitische Tone austauschen).*

036. Ansteifen von Masseschlickern in Gießleitungen

Hier zeigt sich eine Verminderung des Schlickerdurchflusses durch die Gießleitungen, wobei nach längerer Standzeit der Gießstrahl immer kleiner wird.

Es kann dabei (nach tagelangem Stillstand, z.B. Wochenende) zu einem völligen Verstopfen (durch Schlickerversteifung) der Gießleitung kommen.

Bei einem noch vorhandenen dünnen Gießstrahl (nach längerer Standzeit) lässt man diesen längere Zeit laufen (z.B. in Rücklaufleitung), wobei die innere Schlickerbewegung in der Gießleitung die Thixotropie langsam auflöst und der Gießstrahl wieder Produktionszustand erhält.

Bei einer völligen Verstopfung kann es möglich werden, dass nur noch mit einem Großaufwand, die Leitungen leergepumpt und gereinigt werden können. Die Ursachen liegen hier in Massezusammensetzung, reologischen Eigenschaften (z.B. zu hohe Thixotropie, Viskosität und Hydrolysebildung mit Entmischungen), Leitungsrohren (Größe und Art), pH-Veränderungen u.a., so dass es verschiedene Hilfsmaßnahmen geben kann.

Hilfe:

1) Gießmasse vorher kontrollieren, dass sie nach längerer Standzeit die gleiche Viskosität und Gießbarkeit behält.
2) Gießleitung muss wenigstens 60 mm Durchmesser haben und die Fallleitung (bzw. Gießschlauch) ca. 30 mm.
3) Der Druck im Leitungssystem soll (ohne Lufteinschlüsse) etwa 2-3 bar betragen. Die Gießmasse soll evakuiert sein. Beim Füllschlauch kann es leicht zu Lufteinschlüssen kommen, so dass er nie offen sein darf.
4) Kunststoffrohre (als Leitungen) dürfen auf keinen Fall elektrostatisch aufgeladen sein, da hierdurch elektrolytische Wirkung den Schlicker reologisch verändert und meist ein Ansteifen bewirkt.
5) Der Leitungsverlauf soll keine kurzwinkligen Richtungswechsel haben, um ein Schlicker-Fließen zu gewährleisten.
6) Ist bei Beginn der Gießproduktion (z.B. Montags, u.a.), so muss eine kurze Schlickervorlaufzeit (ca. 10-15 Min. - in Masserücklaufbehälter) erfolgen.
7) Leitungen am Wochenende (Betriebsferien etc.) leerlaufen lassen und notfalls mit Wasser füllen, welches man vor Neubeginn der Produktion wieder ablaufen lässt.

037. Aufbereitungsfehler bei Glasuren

Die richtige Glasuraufbereitung ist maßgebend für später eintretende Fehler beim Auftrag, Trocknen, Brennen (Schmelzen) und beim Endprodukt.

Außer dem richtig abgewogenen Versatz können das verwendete Anmachwasser, die Zusätze (Klebemittel, Stellmittel u.a.), der Zustand der Mühle, das Mahlkörpergewicht und deren Größenverhältnisse, die Temperatur sowie die Mahldauer und die Rohstoffgröße als Mitverursacher in Frage kommen.

Es kann zu schlechter Mahlung (mit Überkorn), zum Ansteifen und zum Absetzen des Glasurschlickers kommen, was später als Glasurfehler sichtbar werden kann.

Hilfe:

1) Kontrolle des Mühlenzustandes und des Mahlkugelgewichtes.
2) Wasserkontrolle (schwankt oft zu verschiedenen Jahreszeiten).
3) Rohstoffkontrolle auf Größe (Masse) und Feuchtigkeit.
4) Versatzkontrolle.
5) Kontrolle der Mahldauer (Gesamtumdrehungszahl ist besser).
6) Siebrückstandskontrolle (gewichtsmäßig oder Bayersieb).
7) ph-Kontrolle des Schlickers (kann Hydratisierung zeigen).
8) Viskositätskontrolle und Benetzungskontrolle des Schlickers.
9) Schmelzkontrolle (Probe glasieren und im Betriebsofen brennen)

038. Aufbereitungsfehler bei Verwendung von Masseabfälle und Bruch

Hier zeigen sich Fehler wie Trockenrisse, Marmorierung, unebene Oberflächen meist schon am getrockneten Werkstück, welche durch den Brand noch verstärkt werden.

Oft sind die gebildeten Texturbildungen so stark, dass die auftretenden Risse, Abplatzer u.Ä. schon beim Trocknen zum Zerfallen des Werkstückes führen. Da die zur Wiederaufbereitung anfallenden Teile fast immer ungleiche Feuchtigkeiten besitzen, ist eine gleichmäßige Zumischung bei der Aufbereitung sehr schwierig.

Die Homogenisierung und Feuchtigkeitsregelung wird nicht nur vom zugegebenen Wasser, sondern auch von der Feuchtigkeit der einzelnen, zu mischenden Versatzanteile (z.B. hier: plastische Masse, Abfall- und Bruchteile) beeinflusst.

Ungleiche Feuchtegehalte (unterschiedliche Steife) von einzelnen Masseteilen führt zu Inhomogenitäten und verstärkt Texturbildung. Verbleibende Teile (in der aufbereitenden Masse) mit ungleichen Feuchtigkeiten haben zwangsläufig auch verschiedene Schwindungsgrößen, die zu den Fehlern führen. Es ist hier immer eine intensivere Aufbereitung durch verschiedene Maßnahmen notwendig.

Hilfe:

1) *Möglichst Abfälle und Bruch mit verschiedenen Steifen nie ohne Vorbehandlung zur Wiederaufbereitung geben.*
2) *Die beste Maßnahme ist: Abfälle und Bruch sammeln, trocknen und vorzerkleinern (besser als Pulver) in das Aufbereitungs- bzw. Mischaggregat eingeben.*
3) *Zeitliche Verlängerung der Mischungsvorgänge ergeben eine deutliche Verbesserung.*
4) *Verwendung von heißem Wasser (60-80°C), - vor allem bei plastischen Massen.*
5) *Verlängerung der Maukzeit bei aufbereiteten Massen (Massebatzen).*
6) *Aufbereitete Masse (Stränge/Batzen) einige Zeit (1-2 Tage) abgedeckt lagern und nochmals durch die Strangpresse geben.*

039. Aufbersten von dickwandigen Werkstücken (z.B. Steinen)

Dieser Fehler zeigt aufgeborstene Risse und zum Teil Aufplatzen bis zum Zerspringen von Werkstücken. Hierbei zeigen sich im Innern der Stücke z.T. erhebliche Kohlenstoffablagerungen, die bei zu schnellem Abdichten der äußeren Schicht und beim Atmosphärenwechsel dann zu CO_2 oxidiert sind, was Ursache zum Blähen und Aufplatzen ist.

Hilfe:

1) *Voll oxidierendes Brennen im unteren Brennbereich (600-1000°C).*
2) *Langsames Hochheizen.*
3) *Weniger dichten Ofenbesatz durchführen.*

4) *Kohlenstoffhaltige Rohstoffe aus dem Versatz nehmen.*
5) *Hier hilft oft ein geringer Zusatz von Ammonnitrat.*

040. Aufbersten von glasierten Oberflächen schamottierter Werkstücke (z.B. Ofenkacheln, Feuerton etc.)

Hier sind teilweise Absprengungen und zum Teil Aufberstungen zu sehen, wobei im letzten Fall, ein Gasdurchbruch durch die Glasur diese aufgerissen und teilweise umgeklappt hat, wonach dann die normalen Brennreaktionen (weitere Schmelzanläufe) weiterlaufen.

Bei voller Absprengung werden ganze Teile (ca. 3-8 mm Größe) in die nähere Umgebung weggesprengt, wo sie dann auf der glasierten Oberfläche festbacken. Vereinzelt kann man im Krater einen hellen Punkt feststellen.

Die Ursache liegt in kleinen Kalkanteilen der verwendeten Schamotte, die im Masseversatz vorliegen. Das CaO (in Schamotte) bildet durch Wasseraufnahme aus Masseschlicker (bzw. Glasurschlicker) $Ca(OH)_2$, was erst im späteren Glasurbrand ziemlich plötzlich sein Gas abgibt und einen Scherbenanteil mit aufliegender Glasur absprengt (siehe auch „Abplatzer und Absprengen von Glasur").

Hilfe:

1) *Hier hilft nur ein Schamotteaustausch, die kein freies CaO besitzt.*
2) *Eine weitere Möglichkeit liegt in einer Feinstzerkleinerung der Schamotte (unter 150-200 µm), was aber zu Veränderungen von den Masseeigenschaften führen kann.*
3) *Eine einfache Zerkleinerungsart kann man erreichen, indem man den tonigen Schamotterohstoff erst feinst zerkleinert und dann erst zur Schamotteherstellung über geht, so dass sich bereits beim Schamottebrand eine Calziumsilikat-Verbindung einstellt. (Dies ist aber meist Sache der Schamottelieferanten, Hersteller).*

041. Aufblähungen an Werkstückoberflächen

Aufgeblähte Werkstücke (z.B. kleine Pocken, größere Wülste - mit und ohne Aufreißen der Blasen auf der keramischen Oberfläche) sind die Folge von schon dichten Werkstückoberflächen, während im Werkstück-Innern Entgasungen noch nicht stattgefunden haben, oder noch nicht abgeschlossen sind. Die Ursachen können ganz verschieden sein: a) organische Masseanteile, b) noch nicht abgespaltene CO_2-Teile aus Masseversatz, c) Abspaltungen (z.B. S-Verbindungen u.Ä.) von sonstigen Masseanteilen (meist Verunreinigungen), d) falsche Brennführung bei den verschiedenen Ofentypen.

Hilfe:

1) *Falls die Fehler nur zeitweise oder bei bestimmten Glasurtypen auftreten, kann man das Brenndiagramm so abändern, dass im ersten Brennabschnitt (bis vor Sinterbeginn) eine volle Oxidationsatmosphäre vorliegt, so dass die Gasabspaltungen voll stattgefunden haben, ehe der Scherben voll abdichtet und so nicht mehr blähen kann.*

2) *Voll oxidierendes Brennen (vor allem bei Gas, Öl, Holz, Kohle).*
3) *Langsameres Brennen in Bereichen der Gasabgaben (sicherheitshalber von 500-1000 °C) mit Sauerstoffüberschuss brennen.*
4) *Falls Glasur zu früh sintert (Schmelzbeginn), muss diese viskoser eingestellt werden, wobei je nach Temperaturhöhe mit wenig Kaolin (5-10%), oder Quarz (5-10%) oder Nalsit (5-15%) oft Erfolge erzielt werden.*
05) *Oft hilft ein nicht so dichter (lockerer) Ofenbesatz, vor allem dann, wenn im gebrannten Scherbeninnern schwarze oder graue Farbtöne noch Kohlenstoffreste anzeigen.*

Soll die Glasur nicht geändert werden, so kann man außer Änderung der Brennführung, die Masse abmagern (Schamottemehl, Scherbenmehl, quarzreiche Tone, Quarz u.Ä.), so , dass die Entgasungen leichter und früher stattfinden können und die Masse später sintert.

BEI SCHNELLBRANDGLASUREN möglichst keine gasabspaltenden Stoffe verwenden, die zu Blähungen in der Glasurschicht führen können; so sollten z.B. CO_2-haltige Rohstoffe nicht in den Glasurversatz. Hier ist es vorteilhaft, überwiegend mit gefritteten Stoffen zu arbeiten (Farbkörper nur als Farbfritte oder als Farbpigmente) und nur die unbedingt notwendigen Zusätze für Absetzverhalten und Haftvermögen hinzuzugeben.

042. Aufblähungen bei Salzglasuren

Hier können Fehler verschieden aussehen, es können Pockenbildungen in Erbsengröße bis Aufblähungen von Faustgröße (und größer) auftreten, wobei die Ursachen ganz verschiedene sein können.

So kann es an Masseverunreinigungen, an der Brennführung, an der Formgebung und an Art und vor allern Zeitpunkt des „Salzens“ liegen.

Hilfe:

1) *Pyrithaltige Tone neigen zu Ausschmelzungen, schwarzen, punktartigen Verunreinigungen auf der Oberfläche und zur Pockenbildung, wenn die Pyritteilchen im Scherbeninnern in Wechselatmosphären gelangen. Daher langsam und oxidierend hochheizen und erst kurz vor Brandende entsprechende Atmosphäre einstellen (reduzierend oder oxidierend), bevor das „Salzen“ erfolgt.*
2) *Pyrithaltige Tone aus der Masse entfernen (geht nur bei neuer Versatz-Aufbereitung).*
3) *Vakuumierte Masse zum Verformen nehmen, damit keine Luft im Werkstück zu Bläh-Fehler (blähen und Schichtbildung) führen kann.*
4) *Sinterung („Salzen“) darf erst erfolgen, nachdem alle Entgasungen des Scherbens erfolgt sind und die Werkstückoberfläche sintert. Zu frühes Salzen ergibt raue Oberflächen und kann Bläh-Fehler begünstigen.*

043. Aufbrechen von grobkeramischen Oberflächen

Hier zeigen sich auf der Werkstückoberfläche (z.B. Ziegelsteine, Handschlagsteine u.a.) mehr oder weniger erhabene Stellen, die wie Geschwulste aufgeborsten sind. Bei nieder gebrannten Stücken kann man im Innern einen hellen oder auch dunklen Feststoff erkennen, welcher ein größeres Korn von Quarz, Kalkverb., oder auch Pyrit (dunkel) enthält.

Diese Einschlüsse liegen oft unzerkleinert oder noch grob in der Arbeitsmasse vor. Dies geschieht z.B. wenn unzerkleinerter Rohstoff (z.B. verunreinigter Klebsand u.a.) direkt oder indirekt der Masse zugesetzt werden.

Im Brand schwindet die tonige Masse und im gleichen Temperaturbereich dehnt sich der Quarz (u.a.) sprunghaft aus, so entstehen entgegengesetzte Kräfte, die an den entsprechenden Stellen die Oberfläche erhöhen und zum Aufbersten bringen. Dies ist immer dort geschehen, wo die Oberfläche die aufgeplatzten Stellen zeigt.

Wird ein höherer Brand durchgeführt, wobei die Werkstückmasse schon erweicht (sintert), so sind diese Stellen abgerundet und es kann zu zusätzlichen Ausschmelzungen von dunklen Eisenverbindungen kommen.

Hilfe:

1) Masse vor Formgebung besser aufbereiten (Walzwerkeinstellung).
2) Zusatzrohstoffe (z.B. Sand u.Ä.) vorher absieben.
3) Die entsprechenden Rohstoffe durch andere (saubere) austauschen.
4) Oxidierendes Brennen kann u. U. die dunklen Ausschmelzungen verhindern, hat aber keinen Einfluss auf die Quarz-Aufberstungen.

044. Aufkochen von Glasur

Es handelt sich hier um Entgasungen verschiedener Ursachen. Es können Gasabspaltungen von sehr schwer aufoxidierbaren Stoffen sein, welche mehrere Umwandlungsstufen durchlaufen und Gase bilden (oft schaumartig). Ein gefürchteter Stoff ist SiC, welches als Verunreinigung (auch in Spurenanteilen) auftreten kann, sowohl in der Glasur als auch in der Masse (z.B. aus Brennhilfsmitteln).

Auch andere Verbindungen (z.B. Fe-, Cr- und Mn-Verbindungen) bilden oft an waagerechten und vertieften Stellen schaumartige Bläschen (fast immer nestförmig), wobei fast immer Wertigkeitsänderungen die Urheber sind.

Meist treten diese Fehler bei leichtflüssigen Glasuren auf. Auch Gips und andere Verunreinigungen (in Masse oder Glasur) können ähnliche Fehler ergeben.

Hilfe:

1) Glasur von Farboxiden, Farbkarbonaten und sonstigen Farbsalzen befreien und dafür feuerbeständige Farbpigmente einführen.

2) Glasurviskosität etwas erniedrigen, damit frühe Entgasungen möglich sind und die Glasur erst hiernach mit Sinterung und Schmelze beginnt. (Zusatz von 5-10% Kaolin, Ton, Nalsit u.Ä.).
3) Glasur dünner auflegen.
4) Endtemperatur in oxidierender Atmosphäre länger halten.
5) Höhere Brenntemperatur durchführen (ca. 10-20 K).
6) Glasur auf völlig anderer Grund-Basis verwenden.
7) Bei offenem Feuer (z.B. bei Gas und Öl) auf SO_2 in der Ofenatmosphäre achten, welches Ursachen der Schaumbildung bei farbigen Glasuren sein kann.
8) Falls Gasabspaltungen aus einem nicht zu ändernden Scherben kommen, diesen gegen Gasentweichungen nach oben (außen) mit einer Sinterengobe (mit sehr breitem Sinterintervall, wie z.B. Nalsit-Engobe) absperren. Somit liegt dann eine Absperrschicht zwischen entgasenden Scherben und Glasur.
9) Falls einfarbiger Glasurschlicker erst nach einer gewissen Zeit solche Bläschen zeigt, sollte man das Schlickerwasser erneuern, denn es kann hierbei der Fall ein treten, dass durch das Altern des Glasurschlickers sich der pH-Wert ändert. Dies geschieht besonders bei Glasuren mit sehr langen Standzeiten, wo sich öfter Salzausscheidungen auf der Schlickeroberfläche zeigen. Solch gealterte Glasurschlicker zeigen außer feinen Bläschen meist noch feinste Nadelstiche.
10) Falls Bläschen an allen Glasurtypen auftreten, so muss man den Fehler in der Masse (Scherben) suchen (z.B. entweder jeden Rohstoff einzeln untersuchen und austauschen oder neue Masse beziehen)!

045. Aufkochen von Bindungen bei Schleifscheiben

Bei Schleifkörpern mit keramischen Bindungen können diese zu Aufblähungen (ähnlich einem Aufkochen) führen.

Dies ist der Fall, wenn die Bindung durch einen zu hohen Brand, an den Außenstellen des Werkstückes, mit dem Schleifkorn zu ungewünschten Reaktionen kommt, was zu Schmelzerscheinungen mit starken Entgasungen und Blasenbildungen in der Bindung (oft Berührungszone Korn/Bindung) führen kann.

Diese Entgasungen können so stark sein, dass der Schleifkörper nach oben zum Blähen kommt, (sogenanntes „Aufkochen"), wobei die Glasphase so weich werden kann, dass übereinander liegende Schleifkörper miteinander verkitten können.

Hilfe:

1) Brenntemperatur erniedrigen und/oder notfalls Endhaltezeit stark verkürzen.
2) Bindungsanteile in Pressmasse vermindern.
3) Atmosphärenwechsel (z.B. von Oxidation zu Reduktion) kann Ursache von Aufkochen sein. Bei Gasöfen auf volle Oxidation achten.

4) *Weniger Schleifkörper übereinander stapeln.*

5) *Bindungstyp wechseln. Bindung mit falschem Flussmittel (z.B. zu rapide und zu hohe Flussmittelwirkung - wie PbO, B_2O_3 -u.a.) können SiC angreifen, C abspalten und Blähungen hervorrufen.*

046. Aufreißen der Gießnaht bei Gießwerkstücken (Gießnaht-Risse)

Fast alle, im Gießverfahren hergestellten Werkstücke, erhalten eine Gießnaht, die an den Gipsformen-Trennstellen (Berührungsstellen der Einzelformteile) sichtbar wird. Sie entsteht beim Ansaugen des Gießschlickers durch die Gipsform, wodurch die Formentrennstellen äußerlich zu erkennen sind. Diese Gießnaht ist die Schwachstelle beim Ausnehmen des Rohlings aus der Form, so dass es beim Ausformen hier zu inneren Gefügelockerungen kommen kann. Im schlimmsten Falle kann es, bei zu früher Ausformung (Rohling ist noch zu weich), schon direkt zum Aufreißen dieser Gießnaht kommen.

Es kommt aber auch vor, dass man beim Ausformen keinen Fehler sieht, dieser aber nach dem Trocknen oder erst gar nach dem Brand sichtbar wird.

Hilfe:

1) *Rohling später ausformen, damit eine höhere Rohfestigkeit des Werkstückes entsteht.*

2) *Ansaugzeit des Gießschlickers zur stärkeren Scherbenbildung verlängern.*

3) *Entsprechend vorsichtig ausformen, wenn Formung noch klebt, so nach dem Öffnen der Form etwas rütteln oder senkrecht anklopfen, damit sich der Rohling (in Ruhelage) von der Wand lösen und ohne Widerstand entnommen werden kann.*

4) *Beim Verputzen der Gießnaht diese nicht zu nass machen, so dass keine tonigen Teile ausgeschwämmt werden und keine Trockenrisse entstehen.*

047. Aufreißen vom Werkstückrand und Rissbildung beim Rohglasieren

Dieser Fehler entsteht beim Rohglasieren, wobei kurz nach dem Glasieren (meist beim Tauchglasieren) Risse am Werkstückrand oder an anderer Stelle entstehen, die durch den ganzen Körper hindurchgehen.

Bei sehr groben (auch schamottierten) Massen entstehen kleine Risse an der Oberfläche, die meist nur wenige Millimeter groß sind. An den dünnsten Scherbenstellen entstehen am häufigsten Risse.

Beim Tauchen saugt der Scherben das Wasser des Schlickers auf, so dass die tonigen Scherbenanteile bei genügender Wasseraufnahme wieder aufweichen. Sind hierbei im Scherben quellbare Tonteilchen (fast immer), so dass diese volumenmäßig vergrößert werden, so entstehen Aufpusteln und Risse im Werkstück.

Hat der Scherben zu wenig quellbaren Bestandteile (z.B. Kaolin), so geht durch die Wasseraufnahme die Festigkeit verloren und das frisch glasierte Werkstück erweicht und zerfällt, so dass man es oft nicht mehr ohne Beschädigung abstellen kann.

Besonders häufig tritt dieser Fehler bei nicht genügend hoher Werkstücktrocknung ein, wo der im Innern befindliche Wasserrest noch eine zusätzliche Wassermenge zum Aufweichen (bzw. Quellen) liefert.

So zeigt sich der Fehler in der feuchten Jahreszeit (Übergangszeit) häufiger als in der trockneren Jahreszeit (z.B. Sommer).

Hilfe:

1) *Werkstücke intensiver trocknen (länger im Trockner).*
2) *Bei Feinkeramik (ca. 3-7 mm Wandstärke) sollen die Werkstücke nicht zu warm sein, da sonst zu viel Schlicker (somit Wasser) angesaugt wird. Bei schamottierten Werkstücken mit dickerer Wandstärke (ca. 10-20 mm), kann man die Ware stark vorhitzen (z.B. Gasbrenner), so dass ein sehr schnelles Trocknen der Oberfläche erfolgt, so dass man vom Glasierband sofort einsetzen kann.*
3) *Auf Spitzglasieren übergehen und dünner glasieren.*
4) *Den Glasurüberzug in zwei oder drei, zeitlich verschobenen Abständen (z.B. auch bei Hohlware) innen ausgießen - trocknen lassen - später außen Übergießen, Eintauchen oder Überspritzen.*

048. Aufrollen von Email (auch bei Zirkonglasuren)

Man spricht von Aufrollen, wenn die Schmelzschicht während des Brennvorganges auf ihrer Unterlage sich abhebt und tropfen-, kugel- oder rollenartig zusammenzieht. Es entstehen hierbei meist emailfreie Flächen auf dem Werkstück. Sehr oft sind die Ränder der Werkstücke der Ausgangspunkt, von hier zeigt sich ein Zurückziehen der Schmelze.

Die Ursachen können an der Unterlage, an der zu hohen Trocken- und Brennschwindung und an der Schlickerzusammensetzung liegen.

Hilfe:

1) *Nur gut getrocknete Teile zum Brennen in den Ofen geben. (Plötzlich auftretender Wasserdampf begünstigt den Fehler).*
2) *Untergrund (Blech, Guss etc.) müssen sauber sein (Öl, Fett, Schweiß, Staub u.Ä. begünstigen das Aufrollen).*
3) *Ein zu langes Mahlen (Übermahlen) in Trommelmühle.*
4) *Dünner emaillieren (auch glasieren). Zu dick aufgetragene Überzüge begünstigen das Aufrollen und Zusammenziehen.*
5) *Versatz hat eine zu hohe Oberflächenspannung, so dass man die Grundzusammensetzung ändert. Dies ist vor allem dann der Fall, wenn alle Werkstücke diese Fehler zeigen.*

6) *Zu hohe Trocken- und Brennschwindung erniedrigen. Hier ist meist ein plastischer Ton (Bentonit, o.Ä.) der Mitverursacher, so dass man diesen erniedrigen oder (wenn möglich) ganz entfernen sollte (siehe hierzu auch „Aderbildung in Email" und „Schwindungsrisse").*

049. Aufschäumen von Glasur

Im Prinzip handelt es sich um inselartige Anhäufungen kleinster Bläschen, die schaumartiges Aussehen haben. Diese Fehler sind zum Teil identisch mit den Fehlern in „Aufkochen von Glasur" und sind fast ausschließlich auf Wertigkeitsänderungen von Farboxiden und zum Teil Salzen (z.B. MnO_2, $MnCO_3$, Fe_2O_3, CuO, $CuCO_3$, S-Salzen u.a.) zurückzuführen.

Ein stark wirkender Stoff in dieser Richtung ist Siliziumkarbid (SiC) und auch Gips ($CaSO_4$), welche sowohl von der Masse aus, als auch im Glasurversatz derartige Schaum- und Bläschenbildungen ergeben.

Es sind Stoffe, welche in dünnflüssigen Glasuren bei geringsten Atmosphärenänderungen, die bei den verschiedenen Reaktionsabläufen eintreten können, sofort die Wertigkeiten ändern und hierbei Sauerstoff (u.a.) aufnehmen und/oder abgeben können (max. Bläschengröße = ca. Stecknadelkopf). Diese Schaumbläschen sind kaum zu verwechseln mit normaler Blasenbildung von Glasurentgasungen, die meist ohne inselartigen Anhäufungen auftreten und größer sind.

Hilfe:

1) *Zum Einfärben hier keine Farboxide bzw. -salze verwenden, sondern nur beständige Farbkörper, die nicht mit dem Glasurnetzwerk in Reaktion treten.*
2) *Glasur viskoser einstellen (ca. 5-10% Kaolin zum Mühlenversatz).*
3) *Bei offenem Feuer nur mit voller Oxidation brennen.*
4) *Brenntemperatur gering erhöhen (gilt nur, wenn schon ein Teil der Bläschen aufgeplatzt sind). Eine gleiche Wirkung wird durch Verlängern der Temperatur-Endhaltezeit erreicht.*
5) *Weniger dicht setzen, so dass eine bessere (leichtere) Entgasung möglich wird.*

050. Aufschäumen von Email

Dieser Fehler geschieht meist in periodischen Öfen, wobei eine Gasentwicklung, eine Anzahl kleiner Bläschen entstehen lässt, die schwammig-porig aussehen und zum Teil schon aufgeplatzt sind. Hierbei sind oft ganze Oberflächen bedeckt.

Hilfe:

1) *Keine feuchten Werkstücke eingeben, da wasserdampfhaltige Atmosphäre die Schaumbildung begünstigt.*

2) *Je dicker die Emailschicht aufliegt, desto mehr wird der Fehler begünstigt.*
3) *Es können Stellmittel die Ursache für Schaumbildung ergeben, die man erproben und austauschen muss.*
4) *Die Ursachen können am Metallkörper liegen, der nach dem Beizen nicht vollkommen gesäubert und neutralisiert wurde. Hier muss mit größerer Sorgfalt gearbeitet werden.*
5) *Darauf achten, dass kein Staub in der Nähe entsteht (vor allem SiC-Staub von Schleifarbeiten).*

051. Aufschrumpfrisse (Gießrisse) von Rohlingen auf Form

Nach dem Ausnehmen des geformten (meist gegossenen) Werkstückes aus der Form, lässt sich dieses nicht von (aus) der Form lösen, da es durch die schon begonnene Schwindung auf den Formkern fest aufgeschwunden ist. Ist hierbei die Rohlingsschwindung schon erheblich eingetreten, so reißt das Werkstück oder zerbröckelt.

Dies kann auch beim Hohlguss von Artikeln geschehen, bei denen ein Werkstückteil von zwei Seiten von Form (Gipsform) umschlossen ist. So können z.B. bei Kannen die Henkel beim Trocknen in der Form abreißen oder bei Schüsselkacheln (u.Ä.) kann das Schüsselblatt (oder auch die Stege) auf den Gipskern aufschrumpfen und reißen.

Hilfe:

1) *Formlinge etwas früher (vor Beginn der Haupt-Trockenschwindung) aus der Gipsform entnehmen.*
2) *Keine warmen oder zu trockenen Gipsformen hierbei einsetzen.*
3) *Masse etwas viskoser (weniger Wasser) einstellen.*
4) *Der Gießmasse weniger Trockenschwindung geben, durch Zusatz von mageren oder Hartstoffen (Scherbenmehl, Kaolin, Kalkspat u.a.).*
5) *Bei Neuversatzerstellung kann man die hochplastischen Tone der Masse durch weniger plastische Tone austauschen (fette Tone gegen glimmerhaltige oder Kaolintone).*

052. Auftragfehler beim Glasieren

Hier sind die Fehlermöglichkeiten groß, da durch die Anzahl der Auftragsmöglichkeiten, auch die Arten der Fehler verschieden sein können.

Beim Übergießen sind Saugfähigkeit der Werkstücke und Viskosität des Glasurschlickers von Wichtigkeit. Beim Tauchen ist der Zustand des Rohlings und die Eintauchzeit wichtig und beim Spritzen sind außerdem noch die Schlickerfeinheit und der Spritzdruck maßgebend für einwandfreien Glasurauftrag. Einzelne Voraussetzungen sind bei den differenten Auftragsmöglichkeiten stets gefordert (z.B. gute Aufbereitung, Feinheit, Viskosität, Konsistenz u.a.), so dass sie als gegeben angenommen werden.

Hilfe:

1) *Zu schnelles Tauchen ergibt strahlenbildende Oberfläche, die meist auch eine zu dünne Auflagenstärke (oft Rauigkeit der Oberfläche) zeigt.*
2) *Zu langsames Tauchen ergibt zu dicke Glasurlage; eine Förderung zum Aufreißen und zur Pustelbildung beim Rohglasieren; ein Verwischen von Unterglasurdekoren; ein zu langsames Antrocknen der Glasurschicht, so dass das Ansetzen verzögert wird; einen zu großen Verbrauch an Glasur.*
3) *Übergießfehler können eintreten, wenn der Glasurschlicker an einzelnen Stellen mehrmals übereinander fließt, so dass hier Wellen und Farbunterschiede in der Oberfläche entstehen. Wenn die Zeit bei den einzelnen Werkstücken nicht genau eingehalten wird (beim Glasierband die Laufgeschwindigkeit) und wenn sich die Saugfähigkeit der Artikel ändert (z.B. durch Temperatur, Porosität, Scherbenstärke) kommt es unweigerlich zu Glasurfehlern in Oberfläche und Farbe.*
4) *Beim Handglasieren ist ein Fachmann erforderlich, bei dessen Ausfall erst Spritzproben durch den Ersatzmann erforderlich sind. Bei Spritzautomaten ergibt ein unterschiedlicher Spritzdruck auch eine unterschiedliche. Glasuroberfläche und Farbe. Die Spritzdüsen (und Behälter) können zu Spritzflecken führen, wenn nicht genügende Sauberkeit beim Glasurwechsel durchgeführt wurde.*
5) *Zu hoher Spritzdruck ergibt ein Spucken (Berg & Tal) bei viskosem Glasurschlicker und eine hammerschlagartige Oberfläche bei niederviskosem Glasurschlicker. Ein zu niedriger Spritzdruck ergibt wellige und unruhige Glasuroberflächen.*

053. Ausfallen der Rohlinge aus Gipsform beim Masseausgießen

Bei diesem Produktionsfehler, der bei der flüssigen Formgebung entsteht, entsteht beim Masseausgießen (je nach Scherbenbildungszeit) ein Ausfallen des Rohlings.

Durch das Ausgießen der überschüssigen Gießmasse (nach der Ansaugzeit für Scherbenbildung) entsteht beim Kippen der Form ein Vakuum, welches den Formling von der Gipswand absaugt.

Der Formling wird hierbei restlos deformiert und oft mit der Ausgießmasse ausgegossen, so dass er nur noch als zähplastisches Fragment in der Rückflussmasse schwimmt.

Hilfe:

1) *Will man die Massezusammensetzung nicht ändern, so hilft hier nur ein sehr langsames Ausgießen des Schlickers aus der Form und zwar so, dass in wenig gekippter Stellung ein genügender Hohlraum in der Gipsform entsteht, so dass sich beim weiteren Kippen kein Vakuum mehr bilden kann.*
2) *Eine zweite Möglichkeit ist eine magere Masse herzustellen, die schon bei angesaugter geringer Scherbenschichtstärke eine genügende Stabilität hat und sich nicht durch das Vakuum rausziehen lässt.*

3) *Auf stets trockene Gipsformen achten, damit ein stärkeres Ansaugen an die innere Formenwand erfolgt, so dass schon bald eine geringe Wandstärke das Werkstück im Entstehungszustand etwas stabilisiert.*

054. Aufzehren von Glasur

Das Glasurbild sieht aus, als ob die Glasur verdampft und nur noch ein Hauch auf der (meist rauen) Werkstückfläche übrig geblieben wäre, Es kommen verschiedene Ursachen in Frage, so kann die Glasur zu flüssig sein und eine so niedere Oberflächenspannung besitzen, dass sie beim Schmelzen in den porösen Scherben eindiffundiert, d.h. der Scherben hat die dünnflüssige Glasurschmelze aufgesaugt.

Ein anderer Fall wäre ein zu wässriger Glasurschlicker, der auch noch zu dünn aufgetragen sein kann.

Bei zu viel Flussmittelanteil kann auch bei zu hoher Brenntemperatur und entsprechender Glasurzusammensetzung (z.B. bei zu viel Alkalianteilen) eine Verdampfung stattgefunden haben, hierbei können wasserlösliche Flussmittelanteile (z.B. Soda, Borax u.a.) Mitverursacher des Verzehr-Fehlers sein.

Hilfe:

1) *Glasur dicker auftragen.*
2) *Glasurschlicker viskoser (weniger Wasser) einstellen.*
3) *Oberflächenspannungswerte der Glasur erhöhen (Kaolinzusatz zum Glasurschlicker (ca. 6-10%).*
4) *Brenntemperatur erniedrigen (ca. 10-20 K).*

055. Ausblühungen am oberen Mauergewölbe bei Ofenausgang

Hier zeigen sich am Ausgang vom Tunnelofen starke Ausblühungen am Mauerwerk (meist an Gewölbe-Vorderseite), die eine starke, pulvrige Schicht bilden. Die Farbe ist hellbeige bis creme-gelb und lässt sich leicht abschaben.

Bei einer kurzen qualitativen Untersuchung im Reagenzglas (Pulver + verd. HNO_3 + H_2O > aufkochen, abfiltern und Filtrat mit $BaCl_2$ schütteln, » weiße Trübung zeigt $BaSO_4$-Bildung) ist fast immer eine S-Verbindung zu erkennen. Es sind demnach im Brand S-haltige Brenngase entstanden, die zum Ofenausgang wandern und dort am kalten Mauerwerk niederschlagen.

Es kann auch sein, dass empfindliche Farbglasuren schon im Schmelzgebiet mit S-Gasen reagieren und fehlerhafte Oberflächen (z.B. Rauigkeit und Blasen) und Fehlfarben erzeugen.

Bei den obigen Fehlerbildungen muss schon eine deutliche Menge an S-Verbindungen vorliegen, um diese Atmosphäre zu erzeugen, wobei die Ursachen in Masse (meist), im Glasurversatz (selten) und in Brenngasen (bei offener Flamme) liegen.

Hilfe:

1) *Masse auf S-Verbindungen kontrollieren (siehe oben), dann die einzelnen Masserohstoffe auf S-Verbindungen untersuchen.*
2) *Rohstoffe einzeln aufschlämmen und absieben (< 100 µm), wobei sich auf dem Sieb S-Verbindungen (Pyrit, $CaSO_4$, organ. Teile u.a.) zeigen können. Falls keine Feststoffrückstände und trotzdem SO_3-Positiv, dann sind wasserlösliche Substanzen vorhanden.*
3) *Austauschen des verunreinigten Rohstoffes.*
4) *Zusatz von $BaCO_3$ (max. 0,5-2%), um unlösliches (unschädliches) $BaSO_4$ zu bilden.*
5) *Volle Oxidation beim Brennen mit offener Flamme.*

056. Ausblühungen an Werkstücken (oft nach Lagerzeit)

Diese Fehler treten selten an glasierten, öfter an unglasierten Teilen auf und zeigen sich als weiße, salzartige Ausblühungen an deren Oberfläche.

Bei Ausblühungen an glasierten Oberflächen handelt es sich meist um stark alkalihaltige Glasuren, die meist ein Krakelee (Rissenetz) bilden und nach einiger Zeit (nach Feuchtigkeitsaufnahme) sichtbar werden. Die wasserlöslichen Salze (meist von Alkalien) diffundieren durch die Glasurrisse nach außen, wo sie als Ausblühungen sichtbar werden. Diese Ausblühungen verlaufen also über dem Glasurrissenetz. Die Ursachen können zu hohe Gehalte an Alkalien, Vanadin oder Sulfate (als Fritten, Salze u.Ä.) im Glasurschlickerversatz sein.

Ferner kann ein Schwachbrand den Vorgang verstärken. Bei unglasierten Oberflächen sind die Ausblühungen fast über die ganze Außenfläche verteilt, vor allem aber sehr intensiv an Stellen, wo erhöhte Dampfdiffusion aus dem Scherbeninnern stattgefunden hat. So sind z.B. kleine, fast gleichmäßig verteilte, kreisförmige Ausblühungsflächen zu sehen, wenn ein Keramik-Formling beim Trocknen auf Lochblechen gestanden hat, wodurch beim Trocknen mit dem Wasser die löslichen Salze nach außen wandern und dort die Ausblühungen ergeben (meist weiß oder gelblich).

Hilfe:

Bei glasierten Werkstücken:

1) *Die Alkalien erniedrigen, vor allem die Alkalisalze (Soda, Borax u.a.) und die alkalireichen Fritten aus dem Glasurversatz herausnehmen. Hierbei kann man die Wasserlöslichkeit der Fritten (pH-Wert) überprüfen. Ein Zusatz von Al_2O_3 (als Kaolin) kann eine Verbesserung bringen.*
3) *Brenntemperatur nach Möglichkeit erhöhen.*

Bei unglasierten Werkstücken:

1) Die Masse mit Bariumkarbonat (0,3-3%) versetzen.

2) *Brenntemperatur erhöhen und/oder Endtemperaturhaltezeit verlängern.*
3) *Masse und Masserohstoffe auf Ausblähungen untersuchen (meist reicht eine qualitative Kontrolle), wonach man die entsprechend verunreinigten Rohstoffe austauschen kann.*

057. Ausblühungen an Gipsformen

Ausblühungen an Gipsformen, die an den Außenflächen weiße Salzausscheidungen erhalten, müssen vor dem Gebrauch der jeweiligen Gipsform beseitig werden.
Es handelt sich meist um Natriumsulfatausblühungen. Diese bilden sich besonders an Gips-Gießformen, welche in der Produktion immer wieder mit Gießschlicker gefüllt werden, wobei die Gipsform der Gießmasse Wasser entzieht und hiermit auch die gelösten Elektrolytsalze (fast immer Alkalisalze) mit in die Poren der Form einsaugt.

Am Porenende, an der Außenfläche der Gipsform, verdunstet das Wasser, aus dem Natrium (aus Elektrolyten) und Sulfat (aus Gipsform) als Natriumsulfat auskristallisiert. Je öfter dieser Vorgang (flüssige Formgebung) in der Gipsform abläuft, desto stärker finden die kristallinen Natriumsulfatablagerungen statt, wobei sich automatisch die Poren verengen. So sind die Ausblühungen immer ein Zeichen von verminderter Saugfähigkeit der Gipsform. Ausblühsalze dürfen nicht in den Gießschlicker gelangen, da hierdurch die Schlickereigenschaften stark verschlechtert werden. Bei Spezial-Elektrolyten, die auch Phosphatsalze enthalten können, bilden sich auch Calziumphosphate, die auskristallisieren und ebenfalls zu ähnlichen Fehlern führen.

Hilfe:

1) *Elektrolytmenge im Gießschlicker erniedrigen.*
Abputzen der Ausblühsalze von der Gipsform und darauf achten, dass keine Salze in die leere Gipsform fallen oder sonstwie in den Schlicker gelangen können.
2) *Da meist die Ansaugzeiten und auch der innere Formenabrieb sich verschlechtern, ist es fast immer ratsam, neue Gipsformen einzusetzen.*

058. Ausbrennstoff-Fehler bei Isolier- und Filterkeramik

Hier sind Ausbrennstoffe in verschiedenen keramischen Massen eingebaut, um durch entsprechende Verbrennungen der organischen Anteile in den Werkstoffen die geforderten Isolier- und Filter-Eigenschaften zu erhalten.

So sind z.B. bekannt:

1) Porige Ziegel und Steine, wobei die entstandenen Hohlräume eine gute Isolierung (Wärme und Schall) ergeben. Hier verwendet man Ausbrennstoffe, die man der keramischen Masse zumischt, z.B. Kohlepulver (Granulat), Sägemehl, Kork, Olivenkerne, Styropor u.Ä.;

2) Von schwammartigen (organischen) Fertig- oder Halbfertigrohlingen, die das Gerüst des Werkstückes ergeben, werden „keramische Masseschlicker“ eingesaugt, die an den Schwammteilen hängen bleiben bleiben, trocknen und im Brand verfestigen, während das innere Gerüst (z.B. Schwamm-Material) verbrennt, bleibt der Keramikschwamm als Filter übrig. Hierbei verwendet man Schwamm-Material (meist Kunststoff), Papier und Pappe, (verschiedener Art), Textil (Fasern und und Gewebe und Grundrohlinge) u.Ä.

Hierbei können folgende Fehler entstehen:

1) Aufreißen der Formlinge (z.B. bei Steinen);
2) Nicht volles Ausbrennen der organischen Zusätze (z.B. Sägemehl);
3) Hohlräume (großvolumig) in saugenden Rohlingen (z.B. Schwamm-Material);
4) Volle, gepackte (gefüllte) Räume im Porenwerkstück (z.B. Textil).

Hilfe:

1) Anteile von Sägemehl (auch andere organische Anteile) sind zu hoch, also entsprechend vermindern.
2) Hochheizen zu schnell, so dass Entgasung zurückbleibt (bleibt zu dicht, evtl. Kohlenstoffbildung), somit langsamer hochheizen.
3) Hier liegt der Fehler beim Beschichten des saugenden Materials mit dem Keramikschlicker, es wurde nicht genügend Material angesaugt. Es kann auch sein, dass die reologischen Eigenschaften des Masseschlickers (Viskosität, Thixotropie, Oberflächenspannung u.a.) so waren, dass die Masse an dem Grundgerüst nicht haften blieb und wieder ausläuft. Hierdurch entstehen beim Brand Großhohlräume. Zu schneller Temperaturanstieg beim Trocknen führt hier zu Fehlern, wie Risse, Hohlräume, Verziehen u.Ä.). Bei gleichen Werkstücken kann eine Gewichtskontrolle in etwa zeigen, ob genügend Schlicker aufgesaugt und nach dem Ausdrücken (oder Auswalzen) noch vorhanden ist.
4) Hier hat sich zu viel Masseschlicker im saugenden Werkstück angesammelt, bzw. es wurde nach dem Vollsaugen nicht genügend ausgepresst.

059. Auslaufen von Gießschlicker aus der Gipsform

Die Gips-Gießform besteht fast immer aus mehreren Teilen, die zusammengefügt oder geklammert werden, so dass numehr in die offene Form der Gießschlicker eingegossen werden kann.

Sind die Fugen nicht völlig dicht oder gibt die Formenklammerung dem inneren Druck nach, so läuft die Gießmasse durch diese Öffnungen aus.
Eine besondere Gefahrenstelle hierzu ist öfter beim Reihenguss zu beobachten, wobei die Formen in aufrechter Lage nebeneinander gestellt und zusammengeklammert werden.

Wenn hier nur eine Stelle nicht völlig plan anliegt, so kann es zum Auslaufen kommen, wobei eine ganze Formenreihe nachziehen kann. Meist ist dieser Guss nicht mehr zu retten, im besten Fall (bei nur geringem Öffnungsspalt) kann sich eine besonders dicke Gießfuge bilden, die dann abdichtet, aber einen nicht mehr brauchbaren Rohling ergibt.

Hilfe:

1) *Innere Anschlagfläche (Fugenflächen) der Gipsformen müssen sauber sein und dürfen keine Masse-Reste ankleben haben.*
2) *Die Außenflächen der Gipsform müssen ebenfalls gesäubert und eben sein.*
3) *Verklammerung der Gipsformen (einzeln oder in Reihe) müssen fest sein und sollten vor dem Eingießen des Masse-Schlickers stets kontrolliert werden.*

060. Ausscheidungen an Glasuroberflächen

Die teils halbmatt bis rauen Ausscheidungen sind meist völlig unregelmäßig und treten oft an den verschiedenen (teils aber auch immer an gleichen) Stellen im Ofen auf.

Es sind Anhäufungen von feinsten, kristallinen Ausscheidungen, wobei diese sehr stark abhängig sind von der Abkühlgeschwindigkeit im oberen Temperaturbereich, bei der die Glasur noch so flüssig ist, dass darin Kristallkeime entstehen und zu Kristallen wachsen können.

Die Ursachen liegen in der Zusammensetzung der Glasur, worin reichlich Stoffe (z.B. ZnO, Li_2O, CaO, BaO, MoO u.a.) enthalten sind, die mit anderen vorhandenen Oxiden (z.B. SiO_2, TiO_2, u.a.) entsprechende Kristalle bilden können. Da eine gewisse Viskosität über eine längere Zeit innerhalb der Abkühlphase hier Voraussetzung ist, entstehen die rauen (kristallinen) Oberflächenausscheidungen meist an Ofenstellen, die langsamer abkühlen (meist im Innern des Ofenbesatzes).
Es gibt hier einige Maßnahmen, diese kristallinen Raustellen zu verhindern.

Hilfe:

1) *Schnelleres Abkühlen (Sturzkühlung vereitelt kristalline Ausscheidungen).*
2) *Die Glasur viskoser einstellen, so dass dem Kristallwachstum ein Widerstand entgegengesetzt wird. Dies kann durch Al_2O_3-Erhöhung bei der Glasur (z.B. 5-10% Kaolinzusatz) geschehen.*
3) *Dünneres Glasieren kann von Vorteil sein, wenn ein Al_2O_3-reicher Scherben vorliegt.*
4) *Bei Glasurneuversatz die Anteile an Alkalien, die für eine niedrige Viskosität vorwiegend verantwortlich sind, erniedrigen, wogegen die Al_2O_3-Anteile gering erhöht werden sollen.*

061. Auskristallisation von Glasurschlickeroberfläche

Hier sieht man auf der Oberfläche, von (meist schon wenig abgesetzten) Glasurschlickern eine Salzschicht, die oft in dünnen Scheiben (wie Eisschichten) auf der Oberfläche schwimmen.

Einen solchen Schlicker darf man auf keinen Fall wieder aufrühren, um ihn wieder zu verwenden. Es erscheinen dann auf der gebrannten Glasur Farbflecken (z.B. Selenrot oder sonstige alkalireichen Glasuren), so dass es zu Ausschuss kommt. Diese Flecken sind oft auch direkte alkalische Glasurtropfen, die sich mit Wasser abreiben lassen, aber nach längerer Zeit in feuchter Umgebung immer wieder alkalische Ausscheidungen bilden.

Die Ursachen der Salzschichtentstehung liegt in einer gelösten Alkalimenge im Glasurschlicker, die an der Oberfläche (bei Wasserverdunstung und langer Standzeit) als Alkalisalzverbindung auskristallisiert.

Hilfe:

1) *Zur Wiederverwendung muß man die wässrige und kristalline Schicht abheben (oder abschütten), und durch Zugabe von Stellmitteln (Magnesiumchlorid, Essigsäure oder handelsübliche Stellmittel) und Wasser wieder den alten pH-Wert und Konsistenz herstellen. Nach gutem Durchquirlen ist der Glasurschlicker wieder verwendbar.*
2) *Am sichersten ist, einen neuen Glasurversatz herzustellen, da meist immer noch vorhandene lösliche Alkalien in den Scherben eindringen und dessen Eigenschaften (vor allem bei dichten Scherben) verändern können.*
3) *Glasurschlicker von Anfang an direkt etwas saurer einstellen und möglichst keine längeren Lagerzeiten (max. 1 Woche Standzeit) des Schlickers zulassen.*

062. Ausschmelzungen

Hierunter versteht man unregelmäßige (fleckenhaft), meist dunkelfarben auf der Oberfläche ausgeschmolzene körnige Verunreinigungen, die zum Teil förmlich Löcher in die Werkstückoberfläche hineinfressen: Die Größe dieser Ausschmelzungen erscheint meist bis zu Stecknadelgröße. Hier können verschiedene Ursachen vorliegen. Bei braun bis schwarzen Ausschmelzungen handelt es sich meist um Fe-haltige Verbindungen (meist Pyrit oder Markasite u.a.); bei dunkel-grau (gering bläulich) bis schwarzen Schmelzlöchern kann es sich um Basalt handeln; bei gelb-grünen Schmelzen (bei höheren Temperaturen - < 1100 °C) handelt es sich um Gipskristalle; bei transparent bis weißen Ausschmelzungen handelt es sich um glimmer- oder feldspatartige Verunreinigungen.

Meist treten diese Fehler bei Quirlaufbereitungen auf, bei denen die obigen Verunreinigungen gröber vorliegen. Ein gleicher Fehler tritt auch ein, wenn geringe Zusätze von zu grobem Sintermehl (Glasmehl) der Masse als Verfestigungsmittel zugemischt werden.

Hilfe:

1) *Wesentlich feiner aufbereiten (aufmahlen).*
2) *Masserohstoffe einzeln untersuchen (Siebrückstand) und entsprechenden Rohstoff rausnehmen.*
3) *Sintermehle (und andere Flussmittel) nur in feinstem Korn zumischen.*

063. Ausschuss beim Pressen

Hier führt die Nichteinhaltung technologischer Prozesse zu Pressfehlern. Die Fehler entstehen meist durch falsche und abweichende Massezusammensetzung und durch nicht richtigen Verformungsablauf.

Häufig auftretende Fehler sind „Rissbildung", „Maßabweichung", „Schichtenbildung" und „feinste, krakelierte Haarrisse", die oft erst nach dem Brand deutlich sichtbar werden.

Hilfe:

1) *Masse gut homogenisieren, so dass keinerlei Feuchtigkeitsschwankung vorliegt.*
2) *Aufbereitete Masse soll eine Lagerzeit (Maukzeit) von mind. 12-24 h erhalten wobei man die Masse (Hubel) abdecken (z.B. Plastikfolie) soll.*
3) *Pressablauf (Vordruck, Hauptdruck) genau einhalten, wobei eine Verlängerung der Presszeit beim Hauptdruck immer eine Verbesserung bewirkt.*
4) *Bei Hartkorn enthaltende Massen (z.B. Schamotte u.a.), auf die richtige Korrngrößenverteilung achten. Je grober das Korn, desto höher die Gefahr der Krakelee-Risse.*

064. Aussprengungen von Masseteilchen im Brand

Es handelt sich hierbei um Absprengungen von Masseteilchen aus den Werkstücken, die sowohl unglasiert (z.B. bei Mauerziegeln, Dachziegeln u.a.), als auch an glasierten Keramiken (z.B. Töpferwaren, Kacheln u.a.) vorkommen können.
Die Absprengungen haben eine Größe von Stecknadelkopf bis zu 10 mm großen Körnern.

Wenn in der Tiefe der Aussprengung ein weißes Restkorn zu erkennen ist, so sind die Sprengungsursachen auf Kalkverbindungen (Kalkstein, Gips, Dolomit, Mergel u.a.) zurückzuführen. Bei dunklen Rückständen sind meist verunreinigende Eisenverbindungen (Pyrit, Markasit u.Ä.) die Verursacher.

Es können auch verunreinigte Schamotten (z.B. Kalk-, bzw. Pyrit-haltig) die Verursacher sein, wobei es zum Abdrücken von glasierten Teilen kommen kann, was oft auch erst nach längerer Lagerzeit (bzw. Einsatzzeit) eintritt.

Hilfe:

1) *Masse feiner aufbereiten. Bei grobkeramischen Werkstücken (z.B. Ziegel etc.) die Schlitze der Walzwerke enger stellen.*
2) *Die Einzelrohstoffe einer Siebanalyse unterziehen und an Hand des Rückstandes (evtl. chemisch-qualitative Untersuchung), den verunreinigten Rohstoff finden und evtl. austauschen.*
3) *Bei feinkörnigen S-Verunreinigungen der Masse einen Zusatz von Bariumkarbonat (0,2-0,5%) (schon bei der Aufbereitung) zusetzen.*

065. Befall von glasierten Werkstücken

Hier gibt es zwei verschiedene Fehler, die sowohl im Aussehen, als auch in der Befallsursache zu unterscheiden sind.

FESTSTOFFBEFALL (aus Ofendecke, Brennhilfsmitteln und Einsetzverfahren), der meist als kleine runde oder splittrige Körner herabfiel und in der Glasur festgeschmolzen noch gut als Festkörper (meist erhaben) sichtbar ist.

BETROPFUNGEN (Befall) von Ofendecke (selten von Brennhilfsmitteln), wobei sich hier, in langer Einsatzzeit, Glasurdämpfe als Glasurschicht niedergeschlagen haben. Falls diese glasige Schicht zu dick (übersättigt) wird, tropfen diese Schmelzpartikel auf die darunter vorbeitransportierten Werkstücke (z.B. Fliesen, Platten, Geschirr u.a.) und ergeben verschmelzende Glasurtropfen. Da diese fast immer andersfarbig sind und auch andere physikalische Eigenschaften haben, erscheint dieser Fehler als leicht erhöhter Farbschmelzfleck auf dem Werkstück.

Hilfe:

Zu 1

1) *Beim Einsetzen der glasierten Werkstücke darauf achten, dass kein Befall der unteren Lagen schon beim Besetzen erfolgt und Brennhilfsmittelplatten nicht mit Trennmitteln (Quarz, Tonerde u.Ä.) bestreut werden, wenn schon im unteren Bereich ein Besatz mit glasierter Keramik erfolgt ist.*
2) *Wenn öfter ein Befall von der Decke erfolgt (z.B. alte Öfen), so kann als oberste Lage eine Leerplatte zur Abdeckung Abhilfe schaffen.*
3) *Bei Absplitterungen aus alten Brennhilfsmitteln, müssen diese durch neue Brennhilfsmittel ersetzt werden.*

Zu 2

1) *Ofen abstellen, Abschleifen der Schmelzen (Abtropfstellen) mit Al_2O_3-Paste bestreichen.*
2) *Ofendecke soll möglichst hochporös und beständig gegen Schmelzphasen sein.*
3) *Ofendecke (z.B. Tunnelofen) an entsprechenden Stellen mit gelochtem, feuerfesten Material herstellen, über der stark saugende ff. Watteplatten (Faserplatten) die Glasurdämpfe absaugen, die man im Bedarfsfall (bei*

Ofenstillstand - aber unter Temperatur) von oben oder von der Seite hierbei austauschen kann.

4) *Brennhilfsmittel mit Auftrags-Abdeckung der Werkstücke (z.B. Sparkassetten) verwenden, dies ergibt natürlich etwas höhere Brennenergiekosten.*

5) *Viskosität und Oberflächenspannung der Glasuren erhöhen (z.B. durch Al_2O_3-Zusatz-Kaolin), um Verdampfung zu verringern.*

6) *Glasuren mit niederem Anteil an verdampfenden Oxiden (Flussmittel) verwenden (Fritteglasuren verdampfen weniger als übliche Glasurzusammensetzungen).*

066. Befall von Glasur und Email

Dieser Fehler zeigt auf Glasur, bzw. Email festgeschmolzene Verunreinigungen, die vor dem Schmelzen des Überzugs auf diese aufgefallen sind. Es kann sich hierbei um sandiges Korn (z.B. Quarzsand, Flugteilchen u.a.) handeln, welche von irgendeiner Quelle (z.B. Ofenabrieb, Isoliersande, Streusande vom Ofenbesatz - Unterlage -) in die Ofen-Umluft geraten sind und auf dem schmelzenden Überzug festschmelzen.

Ebenso können abgeplatzte Teilchen (von Brennhilfsmitteln, so z.B. Zunder bei Email, Stäube aus Umluft, vor allem bei betrieblichen Reparaturarbeiten) die Ursache sein.

Hilfe:

1) *Ofenreparatur und Reinigung der Ofenwände.*
2) *Wechsel von alten Schamotteplatten und Brennhilfsmitteln.*
3) *Austausch verschlissener Schmelzkörbe und Gehänge.*
4) *Ofen-Umluft (Kanäle und Geschwindigkeit) kontrollieren.*

067. Behautmassefehler an schamottierten Kacheln

Behautmasse (BHM) nennt man die dicke „Engobeschicht", welche vor dem Pressen (von Ofenkacheln u.Ä.) der schamottierten Arbeitsmasse in feinaufbereitetem, plastischen Zustand, als rohe Massescheibe aufgelegt und zusammen zu einer Ofenkachel gepresst (geformt) wird. So entsteht eine Kachel, mit einseitig feinkeramischem Überzug, auf welcher meist noch eine Glasur aufgebracht und dann gebrannt wird.
Bei Handformkacheln wird die zäh-plastische BHM auf die geformte, rohe Kachel manuell aufgestrichen. Die entstehenden BHM-Fehler kommen meist von nicht übereinstimmenden technischen Daten der Arbeitsmasse und BHM. Es können A) BHM-Fehler, B) Abplatzer, Verziehen der ganzen Kachel, sowie D) Glasurfehler auf der BHM entstehen.

Hilfe:

1) *BHM-Risse entstehen, wenn beim schnellen Trocknen die Schwindung der BHM zu groß ist. BHM muss abgemagert werden!! (Kreide, Wollastonit, Scherbenmehl etc.).*

2) *BHM-Abplatzer (auch Abheben) zeigt sich bei einer zu niedrigen Tr.-Schwindung, so dass schon nach dem Trocknen ein Abheben erfolgen kann (plastische Tone zusetzen, oder Magerungsstoffe erniedrigen).*
3) *Ein Verziehen (meist schon nach dem Trockner sichtbar) tritt nach dem Brand stärker in Erscheinung. Der Fehler erscheint bei zu hoher BHM-Schwindung (Tr.&Br.-Schwindung) gegenüber dem Kachelkörper, wenn dick behautet und langsam getrocknet und gebrannt wird. Zu hohe BHM-Schwindung ergibt hohle Kacheln und umgekehrt.*
4) *Glasurfehler (Risse, Abplatzer) kommen von nicht angepassten Ausdehnungswerten(BHM: Glasur) und sind unter den einzelnen „Glasurfehler-Nummern“ zu finden.*

„BHM“ steht für Behautmasse = plastische Engobe

068. Bersten und Reißen bei Werkstückstrocknung

Hier kommen Werkstücke mit starken Rissen und teilweise abgeplatzten Scherbenteilen aus dem Trockner. Diese Trockenfehler können verschiedene Ursachen haben, wobei die Massezusammensetzung, ihre Aufbereitung, die Art und Weise der Formgebung, wie auch der Trocknungsablauf verantwortlich sein können.

Bei der Massezusammensetzung spielt nicht nur die Zusammensetzung der Rohstoffe, sondern auch ihre homogene Aufbereitung sowie die Feuchtigkeit bei der Formgebung eine wichtige Rolle.

Hilfe:

1) *Masse durch Zusatz von quarzfreien (-armen) Hartstoffen (z.B. Scherbenmehl, Glimmer, Schamottemehl etc.) abmagern.*
2) *Im Masseversatz die Anteile der plastischen Tone (vor allem Fireclay und Montmorillonithaltige Tone) vermindern und dafür Kaolin oder andere Magertone erhöhen (z.B. Glimmer-haltige Tone).*
3) *Bei Grob- und Baukeramiken: Masse besser und intensiver aufbereiten und mauken, um evtl. gebildete Massestrukturen zu vermindern.*
4) *Langsamere Temperatursteigerung bei der Trocknung.*
5) *Scherbenstärke nach Möglichkeit verringern.*
6) *Feuchtlufttrocknung durchführen.*

069. Bindefestigkeitsabfall bei Schleifscheiben

Bindefestigkeitsabfall bei Schleifkörpern zeigt sich fast immer erst bei praktischer Erprobung (oder Einsatz). Man sieht diesen Fehler nicht immer direkt an allen Schleifkörpertypen.
Wenn im Pressversatz Verunreinigungen oder regeneriertes Korn oder unsachgemäße Bindung (z.B. mit zu viel schwindbaren Anteilen) verwendet wurden, so zeigen sich am gebrannten Körper meist spinngewebeartige Krakeleerisse oder kleine Löcher, welche auf eine sehr schlechte Bindefestigkeit hindeuten.

Ansonsten muss durch Anritzen mit einem Meißel festgestellt werden, ob sich das Schleifkorn leicht beschädigen oder ausbrechen lässt, welches bei einer schlechten Bindefestigkeit der Fall ist.

Hilfe:

1) *Bindungsversatz homogener mischen.*
2) *Höhere Brenntemperatur und/oder längere Temperatur-Haltezeiten anwenden (hierbei auf Veränderungsmöglichkeit anderer, im Ofen befindlichen, Schleifkörper-Typen achten).*
3) *Höheren Bindemittelanteil einsetzen (Bindung im Versatz erhöhen).*
4) *Nur Neukorn (kein regeneriertes Korn verwenden).*

070. Blasenbildung bei Glasuren

Blasen in Glasuren kommen stets von Entgasungen, welche nicht immer ihre Ursachen im Glasurversatz, sondern auch im Scherben wie auch im Brennverlauf haben können.

Gasabspaltungen dringen normalerweise durch den porösen Körper nach außen und durchdringen dabei auch die noch rohe, poröse Körperauflage. Erst wenn die Glasur bei weiterer Temperaturerhöhung die erste Schmelzphase erreicht, den Scherben abgedichtet hat und im Glasurgemisch noch Gase entstehen oder vorhandene Gasreste nicht entweichen konnten, bewirken diese die Blasenbildungen.

Dies kann verschiedene Ursachen haben. Meist kommt die Glasur zu früh zur Abdichtung (vor allem beim Schnellbrand), so dass die Gase sich die schwächste (dünnste Glasurhaut) Stelle zum Entweichen suchen, die Glasurschicht durchbrechen und hierbei Blasen bilden.

Die Ursachen können sowohl in der Glasurzusammensetzung, in dem Brennprogramm, als auch in der Ofenatmosphäre liegen, wodurch Wertigkeitsänderungen und Schmelzpunktverschiebungen eintreten können.

Die Gasabspaltungen können sowohl im Scherben (Unterlage) als auch innerhalb der Glasurschmelze entstehen.

Vorgebrannte (geschrühte) Werkstücke haben wesentlich geringere (oft keine) Entgasungen. Vorgetemperte Glasuren (Fritten) haben auch meist keine Entgasungen mehr.

Hilfe:

1) *Langsamer hochheizen (bis 100 K nach Entgasungstemperatur).*
2) *Haltezeiten, bei Temperaturen vor dem Sinterungsbeginn durchführen.*
3) *Bei kleinen Blasen, die Haltezeit und/oder Endtemperatur erhöhen.*
4) *Entgasende Stoffe (z.B. Karbonate etc.) im Masseversatz durch andere Stoffe (z.B. Silikate) ersetzen.*
5) *Bei Zweibrandware die Vorbrandtemperatur etwas erhöhen (10-20 K).*

6) *Im Glasurversatz möglichst mit viel Fritten und keinen entgasenden Rohstoffen arbeiten.*
7) *Bei Schnellbrandglasuren nur mit Fritten (über 90%) und stabilen Farbkörpern arbeiten, nur unbedingt notwendigen Zusatzanteil an Stoffen, die für die Verarbeitung notwendig sind (z.B. Kaolin, Ton, Stellmittel, Nalsit, Na-Al-Silikat u.Ä.), hinzugeben.*

071. Blasenbildung bei Email

Eine nicht seltene Erscheinung beim Emaillieren, wobei die Ursachen sehr verschieden sein können.

Normalerweise entstehen Gasentwicklungen (Ursachen der Blasenbildung) aus Zersetzungsvorgängen, beim Hochheizen und Brennen bei Emailschlickern, in den unteren Temperaturbereichen (wie Entwässerung von Ton, Abspaltung von CO_2, OH u.Ä. aus Stellmitteln und sonstige viskositätsbeeinflussende Additive.

Bei höheren Temperaturen hören die Blasenbildungen auf und enden mit dem Aufplatzen, wobei sich auch kleinste Krater (Nadelstiche) bilden können, welche schnell zuschmelzen.

Da diese gesamten Vorgänge sich in wenigen Minuten abspielen, müssen alle Faktoren genau beachtet werden.

Oft ist das Grundemail die Ursache von Blasenbildung, auch fehlerhafte Bleche mit Lunkern, Zundereinschlüsse in Falznähten und Bördelungen, Verunreinigungen von Metalloberflächen und zu hoher Kohlenstoffgehalt der Metalle sind mit verantwortlich. Auch Beizrückstände oder schlechte Sandstrahlung können Mitverursacher sein.

Hilfe:

1) *Kohlenstoffgehalt der Metalle (Unterlagen) überprüfen.*
2) *Völlige Säuberung der Metalle (Emailunterlagen).*
3) *Zur Emaileinfärbung keine Salze und Oxide sondern beständige Farbkörper einsetzen.*
4) *Organische Zusätze im Emailschlicker vermeiden.*

072. Blasen bei Salzglasuren

Blasen bei Salzglasuren sind beim Salzglasieren des puren Scherbens (Werkstück) sehr selten und nicht zu Vergleichen mit den Aufblähungen (siehe unter „042“), die eigentlich Scherbenreaktionen sind.
Bei diesen Blasen handelt es sich um Gasbildungen in der Glasuroberfläche, deren Ursachen in der Reaktion mit der Unterlage (Scherbenoberfläche) zu suchen sind. Hier entstehen Reaktionen mit verschiedenen Medien, welche an der Scherbenoberfläche liegen und als Verunreinigungen (Pyrit, Kupferkies u.a.) der Steinzeugmasse anzusehen sind. Diese geben, durch das Lösungsverhalten mit dem HCl (beim „Salzen“), Gase ab und erzeugen kleine Blasen (oft kleine Schaumflecken).

Die andere Ursache liegt in dem Auflegen von Farboxid-Verbindungen (für farbige Salzglasur, z.B. Blau, Braun u.Ä.), die ebenfalls beim „Salzen" kleine Blasen ergeben können. Hier sind vor allem Mn-, Co-, und andere Verbindungen die Ursache, die ebenfalls (je nach Atmosphäre) Gase abgeben.

Hilfe:

1) *Nur saubere, SiO_2-reiche Tone für Steinzeugmasse verwenden.*
2) *Farboxide durch Farbspinell-Farbkörper ersetzen.*
3) *Farbfritten (mit geringem Zusatz an plast. Ton) sind als farbgebende Effekte zu verwenden.*

073. Blindwerden und Verbrennen von Schmelzfarbendekoren

Blindwerden von Schmelzbranddekoren (Handmalerei, Abziehbilder u.a.) zeigt meist einen milchigen Dekorüberzug auf den Schmelzfarben, wobei die Ursachen verschieden sein können. In einem E-Ofen liegt hier meist ein Überbrennen (zu hohe Einbrenntemperatur) vor, es kann aber auch ein zu niederer Brand sein, wobei die Schmelztemperatur der Dekore noch nicht erreicht ist und ein nicht vollkommenes Ausbrennen der organischen Bindehilfsmittel vorliegt. Ein zu dichter Ofenbesatz und ein viel zu schneller Brand kann das Verbrennen der organischen Anteile und das klare Ausschmelzen der Dekore behindern, so dass noch nicht geschmolzene Teile einen Schleier ergeben.

Bei einem zu hohen Brand erkennt man (am deutlichsten an dem Verzehren der roten Schmelzfarben) zusätzliche Farbauflösungen am Dekorrand, was man auch als „Verbrennen" bezeichnet.

In Gasöfen ist dieser Fehler öfter (durch Atmosphärenwechsel) vorhanden, wobei zusätzlich noch Eierschaligkeit und Nadelstiche auftreten können.

Hilfe:

1) *Dekorierte Werkstücke gut vortrocknen.*
2) *Weniger dichten Ofenbesatz durchführen.*
3) *Temperatur bei Blindwerden erhöhen und/oder längere Haltezeit bei Endtemperatur durchführen.*
4) *Temperatur bei Dekorauflösung erniedrigen und/oder die Temperzeit verkürzen.*
5) *In Gasöfen nur mit voller Oxidationsatmosphäre brennen und bei Blindwerden Haltezeiten vor Endtemperatur einprogrammieren. Langsameres Hochheizen ist hier auch hilfreich.*
6) *Wenn in Blindschicht noch graue Teile erscheinen, sind noch Kohlenstoff-Reste vorhanden, so dass die Oxidation erhöht und der Ofenabzug beim Brand länger geöffnet bleiben muss.*

074. Borschleier (weiße, wolkenartige Ausscheidungen)

Die weißen Ausscheidungen, welche oft in fast transparenten Glasuren auftreten, sind meist Borataussscheidungen, die sich meist beim Vorhandensein von deutlichen Anteilmengen an ZnO, CaO und TiO_2 in Verbindung mit Bor bilden.

Es gibt auch andere, sehr schwache Borat-bildende Oxide, die aber normalerweise in Glasuren nicht auftreten. Diese Borschleier zeigen glänzende Oberflächen, im Gegensatz zu vielen anderen Ausscheidungen.

Sind (oder werden) solche Borschleier-Glasuren mit nur einem Farboxid (z.B. Cu-, Co-, Fe- u.a.) eingefärbt, so entstehen keine einheitlichen Farbflächen, sondern Glasuren mit verschieden starken Farbtönen, die ein schönes Glasurdekor ergeben können, so dass man diesen Ausscheidungsfehler sehr gerne als Effekt-Glasur verwendet. Durch die Boratbildung sind zwei verschiedene Glasphasen entstanden, welches auch durch die obigen Farbdifferenzen bestätigt wird.

Diese Ausscheidungsfehler treten meist bei Schnellbrand nicht (oder nur vermindert) auf, da die Viskosität der Glasur beim Abkühlen so schnell erhöht wird, dass zu geringe Zeit zur Ausscheidung bleibt.

Hilfe:

1) *Erhöhung der Viskosität der Glasurschmelze verhindert die Ausscheidungen, was man praktisch durch Zusatz von Al_2O_3 (ca. 5-10% Kaolin) erreicht. Werden die Borschleier mit wenig Kaolinzusatz nur vermindert und die Glasur wird zu schwer schmelzbar, so muss man einen völlig neuen Versatz durchführen.*
2) *Bei Glasurneuaufbau den B_2O_3-Anteil vermindern.*
3) *Bei Glasurneuaufbau die Anteile von CaO und ZnO tief halten und Al_2O_3 über den Normalanteil anheben.*
4) *Die Alkalioxide (Na_2O und K_2O) erhöhen.*

075. Brandblasen

Dieser Fehler tritt immer wieder bei dichtgebrannten Werkstücken auf und kann sich bei feinkeramischer Ware (z.B. Porzellan,Vitreous u.a.) und auch an grobkeramischer Ware (z.B. Grobsteinzeug, auch bei Salzglasur u.a.) zeigen.

Bei Grobsteinzeug sind oft noch Gase (Reste von C-, S- oder kleine Hohlräume) aus verunreinigten Rohstoffen und grober Aufbereitung vorhanden. Bei Feinsteinzeug und Porzellan sind es meist kleinste Hohlräume im Scherbeninnern, die bei der Formgebung entstanden sind.

Wenn die Außenhaut der Werkstücke zu schnell abdichtet (z.B. beim zu schnellen Hochheizen) und in den Werkstücken noch Gase bleiben, vergrößern diese durch den Temperaturanstieg ihr Volumen und Üben einen großen Druck auf die dichte (weiche) Außenhaut aus und verursachen mehr oder weniger große Brandblasen, die wie Geschwulste erscheinen können. In einzelnen Fällen kommt es auch zum Aufbersten der Blasen.

Hilfe:

1) *Intensiveres Aufbereiten bei Grobsteinzeug.*
2) *Stark verunreinigte Rohstoffe aus der Masse nehmen.*
3) *Sehr langsames Hochheizen, damit die Gase restlos verbrennen, ehe die erste Sinterung eintritt.*
4) *Vor Sinterungsbeginn eine Haltezeit einführen (besonders bei grob verunreinigten Masserohstoffen (z.B. Mauerziegel, Kanalisationsrohre u.a.)*
5) *Bei plastischer Verformung (auch Feinkeramik) die Masse vorher gut entlüften(evakuieren), besonders bei Sinterwaren.*
6) *Bei Vollguss (Kernguss) den Nachfülltrichter auf der Gipsform immer gefüllt halten, so dass keine Formgebungs-Hohlräume im Werkstück entstehen können.*

076. Brandrisse

Brandrisse (oder Brennrisse) entstehen 1. durch eine zu hohe Brennschwindung und 2. durch eine plötzlich auftretende hohe Druckspannung im Scherbeninnern, die durch Wasserdampfentstehung entsteht, den Scherben zum Aufspalten (Rissbildung) und im Extremfall zum Aufbersten bringt.

Brennrisse entstehen durch einen zu schnellen Temperaturanstieg im Anfangsbereich des Hochheizens, besonders unterhalb von 500°C, wo das chemisch gebundene Wasser der empfindlichen Tonminerale (Illit, Fire-clay, Montmorillonit u.a.) entweicht.

Oft sind die Ursachen solcher Risse, welche man nach dem Brand erst sieht, schon in feinsten, fast unsichtbaren Trockenrissen zu suchen. Diese Risse kann man schon im trockenen Zustand durch eine „Spiritus-Prüfung" (o.Ä,) finden, wobei man die Werkstückoberfläche mit Spiritus (mit Pinsel o.Ä.) befeuchtet. Hiernach trocknet die unbeschädigte Oberfläche sehr rasch (wird hell), während ein vorhandener Riss die dunkle Feuchtigkeitsfarbe noch einige Zeit beibehält.

Brennrisse können ihre Ursache in Formgebungsfehlern haben, die aber meist an ihrem Verlauf und Lage (immer an annähernd gleicher Stelle) zu erkennen sind.

Hilfe:

1) *Masse intensiver und völlig homogen aufbereiten.*
2) *Masse nach Aufbereitung länger mauken lassen (24-36 h).*
3) *Werkstückscherben vermindern (wenn möglich).*
4) *Masse magern (mit Scherbenmehl, Schamottemehl, Feldspat u.a.).*
5) *Langsamere und intensivere Trocknung (evtl. Feuchtlufttrocknung).*
6) *Langsameres Hochheizen im ersten Brennabschnitt (bis ca. 500°C).*

077. Brennfehler an unglasierten und glasierten Werkstücken

Die gebrannten Werkstücke können Fehler zeigen, welche ihre Ursachen schon in der Zusammensetzung der Rohstoffe (Masse), in der Aufbereitung, Formgebung und Trocknung und sonstigen Behandlungen haben, aber erst durch den Brand herbeigeführt und dann erst sichtbar werden.

So kennt man:
SCHMAUCHRISSE, BERSTEN, VERZIEHEN, HOCHHEIZRISSE, SCHWARZE KERNE, FARBMONDE, ZUSAMMENBACKEN, KÜHLRISSE, AUSBLÜHUNGEN, MISSFÄRBUNGEN u.a.

Hilfe:

1. *SCHMAUCHRISSE: Wenn Werkstücke (z.B. Ziegel, Klinker, Baukeramik) noch feucht und in kaltem Zustand eingesetzt werden und sich Wasser auf der Oberfläche kondensiert, diese aufweicht und bei Temperatursteigerung (vor allem Schnellbrand) das Wasser wieder ausgetrieben wird. Diese Risse entstehen fast nur an freiliegenden Oberflächen.*

Hilfe: *Besser trocknen und dann erst in Ofen einsetzen.*

2. *BERSTEN: Wenn Masse äußerlich trocken ist, aber im Innern noch Feuchtanteile oder Tonminerale (Fire-Clay, Montmorin-Minerale u.a.) befinden, die das Wasser im ersten Brennbereich sehr plötzlich abgeben und die dadurch eintretende Expansion des Wasserdampfes das Werkstück zum Bersten (Zerreißen) bringt.*

Hilfe: *Sehr gute Vortrocknung, bei Schnellbrand hilft nur eine Änderung des Masseversatzes, wobei man die hoch quellfähigen Tonminerale aus dem Vorsatz herausnimmt.*

3. *VERZIEHEN: Wenn einseitige und zu schnelle Trocknung erfolgt, so kann dieser Fehler auch schon hier eintreten. Im Brand kann ungleiche Temperatur an verschiedenen Ofenstellen, ungleiche Scherbenstärke, falscher Werkstückeinsatz im Brennraum (vor allem bei dichtbrennendem Einsatz) die Ursache sein.*

Hilfe: *Langsame Trocknung mit guter Umluftverteilung, Brenntemperatur langsam steigern und für eine gute Temperaturverteilung sorgen. Die Haltezeit (Temperzeit) verlängern und evtl. dafür die Endtemperatur (bei Dichtware) etwas vermindern. Die Masse magern durch Zusatz von unplastischen Rohstoffen, die aber keine anderen Fehler mitbringen dürfen (z.B. Quarz-Risse).*

4. *HOCHHEIZRISSE: Hier ist ein zu schnelles Hochheizen für die Einsatzware erfolgt.*

Hilfe: *Besser vortrocknen, langsamer hochheizen (im 2. Brand im Bereich des Quarzsprunges). Scherbenstärke vermindern und Masse abmagern.*

5. *SCHWARZE KERNE: Sie entstehen, wenn im Werkstück geringe Anteile von organischen Stoffen vorhanden sind, welche noch nicht verbrannt (aufoxidiert) und noch nicht, aus dem Werkstück entwichen sind, ehe der Brand zu Ende ist, oder ehe die äußere Scherbenhaut abdichtet.*

Hilfe: *Ofenatmosphäre muss voll oxidierend sein; Werkstücke müssen locker eingesetzt werden; wenn möglich den Werkstücken eine dünnere Wandstärke geben; das Hochheizen, vor allem im Bereich der Kohlenstoffverbrennung muss langsamer erfolgen; ein Magerungszusatz zur Masse (aus nicht sinternden Rohstoffen) bringt Verbesserung.*

6. FARBMONDE: Dieser Fehler kommt bei unglasierten und glasierten Werkstücken vor, hat aber die gleiche Ursache. Die Farbmonde können aufhellen und auch auf bunten Scherben vorkommen, wobei die Farbmonde fast immer dunkler erscheinen als die jeweilige Werkstückfarbe. Es handelt sich um Kohlenstoffreste, die von der Verkohlung geringer organischer Anteile der Werkstückmasse herrühren, nicht mehr die Möglichkeit zur Aufoxidation zu CO_2*-Gas hatten und somit nicht entweichen konnten. Die Hauptursachen sind eine nicht vollkommene Oxidationsatmosphäre, ein zu dichter Ofenbesatz (z.B. Stapelbesatz ist am anfälligsten), wobei zu wenig Freiraum zur Entgasung bleibt. Hierdurch bleibt ein Kohlenstoffrest im Scherbenkern und es ergeben sich dunkelgraue bis fast schwarze Stellen (bei gestapelten Fliesen und Platten verbleiben in der Mitte „dunkle Monde" - die von örtlich unterschiedlichen Scherbendichten beeinflusst werden).*

Hilfe: *Den Ofenbesatz lockerer setzen; keine zu hohen und zu dicht nebeneinander stehenden Stapel setzen; Ofen voll oxidierend brennen und eventuell hierbei Haltezeiten bei C-Verbrennungstemperaturen durchführen; Hohlware nicht mit voller Randauflage gestülpt einsetzen.*

7. ZUSAMMENBACKEN: Dieser Fehler entsteht, wenn die Einzelstücke zu dicht, in direkter Berührung eingesetzt werden und während des Brandes miteinander reagieren, so dass eine Verwachsungsstelle eintritt. Bei Schüttgut zeigt sich ein aneinander backen, wenn eine Sinterung eintritt (auch chemische Reaktionen untereinander, z.B. bei verschiedenen Zusammensetzungen und von sich berührenden Werkstücken).

Hilfe: *Weniger dicht einsetzen; Werkstückmasse mit nicht sinternden Rohstoffen abmagern; die Brenntemperatur etwas erniedrigen, dafür die Endtemperatur-Haltezeit verlängern.*

8. KÜHLRISSE: entstehen immer durch entstehende thermische Spannungen, die höher sind als die Festigkeit des Scherbens, so dass dieser reißt (hierdurch werden die Spannungen im Werkstück wieder abgebaut). Diese thermischen Spannungen werden besonders groß, wenn außer der Temperaturdifferenz hierbei, physikalisch bedingt, Volumenveränderungen noch zusätzlich auftreten (z.B. Quarzsprung bei 500-600°C).

Hilfe: *Ofen langsamer und gleichmäßiger abkühlen; möglichst gleiche Scherbenstärken am Werkstück, damit nicht unterschiedliche Temperaturen am gleichen Werkstück entstehen, was zu Doppelspannungen führt und das Reißen begünstigt; Je dicker die Wandstärken, desto größer ist die Gefahr der Kühlrissbildung; Massen mit niedriger Wärmeausdehnung sind unempfindlicher als solche mit hohem AK.*

9. *AUSBLÜHUNGEN: Sie entstehen, wenn in Rohmasse und/oder Glasurschlicker Salze (Sulfate von Na-, Ca-, K-, Mg-, Fe- u.a.) sich in der Feuchtigkeit (Anmachwasser) lösen und später schon beim Trocknen - und nach dem Brennen nach außen diffundieren (auch durch Glasurrisse) als Ausblühsalze (weiß oder gelblich) sichtbar werden.*

Hilfe: *Alkalien (z.B. Borax, Soda, Salpeter u.a.) und alkalireiche Fritten aus dem Glasurversatz nehmen, wobei eine pH-Kontrolle des Glasurschlickers eine Aussage machen kann.*
Masse (evtl. Einzelrohstoffe) auf Vorhandensein von Sulfaten prüfen und sicherheitshalber Bariumkarbonat der Masse (0,2-0,5%) zusetzen, um die Sulfate im Scherben zu binden. Wenn hierdurch keine Hilfe erfolgt, so entsprechende Rohstoffe aus der Masse herausnehmen.
Ein höheres Brennen, vor allem oberhalb 1080°C, kann eine Verbesserung bringen.

10. *MISSFÄRBUNGEN: Sie werden nach dem Brennen sichtbar, wenn durch falsches Glasieren die Glasurauflage an verschiedenen Stellen verschiedene Stärken hat. Schwankungen der Ofentemperaturen (vor allem im letzten Brennbereich) ergeben bei verschiedenen Glasurtypen unterschiedliche Farben und unterschiedliche Glasureffekte am gleichen Werkstück. Ähnliche Fehler an glasierten und unglasierten Oberflächen erhält man bei Schwankungen der Ofenatmosphären im oberen Temperaturbereich.*

Hilfe: *Gleichmäßiges Glasieren ist Vorbedingung für einwandfreie Glasuroberfläche. Gleichmäßige Ofentemperatur im gesamten Brennraum ist erforderlich. Bei Gasöfen darf die Brennatmosphäre nicht schwanken (oder gar mehrmals wechseln), um eine gleiche Farbe und Eigenschaft an Scherben und Glasur zu erhalten.*

078. Brennhilfsmittel-Verschleiß (Angriff-Verbiegen)

Brennhilfsmittelplatten werden im Brand oft mit Glasurabläufen behaftet, so dass Werkstücke ankleben und für den nächsten Einsatz nicht verwendbar sind. Nach längerer Einsatzzeit von Schamotteplatten erhalten diese (bei minderen Qualitäten) ein leichtes Durchbiegen, wonach man die Platten vor Wiedereinsatz wenden kann (mit Wölbung nach oben), so dass sie noch eine erhebliche Zeit (vor allem bei Temperaturen mit max. 1100 °C) im Einsatz bleiben können.

Cordierit(Forsterit)-Platten reagieren stark mit CaO, so dass sie für kalkreiche Werkstücke (z.B. verschiedene Steingutarten) nicht geeignet sind und einen starken, auflösenden Verschleiß zeigen.

Brennhilfsmittelplatten können reißen, wenn sie temperaturschockempfindlich sind und nicht voll aufliegen.

Hilfe:

1) Platten müssen so aufliegen, dass sie einen festen Stand haben, was meist mit wenig plastischer feuerf. Masseauflage auf einer Ofenstütze erreicht wird.

2) *Nach dem Säubern der Platten sollen diese mit einer Isoliermasse (Tonerde-Kaolin-Mischung) bestrichen werden.*
3) *Bei CaO-haltigem (und FeO-reichem) Brenngut auf keinen Fall Cordierit-Brennhilfsmittel einsetzen, da eine starke Reaktion zwischen CaO (in Masse) und MgO (in Cordierit) die Brennhilfsmittel zerstört.*

079. Breite Gießnähte beim Druckguss

Bei jeder mehrteiligen Form treten mehr oder weniger breite Gießnähte auf, welche auf die Spaltgröße zwischen den geschlossenen Formenteilen zurückzuführen sind. Diese Gießnähte sind beim Druckguss fast immer verstärkt, da der Gießschlicker durch den Druck in die Spaltöffnung tief eingedrückt wird.

Die Ursachen sind demnach bekannt, es ist einmal die Größe des Spaltes (Abnutzung der Gips-Gießform) zwischen den Formteilen, der Druck der Gießsuspension und deren Viskosität (und Oberflächenspannung des Gießschlickers).

Hilfe:

1) *Bei der Formenherstellung muss auf eine völlige Ebenheit der Formenteile und dichtes Schließen der Formenränder geachtet werden. Hier können u. U. durch Änderung (andere Aufteilung) der Formenteile die Gießnähte aus dem sichtbaren Bereich der Werkstücke hinausgelegt werden.*
2) *Beim Druckgießen muss am Anfang mit sehr niedrigem Druck die Form gefüllt werden, damit die Spaltöffnungen von den ersten entwässerten Masseteilchen verschlossen werden, ehe der hohe Druck einsetzt.*
3) *Die Gipsformen müssen vor Druckbeginn fest zusammengepresst sein.*
4) *Gießformen-Kontaktflächen (anliegende Ränder) mit verschiedenen Medien verfestigen, um einen schnellen Abrieb zu verhindern und die Spaltgröße zu vermindern. Hierzu werden verschiedene Randverfestiger (Lacke, Leime, Latex, Kunstharze u.a.) aufgestrichen und getrocknet.*

080. Deformieren beim Ausnehmen von Vollguss-Rohlingen

Beim Vollguss von meist dickwandigen Werkstücken (z.B. Feuerton, Ofenkacheln u.a.) zeigt sich nach dem Ansteifen des Werkstückes und anschließendem Öffnen der Gipsform, dass der Rohling noch sehr weich ist. Beim Ausnehmen auf eine Unterlage tritt oft eine Deformation ein, so dass man das Werkstück kaum handhaben kann. Während der äußere Körper gut angetrocknet ist, zeigt sich im Innern noch ein sehr weicher (manchmal noch zähflüssiger) Kern, was die Ursache des Deformierens ist.

Oft treten dann beim weiteren Trocknen noch weitere Fehler auf, wie Rissbildung, Aufbersten, Verziehen u.a.

Hilfe:

1) *Ansaugzeiten verlängern (später ausnehmen). Dies bedeutet fast immer eine Verminderung der Produktion.*
2) *Formen vorher besser trocknen.*
3) *Masse abmagern (mit Scherbenmehl, Schamottemehl, Kaolin, evtl. auch Kreide u.a.).*
4) *Plastische Rohstoffe (Fire-Clay-, Montmorillonit-, Illit-haltige Tone reduzieren und durch leicht wasserabgebende Rohstoffe (z.B. Kaoline, Glimmerhaltige Tone u.a.).*

081. Deformierte Gießlinge

Deformierte Gießlinge werden sichtbar, nachdem diese etwas angetrocknet aus der Gipsform entnommen werden. Hierbei können die Rohlinge nach innen eingezogen sein, oder sind so stark deformiert, dass die ursprüngliche Form stark verändert ist.

Die Ursache ist fast immer, wenn nach der Scherbenbildungszeit das Ausgießen des überschüssigen Gießschlickers zu schnell erfolgt, so dass im Innern der Form ein Vakuum entsteht, welches den Formling, der noch nicht stabil genug ist, teilweise von der Form abzieht, was zu mehr oder minder starken Deformationen führt (siehe auch „032").

Es können auch frisch ausgeformte Werkstücke, beim sofortigen Transport, durch leichte Erschütterungen deformieren (hier ist die Werkstücksmasse thixotrop).

Hilfe:

1) *Langsameres Ausgießen des Gießschlickers aus der Form, so dass sich kein Vakuum bilden kann.*
2) *Masse abmagern, so dass die Werkstücke im Scherbenbildungsprozess schneller stabil werden.*
3) *Werkstücke länger in der Form abtrocknen lassen, u. U. kann eine Innenerwärmung oder Anblasen hier die Zeit verkürzen.*

082. Deformierte Schleifkörper

Diese Fehler können sowohl bei keramisch-gebundenen als auch an Kunstharzgebundenen Schleifkörpern auftreten.

Die Ursachen können verschieden sein. Bei keramisch-gebundenen Körpern beruht die Deformation meist auf ungleichmäßiger Erwärmung, wobei die Schmelzbarkeit (zu geringe Viskosität) der Bindung ein Mitverursacher ist. Eine nicht homogene Verteilung aller Versatzanteile (vor allem der Bindung) kann ebenfalls eine Fehlerursache sein.

Die Brennunterlage und das nicht sachgemäße Einsetzen spielen ebenfalls eine Rolle.

Hilfe:

1) *Volle Homogenität des Pressversatzes durchführen.*
2) *Weniger dichten Ofenbesatz durchführen.*
3) *Geringe Hilfe bringt eine Beschwerung mit einem dicken Schleifkörper auf dem empfindlichen, dünnen Körper.*
4) *Die Viskosität der keramischen Bindung erhöhen (Flussmittel, Fritte, Feldspat) vermindern und schwer schmelzbare Stoffe zusetzen. Austausch des Feldspates durch sauberen Nephelin (Nalsit) bringt breite Viskosität.*
5) *Bei Kunstharzbindungen: Bessere Vortrocknung.*
6) *Niedrigere Härtetemperatur bei längerer Haltezeit durchführen.*
7) *Stets auf völlig ebene (und volle) Unterlage, beim Einsetzen achten.*

083. Dellen in Glasuroberflächen

Die Glasuroberfläche sieht hier fein- oder grobgewellt aus, es können auch kreisrunde Wellen verschiedener Größen auftreten.

Die Ursachen können hier verschiedener Art sein. So kann es einmal von einer Blasenbildung im abgelaufenen Schmelzprozess herrühren, wobei die aufgeplatzten Blasen nicht wieder völlig zugelaufen sind. Die Ursache hierbei kann bei einer zu hohen Viskosität der Glasur liegen, oder (was wahrscheinlicher ist) an einer etwas zu hohen Oberflächenspannung.

Die zweite Ursache kann in einem falschen Glasurauftrag liegen (zu hoher Luftdruck, zu hohe Schlicker-Viskosität u.a.). Ein zu dünnes Glasieren lässt oft die unregelmäßige (auch gehämmerte) Oberfläche der Unterlage erkennen.

Hilfe:

1) *Längere Endtemperatur-Pendelzeit kann die Oberfläche etwas glätten.*
2) *Geringe Temperaturerhöhung (max. 20 K) kann die Oberfläche verbessern, falls die Schmelztemperatur diese Maßnahme zulässt.*
3) *Ein Zusatz von Stoffen mit niederer Oberflächenspannung (z.B. Alkaliverbindungen), falls die Glasur hierbei zu flüssig wird oder rissig wird, so kann man gleichzeitig wenig* SiO_2 *(Quarzmehl) zugeben.*
4) *Glasurschlicker weniger viskos einstellen, was man durch Wasserzusatz erreichen kann. Sollte hierbei die Glasurstärke zu gering werden, so kann man 0,05-0,10% Dolapix PC 67 (notfalls Wasserglas) zusetzen.*
5) *Beim Spritzglasieren mit weniger Druck und richtigem Abstand zum Werkstück arbeiten.*
6) *Eine stärkere (dickere) Glasurauflage (notfalls 2 dünne Lagen) spritzen. Ein Tauchglasieren ist ebenfalls vorteilhaft.*

084. Dekorfehler durch falschen Ofenbesatz

Dekorabweichungen können an allen Stellen des Ofens auftreten, am meisten aber da, wo keine großen Serien hergestellt werden, das heißt, dass bei einem Ofenbesatz verschiedenartige und verschieden große Werkstücke gebrannt werden.

Es ist nicht gleich, ob man die Gesichtsteile (z.B. Glasurseite bei Ofenkacheln) in Fahrtrichtung eines Ofenwagens (oder Energieseite beim E-Ofen) einsetzt. Hier ist die Energie und Beeinflussungszeit, sowie die Umhüllung mit Ofengasen während des Brennablaufes wichtig für den Schmelzablauf und den damit verbundenen Dekoreffekt.

Wichtig ist, dass man möglichst immer die gleiche Einsatzmethode und die gleiche Gewichtsmenge an Werkstücken wählt. Es ist immer von Vorteil, einen ganzen Ofenwagen mit der gleichen Ware zu besetzen und Kleinmengen sehr locker auf einem besonderen Wagen (oder Etage) aufzubauen.

Je besser sich Temperatur und Atmosphäre ausgleichen können desto gleichmäßiger (sicherer) wird das Brennergebnis.

Hilfe:

1) *Beim Ofenbesatz die entsprechenden Werkstücke immer nach der gleichen Methode einsetzen.*
2) *Den Besatz so durchführen, dass ein guter Temperatur- und Atmosphärenausgleich erfolgen kann. Dies gilt vor allem für den Schnellbrand.*
3) *Der Abstand zur Ofendecke sollte immer einigermaßen gleich groß sein, wobei die Werkstücke nicht weniger als ca. 30 mm Abstand zur Decke haben sollen.*
4 *Bei Verwendung von zusätzlichen Brennhilfsmitteln für bestimmte Werkstücke sollte man auch dessen Gewicht und Berührungsflächen berücksichtigen.*

085. Dekorfreie Stellen bei Schmelzdekoren (Abziehbilder etc.)

Bei diesem Fehler hat sich das aufgebrachte Schmelzdekor im Dekorbrand nicht vollkommen mit der Unterlagenglasur verbunden, wobei meist der nicht verkittete Teil mit dem Rest-Dekor verschmilzt. Die Fehlerursache kann verschieden sein und sowohl an der Unterlage (Werkstückoberfläche), als auch am aufgelegten Schmelzdekor liegen.

Oberflächenverschmutzungen aller Art auf dem zu dekorierenden Werkstück sind mit die Hauptursachen der dekorfreien Stellen.

Hilfe:

1) *Die wichtigste Maßnahme ist das Säubern der Unterlage (Werkstück), worauf das Schmelzdekor (Handmalerei, Siebdruck, Abziehbild u.Ä.) aufgetragen werden soll.*
2) *Es darf kein Staub, Fett u.Ä. auf der glasierten Unterlage sein!*
Die Schmelzfarbe (Dekor) darf nicht zu dick aufgetragen werden, da ein Abrollen der schmelzdekorfreien Stellen auftreten kann.

3) *Beim Auftrag der gewässerten Abziehbilder, muss man diese gut anreiben, um hier bei das letzte Restwasser unter dem Bild zu entfernen. Jeder verbleibende Restwassertropfen ergibt eine schmelzdekorfreie Stelle.*
4) *Das Trocknen der aufgebrachten Schmelzfarbe muß langsam und intensiv erfolgen, sonst gibt es Adern, Abroller und dekorfreie Stellen.*

086. Dekor-Randauflösung

Oft handelt es sich hierbei um Farbauflösungen im Glasurdekor, was meist am Rand der Werkstücke (oder Dekorrand) zuerst auftritt.

Es handelt sich hierbei fast immer um Farbmedien (Farbkörper, Farbglasuren, sonstige Farbpigmente u.Ä.), deren Farbe durch die Grundglasurschmelze aufgeschlossen und verzehrt wird. Hierzu kann man feststellen:

a) Je dünner die Schicht des Dekors (Unterglasur-, Aufglasur-, Schiebebild- oder Siebdruckdekor) aufliegt, desto leichter kann die Auflösung erfolgen, was meist immer zuerst am Rand des Dekors geschieht.

b) Je niedriger (leichtflüssiger) die Viskosität ist, desto höher ist das Lösungsvermögen der Glasurschmelze gegenüber dem Dekormedium, so dass hier die Farbauflösung erfolgt.

c) Je geringer die Oberflächenspannung und die Viskosität des Farbmediums sind, desto leichter erfolgen die Dekorauflösungen, die immer in der dünnsten Lage und an den heißesten Stellen geschehen.

d) Die Auflösungen sind genauso bei den Schmelzfarben, im Bereich der Schmelzfarbentemperaturen (auch bei Schmelzdekoren für Porzellan, Glas, Email u.a.) bei 600-750 °C zu beobachten.

Hilfe:

1) *Niedriger brennen-(ca. 10-20 K) oder die Haltezeiten der Endtemperatur verkürzen.*
2) *Das Dekormedium viskoser machen, durch Zusatz von schwer schmelzbaren Stoffen (z.B. Kaolin, Quarz etc.).*
3) *Die Grundglasur schwer schmelzbarer machen (z.B. Zusatz von Kaolin, Quarz, Feldspat u.a.).*
4) *Farbmedien verwenden, die feuerbeständig sind.*

087. Differente (ungleiche) Härten an Schleifkörpern

Äußerlich ist an den Schleifkörpern kein Fehler zu erkennen. Meist zeigt sich bei der Qualitätsprüfung (u.U. auch erst im praktischen Einsatz), wo sich ein stellenweiser besonders hoher Abrieb zeigt, so dass ungleiche Härten auftreten. Der Fehler tritt meist bei Pressscheiben und Presskörpern auf, wobei die Ursachen sowohl beim Versatzmischen als auch im Verformen und selten im Brennen zu suchen sind.

Hilfe:

1) *Auf bessere und gleichmäßige Verteilung der Pressmasse (Granulat) in der Form achten. Vor allem organische Kleber intensiv mischen, so dass ein homogenes Pressgranulat entsteht.*
2) *Die Feuchtigkeit der Pressmasse muss so gering sein, dass diese beim Einfüllen in der Form nicht klumpt.*
3) *Zu dichtes Setzen beim schnellen Brand vermeiden.*

088. Differente Qualitäten auf verschiedenen Tunnelofenwagen

Diese Fehler sind deutlich an unglasierten (vor allem bunten) und glasierten Werkstücken zu erkennen und zeigen sich in unterschiedlichen Oberflächenfarben, Dichten und Abmessungen. Bei glasierten Werkstücken sind am deutlichsten unterschiedliche Farben und Effekte bei kristallinen, halbmatten und matten Glasuren festzustellen.

Beim Brand erfolgt (meist) die Wärmeübertragung durch direkte Wärmestrahlung, wobei im Tunnelofen noch die Umspülung der Heißgase hinzukommt. Wenn Wärmeübertragung (auch Wärmeumspülung) behindert oder umgeleitet wird, so entstehen an differenten Stellen im Besatz auch unterschiedliche Temperaturen und Atmosphären (beim Hochheizen und Abkühlen). Hierdurch gibt es unterschiedliche, thermische Reaktionsabläufe und Reaktionsgeschwindigkeiten in den verschiedenen Werkstücken. Es kommt zu „Schwachbrand und Überbrand-Zonen", wodurch z.B. Dekoreffekte, Schwindungen u.a. verschieden ausfallen können.

Bei meist unveränderter Einhaltung des Brennablaufes liegen diese Ursachen der obigen Brennergebnisse fast ausschließlich in der Setzweise und Gewichtsdifferenzen des Brenngutes.

Hilfe:

1) *Möglichst nur gleich hohe Werkstücke auf der Einsatzfläche aufsetzen.*
2) *Möglichst gleichen Abstand der Werkstücke voneinander einhalten.*
3) *Besatzaufbau möglichst so durchführen, dass ein fast gleicher Abstand zum Ofengewölbe (Decke) vorhanden ist.*
4) *Möglichst in allen Lagen (und TO-Wagen) gleiche Brennhilfsmittel benutzen (z.B. gleiche Gewichte und Arten etc.).*
5) *Annähernd gleiche Scherbenstärken der einzelnen Werkstücke durchführen.*
6) *Ist der Boden des Ofenraumes (Wagen) nicht beheizt, so ist eine Wärmeisolierung zu empfehlen und die Ware nicht mit voller Standfläche plan auf die Unterlagenplatte aufstellen, sondern auf punktartige Erhöhungen, wie Dreifüße, Dreikantleisten u.Ä., um eine gleichmäßigere Wärmeübertragung aus der Umgebung zu erhalten.*

089. Drachenzähne an stranggezogenen Werkstücken

Es sind Formgebungsfehler, die beim Strangpressen entstehen können. Hierunter versteht man sägeblattförmige Auszahnungen an Kanten des frisch aus der Strangpresse gezogenen Werkstückes (z.B. Mauerziegel, Klinkersteine, Spaltplatten, Röhren u.a.).

Sie entstehen durch ungleichen Massevortrieb in den Ecken (oder äußeren Rand) des Mundstückes, wo der Formling bezüglich der Masse einen größeren Widerstand erfährt (kurz stehen bleibt, abreißt und nachzieht). Die Ursachen können außer bei einem strömungstechnisch ungünstigen Mundstück auch bei einer nicht günstig zusammengesetzten Masse liegen.

Diese Risse sind am frisch geformten Stück sichtbar und verstärken sich beim Trocknen und Brennen.

Hilfe:

1) Bindefähigkeit der Pressmasse erhöhen (plastische Tone erhöhen).
2) Strukturzerstörende Teile in der Presse (und Presskopf) einbauen.
3) Schneckenwelle in Strangpresse kontrollieren (abgenutzt!?).
4) Körnige Hartstoffe in Masse in feinerer Fraktion einführen.
5) Vakuum und Gleitfähigkeit im Presskopf verbessern.

090. Drachenzähne beim Randschleifen an schamottierten Ofenkacheln

Ofenkacheln haben direkt nach dem Brand oft nicht die genau geforderten Maße, vor allem wenn die Kacheln ohne Fugen versetzt werden sollen, so dass sie nach dem Brennen einen Planschliff der Kanten erhalten.

Dieses Schleifen erfolgt oft mit keramisch-gebundenen Schleifscheiben (meist Topfscheiben), wobei die Kante der Ofenkachel an allen 4 Seiten plangeschliffen wird. Somit entsteht eine quadratische (seltener eine rechteckige) Kachel, die auch ohne Mörtel völlig fugendicht gesetzt werden kann.

Beim Schleifen kommt es öfter vor, dass die Kanten rau und zum Teil stark splittrig (Sägeblatt-Effekt) ausschauen, was fast immer zu Ausschuss führt.
Die Entstehungsursache dieser Zacken (Drachenzähne) liegt am Ausbrechen von meist kleinem Schamottekorn aus dem Werkstück beim Schleifvorgang. Dieser Fehler wird von verschiedenen Faktoren beeinflusst. So kann es an der Massezusammensetzung, an der Schleifscheibe und der Art des Schleifens liegen.

Hilfe:

1) Den Vorschub beim Schleifvorgang verlangsamen und auf die richtige Drehrichtung der Schleifscheibe achten.

2) *Weichere Schamotte (z.B. Kaolinschamotte oder Schwachbrandschamotte) in den Masseversatz einführen. - Vorsicht, beim Schamotteaustausch kann sich der AK ändern, so dass es zu anderen Fehlern (z.B. Glasurrisse) kommen kann!*
3) *Einführen von feinerer Schamottefraktion (z.B. 0-0,75 mm).*
4) *Die sicherste (und teuerste) Maßnahme ist die Verwendung von Diamantsägeblättern, so dass man nunmehr von einem „Schneiden" sprechen kann. Ein Nassschneiden ist von Vorteil und verhindert auch Staubbildung.*

091. Druckguss - Ablaufbeeinflussung auf Glasurnadelstiche

Bei Druckgusswerkstücken treten zeitweise in der Glasurschicht Nadelstiche auf, wenn beim Ablauf des Druckgießens direkt mit vollem Druck gearbeitet wird.

Beim Druckgießen darf am Anfang nur minimaler Druck eingestellt werden, denn beim sofortigen Eintreten von Hochdruck erhält man eine sehr hohe Verdichtung der Außenschicht (Haut) des Werkstückes, was zur Folge hat, dass Entgasungen erst dann eintreten können, wenn der Gasdruck so hoch wird, dass er die verdichtete Außenhaut durchbrechen kann. Gegenüber einem Normaldruck kann dies ein Temperaturunterschied von etwa 30-50 K betragen, bei der die Gase austreten, so dass die Gase erst später die Glasurschicht durchdringen und oft Nadelstiche und Eierschaligkeit zurücklassen.

Hier hilft eine entsprechend langsame Steigerung des Gießdruckes, wodurch man auch eine stärkere Wandstärke in gleicher Gießzeit erreicht.

Hilfe:

1) *Bei Druckgießen den Druck erst langsam steigern, so dass sich erst eine dünne (nicht so dichte) Scherbenhaut in der Form bilden kann, ehe der Druck erhöht wird.*
2) *Die Brenntemperatur erhöhen (ca. 20 K) oder die Temperzeit verlängern.*
3) *Viskosität der Glasur erhöhen (z.B. Kaolinzusatz), um durch einen späteren Sinter- und Schmelzbeginn die vorherige Entgasung zu erleichtern. Hierbei muss man beachten, dass die Glasureigenschaften (z.B. AK, Oberfl. Sp. u.a.) nicht verändert werden.*

092. Druckgussfehler

Druckgussfehler sind sowohl bei feinscherbigen Arbeitsmassen (z.B. Geschirre, Sanitär etc.) als auch an grobkörnigen Werkstücken (z.B. Ofenkacheln u.Ä.) zu beobachten, wobei es bei Hohlguss- und auch bei Vollguss-Verfahren zu Fehlern kommt.
So gibt es das Deformieren beim Ausnehmen der Rohlinge, Festkleben an der Form, Reißen in der Form, zu lange Druckgusszeiten u.a., wobei die Ursachen verschieden sein können.

Hilfe:

1) *Bei zu langen Druckgusszeiten muss die Massezusammensetzung geändert werden, wobei man die wasserhaltenden Tonmineralanteile (Fire-clay, Montmorillonit, Illit u.Ä.) in der Arbeitsmasse erniedrigen und dafür leicht wasserabgebende Tonminerale (Kaolinit, Glimmertone u.Ä.) einsetzen muss. Eine Abmagerung des Masseversatzes ist ebenfalls von Vorteil.*
2) *Deformieren beim Ausnehmen kann man ebenso mit der Maßnahme zu 1) bekämpfen, wobei eine zusätzliche Maßnahme, das Einführen von feinkörnigem Schamottemehl oder Scherbenmehl, meist Vorteile bringt.*
3) *Beim Reißen in der Form sind zu hoher Druck und zu lange Druckzeiten häufig Verursacher.*
4) *Trockenschwindung des Gießschlickers muss herabgesetzt werden, wozu es verschiedene Maßnahmen gibt. (Zusatz von Kaolin, Scherbenmehl, Kreide, Schamottemehl -je nach Keramiktyp).*

093. Durchbiegen von Brennhilfsmitteln im Brand

Hier zeigt sich nach dem Brand ein mehr oder weniger leichtes Durchbiegen der Einsetzplatten.

Meist tritt dieser Fehler erst nach einer größeren Anzahl von Brenneinsätzen auf, wobei glasige Bindungsanteile der Brennhilfsmittel zähviskos werden und durch die Gewichtsauflage des Brenngutes nach unten gebogen werden.

Dieser Fehler tritt schneller auf, wenn die Brennhilfsmittel nicht für die praktisch durchgeführte Brenntemperatur geeignet sind, so dass eine bessere Qualität der Einsetzplatten eingesetzt werden sollte, die eine höhere Feuerfestigkeit besitzen.

Eine zu hohe Gewichtsbelastung (z.B. bei Großwerkstücken) kann die Durchbiegung hervorrufen bzw. beschleunigen.

Hilfe:

1) *Entsprechende Einsatzplatten nur für tiefere Temperaturen verwenden.*
2) *Leichtere Werkstücke aufsetzen oder stärkere Brennhilfsplatten verwenden.*
3) *Unterlageplatten immer wieder von kleinen Schmelzresten (Ablauftropfen von glasierter Ware) befreien (abschleifen) und mit Al_2O_3-Schlicker (Tonerde mit wenig Kaolin) überstreichen.*
4) *Erscheint der Fehler erst nach einer größeren Anzahl von Brenneinsätzen, so kann man die Einsatzdauer der Platte verlängern, indem man diese wendet und umgekehrt (nach oben gebogen) einsetzt, so dass sich diese in den folgenden Bränden langsam zurückbiegt.*
5) *Wird mit 1-3 keine Abhilfe geschaffen, so sind Einsetzplatten anderer Qualität* (SiC, Korund u.a.) zu verwenden.

094. Durchbrennen (Schmoren) von Heizspiralen in E-Öfen

Dies erkennt man sowohl während des Brennablaufes als auch nach dem Brand. Eintreten kann dieser Fehler an Laboröfen, Kammeröfen, Herdwagen und seltener an Tunnelöfen.
Während des Brandes erkennt man an der Schaltanlage, dass am Amperemeter ein Abfall zu sehen oder er ganz ausgefallen ist. Ein Abfallen zeigt, dass hier eine Heizgruppe ausgefallen ist. Die Ursache hierfür kann sehr verschieden sein. Man sollte jedenfalls zuerst die Stromsicherungen kontrollieren.
Nach dem Brand erkennt man eine durchgeschmorte Spiralenschmelze, wobei meist Teile (Tragerohre und/oder Isolierteile u.a.) mit verschmolzen oder angeschmort sind. In beiden Fällen sollte man einen Elektriker herbeiholen.
Das Durchbrennen von Heizspiralen, wobei es zu örtlichen Schmelzvorgängen kommt, kann verschiedene Ursachen haben, so z.B.:

1) VERBRAUCH (Altern) der Spiralen, die durch langzeitigen Einsatz meist total aufoxidiert (verbraucht) sind. Hier rechnet man mit folgender Lebensdauer: 800-1000 Einzelbrände (bis etwa 3% unter max. Temp.) bei Herdwagen und Kammeröfen. 1.5-2 Jahre bei Tunnelöfen; wobei extreme Atmosphären- und Temperaturhöhe eine starke Anweichung verursachen können. Allgemein kann man sagen: Je sauberer die Ofenatmosphäre und je niedriger die Brenntemperatur, desto länger die Lebensdauer der Heizspiralen.
2) DEKORBRANDÖFEN zum Einbrennen von Schmelz-Dekoren (z.B. Abziehbilder etc.) bei Porzellan, Steinzeug, Steingut, Glas (600-800 °C) hat die Spirale nur eine geringe Reaktion mit der Atmosphäre, so dass hierdurch fast nie ein Durchbrennen stattfindet. Nur bei direkter Berührung der Spirale mit der Schmelzphase (z.B. umgefallenes Glas oder glasierte Teile oder Bruch in direkter Spiralenberührung) ist ein Verschmoren möglich.
3) ZU HOHE BRENNTEMPERATUR (höher als die max. zulässige Dauerbelastung) kann ein Durchbrennen der Spiralen bewirken. Eine defekte Schaltanlage, bei der die Abschaltung nicht funktioniert, kann schließlich ein Durchbrennen der Spiralen bewirken.
4) OFENATMOSPHÄREN, deren Gase mit den erweichten Spiralen in Reaktion treten (z.B. Schwefelgase, mit oder ohne gleichzeitige Reduktion) erfolgt ein Durchbrennen (Schmelzen) der Spirale. Letzteres kann geschehen bei S-haltigen Massen (Pyritverunreinigungen, Gips- etc.) und bei Verwendung von S-haltigen Pressölen (für plast. Verformung, Trockenverformung).
5) STROMANSCHLÜSSE und -Durchführungen können verschmoren, wobei bei den Außenanschlüssen (außerhalb des Ofens), wenn die Verbindungen nicht genügend fest verklemmt sind und ein Kurzschluss entsteht, dieser das Schmoren (Durchbrennen) verursacht. In den Durchführungen (auch im Mauerwerk) erfolgt oft ein Durchschmoren der Spiralenanschlüsse, wobei die im geschlossenen Ofenraum entstehenden Gase hier einen Weg nach außen finden und hier vermehrt durchströmen, direkten Reaktionskontakt mit den Spiralen aufnehmen und schließlich durchbrennen.

Hilfe:

1) *Brenntemperatur möglichst weit unter der max. zulässigen Anwendungsgrenze durchführen.*
2) *Abzugsklappe erst schließen wenn alle Gase den Ofenraum verlassen haben.*
3) *Bei Pressgut (mit Gleitmittel, Pressölen) dieses gegen S-freie Zusätze austauschen.*
4) *Spiralen einschl. Tragerohre (in Kammer- und Herdwagenöfen) öfter reinigen (Beläge - meist staubartig - wegpinseln und entstauben).*
5) *Arbeitsmassen und Tone auf „S-Verb." untersuchen, evtl. austauschen, notfalls $BaCO_3$-Zusatz.*
6) *Anschlussdurchführungen der Spiralen mit feuerfester Isolierwatte füllen, um Gasabzugsströmung zu vermeiden.*
7) *Alle Anschluss- und Stromverbindungsklemmen nach ca. 8-tägigem Ersteinsatz nachziehen, um evtl. Kurzschlüsse zu vermeiden.*

095. Durchhängende Werkstückböden (z.B. bei Tellern, Schüsseln etc.)

Dieser Fehler kann bei Tellern, Schüsseln (auch bei unglasierten Teilen) wie Blumenschalen u.a.) auftreten, wobei auch die Glasurschicht entsprechend verlaufen kann.

Die Ursache liegt meist bei einer zu dichten Masse beim Brand.
Diesen Fehler kann man, je nach Keramikart, einmal mit brenntechnischen und zum anderen mit keramischen Maßnahmen beseitigen.

Hilfe:

1) *Brenntemperatur erniedrigen.*
2) *Haltezeit der Endtemperatur verkürzen.*
3) *Brennhilfsmittel müssen ganze Stellfläche des Werkstückbodens (einschließlich Rand) ermöglichen.*
4) *Masse abmagern mit feuerbeständigen Zusätzen (Schamottemehl, Kaolin, Scherbenmehl, Quarz, magere Tone U.A.).*
5) *Bei gestülpter Ware die Ränder möglichst voll aufsetzen (vorher besanden - bei unglasierten Stücken), sonst kann der Rand wellig werden.*
6) *Glasur dünner auflegen und evtl. viskoser einstellen.*
7) *Auf Formgebung achten, bei Stanz- und Pressware kann eine Doppelpressung erfolgreich sein.*
8) *Bei der Trocknung Boden punktartig aufstellen (nicht vollflächig).*

096. Durchscheinende Scherben (meist Ränder) bei glasierter Ware

Bei diesem Fehler zeigt die Glasur (z.B. bei Tellern, Tassen, Schüsseln, Übertöpfen u.a.) eine nicht genügende Deckkraft, so dass hier der Scherben durchscheint.

Die Ursache liegt

A) in einer zu dünnen Glasurauflage, da in der Randspitze durch die allseitige Feuchtigkeitsaufnahme nur ein geringes Saugvermögen vorhanden bleibt. Beim Rohglasieren kann es hier zusätzlich zu Pustelnbildung kommen.

B) Durch die Randzone erfolgt der erste und meiste Transport des Trocknungswassers, so dass sich hier oft der größte Salzgehalt (aus Scherben, wenn vorhanden: Sulfate,Hydrate u.a.) ansammelt, welcher die Saugkraft des rohen Scherbens vermindert und im Brand die Glasurbildung stark beeinflusst.

Hilfe:

1) Beim Rohglasieren die Ränder vor dem Glasieren reinigen (abschleifen, oder mit feuchtem, ausgedrücktem Schwamm abputzen).
2) Glasur viskoser einstellen (5-10% Kaolinzugabe).
3) Nach Trocknen der Glasurschicht die Ränder nochmals dünn überglasieren (spritzen).
4) Glasur mit höherer Deckkraft verwenden (oder Zusatz von Trübungsmitteln).
5) Spitze (scharfe) Ränder der Werkstücke (im Rohzustand) abrunden.

097. Eckrisse beim Trockenpressen

Bei diesem Fehler sind, beim Ausstoßen des Werkstückes (z.B. Fliesen) aus der Form, Eckrisse zu erkennen, wobei es auch zu abgebrochenen Ecken und Kantenbeschädigungen kommen kann.

Es kann auch ein Kleben der Arbeitsmasse am Pressstempel eintreten. Diese Fehler sind meist werkzeugbedingt und haben ihre Ursachen in verschlissenen Formen und Stempeln, sowie an verkanteten Stempelauflagen. Es kann aber auch an zu feuchter Masse liegen.

Hilfe:

1) Granulat gut homogenisieren, ehe es zum Pressformen kommt.
2) Pressformen gut säubern und Gleitmittel verwenden.
3) Neue (überholte) Presswerkzeuge (Form-Stempel) einsetzen.
4) Feuchte des Pressgranulates überprüfen und eventuell vermindern.

098. Einsinken von Dekor in Glasur

Das auf die Glasur aufgebrachte Dekor (per Hand, Siebdruck o.Ä.) sinkt zu tief in die Glasurschmelze ein, so dass eine unebene Oberfläche entsteht. Hierbei ist

a) der Anteil an Flussmitteln im Dekormedium so hoch, dass dieses früher schmilzt und schon vor dem Schmelzen der Unterglasur in diese eindringt.

b) Die Oberflächenspannung der aufliegenden Dekorglasur ist zu tief, so dass diese in die Unterglasur eindringt. Im umgekehrten Falle würde sich das Dekor etwas erhaben zeigen.

c) Falls der Fehler nur an einem bestimmten Glasurdekor auftritt, so kann eine glasurtechnische Maßnahme getroffen werden. Wird der gesamte Ofenbesatz von diesem Fehler betroffen, so kann man auch ofentechnische Maßnahmen durchführen.

Hilfe:

1) zu a) Hier hat das Dekormedium (Farbglasur) zu viel Flussmittelanteile, so dass man mit geringem Zusatz von Quarz (o.Ä.) zum Dekorversatz die Schmelztemperatur etwas erhöht.

2) zu b) Durch geringen Zusatz von Kaolin, Talkum oder Tonerde in die Dekorglasur wird die Oberflächenspannung erhöht und das Einsinken in die Unterglasur vermindert. Hier reichen meist Zusätze von 3-5%.

3) zu c) Wenn dieser Fehler an allen Dekoren auftritt, so kann man mit einer geringen Temperaturerniedrigung (10-15 K) eine Verbesserung erzielen.

099. Eierschaligkeit von Glasuroberflächen

Hierunter versteht man Glasuroberflächen, die mit wenig kleinen Stichen (die nicht tief in die Glasurhaut eindringen) eine ähnliche Oberfläche wie eine Eierschale ergibt.
Sie hat eine große Ähnlichkeit mit der orangeartigen Glasur. Die Eierschaligkeit zeigt im Mikroskop meist sehr, kleine Bläschen oder spitze Vertiefungen, die meist bei Gasöfen auftreten. Hierbei ist die Ofenatmosphäre ein Haupt-Mitverursacher dieser Erscheinung. Hier genügt (je nach Glasurtyp) schon eine kurzzeitige Beeinflussung der Glasurschmelze durch Atmosphärenwechsel, welche, in der obersten Glasurschicht durch einen Wertigkeitswechsel kleine Bläschen oder Stiche verursachen kann (z.B. Ein- und Ausbau von Sauerstoff (u.a.) in Glasstruktur).
Besonders sind hier leichtflüssige Glasuren anfällig (z.B. Selen-haltige, Chromhaltige u.a. Glasuren).

Hilfe:

1) Völlig oxidierendes Brennen (vor allem im Gasofen) ist im Glasurschmelzbereich (von Schmelzbeginn bis Abkühlung ca. 100 K unterhalb der Abschalttemperatur) notwendig.

2) Ofenbesatz weniger dicht einsetzen.

3) *Glasur etwas dicker auftragen und etwas geringer viskos einstellen, hier reicht meist schon ein Zusatz von 5% Kaolin.*
4) *Notfalls eine andere (gegen Wertigkeitswechsel nicht so empfindliche) Glasur anwenden.*
5) *Bei diesem Fehler in einer Zr-Weißglasur (Gasofen) hilft oft ein geringer (3-5%)Zusatz von Wollastonit, wobei der Glanz etwas erhöht wird.*

100. Eisenrot-Farbveränderung im Schnellbrand

Hier erscheinen glasurfreie, klinkerrote Werkstücke mit einer veränderten Farboberfläche. So erscheint das Klinkerrot in nicht klarer braun-roter Farbe.

Diese Werkstücke (Fliesen, Baukeramik u.a.) zeigen im Schnellbrand nicht das Klinkerrot wie die Waren aus dem Normal-Tunnelofenbrand. Ganz sporadisch treten in kurzen Zeitspannen auch hellere (normale) Klinkerrot-Farben auf und verschwinden wieder (unterschiedliches Besatzgewicht und Atmosphäre).

Da es sich bei dem Normal-Tunnelofen und Schnellbrandofen um Werkstücke aus gleicher Masse und Formgebung handelt, muss die Ursache im Ablauf des Schnellbrandes liegen. Die Ursachen liegen in der Bildung von verschiedenen Modifikationsstufen des Eisenoxides, die sich wohl beim Brennen bilden können und verschiedene Färbungen haben und somit die Schnellbrandfarbe beeinflussen.

Hilfe:

1) *Nur vollkommen trockene Werkstücke einsetzen, auch geringe Feuchtigkeiten verzögern die Modifikationsstufen.*
2) *Erhöhung von hoch eisenhaltigem Illit-Ton in die Masse verbessert zwar das Rot im Schnellbrand, passt aber nicht mehr zur Normaltunnelofen-Farbe. Gleichzeitig wird meist die Schwindung erhöht, so dass gleichzeitig Zusatz von Magerungsmitteln notwendig wird.*
3) *Ein sehr lockeres Setzen bringt deutliche Verbesserungen.*
4) *Verlängerung der Kühlzone, hierbei längere Zeit bis auf etwa 900°C.*

101. Emailfehler

Es gibt eine Vielzahl von Emailfehlern, die bei der Emailproduktion auftreten können, so z.B. Blasenbildung, Abplatzer, Rissbildung, Bildung von Haarlinien, Abroller, Schweißnahtfehler, Fischschuppen, Aufkochen, emailfreie Flächen, Nadelstiche, Schaumbildung, Abrutschen etc.

Hilfe:

Für die Beschreibung und Behandlung der entsprechenden Fehler bitte den Fehlernamen (aus Inhaltsverzeichnis) bzw. die Fehlercodezahl direkt eingeben.

102. Emulsionsausscheidungen an Glasuren

Diese sind, im Gegensatz zu kristallinen Ausscheidungen, Entmischungsausscheidungen durch Phasentrennung, die man auch als Emulsionsaustrübung bezeichnen kann. Diese Ausscheidungen entstehen vorzugsweise in niederviskosen, stark borhaltigen und bleiarmen bzw. bleifreien Glasuren. Hierbei zeigen sich die Fehler in mehr oder minder starken unebenen Glasuroberflächen, wobei weiße Ausscheidungen mit „schleierwolkenartigen", bis „häkelmusterartigen", auch zusammengedrängten „ringartigen" Strukturen auftreten.

Im Schnellbrand zeigt sich dieser Fehler fast nie.

Hilfe:

1) *Höhere Viskosität im Bereich der Phasentrennung einführen, z.B. durch schnelleres Brennen und Abkühlen (z.B. Schnellbrand).*
2) *BaO (als $BaCO_3$, mit 3-8%) zusetzen.*
3) *Al_2O_3 (4-8%) auch als Kaolin zusetzen.*
4) *Geringe Zusätze (3-5%) am MgO (als Talkum).*

103. Engoberisse nach Vorbrand

Wenn die, zur Abdeckung eines Scherbens aufgelegte Engobeschicht bei dem Vorbrand (Schrühbrand) gerissen ist, so liegt die Ursache in nicht angepasster Schwindung (Engobe/Masse). Sie kann in zu nassem Engobeauftrag auf dem schon voll trockenen Rohling kommen, welcher die Trockenschwindung schon hinter sich hat, während die Engobe diese noch durchmacht und schon hierbei Trockenrisse erhält, die beim folgenden Brennen vorhanden bleiben.

Es kann aber auch eine zu hohe Brennschwindung der Engobe (zu fette/plastische Engobe) vorliegen, so dass die Risse im Brand entstehen können.

Hilfe:

1) *Trocken- und Brennschwindung der darunter liegenden Werkstückmasse anpassen. Hierbei soll die Engobe 1/10 bis 1/8 größere Schwindung haben.*
2) *Der Brand, vor allem im unteren Bereich (bis ca. 400°C), darf nicht zu schnell vor sich gehen.*
3) *Die Engobe muss etwas fetter (plastischer) sein, um außer einer etwas höheren Schwindung auch eine notwendige Griff-Festigkeit zu erhalten.*

104. Engobeverfärbung durch Unterlage

Hierbei zeigen Engoben keine einheitlichen Farbflächen, sondern punktartige Verfärbungen (oder auch Farbhof) auf der Oberfläche. Bei unglasierten Werkstücken zeigen sich z.B. bei dunkleren Farbengoben (z.B. rote Engobe) dunkle (selten helle) Verfärbungen, welche fast immer von Verunreinigungen des Scherbens herrühren, die in mehr oder weniger kleinen Teilen vorliegen. Meist sind dies: Pyrit, Markasit, Hämatit, Basalt, Magnetit oder ähnliche Verbindungen, die als Verunreinigungen in der Arbeitsmasse vorliegen können.

Bei Massenerzeugnissen lohnt meist nicht die Beseitigung, sondern nur eine feinste homogene Aufbereitung, so dass oft eine Engobe diese Verunreinigungen abdeckt. Oft dringen nun die farbgebenden Anteile bei den Zerfallsreaktionen in die Engobeauflage und verfärben diese. Oft hilft bei porösen Werkstücken ein niedrigeres Brennen, was aber auch die geforderte Qualität vermindern kann. Helle Flecken auf roten Engoben (und in Scherben) können entstehen, wenn grobe Verunreinigungen in Form von hartsteinigen Kalk-, Magnesit-, Gips- und anderen Verbindungen in der Unterlage vorliegen.

Bei glasierten Werkstücken (z.B. glasierte Baukeramik), welche eine Abdeckengobe haben, dringen die Farbmoleküle in die Glasur und geben einen deutlichen Farbfleck (bzw. Farbhof, auch Nadelstiche). Dieses Durchdringen (auch Eindringen) kann nur durch ein Verdicken der Engobe vermieden werden. Hierdurch erfolgt ein Absperren der Glasur gegenüber den Gaseindringungen von der Unterlage her. So kann man Farbveränderungen und Nadelstiche gleichzeitig verhindern.

Hilfe:

1) *Bei poröser Ware mit niedrigerer Temperatur (ca. -20 K) brennen oder die Pendelzeit bei Endtemperatur vermindern.*

2 *Engobe verdichten, durch Zusatz von Flussmitteln (je nach Produkt und Brenntemperatur mit Borax, Sintermehl, Fritte, Nalsit u.A.).*

3) *Bei glasierten Werkstücken, mit Brenntemperaturen oberhalb von 1140°C durch Zusatz von Flussmitteln mit breitem Sinterintervall (z.B. Nephelin-Syenit). Bei Notwendigkeit einwandfreier Reproduzierbarkeit von Farben und Effekten bei gleichbleibender Qualität hat sich das synthetische Nephelin (Nalsit) bewährt, hier hilft auch oft der Austausch gegenüber Feldspat. Letzteres hilft auch bei geringer Änderung der Masserohstoffe und bei geringen Temperaturschwankungen gegen Nadelstiche.*

105. Entmischen von Glasurschlicker

Ein Entmischen von Glasurschlicker kann auf zwei Arten geschehen.

1. Durch Absetzen des Schlickers, weil er zu wenig viskos ist, so dass sich die spezifisch schweren Teile absetzen und eine Entmischung herbeiführen, so dass sich die schweren Stoffe in der untersten Lage auf dem Gefäßboden anlagern, während die leichten Stoffe oben schwimmen.

2. Entmischungen bilden sich durch Hydrolysebildung, was z.B. bei alkalihaltigen Fritteglasuren vorkommen kann, so kann es zu verflüssigenden oder thixotropen (ansteifenden) Eigenschaften kommen. Während es

bei der verflüssigenden Wirkung zu schnellem Absetzen kommt, wobei sich auf der fast klaren Schlickeroberfläche oft (nach längerer Standzeit) eine dünne Salzkruste zeigt, sieht man bei Thixotropie kein Absetzen, sondern eine Entmischung, die oft kleine Wassergräben (Priel-ähnlich) in viskoser Umgebung zeigt.

Hilfe:

Zu 1

1) Weniger Anmachwasser verwenden.
2) Zusatz von wenig Bentonit.
3) Zusatz von wenig (0,1-0,3%) Peptapon.
4) Zusatz von plast. weißbrennendem Ton (ca. 5-10%).
5) Zusatz von organischen, quellenden Zusätzen (max. 0,2%) an Dextrin, Glutolin, Tylose, CMC etc.

Zu 2

1) Weniger Anmachwasser verwenden.
2) Wenig Bentonit oder Peptapon (0,1-0,3%).
3) Zusatz von wenig $MgCl_2$ (ca. 0,2-0,3 %). Hier können auch Essigsäure, Ammonoxalat, Calziumborat eine Verbesserung bringen.
4) Zusatz von quellenden, organ. Stoffen wie Tylose oder CMC.

106. Entfärbungen bei Salzglasur-Dekoren

Bei dieser Fehlererscheinung sind die Farbdekorstellen (oder Farben) ganz oder teilweise aufgelöst. Hierbei kann es verschiedene Ursachen geben, die sowohl in der Zusammensetzung der Farbdekore (Smalten oder Oxide), in der Art der Farbaufbringung und im Brenneinfluss liegen.

Hilfe:

1) Farboxide (Smalten) mit mehr Ton (halbfett) versetzen, wobei je nach Auflösungsgrad der Farben 5-25% Zusatz notwendig werden.
2) Die Farbmedien sind viel zu dünn aufgetragen, so dass die erste Natriumsilikatbildung die Farboxide (u.Ä.) aufzehrt.
3) An zu stark vorbeiströmenden Na-Chlorid-Dämpfen (beim „Salzen „) werden Farboxide (u.Ä.) aufgelöst. Ware an anderer Stelle oder geschützt (z.B. in Kapseln) einsetzen.
4) Beim, bzw. sofort nach dem „Salzen“ die Chlordämpfe nicht sofort abführen (z.B.mit Hochgeschwindigkeitsbrenner), da hierbei starke Entfärbungen (Verzehren) eintreten.

107. Erblinden von Glasur

Beim Erblinden von Glasuren handelt es sich meist um Verzehren (Verdampfen) von Glasurbestandteilen, so dass die glänzende Glasurauflage zum großen Teil verlorengeht.

Die Glasur zeigt hierbei einen starken Glanzverlust, so dass die Transparenz fast verschwindet und eine milchig-matte, sehr dünne Auflage übrig bleibt. Dieser Fehler tritt oft an verschiedenen Ofenstellen verschieden stark auf, was man besonders bei Öfen mit offenem Feuer erkennen kann.

Es findet hier im Brand eine Verdampfung von Flussmitteln (oft Alkalien) statt. Meist besitzen diese Glasuren eine sehr niedrige Oberflächenspannung, so kann noch zusätzlich ein Diffundieren in den Scherben erfolgen. (Siehe auch „Fehler Nr. 011").

Diese Erblindungen sind mit keramischen und nur wenig mit brenntechnischen Maßnahmen zu beseitigen.

Hilfe:

1) *Viskosität der Glasur stark erhöhen (ca. 5-10% Kaolin-, oder 0,1-0,2 mol SiO_2-Zusatz).*
2) *Die Oberflächenspannung etwas erhöhen, durch Erhöhung von MgO und/oder Al_2O_3.*
3) *Niedriger brennen (etwa 20 K), falls Glasur dieses zulässt.*
4) *Haltezeit (Pendelzeit) beim Brandende verkürzen.*
5) *Bei Glasurneuaufbau die Alkalien herabsetzen und Al_2O_3 etwas erhöhen, als Flussmittel B_2O_3 mit einsetzen.*

108. Erblinden von Schmelzfarben-Dekoren

Hierbei handelt es sich um im Dekor-Schmelzbrand (600-750 °C) aufgebrannte Farbdekore (Siebdruck, Abziehbilder u.a.), die erblinden. Diese Fehler können bei Steingut-, Steinzeug-, Porzellan- und Glasdekoren vorkommen.
Die Ursachen können sowohl in der Zusammensetzung der Farbmedien, als auch in der Brenntemperatur, als auch in der Brennatmosphäre liegen.

Hilfe:

1) *Wasserdämpfe in der Brennatmosphäre führen zum Dekor-Erblinden, daher ist eine gute Trocknung der aufgetragenen Farbdekore verlangt. Diese ist besonders wichtig bei Abziehbildern, die ja meist vor dem Auftragen und beim Auflegen (Abschieben) mit Wasser in Berührung kommen.*
2) *Zu rapides (schnelles) Hochheizen kann zum Erblinden (auch zum Abrollen) führen.*
3) *Nicht genügend hohe Einbrenntemperatur ergibt matte und blinde Dekore, wobei es sich in diesem Fall um nicht volles Ausschmelzen der Farben handelt.*

109. Erhöhungen auf der Oberfläche

Keramische Werkstücke (meist dichtgebrannte Stücke) erhalten kleine, runde Erhöhungen, die meist von eingeschlossener Luft herrühren, die bei der Formgebung in winkeligen, untergriffigen Formteilen beim Gießen und Pressen entstehen und Hohlräume in dem Rohling ergeben. Wenn im Brand der äußere Scherben abdichtet, dehnen sich die Lufteinschlüsse volumenmäßig weiter aus, wobei der entstehende Gasdruck (Luftdruck) in der Nähe der Oberfläche die gesinterte Außenhaut zu kleinen Erhebungen nach außen drückt.

Hilfe:

1) *Bei Gießwaren langsamer (am inneren Rand) eingießen, so dass keine Luft mit eingezogen wird.*
Scharfe Kanten in Gieß- und Pressformen nach Möglichkeit etwas runden.
Beim Eindrehen in Formen, die Arbeitsmasse etwas plastischer (weicher) einstellen.
Beim Brennen die letzten 100 K vor dem Sinterbeginn volloxidierend und langsam ansteigen lassen.

110. Fahnenkrumme (verzogene) Ränder

Hierbei sind die rund geformten Ränder der Werkstücke (Schalen, Teller, Töpfe, Schüsseln etc.) stark verzogen, so dass sie unrund (fast bis oval) werden und meist einen unebenen Rand zeigen. Oft passen hierzu vorgesehene Deckel nicht mehr, so dass große Ausschussquoten entstehen können.

Die Ursachen können bei der Massezusammensetzung, beim unsachgemäßen Formen, Trocknen, Ofeneinsetzen und Brennen liegen.

Bei Flachgeschirren können nicht gerade Fahnen eintreten, die in der nicht richtigen Formgebungstechnologie beim Rollern liegen.

Oft zeigen sich gleichzeitig unebene Aufstellflächen (Böden), so dass kein fester Stand der Werkstücke vorhanden ist. Diese Fehler können sich teils schon bei getrockneten Werkstücken (bei sehr plastischen Massen) als auch erst an gebrannter Ware (z.B. bei dicht gebrannten Waren) zeigen.

Hilfe:

1) *Beim Rollern: Die Differenzgeschwindigkeit ist zu hoch; Masseblatt ist nicht gleichmäßig dick; ungleiche Feuchtigkeit in Arbeitsmasse; nicht zentrische Auflage.*
All diese Fakten sind festzustellen und zu berichtigen!
2) *Beim Trocknen Bomsen oder sonstige Verzugs-Hilfsmittel (heute oft aus Styropor) verwenden, Aufsatzfläche des Gutes muss voll aufstehen.*
3) *Gleichmäßigere und langsamer steigende Trockentemperaturen (vor allem kein einseitiges Trocknen ermöglichen).*

4) *Zu hoher und nicht gleichmäßiger Brand begünstigt das Verziehen, vor allem bei fast dichtgebrannten Werkstücken.*
5) *Beim Einsatz der Waren in den Ofen müssen diese mit ihren Standflächen voll eben aufstehen. Je dichter der Scherben, desto wichtiger!*
6) *Magerung der Masse (mit Schamottemehl, Quarz, Kaolin und magerem Ton).*
7) *Niedrigeres Brennen und/oder kürzere Pendelzeit einstellen.*

111. Faltrisse (Falten) bei plastisch verformten Werkstücken

Dieser Fehler erscheint als dünne Rillenlinie an der Außenhaut des Werkstückes und kann schon beim Trocknen vergrößert werden. Es ist ein Überschlagen von Masse beim Formen, wenn die Masse als nicht vorgeformter Masseklumpen in (oder auf) die Form gegeben wird. Dieses wellenartige Übereinanderschlagen geschieht vor allem, wenn die Masse zu wenig Feuchtigkeit hat und beim Formen (Pressen o.Ä.) nicht fließt. Fast immer ist der Formgebungsablauf hierbei zu schnell.

Bei der flüssigen Formgebung (Gießen) entstehen solche, fast waagerecht laufenden Rillen rund um den äußeren Werkstückscherben, haben aber eine andere Ursache, wobei die Art des Eingießens und die Oberflächenspannung des Gießschlickers die Ursachen sind.

Hilfe:

1) *Masse muss höhere Feuchtigkeit haben.*
2) *Der Formvorgang (Pressvorgang) muss erheblich langsamer ablaufen.*
3) *Bei Gießmassefehler: Viskosität (durch Wasserzusatz) erniedrigen und gleichzeitig die Oberflächenspannung der Gießmasse herabsetzen.*
4) *Gießmasse in einem Zug in die Form einfüllen.*

112. Farbabänderungen bei Salzglasuren

Diese Fehler erscheinen teils als Entfärbungen und teils als Farbabänderungen. Die Entfärbungen beruhen meist auf zu dünner Auflage der Farbdekore und auf zu starkem (zu reichlichem) „Salzen", während die Farbabänderungen von Zusammensetzung der Farbmedien und der Brennatmosphäre abhängig sind.
Werden den Farbkörpern oder auch Farboxiden (und Farbfritten) noch Flussmittel zugesetzt, so ist die Basis dieses Zusatzes auch für evtl. Farbabänderungen verantwortlich.

Hilfe:

1) *Farbmedien mit reichlich unlöslichen Anteilen vermischen (aufmahlen) wobei sich weißer, halbfetter Ton (weniger Kaolin) als Zusatz gut eignet.*
2) *Beim „Salzen" den Ofendruck etwas mindern (Brenner zurückschalten).*

3) *Die Ofenatmosphäre muss bei den einzelnen Bränden immer den gleichen Verlauf haben, um einen bleibenden Farbeffekt zu garantieren.*
4) *Die Farbauflage muss immer gleich stark sein.*

113. Farbabroller bei Unterglasur-Farbdekoren

Dieser Fehler zeigt ein Abrollen bis Zusammenziehen der Glasur, einschließlich der darunter liegenden Unterglasurfarbe (U-Dekor). Hierbei ist keinerlei Verbindung zwischen Scherben und U-Farbe eingetreten, so dass diese wie eine „Trennschicht" funktioniert hat. Hierbei kann man keine Ursachen in Scherbenverunreinigungen annehmen, sonst wären an anderen Stellen auch Glasurabroller eingetreten. Es liegt mithin die Fehlerursache im Unterglasur-Farbdekor.

Hilfe:

1) *Der Unterglasurfarbe muss mehr Flussmittel (z.B. Fritte) zugesetzt werden, wobei der Zusatz zwischen 10 und 20% liegen kann. Hierbei muss eine intensive Aufmahlung des Gemisches in der Mühle (z.B. kleine Porzellanmühle) erfolgen.*
2) *Falls die Überzugsglasur transparent ist, hat es sich bewährt, dem Farbkörper ca. 20% Scherben (Masse) und 20% transparente Glasur zuzugeben.*
3) *Das zu dekorierende Werkstück muss völlig sauber sein, was man durch Abblasen und bei Rohware durch Abputzen mit einem wenig feuchten Schwamm durchführt.*

114. Farbanflug auf Werkstücke (Umgebung) im Brand

Missfärbungen auf glasierten Werkstücken geschehen hierbei durch Anflug von Glasurdämpfen farbiger Glasuren, wobei auch die übrige Umgebung, wie Ofenwände, Brennhilfsmittel u.a. betroffen sind.

Bei Salzglasuren, wobei der Glasuranflug gewollt erzielt wird, werden außer den zu glasierenden Werkstücken ebenfalls die Umgebung einschließlich der Abzugskanäle und Brennhilfsmittel mit Salzdämpfen überzogen, die sich dann zu dünnen Glasurschichten bilden.

Je nach Zusammensetzung der dampfbildenden Glasur entstehen in der Umgebung sowohl Farbabänderungen (z.B. von Alkali-reichen Glasuren), wie auch Farbneubildungen; z.B. bei Chrom-haltigen Glasuren entstehen auf den in direkter Nähe stehenden glasierten Werkstücken pinkfarbene Anflüge.

Die Ursachen sind ganz verschieden, so können einmal die Dämpfe auf Schmelzen anfliegen, sie können aber auch von saugendem Einsatz (z.B. Brennhilfsmittel, wie Stützen und Platten) gelenkt auf diese anfliegen, (siehe auch „Nr. 029").

Hilfe:

1) *Beim Einsetzen von glasierten Werkstücken den Abstand vergrößern, d.h. lockerer einsetzen.*

2) Die entsprechende Glasur viskoser einstellten (z.B. 3-5% Kaolinzusatz).
3) Die Glattbrandtemperatur erniedrigen.
4) Möglichst beim Einfärben von Glasuren keine Oxide bzw. Salze, sondern beständige Farbkörper verwenden.

115. Farbdifferenzen bei unglasierten Werkstückoberflächen (z.B. Ziegel, Klinker, Platten, Fliesen)

Beim Aussetzen der Werkstücke nach dem Brand erkennt man verschiedene Farbnuancen der Oberflächen, so dass keine einheitliche Brennfarbe vorliegt.

Die Ursachen können von sehr verschiedenen Faktoren abhängen, so von der chemischen Zusammensetzung der Tone (Produktionsmasse), von der Art der Trocknung, von Temperaturdifferenzen beim Brennablauf, von den verschiedenen Atmosphären an den verschiedenen Ofenstellen, von der Setzweise des Besatzes, von der Engobedicke (falls vorhanden), von den Verunreinigungen der Produktionsmasse u.a.

Hilfe:

1) Kontrolle der Produktionsmasse auf Brennfarbe, Schwindung, Dichte, Verunreinigungen und Farbintervall bei verschiedenen Brennstufen.
2) Darauf achten, dass CaO, Fe_2O_3, TiO_2 nicht so stark differieren, was Farbumschläge ergeben kann.
3) Beim Trocknen stets auf gleichen Trocknungsablauf und gleiche Einsatzfeuchte achten.
4) Stets gleichen Ofeneinsatz, vor allem bei verschiedenartigen Werkstücken, beachten.
5) Bei farbempfindlichen Massen eine lockere Setzweise anwenden.
6) Stets gleichen Brennablauf durchführen, wobei Brenngeschwindigkeit, die jeweiligen Oxidationsstufen und Temperaturausgleich eingehalten werden müssen.

116. Farbe verläuft beim Auftrag

Dieser Fehler tritt direkt beim Auftrag von Unterglasurfarben, Farbglasur-Dekoren, Schmelzfarben und Edelmetallmedien auf. Das entsprechende Medium verläuft (benetzt) breiter als es durch Pinsel, Schablone oder Siebdruck vorgegeben ist.
(Ein Verlaufen während des Schmelzvorgangs ist erst nach dem Brand zu erkennen und hat hiermit nichts zu tun).

Hilfe:

1) Beim Verlaufen über den Pinselstrich hinaus liegt es an einer viel zu niederen Viskosität des Malmediums (V-Farbkörper, Schmelzfarben, Glanzgold u.Ä.). Hierbei muss die Viskosität durch Zumischen des entsprechenden trockenen, pulvrigen Farbmediums erhöht werden. Auch ein Eintrocknen (Abtrocknen) hilft.

2) *Falls eine höhere Temperatur des zu dekorierenden Werkstückes vorliegt, kann das Malmedium (Schmelzfarben, Glanzgold etc.) durch die erste Wärmeaufnahme leichtflüssiger werden (bei ölhaltigen, nicht trockenen Dekoren); daher dürfen dekorierte Stücke nur nach vollkommener Trocknung in den Brennofen.*
3) *Bei Siebdruckmedien muss der Anteil des Siebdruck-Öls (z.B. bei Schmelzfarben) erniedrigt werden.*
4) *Die Unterlage muß sauber sein, denn hier kann auch der Grund für das Nichthaften (Ablaufen) der Farbaufträge (z.B. Fett, Staub u.a.) liegen.*

117. Farbdurchschlag bis auf Rückseite von Werkstücken

Bei diesem Fehler sind Farbaufträge auf der Werkstückrückseite (bei nicht so dicken Scherben - Geschirr, Fliesen u.Ä.) als sehr schwache Farbdurchschläge zu sehen.

Hier gibt es einige Farboxide, welche einen hohen Verdampfungsgrad haben und durch den Scherben hindurch diffundieren können, so z.B. Chromoxid, Vanadinverbindungen, Kobaltsalze, Manganverbindungen, Antimonverbindungen u.a..

Bei dichten Werkstücken kann (z.B. bei Weichporzellan) die Farbe eines eingebrannten Firmenzeichens auf der Rückseite als schwacher Farbfleck erkannt werden, wobei die vorhandene Glasphase die Farbentwicklung sicher beschleunigt.

Hilfe:

1) *Entsprechende Farboxide vorher reichlich mit Al_2O_3-reichen Stoffen mischen (z.B. Kaolin).*
2) *Am sichersten: Nur beständige Farbkörper (z.B. Spinelle oder Wirtgitter-Farbkörper) verwenden.*
3) *Farbkörper dünner auflegen.*

118. Farbflecken auf Schleifkörpern (u.Ä.)

Bei diesen Schleifsteinen (meist Handschleifsteine) sind es meist die farbigen (rot, braun, grau, schwarz u.Ä.) Werkstücke, welche farbige Flecken und Verfärbungen auf der Oberfläche zeigen. Diese Schleifsteine beinhalten außer Schleifkorn in der Bindung einen sehr hohen Anteil an farbigen Tonen, sowie oft erhebliche Mengen an Farboxiden, wie z.B. Braunstein und Eisenoxid u.a. Diese Farboxide (meist nur technisch rein), sollen außer der Farbe dem Schleifstein einen weichen Schliff geben.

Die Ursachen der Verfärbungen liegen außer den oxidischen Verunreinigungen (siehe „weiße Ausscheidungen auf dunklen Schleifst.") auch in der Korngröße der Versatzstoffe (einzelne, zu große farbige Schleifkörner), im Mischeffekt, Trocknen, Ofenbesatz und Brennen der Schleifwerkstücke.

Sind wasserlösliche Salze in Ton oder Farboxiden, so können schon nach dem Trocknen Farbflecken (Monde etc.) auftreten. Oft sieht man dass die Auflageflächen eine andere Farbe zeigen, als die von der Ofenatmosphäre umspülten Außenflächen.

Hilfe:

1) *Tone und Farboxide auf lösliche Verunreinigungen überprüfen und entsprechende Rohstoffe austauschen.*
2) *Zusatz von Bariumkarbonat (ca. 0,3-0,5%) hilft fast immer.*
3) *Lockerer Ofenbesatz, möglichst kein Übereinanderlegen bei farbigen Werkstücken, so dass keine unterschiedlichen Oxidationsstufen an Schleifsteinoberflächen (Stifte) auftreten können.*
4) *Spitze Schleifsteine (z.B. „Zigarren“) können, auf der Spitze stehend, (auf grob-körniger Unterlage) eingesetzt und gebrannt werden.*
5) *Möglichst in der ersten, unteren Brennzone sehr langsam und oxidierend brennen und eine lange Temperzeit bei Endtemperatur durchführen.*

119. Farbige Punkte in Oberflächen

Es gibt zwei Arten von dunklen Punkten im Glasurbild:

1. Punkte, die wesentlich dunkler sind, aber den gleichen Farbton haben wie die umliegende Glasur (z.B. dunkelblaue Punkte in etwas helleren blauen Glasuren). Hierbei liegen einzelne Farboxide (oder Farbkörper) in gröberem Korn vor, wobei diese noch nicht voll aufgelöst und die volle Oxidfarbe (oder Farbkörperfarbe) ergeben.

2. Es liegen dunkle Punkte anderer Farbe (z.B. schwarze Punkte in helleren oder andersfarbigen Glasuren) vor, welche meist auf Verunreinigung vom Scherben, seltener von Glasurrohstoffen oder auch als Befall vorliegen können.

Bei unglasierten Werkstücken können dunkle Oberflächenpunkte auftreten, deren Ursachen in der Masse (deren Rohstoffe) liegen. Je höher gebrannt wird, desto mehr erheben sich diese Punkte, bis sie beim Sintern oft aufblähen. Die Ursachen solcher Punkte liegen in dunklen Verunreinigungen (z.B. Pyrit, Basalt u.a.) des Masseversatzes, deren Rohstoffe man einzeln, auf einfache Art (Siebrückstand: < 0,100 mm) untersuchen und entsprechend aus der Masse entfernen kann.

Bei Quirlaufbereitung von pulverisierten Rohstoffen können die dunklen Punkte auch aus dem Pulver-Rohstoff kommen, wobei auch beim Vormahlen zu Pulver Verunreinigungen in den Rohstoff gelangen können, so dass man auch Pulverrohstoffe kontrollieren soll.

Hilfe:

1) *Glasurversatz (kompl. mit Farbkörpen u.a.) in der Mühle länger aufmahlen. Sollte hierbei die Glasur übermahlen werden und treten entsprechende Fehler (z.B. Abrollen etc.) auf, muss das Farbmedium alleine vorgemahlen werden.*
2) *Glasurschlicker stets fein absieben, um jede Möglichkeit einer Verunreinigung von außen (Befall, Rücklauf u.a.) auszuschließen.*

3) *An Stelle von Oxid-(bez. Farbkörper-)Einfärbung, ein Karbonat verwenden, welches sich schneller in der Glasurschmelze auflöst (z.B. $CoCO_3$ an Stelle von CoO etc.). Je nach Glasurtyp und Brennart können andere Fehler eintreten, so dass immer Vorversuche notwendig sind.*

4) *Falls die Fehler vom Scherben her kommen, so muss man den Verursacher (Einzelrohstoffe) ermitteln und gegen sauberen Rohstoff austauschen. Eine erste, aber schnelle Voruntersuchung ergibt sich, indem man von dem jeweiligen Rohstoff einen Siebrückstand (0-0,100 mm) herstellt und diesen auf eine weiße Glasur gibt und dann im Ofen mitbrennt. Anhand der Glasurreaktionen (Farbe), kann man schon Rückschlüsse auf die evtl. vorhandenen Verunreinigungen schließen.*

5) *Sollten die Fehler vom Scherben her kommen, so kann man die Glasur gegenüber dem fehlerhaften Scherben absperren, indem man eine dichte Zwischenschicht (Spezial-Sinterengobe) aufbringt und darauf glasiert. Hier hat sich der synth. Nephelin „Nalsit" bewährt, der völlig sauber ist und ein sehr breites Sinterintervall ermöglicht, wobei keine Reaktionen vom Scherben her die Glasur erreichen können.*

120. Farbmonde auf Werkstücken

Diese Fehler kommen bei unglasierten und bei glasierten Werkstücken vor, haben aber die gleiche Ursache. Es handelt sich hier (fast immer) um Kohlenstoffreste, die bei der Verkohlung von organischen Anteilen in der Masse sind und nicht mehr die Möglichkeit zur Aufoxidation zu Kohlendioxid-Gas hatten und somit nicht entweichen konnten.

Hauptsächlich geschieht dies bei unglasierter Ware, bei zu dichtem Besatz (z.B. zu dicht gesetzte, große Stapel), wodurch einer Entgasungsreaktion durch zu viel Besatz und zu wenig Entgasungsraum (Freiraum im Besatz) zu großer Widerstand entgegengesetzt wird.

Hierdurch bleibt der Kohlenstoff im Scherben und ergibt im Werkstück graue bis schwarze Stellen (bei gestapelten Platten, Tellern, Töpfen u.a. verbleiben in der Werkstückmitte „dunklere Monde").

Bei glasierter Ware entstehen grauschwarze Stellen, da hier die Glasur schon abgedichtet hat, ehe der Kohlenstoff aufoxidiert war und dann nicht mehr entweichen kann. Am häufigsten geschieht dies bei gestülpter Ware, wodurch ein Entgasen und Aufoxidieren behindert wird.

Hilfe:

1) *Ofen voll oxidierend brennen, zwischen 750 und 900°C eine längere Haltezeit oder sehr langsamen Temperaturanstieg programmieren.*

2) *Einsatzware im Ofen wesentlich lockerer einsetzen, wobei man darauf achten sollte, dass die Aufstellfläche frei entgasen kann.*

3) *Die Glasur viskoser einstellen, damit der Scherben nicht zu früh abgedichtet wird. Hierzu kann man der Glasur Kaolin, magerer Ton, Quarz u.Ä. in geringen Mengen zusetzen.*

4) *Übereinander gestülpte Werkstücke neigen besonders zu diesem Fehler wenn die Voraussetzungen gegeben sind, so dass man den Stülprändern, durch geringe Zwischenräume, eine leichtere Entgasungsmöglichkeit geben sollte.*
5) *Der Masse Magerungsstoffe (Schamottemehl, Scherbenmehl, magerer Ton, Kaolin, Quarz o.Ä.) in geringem Maße zusetzen, um ein offeneres Scherbengefüge für eine leichtere Entgasung zu schaffen. Hierbei muss auf eventuell eintretende Änderung der Scherbeneigenschaften geachtet werden.*
6) *Wenn bei unglasierter Ware nur wenig Neigung zu diesen Reduktionsfehlern vorliegt, so hilft ein geringer Zusatz von Ammonnitrat zur Masse.*

121. Farbdurchschläge von Unterlage

Glasuren reagieren in der Berührungsfläche mit den Bestandteilen der Unterlage (z.B. Scherben/Brennhilfsmittel). Es gibt Oxide, die besonders stark miteinander reagieren, was sich besonders bemerkbar macht, wenn die Unterlage färbende Oxide (z.B. Fe-, Cr-, Mn-, Co- Verb., u.a.) beinhaltet oder auf deren Oberfläche vorhanden sind. Je höher die Verdampfung der farbigen Verbindungen auf der Unterlage ist, desto größer ist die Reaktion mit der Glasur des aufstehenden Werkstückes.

Wenn z.B. ein Stück (oder Probe) auf der Unterlage mit Cr_2O_3 (oder anderen Oxiden) bezeichnet wird, so diffundiert das Chrom in den Scherben und auch auf die Unterlage, was an der grünen Farbe nach dem Brand zu erkennen ist. Genauso ist es umgekehrt, wenn solche Farboxide auf der Unterlage (z.B. Schamotteplatte) sind, erfolgt eine Diffusion in und durch die Ware.

Werkstücke mit farbigen Scherben (z.B. rot, braun etc.) zeigen diese Reaktionen direkt mit entsprechend aufgelegten Glasuren. So zeigen z.B. elfenbeinfarbene, titanhaltig getrübte, bzw. auch matte Glasuren, starke Farbabweichungen (hell bis dunkelbraun), welche sich besonders stark an Kanten und dünnen Stellen bemerkbar machen.

Hierbei zeigen unterschiedliche Glasurstärken (auch durch unebene, gewellte, gerillte, geritzte und sonstig vertiefte Scherbenoberflächen bewirkt) diese Farbänderungen besonders stark.

Hilfe:

1) *Niedriger (ca. 20 K) brennen.*
2) *Haltezeit der Endtemperatur (ca. 30-50%) verkürzen.*
3) *Glasur viskoser (z.B. mit 5-10% Kaolin) einstellen.*
4) *Abstand von Unterlage (z.B. durch Dreikantleisten, Dreifüße u.a.) erweitern.*
5) *Farbige Unterlagen mit einer Sperrschicht (z.B. Tonerde-Ton-Gemisch) überziehen. Vorteilhaft ist es, saubere (neue) Unterlageplatten zu verwenden.*
6) *Bei Glasurneuaufbau die leicht miteinander reagierenden Oxide nur bei gewollten Effektglasuren einbauen.*

Hierbei ist eine gute Hilfe, wenn man davon ausgeht, dass immer solche Oxide sehr leicht miteinander reagieren, mit denen sie in der Natur gemeinsam vorliegen (z.B. TiO_2 als Rutil = Ti- mit Fe-Oxid oder Chromeisenstein = Cr- mit Fe-Oxid etc.).

122. Farbdurchschläge bei unglasierter Keramik

Es sind Diffusionen von verdampfenden Farboxidverbindungen, die beim Brand (vor allem wenn sie dicht unter der Scherbenoberfläche liegen) mehr oder minder starke Farbflecken auf der Werkstückoberfläche ergeben.

Meist erscheinen diese Flecken auf der nach oben stehenden Oberfläche (fast nie an der Unterseite). Hierbei handelt es sich um eine entsprechende Verbindung (oft auch Salze) von Chrom-, Mangan-, Kupfer-, Vanadin-, Eisen-, Schwefel-, Kohlenstoff u.a., die an der Oberfläche farbige Flecken ergeben (wenn glasiert, werden meist Farben geändert oder zerstört, z.B. Selenrot wird punktartig schwarz - siehe auch „Nr. 309").

Es kann auch vorkommen, dass man ein Werkstück (oder Probe) von unten beschriftet und es direkt auf ein Brennhilfsmittel (z.B. Schamotteplatte) auflegt, so wird oft nach dem Brand diese Bezeichnung (in Spiegelschrift) auf der Unterlage eingebrannt sichtbar und umgekehrt können Farbdiffusionen von der Unterlage auf der Unterseite der Werkstücke erscheinen.

Schatten dieser Diffusionen erscheinen auch bei dünnen Wandstärken bis auf die Werkstückoberseite der Standflächen.

Hilfe:

1) *Für Farbgebungen sollte man keine der oberen Salze (bei Chrom auch kein Oxid) verwenden, sondern nur Farbpigmente (feuerbeständige FK).*
2) *Bei offenem Feuer, muss auf volle Oxidation (vor allem ab ca. 700°C) geachtet werden.*
3) *Bei Sulfaten (die meistvorkommende Rohstoffverunreinigung) hilft ein Zusatz (max. 0,5%) Bariumkarbonat zur Masse, um unlösliches Bariumsulfat (im Brand) zu bilden.*
4) *Eine Absperrschicht (Sinterengobe mit breitem Sinterintervall) kann Diffusionen vom Scherben her verhindern (auch binden), so dass keine Farbdurchschläge mehr erfolgen können.*

123. Farbstreifen auf stranggezogenen, unglasierten Werkstücken

Farbige Streifen (meist etwas dunkler), die sich auf stranggezogenen Werkstücken (Platten, Ziegel- und Klinkersteinen) zeigen, entstehen am Mundstückrand, wo sich farblich konzentrierte Masseteile (z.B. ein dunkelbrennender Rohstoff, Fe- oder Mn-haltig) festhaken.

Der vorbeistreifende Massestrang schließt diese Konzentrate langsam auf, so dass sie in die Werkstückoberfläche (Strang) abgerieben, mitgenommen und eingedrückt werden. Diese konzentrierten „Farbstreifen" (meist Eisenoxid-haltige Konglomerate, wie z.B. Hämatit, Goetit, Siderit u.a.) ergeben dunkle Streifen (in Pressrichtung), die nach dem Brand noch besser sichtbar werden, vor allem wenn die Werkstücke nass oder dünn mit einer transparenten Glasur überzogen sind.

Hilfe:

1) *Masse auf kleinere Fraktionen bringen (Walzwerkbreite!).*
2) *Masse intensiver aufbereiten (und mauken), so dass keine größeren Kornfraktionen in der Arbeitsmasse vorliegen.*
3) *Bei stark verunreinigten Tonen diese nochmals durch die Batzenpresse geben. Es hilft auch eine Heißwasser-Aufbereitung, wodurch ein schnellerer, intensiverer und homogenerer Aufschluss erfolgt.*
4) *Austausch der stark verunreinigten Tone, welche man mittels Siebanalyse ermitteln kann.*

124. Farbtonschwankungen bei Email

Dieser Fehler ist meist erst bei der Farbkontrolle der einzelnen Werkstücke untereinander zu erkennen. Seltener sind die Farbtonschwankungen an einem einzelnen Stück, kommt aber auch vor (z.B. bei Großteilen). Die Ursachen für diese Fehler sind vielseitig und können vom Mühlenversatz bis zum Brennen liegen.

Hilfe:

1) *Immer gleiche Schichtstärken auftragen, denn hier kann die Ursache liegen.*
2) *Unterschiedliche Mahlfeinheit bei den einzelnen Mühlen kann die Ursache sein, so dass hier die Feinheitskontrolle (z.B. Bayer-Sieb) und pH-Kontrolle durchgeführt werden sollte.*
3) *Wechsel von Mühlenzusätzen, vor allem Additive, wie verschiedene Stellmittel (z.B. $Mg(OH)_2$, K_2CO_3, Na AlO_2, $Al(OH)_3$)haben geringen Einfluss auf die Farbentwicklung.*
4) *Geänderte Brennzeiten, Brenndauer und Gewichtsänderungen der Werkstücke können Farbschwankungen bewirken.*
5) *Besonders empfindlich ist die Verwendung von verschiedenen Farboxiden auf die Schwankungen, so dass man immer Farbpigmente anwenden sollte.*

125. Farbunterschiede bei Schnellbrandglasuren

Diese Missfärbungen treten sowohl auf hellem als auch auf dunklem (bunten) Unterlagscherben auf, wobei farbige Scherben wesentlich höhere Neigungen zu Missfärbungen haben.

Hier liegen die Hauptursachen:

1) in unterschiedlichem Brennablauf (Hochheizgeschwindigkeit, Haltezeit der Endtemperatur, Atmosphärengleichheit).
2) in unterschiedlicher Auftragstärke der Glasur, wobei völlig andere Farbtöne und Effekte entstehen können.
3) in Viskosität und Wassergehalt des Glasurschlickers, wobei die nassere Glasur (vor allem auf bunter Unterlage) die höchsten Farbabweichungen zeigt.
4) in der Art und Geschwindigkeit des Glasierens und der Art des verwendeten Farbmediums.

Hilfe:

Zu 1) Immer auf gleichen Ablauf des Brennablaufes bei gleichem Besatz achten.
Zu 2) Das Glasieren muss immer im gleichen Ablauf stattfinden (gleiche Viskosität, Litergewicht, Temperatur und Trockenheit des zu glasierenden Werkstückes).
Zu 3) Der Wassergehalt und reologische Eigenschaften (Viskosität, Benetzung, pH-Wert etc.) müssen immer gleich sein.
Zu 4) Die Geschwindigkeit des Glasierens muss (bei den gleichbleibenden, vorgenannten Eigenschaften) gleich bleiben.

Im Notfall, dass Nachteile (Fehlreaktionen mit Scherben) nicht auszuschalten sind, diese durch Aufbringung einer Sperrschicht (Sinterengobe) beseitigen.

126. Farbunterschiede bei glasierter Keramik

Unterschiedliche Farbtöne, bei gleichem Glasurüberzug, können verschiedene Ursachen haben. Diese unterschiedlichen Farboberflächen können überall im Ofenraum, aber auch nur an bestimmten Besatzstellen auftreten. Hierzu gibt es verschiedene Ursachen!

a) UNTERSCHIEDLICH STARKE GLASURAUFLAGEN können Verursacher sein. Dies geschieht öfter durch <u>Handglasieren</u>, meist bei nicht exakter Glasaufbringung (Fehler tritt an verschiedenen Werkstückstellen auf).
Beim <u>automatischen Spritzen</u> kommen sie seltener vor (so z.B. bei Falscheinstellung des Spritzprogramms tritt der Fehler immer an örtlich gleicher Stelle der Werkstücke auf).
Weitere beeinflussende Faktoren beim Glasieren sind: Verschiedene Saugfähigkeit der Werkstücke (z.B. verschieden starke Trocknung bei Rohglasieren, verschieden starke Scherbenstärken, verschiedene Vorbrandtemperaturen, verschiedene Werkstücktemperaturen beim Glasieren) ergeben die Farbschwankungen.
b) UNTERSCHIEDLICHER TEMPERATUREINFLUSS (wie Abweichungen der Setzweise, der Werkstückgewichte, der Atmosphäre und des Brennprogramms) kann zu Unterschieden im Farbton der Werkstücke führen.

Hilfe:

1) *Bei Werkstücken mit geometrisch komplizierter Form muss das Spritzglasieren per Hand und von einer erfahrenen Fachkraft durchgeführt werden. Ein Probespritzen ist oft notwendig.*

2) *Bei Effektglasuren muss der Glasurüberzug an verschiedenen Stellen der Werkstücke eine andere Glasurstärke haben, um einen geforderten Effekt zu erreichen.*

3) *Beim Schnellbrand (Gasofen) müssen die Glasurauflagen etwas stärker sein, dadurch die hohe Umluftgeschwindigkeit während der Glasurschmelze ein geringer Glasurteil „verzehrt" wird.*

4) *Eine zu hohe (auch zu niedrige) Temperatur in bestimmten Ofenstellen führt zu Farbton- und Dekoreffekt-Schwankungen. Daher für gute Temperaturverteilung im Ofen sorgen (oder Dekore mit weniger Empfindlichkeit entwickeln).*

5) *Die Ofenatmosphäre muss an allen Stellen im Ofen gleich sein, sonst kann der Fehler auftreten.*

6) *Der Ofenbesatz muss immer gleich sein, auch hierbei kann ein Fehlbesatz zu Schwankungen in Farbe und Dekor führen.*

7) *Ein zu dichtes Setzen (vor allem bei gestülpter Ware) bringt zeitlich verschiedene Temperaturen und Atmosphärenphasen, was zu den gleichen Fehlern führt.*

127. Faulen (Altern) von Glasurschlicker

Oft erkennt man bei älteren Glasurschlickern eine völlige Entmischung, wobei sich auf der Oberfläche eine stark wässrig geäderte Haut zeigt, die auch schon mal einen faulen Geruch hat. Dieses Faulen kommt von pflanzlichen Anteilen (Dextrin, Tylose, Huminate u.a.) und kann auch Schimmelbildung (bei sehr langer Standzeit) zeigen.
Auch bei synthetischen Glasuradditiven (z.B. CMC, Optapix u.Ä.), womit man die reologischen Schlickereigenschaften (je nach Zusatzmenge) verschieden beeinflussen kann, zeigen sich nach einer Alterungszeit stärkere Eigenschaftsveränderungen, so dass eine Nacheinstellung notwendig wird.

Hilfe:

1) *Bei erster Glasurschlickereinstellung geringe Zusätze von Phosphatsalzen (0,02-0,1%) mit einbringen (z.B. Na_3PO_4), um ein Faulen und Schimmelbildung weit zu verzögern.*

2) *Bei der Nacheinstellung ist auch ein Zusatz von wenig $MgCl_2$ (ca. 0,01-0,05%) vorteilhaft, wodurch Entmischen und Absetzen stark vermindert wird.*

3) *Sollten nach einem Probebrand des „geretteten" Glasurschlickers Produktionsfehler auftreten, so kann der alte Schlicker nicht mehr verwendet werden. Hier hilft nur noch die Aufbereitung eines völlig neuen Glasurversatzes.*

128. Fehler an plastisch gerollerten Werkstücken

Hier können verschiedene Fehler entstehen, welche aber erst zum Teil nach dem Trocknen und/oder nach dem Brennen sichtbar werden. Die Ursachen sind hier vielseitig und von verschiedenen Faktoren abhängig. Man kennt zwei häufig auftretende Fehler:

A) DEFORMATIONEN an gerollerten Werkstücken, die meist erst nach dem Trocknen, bzw. nach dem Brennen deutlich erkennbar sind.
B) UNSAUBERE FORMLINGE, welche sofort nach dem Formen oder erst nach dem Trocknen und deutlicher nach dem Brennen sichtbar werden.

Hilfe:

Zu A)

1) Rollerkopf hat zu viel Spiel; Aggregat besser einstellen.
2) Arbeitsmasse war zu weich; dementsprechende Änderung vornehmen.
3) Ungenügende Blatt-Vorquetschung; Masseblatt besser vorquetschen.
4) Zu hohe Differenzgeschwindigkeit (Roller : Form); dies ändern.

Zu B)

1) Formen zu warm beim Auflegen; dementsprechend abkühlen lassen.
2) Ungenügendes Vakuum im Masseblatt; muss besser evakuiert werden.
3) Rollerschablone hat zu wenig Temperatur; Temperatur höher einstellen.
4) Gipsformen zu alt (verbraucht); neue Gipsformen einsetzen.

129. Fehler an verschieden geformten Werkstücken gleicher Masse (bei rohglasierter und unglasierter Ware)

Hier erkennt man unterschiedliche Dekoreffekte, Risse, Nadelstiche, Blasen, Zusammenziehen und ähnliche Fehler an flüssig- und plastisch verformten Werkstücken gleicher Massezusammensetzung.

So z.B. bei Bierkrügen, Schalen, Ofenkacheln, Tellern, Garten- und Baukeramiken, zum Teil auch nur im Dekor.

Die „plastisch geformten (meist gepressten) Teile" zeigen oft Fehler, wie Körperrisse, Verziehen (nach Trocknen und Brennen), Glasurfehler (wie Nadelstiche, Risse, Abroller etc.) während die flüssig verformten (gegossenen) Teile diese Fehler nicht zeigen.

Die Fehlerursachen liegen im unterschiedlichen Scherbengefüge und Eigenspannungen im plastisch geformten Werkstück. Beim Pressen wird der Scherben wesentlich mehr verdichtet, wobei fast immer unterschiedliche Scherbendichten im gleichen Werkstück entstehen.

Hilfe:

1) Bei plastisch geformten Teilen, diese wesentlich langsamer und mit weniger Pressdruck herstellen (verformen).

2) *Die plastischen Rohlinge wesentlich langsamer trocknen und brennen, damit zu den Eigen-Formgebungsspannungen nicht noch thermische Spannungen hinzukommen, die dann Fehler verschiedenster Art ergeben können.*
3) *Plastische Masse abmagern, z.B. Scherbenmehl, Wollastonit, Feldspat oder sonstige entgasungsfreien Hartstoffe (die Auswahl muss je nach entsprechendem Keramiktyp erfolgen).*
4) *Press- und Stanzöle vermeiden, dafür wasserverdünnbare Emulsionen einsetzen.*

130. Fehler beim plastischen Pressen und Stanzen

Hierbei zeigt sich, direkt beim Pressen (Stanzen), dass Falten und Risse entstehen und der innere Zusammenhalt der Masse im Formling nicht vorhanden ist. Wenn man diese frischen Rohlinge stark verbiegt (über 90°), brechen diese an den entsprechenden Stellen auseinander. Gehen diese Stücke trotzdem in den weiteren Produktionsablauf, so entstehen Risse, Zerfall oder starke Deformation schon beim Trocknen, spätestens beim Brennen, so dass Ausschuss entsteht.

Hier kann die Ursache in Massezusammensetzung, Feuchte, Pressvorgang, Masse-Evakuierung und Gleitmittel (z.B. Pressöle) liegen.

Hilfe:

1) *Evakuierte Massebatzen erst einige Zeit (mind. 24 h) liegen lassen, damit der innere Zusammenhalt (Verformbarkeit) verbessert wird.*
2) *Feuchtigkeit der Masse verbessern, meist ist diese zu gering. Bei zu hoher Feuchtigkeit erfolgt starkes Verziehen bis Zusammensacken des Formlings.*
3) *Unplastische Stoffe (z.B. Scherbenmehl, Schamottemehl u.Ä.) möglichst als Feinkorn unter 150 μm zusetzen.*
4) *Auflageteil der Arbeitsmasse (Blatt- oder Batzenteil) nicht im Übermaß (Übergewicht) in die Pressform geben, sonst wird der Verzugsfehler noch erhöht.*

131. Keine Festigkeit bei gebrannten Trockenpressstücken

Hier erscheinen die trockengepressten Werkstücke im gebrannten Zustand äußerlich meist fest und dicht, aber bei mechanisch stärkerer Beanspruchung (z.B. Aufprall u.Ä.) zerbrechen diese, so dass hier die geforderten Festigkeiten nicht vorhanden sind.
In Innern der Werkstücke erkennt man raue Bruchflächen, die nur eine schwache Versinterung (zu wenig innerer Kontakt) zeigen.
Trockengepresste Werkstücke (z.B. Kugeln, Würfel, Zylinder, Dreikantleisten u.a.) zeigen bei herkömmlicher Trockenverformung (besonders bei Volumenpressung) wesentlich geringere Festigkeiten als plastisch gepresste Teile.
Industriell ist aber der Produktionsablauf mit Trockenpressverformung wesentlich preiswerter und wird daher vorgezogen (trotz Gefahr der größeren Festigkeitsschwankungen).

Die Ursachen der zu geringen Festigkeit können sehr verschieden sein und können bei Versatz, Aufbereitung, Pressen, Trocknen und Brennen liegen, so dass auch verschiedene Maßnahmen eine Verbesserung bringen können.

Hilfe:

1) *Bei Masserohstoffänderung (z.B. neue Lieferung) sind Tone magerer geworden und müssen ausgetauscht werden. Eine Rohstoff-Eingangskontrolle sollte diese Fehlerquelle von vornherein ausschließen.*
2) *Masse muss intensiver aufbereitet (z.B. mit Vorzerkleinerung) werden, um kleinere Kornfraktionen zu erreichen und somit einen homogeneren Reaktionsablauf beim Brennen zu erzielen. Weitere Verbesserung bringt ein Zwischenlagern (Mauken) der Pressmasse. Falls dies nicht möglich ist, kann eine Heißwasseraufbereitung eine homogenere Mischung bringen.*
3) *Ein Vorpressen (Brikettherstellung) vom Pressgranulat und Granulierung dieser „Briketts" ergibt eine höhere Pressdichte und somit Festigkeit beim Werkstück.*
4) *Flussmittelanteile erhöhen (Feldspat, Sintermehl, Nephelin-Syenit u.Ä.), wobei die Zusatzmenge je nach verlangter Dichte und Temperatur zwischen 3 und 15% liegen kann.*

132. Formgebungsfehler

Formgebungsfehler entstehen bei allen Formgebungsarten wie Gießen, Töpfern, Drehen (Über- und Eindrehen), Stanzen, Pressen (Plastisch- und Trockenpressen), Ziehen, Stampfen u.a., so dass man nicht alle Formgebungsfehler in einem einzigen Abschnitt behandeln kann.

Hilfe:

Hier sind die einzelnen Fehler (wie „Werfen und Verziehen beim Strangpressen", „Bersten", „Zusammenfallen", „Werkstückrisse", „Volumendehnung", „Trockenrisse", „Henkelrisse", „Eckrisse beim Trockenpressen", u.v.m.) direkt einzugeben, um Näheres über die Ursachen und Gegenmaßnahmen zu erfahren.

133. Formgebungs-Glasurrisse

Wenn Glasurrisse in einem Werkstück stets eine gleiche Lage und Anordnung zeigen, so ist dies ein Zeichen, dass Formgebungsspannungen vorliegen, welche die Ursache der Rissbildung sind.

So zeigen kreisrunde Anordnungen von Glasurrissen (überwiegend auf trockengepressten Fliesen), dass Spannungen vom Pressen vorliegen, während immer gleich verlaufende Längsrisse ihre Ursachen in Formgebungsspannungen von auf Strangpressen gezogenen Steinen, Platten, Fliesen u.a. haben. So zeigen getöpferte Gefäße oft rundum, auf der Außenseite verlaufende Glasurrisse, welche von Formgebungsspannungen vom nicht sachgemäßen Töpfern (auf der Töpferscheibe) herrühren.

Hilfe:

Bei kreisrunden Glasurrissen auf Flachpresswaren:

1) Homogeneres Granulat herstellen.
2) Auf gleichmäßiges Füllen der Pressform achten.
3) Langsameres Pressen, Entlüften und höheren Enddruck durchführen.

Bei Längsrissen:

1) Massestruktur beseitigen (besseres Vakuum, Homogenisieren, Mauken).
2) Strangpressen verändern (Einbau von Strukturverhinderungs-Aggregaten).

Bei rundum verlaufenden Glasurrissen bei Töpfergefäßen:

1) Drehmasse evakuieren (auch gut durchschlagen).
2) Langsamer töpfern und weniger schnell verformen.

134. Festbacken von Werkstücken

Das Anbacken keramischer Werkstücke an die Unterlage (Brennhilfsmittel u.Ä.) ist grundsätzlich auf eine Reaktion zwischen dem Scherben und der Aufstellfläche zurückzuführen, (siehe „Anbacken von keramischen Erzeugnissen“).

Die Ursache kann sowohl im Werkstück als auch in der Unterlage liegen. Auch die Art der Unterlage kann durch eine Reaktion mit einer bestimmten Werkstückmasse festbacken.

Hilfe:

1) Brennhilfsmittel-Unterlage von allen (vor allem schmelzenden) Verunreinigungen befreien. Wenn notwendig, noch mit einer isolierenden Engobe schicht (z.B. Tonerde/Tonschlicker - 90/10) bestreichen.
2) Glasur nicht zu dick glasieren und Bodenstandfläche gut abputzen.
3) Brenntemperatur erniedrigen, um Ablaufen und Verkleben von Glasur an der Unterlage zu verhindern. Auch eine Verminderung der Endtemperatur-Haltezeit ist eine Hilfe.
4) Bei Cordierit-Unterlagen dürfen keine CaO- und/oder BaO-haltigen Werkstücke aufgesetzt werden (starke Reaktionen!!).
5) Eine Reaktionskontrolle, zwischen Unterlage und jeweiliger Auflage (im Probebrand), kann für die Produktion viel Ärger ersparen.

135. Festbacken von Werkstücken (oder Teilen) an Ofendecke

Hier sind kleine Werkstücke oder deren Teile beim Brand an der Ofendecke festgeschmolzen. Es können auch Teile der oberen Ofenlage deformiert oder teilzerstört sein, je nach Brennvorgang; so kann z.B. bewegtes Brenngut beim Anstoß an die Tunnelofendecke umfallen oder irgendwo festschmelzen.

Die Ursachen liegen im Ofenbesatz, so dass zwischen Einsatzgut und Ofendecke kein Platz (zu wenig) vorhanden ist.
Bei bestimmten Massezusammensetzungen erfolgt vor Beginn der Brennschwindung erst eine relativ hohe Wärmedehnung, so dass die Ware an die Ofendecke anstößt und je nach Zustand der Werkstücke entsprechende Fehler auftreten.
Es gibt keramische Massen, die während der Hochheizphase bis zu 2,0% (und mehr) Wärmedehnung haben (meist unter 900°C), ehe sie mit der Brennschwindung beginnen. (Bei 150 cm Setzhöhe sind dies über 3,0 cm Dehnung). Die Ursachen liegen im thermischen Dehnverhalten verschiedener Tonminerale in den Masseversätzen (wie z.B. Glimmer, Serizit, Kalk, Wollastonit, Quarz u.a.).

Hilfe:

1) *Bei kalkreichen und/oder quarzreichen Massen diese Anteile erniedrigen, wobei das gleiche für glimmerreiche Tone und Massen gilt.*
2) *Beim Ofensetzen einen entsprechenden Abstand (ca. 30-40 mm) einhalten. Dies ist immer die sicherste Maßnahme (ohne Rücksicht auf volle Ausnutzung des Ofenraumes).*
3) *Dilatometerkurve der Produktionsmasse (roh) durchführen (lassen), aus der man die genaue Wärmedehnung in den einzelnen Hochheizbereichen erkennen kann.*
4) *Es kann vorkommen, dass bei einem Tunnelofen im Brennbereich, sich ein Ofenstein aus der Ofendecke nach unten abgesenkt hat, was man äußerlich nur schwierig erkennen kann, aber doch ab und zu kontrollieren sollte.*

136. Festkleben von Gießformling in Gipsform

Hierbei löst sich der Rohling nicht von der inneren Gipsform, sondern bleibt fest kleben. Die Ursache liegt hier in der zu geringen ersten Trockenschwindung und zu mageren, feinkörnigen (meist auch zu feuchten) Gießmasse. Dieser Fehler kommt meist bei Massen vor, welche einen hohen Anteil an Hartstoffen haben, so z.B. bei schamottierten Gießmassen, die fast keine Trockenschwindung haben. Oft krallen sich die feinsten, splittrigen Feinkorn-Hartstoffe fest an die Formwand. So kann es vorkommen, dass der rohe Gießling schon in der Form reißt und man ihn nur noch in Bruchstücken entfernen kann. Die Abhilfen sind in Richtung Erhöhung der Trockenschwindung.

Hilfe:

1) *Versuchen, den Formling früher aus der Form zu nehmen.*
2) *Klopfen auf die geöffnete Halbform (falls sie sich ohne Beschädigung öffnen lässt), in der der Rohling klebt.*
3) *Masse dünnflüssiger einstellen (mit Wasserzugabe). Hilft aber nicht, wenn die Masse sehr mager ist.*

4) *Zusatz von plastischen Rohstoffen (z.B. Illit-Ton und Glimmerton); bei Neuversatz auch auf Kosten von Hartstoffen.*
5) *Magerstoffe (Quarz, Schamotte, Scherbenmehl etc.) im Versatz vermindern.*
6) *Keine zu trockenen (auch warme) Gipsformen einsetzen.*

137. Festkleben von Rohlingen an Trocknungsunterlage

Hierbei kleben die keramischen, trockenen Werkstücke fest an der Unterlage. Will man die Rohlinge mit Gewalt hiervon abheben, so werden sie fast immer an der Standfläche beschädigt, wobei kleine Teile abbrechen. Dünnwandige Teile werden hierbei fast immer zerstört, so dass hier der erste Trockenbruch entsteht.

Die Ursache ist, dass beim Trocknen der austretende Wasserdampf an der Standfläche nicht entweichen kann, hier den Scherben anfeuchtet und die Standfläche stark aufweicht. Die aufgeweichte Scherbenfläche benetzt die Unterlage und klebt schließlich so fest an der Unterlage, dass Rohling und Standfläche nach dem Trocknen nur noch mit Gewalt zu trennen sind.

Hilfe:

1) *Auf keinen Fall die Rohlinge zum Trocknen auf glatte, dichte Unterlagen (z.B. Metall-, lackierte-, emaillierte-, Kunststoff- u.Ä.) aufsetzen, da hierdurch keine Wasseradsorption erfolgen kann und der Rohling festklebt.*
2) *Zumindest muss bei obigen Materialien die Aufstellfläche gelocht, oder sonstwie perforiert oder profiliert sein (Dreikant, Noppen, Spitzen u.Ä.), so dass auf der Rohling-Standfläche eine Wasserentweichung möglich ist.*
3) *Man kann auch Materialien (zu 1) verwenden, wenn man durch Zwischenauflagen den Rohling von der Standfläche abhebt, damit die Feuchtigkeit entweichen kann (z.B. auf Dreispitze, Dreikantleisten U.A.).*
4) *Bei weichem Scherben sollte man Unterlagen mit großem Saugvermögen einsetzen, wie Eternit-, Zement-, Keramik- und notfalls Gipsplatten.*

138. Festkleben in Trockenpressform (Fliesen, Schleifkörper etc.)

Beim Festkleben von Trockenpresslingen bleibt das Werkstück in der Metallform festkleben, wobei gewaltsames Ausnehmen dieses meist zerstört. Es ist ein Festkleben des Formlings am Ausstoßstempel möglich, was aber am Verschleiß des Stempels seine Ursache hat. Weitere Ursachen des Festklebens können im nicht homogenen Pressgranulat und in der Höhe des Wassergehaltes als auch im Feinkornanteil liegen.

Hilfe:

1) Pressgranulat gut homogenisieren, Wassergehalt überprüfen und Füllschieber auf gleichmäßige Granulatfüllung überprüfen.

2) *Pressform auf Verschleiß überprüfen, wodurch ein Festkleben und oft Presskörperbeschädigung (auch -Zerstörung) möglich ist.*
3) *Richtige Gleitmittel (Pressöle etc.) einsetzen bzw. erhöhen, (hierbei auf Abgase beim Trocknen und Brennen achten).*
4) *Pressvorgang (kein ruckartiges Pressen und Ausstoß) überprüfen, notfalls Doppelpressung.*
5) *Bei Schleifkörpern, Bindungszusammensetzung und Menge überprüfen.*

139. Filterzeiten zu lange (bei Filterpressen)

Beim Abfiltern eines Masseschlickers ist die Filterzeit zu lange, um einen bestimmten Feuchtezustand zu erreichen.

Bei Verkürzung der Abpresszeiten sind die Filterkuchen im Innern noch zu weich (teils noch schlickerweich), so dass sie nur sehr schlecht weiterverarbeitet werden können.

Eine vollkommene Homogenisierung solcher Filterkuchen ist in einem Mischaggregat fast nicht zu erreichen.

Die Ursachen können sehr verschieden sein, so können folgende Möglichkeiten alleine oder in Kombination an der zu langen Filterzeit verantwortlich sein:
1) Versatzstoffe, 2) Wassergehalt des Masseschlickers, 3) Verflüssigungsmittel und Zusatzmenge und 4) Pressdruck.

Hilfe:

1) *Im Versatz möglichst keine (oder nur wenige) Rohstoffe verwenden, die das Wasser nur mit hohem Energieaufwand abgeben, wie. z.B. Bentonit, Fire-clay, montmorillonitische Tone u.A.). An Stelle dieser Rohstoffe hierzu Kaolin-, Glimmer- und Serizit-haltige Tone einführen.*
2) *Der Wassergehalt soll möglichst tief sein, was man durch Erproben verschiedener Verflüssigungsmittel ermitteln muss.*
3) *Dem Versatz geringe Mengen an Magerungsstoffen zusetzen, so z.B. Scherbenmehl, Quarzmehl, Feldspat, Nephelin-Syenit, Kalkspat u.a. (jeweils vom Keramiktyp abhängig), so dass mehr offene, nicht schwindende Kapillare entstehen, die die Entwässerung begünstigen.*
4) *Pressdruck sollte tief beginnen und nicht zu hoch für die weitere Filterzeit eingestellt sein. Bei sofortigem Hochdruck können Massefeinstteilchen das Filtertuchgewebe zu schnell schließen und die Entwässerung verlangsamen.*
5) *Möglichst keine Wasserglas- (Natronsilikat)-haltigen Verflüssiger (z.B. Formsil, Gießfix, Wasserglas etc.), sondern Spezialverflüssiger verwenden.*
6) *Ein geringer Zusatz einer schwachen Säure (so z.B. 4%ige Essigsäure) zum Schlicker ergeben fast immer eine Verkürzung der Filterzeit.*

140. Fischschuppenbildung bei Email

Ein Fehler in der aufgebrannten Emailschicht, die ein Absprengen kleiner (Ausspritzer) halbmondartiger Vertiefungen zeigt. Teilweise werden sie auch als „Stahlsprüne" bezeichnet. Es sind geringfügige Beschädigungen der emaillierten Oberfläche, die im allgemeinen eine Größe von 0,5-10 mm haben und bis zum Blech durchgehen.

Es gibt verschiedene Fehlerursachen, die praktisch bekämpft werden. Sie reichen von der Zusammensetzung, über Blechvorbehandlung bis zum Ablauf der Emaillierung.

Hilfe:

1) *Verwendetes Blechmaterial ungeeignet (wechseln!).*
2) *Blechvorbehandlung kann Verursacher sein (Wechsel der Metallträger).*
3) *Emailschlicker weniger fein aufmahlen.*
4) *Brenntemperatur beim Emaillieren etwas absenken.*

141. Flachgeschirr-Risse beim Trocknen

Trockenrisse am Flachgeschirr können verschiedene Ursachen haben. Sie können sich am Tellerrand, aber auch im Boden und an der Standfläche zeigen. Eine Reparatur ist vergebliche Mühe, da sie fast immer wieder erscheinen, spätestens beim Brand.

Die Ursachen können beim Blattschneiden, bei der Gipsform, beim Trocknen und bei der Formgebung liegen.

Hilfe:

1) *Keine zu trockenen und auch nicht zu warme Gipsformen beim Formen einsetzen (Auch bei neuen Gipsformen können Risse auftreten).*
2) *Keine zu weiche Arbeitsmasse (mit zu viel Wasser) verwenden.*
3) *Das Masseblatt war zu dick geschnitten, muss also vermindert werden.*
4) *Das Vorquetschen des Masseblattes war zu schwach, so dass die Nachverformung ungleich weiterverformt.*
5) *Zu schnelles und einseitiges Trocknen ist oft Ursache des Fehlers, also langsamer und mit Umluft trocknen.*

142. Flammen (Brennen) von Schleifkörpern im Tunnelofen (Vorzone)

Hier sieht man bereits in der Tunnelofenvorzone eine Flammenbildung über dem gesamten Brenngut. Diese kleinen Flammen gehen über den gesamten Besatzbereich und beruhen auf Verbrennung von entweichenden Gasen aus dem Pressgut (Schleifkörper aller Art). Im Pressversatz waren leicht verbrennbare Stoffe, die früh vergasen und sich durch die hohe Temperatur entzündet haben.

Die Ursache liegt meist in der Verwendung von „R-Korn“ (regeneriertes Korn), welches organische Bindestoffe (z.B. Kunstharz) enthält, wobei gleichzeitig die brennfähigen Bindungshilfsstoffe mitverbrennen. Das entweichende Gas entzündet sich und das entstehende offene Feuer läuft bei oxidierender Atmosphäre in Richtung Vorbrennzone und kann totale Gefügeauflockerung (Festigkeitsverlust) bewirken.

Hilfe:

1) Besseren (schnelleren) Gasabzug bewirken und evtl. abfackeln.
2) Langsamer hochheizen.
3) Bei „R-Korn“ verwenden (wichtigste Maßnahme!).
4) Anteile organischer Hilfsmittel verringern oder austauschen.
5) Weniger dicht setzen.

143. Fleckenbildung bei keramischen Schleifkörpern

Hier zeigen sich an gebrannten Schleifkörpern (meist an Schleifscheiben) helle und dunkle Flecken (Punkte und kleine Flächen), wobei die Ursachen verschieden sein können.
So z.B. unterschiedliche Atmosphärenzustände (Oxidation-Reduktion) in verschiedenen Brennbereichen, oder Verunreinigungen im Korn (meist in hellem Grundkorn sichtbar).

Hilfe:

1) Bessere Homogenität der Arbeitsmasse (Pressgranulat) durchführen.
2) Lockerer einsetzen, nicht so hohe Stapel anwenden, vor allem bei einem etwas schnellen Brand.
3) Sauberes Korn verwenden.
4) Entsprechende Atmosphäre (je nach Art der Schleifkörpertypen) genau einhalten, sonst kann ein zeitweiser Atmosphärenwechsel, z.B. bei SiC-Körpern, helle Flecken ergeben (besonders an Aufsetzflächen).

144. Fleckenbildung an stranggezogenen Werkstücken

Dieser Fehler zeigt an der Oberfläche dunklere Flächenflecken, die vor allem bei buntbrennenden Werkstücken (z.B. Ziegel, Klinker-Steine und -Platten) als dunklere (fast schwarzbraune) Flecken zu erkennen sind. Bei helleren Massen sind die Flecken weniger stark unterschiedlich zur übrigen Oberfläche, aber noch deutlich sichtbar.
Die Ursachen können verschieden sein, können aber fast immer gefunden und abgestellt werden. Fast immer sind an den Fleckenstellen die Oberflächen verändert.

Dieser Fehler tritt nur bei ganz bestimmten Massen auf, die geringste Verunreinigungen an Salzen beinhalten, was bei vielen, buntbrennenden Tonen der Fall ist. An den Fehlerstellen entsteht immer eine geringe Verdichtung der Oberflächen und dadurch eine verminderte Diffusion durch die äußere Scherbenhaut, so dass hier eine andere Reaktion (auch verschiedene Atmosphärenbeeinflussung) stattfindet.

Es ist hier eine verminderte Oxidation festzustellen.

Hilfe:

1) *Beim Ziehen laufen Öle oder sonstige Emulsionen über die Oberfläche, was man vermeiden muss.*
2) *Beim Abnehmen der frischen Werkstücke vor dem Mundstück ergeben alle Handdruckstellen (Berührungsstellen) diese dunklen Flecken, wobei auch ein bloßes Darüberstreichen nach dem Brand zu sehen ist. Es kann sowohl vom Gleitmittel des Mundstückes als auch von Emulsion oder Schweiß an den Händen herrühren.*
   Hier hilft nur vollkommen automatisches Abnehmen und in den Trockner geben; nach dem Trocknen ist die Fehlergefahr meist beseitigt, da meist bei der Berührung (auch Handabnehmen) eine ganz leichte Verdichtung der Oberfläche erfolgt, was nach dem Trocknen nicht mehr passieren kann.
3) *Massezusammensetzung mit Rohstoffen (Tonen) durchführen, die möglichst frei von Verunreinigungen und weniger feinstfraktioniert (nicht hoch plastisch) sind.*
4) *Der Brand soll von Anfang an rein oxidierend sein.*

145. Fleckenbildung an glasierten und emaillierten Oberflächen

Es sind meist Flecken auf der Oberfläche, die sich durch geringe Farbunterschiede gegenüber der Umgebung zeigen. Je nach Oberfläche der noch rohen, aufgetragenen Überzugsschicht, können schon Fingerabdrücke und nachträgliche Befeuchtung (z.B. Wassertropfen u.Ä.) schwache Flecken nach dem Brand zeigen. Die Ursachen liegen aber auch oft in der unsachgemäßen Technologie des Glasierens und Emaillierens. So können Farbspritzer und Flecken durch nicht saubere Glasieraggregate, durch Schweißarbeiten im Arbeitsraum, durch Luft-Durchzug (Staubablagerungen) entstehen.

Hilfe:

1) *Glasieraggregate (Bänder, Abstellflächen, Zangen u.a.) sauber halten.*
2) *Schweißarbeiten (in Produktionsräumen) nicht innerhalb der Arbeitszeiten durchführen.*
3) *Saubere Hände beim Berühren der emaillierten und glasierten Oberflächen.*
4) *Keinen Luftzug in den entsprechenden Arbeitsräumen und Ofenraum ermöglichen.*

146. Fleckige (helle) Oberflächen bei rotbrennenden Werkstücken

Hier zeigen die gebrannten Oberflächen (z.B. Ziegel, Dachziegel, Blumentöpfe, Terrakotten u.a.) gefleckte Oberflächen. Die Werkstücke zeigen helle bis leicht gelbliche Flächen (teils wolkenartig), die auf eine nicht homogene Masse schließen lassen.

Es liegen hier meist Kalkverbindungen innerhalb der Masse vor, die bei schlechter Aufbereitung, mit nicht genügender Zerkleinerung und nicht homogener Mischung, Kalkkonzentrationen (auch Kalknester) ergeben, die helle gelbliche Flecken zeigen (oft wenn die Arbeitsmasse aus mehreren Rohstoffen zusammengemischt wird).

Auch können Vanadinsalze und Titanverbindungen, die noch als Verunreinigungen vorliegen, Mitverursacher des Fehlers sein. Die Ursachen können sowohl in der Zusammensetzung als auch in der Aufbereitung der Arbeitsmasse liegen, wobei zusätzlich auch die Geschwindigkeit des Trocknens eine Rolle spielt.

Hilfe:

1) *Bessere Zerkleinerung und intensivere Aufbereitung durchführen, so dass eine vollkommen homogene Formmasse vorliegt.*
2) *Zusätze von wenigen Prozenten an Bariumkarbonat (0,3-0,6%) helfen zusätzlich mit wenigen Prozenten an Kieselgut.*
3) *Stark kalkhaltige Rohstoffe (notfalls) aus dem Masseversatz herausnehmen.*
4) *Die voll getrockneten Werkstücke mit Na-/tri-phosphat (Calgon „i") überziehen(Spritzauftrag, Übergießen oder Tauchen), es ergibt sich eine bessere, gleichmäßig ziegelrote Oberfläche.*

147. Flügeligkeit und Verkrümmung bei Dachziegeln

Dies ist ein Verziehen (auch Krummwerden) der Werkstücke, wobei deutliche Abweichungen der Maßhaltigkeit eingetreten sind. Ab einer gewissen Stärke der Flügeligkeit, die meist beim Sortieren (direkt beim Ofenaussetzen oder erst im Lager) festgestellt wird, kann ein Einsatz (auch Verkauf) der Dachziegel nicht mehr erfolgen, so dass es zu Produktionsausschuss kommt.

Die Ursachen dieses Fehlers sind vielseitig und können an verschiedenen Stellen des Produktionsablaufes auftreten, so z.B. beim Versatz erstellen (auch Rohstoff-Neulieferung), der Art der Aufbereitung, bei der Formgebung sowie bei der Trocknung, beim Ofeneinsatz und beim Brand.

Hilfe:

Kontrolle und Feststellung der technischen Daten bei Rohstoff-Neubezug.
Kontrolle der aufbereiteten Massen auf Homogenität und Formbarkeit (evtl. Warm oder Heißwasseraufbereitung - Mauken -).

3) *Bei Flügeligkeit entsprechend empfindliche Tone (quellfähige Tone wie Bentonite, Montmorillonit- und Fire-clay-haltige Tone u.Ä.) durch unempfindliche Tone (kaolinitische-und glimmerhaltige Tone u.Ä.) ersetzen.*
4) *Je nach Zusammensetzung der Masse kann beim Ablauf der Verformung eine Eigenspannung (Formgebungsspannung entstehen, welche zur Flügeligkeit (oft schon nach dem Trocknen) führen kann. Hier helfen: höhere Feuchtigkeit der Masse; langsamerer Pressvorgang; doppeltes Pressen und Maßnahmen zu 3).*
5) *Immer gleicher Ofenbesatz und Brennverlauf durchführen, wobei vor allem die Temperaturen ab 750°C bis Endtemperatur mit voller Oxidation und langsamer Steigerung ablaufen sollen.*

148. Flüssigkeitsflecken auf glasierten Fliesen im Einsatz

Auf gefliesten Böden und Tischen erkennt man deutlich schwach eingeätzte Flecken, die sich auch mit Putzmitteln nicht reinigen lassen.

Die Ursachen liegen meist an sehr hochprozentigen Alkoholen, aber noch mehr an Säften, die verschiedenartige Säuren enthalten. So zeigen sich oft „Cola-Flecken", wobei die hier beinhaltete schwache Säure einen Angriff auf empfindliche Glasuren bewirkt. So kennt man weiter im Bereich der Säfte: Obstsäuren (teils Essigsäuren, Zitronensäure, Apfelsäure, Ascorbinsäure, Phosphorsäure, Kohlensäure u.a., welche (auch in starken Verdünnungen) die Ursachen des Glasurangriffs (Glasurflecken) sein können.

Hilfe:

1) *In transparenten Glasuren (unterhalb 1100°C), den Blei- und Alkaligehalt so tief wie möglich halten, aber SiO_2 hochsetzen.*
2) *Bei getrübten und halbmatten Glasuren (auch bei Temperaturen oberhalb 1100°C) „Zinkoxid" und „Lithiumoxid" herabsetzen oder vermeiden. B_2O_3 kann dafür erhöht werden.*
3) *Für seidenmatte Glasuren (auf Kristallisationsbasis) sollte man Zinkoxid tief setzen und Zirkondioxid (auch Zr-Fritten) einbauen, womit man eine bessere Beständigkeit erreicht.*
4) *Al_2O_3 und SiO_2 sind immer vorteilhaft, wenn nicht gleichzeitig Fe_2O_3 und Cr_2O_3 als färbgebende Oxide vorliegen, wobei diese als Färbesubstanzen in allen Glasuren gegen schwache Säuren und Alkohol empfindlich sind.*

149. Formgebungsrisse bei plastisch geformten Werkstücken

Hier können Risse entstehen, die erst nach dem Trocknen (seltener erst nach dem Brand) sichtbar werden. Die Ursache kann bei dem Zustand der Formmasse, der Formgebungsart oder auch an den Formen selbst liegen.
So kann z.B. eine Masse vorliegen, die keine gleich homogene Feuchtigkeit hat (z.B. aus schlecht aufbereitetem Filterkuchen) oder aus nicht gut durchgeführtem

Massemischen bei plastischer Aufbereitung, wobei keine ausreichende Vorzerkleinerung und Homogenität erreicht wurden.

Es kann auch die Ursache an den Formwerkzeugen (Metall- oder Gipsformen) liegen, die nicht entsprechend eingebaut sind. Risse entstehen durch verschieden schnelle oder starke Trockenschwindungen, deren Ursachen von verschieden verteilten Feuchtigkeiten, von verschiedener Scherbenstärke (vor allem beim Vorhandensein von Formgebungsspannungen), von Trocknungsverzögerungen (z.B. durch Formenöl, auch Temp.-Unterbrechungen u.a.).

Hilfe:

1) *Formmassen, die aus Filterkuchen hergestellt werden, sind mit entsprechenden Mischaggregaten gut zu mischen und zu verbatzen, so dass eine gleichmäßig feuchte und homogene Masse vorliegt.*
2) *Plastisch aufbereitete Massen müssen die Rohstoffe (z.B. Schnitzeltone, Hartstoffe etc.) intensiv vorzerkleinert und aufbereitet werden. Die homogenen Massebatzen sollten vorsorglich einige Zeit (mind. 24 h) gemaukt werden, wodurch eine bessere Formbarkeit (Erhöhung der Plastizität) entsteht.*
3) *Heißaufbereitung (60-80°C-Wasser) gibt eine schnellere Aufbereitung bei guter Plastizität. Heiße Masse abgedeckt abkühlen lassen.*
4) *Gipsformen sollen nicht zu trocken (oder gar warm) sein, um ein zu schnelles, und evtl. einseitiges antrocknen (Schwinden) an der Gipswandseite zu verhindern, was Spannungen, Verziehen und Risse ergeben kann.*
5) *Bei Metallformen sollte „Formal" verwendet werden, was emulgierbar ist, so dass es eine Trocknung (Wasserabgabe) nicht wesentlich verhindert.*
6) *Ein zu schnelles Verformen (bei Gips- und Metallformen), z.B. mit Stempel, Schablone, Galgen und Presse kann durch das Auftreten von Formgebungsspannungen zu Rissen und Verziehen führen.*
   Hierbei spielt die Formbarkeit der Formmasse eine wichtige Rolle. So ergeben zu trockene (nicht genügende Feuchtigkeit) Masse oft Überschlagfalten und Hohlräume. Feuchte Massen hingegen müssen länger in der Form bleiben, um eine entsprechende Festigkeit zu erhalten, wobei gleichzeitig oft, an der Gipswand zugewandten Seite, Krakelee-Risse entstehen. Formlinge mit zu feuchten Massen lassen sich oft aus Metallformen nur unter Verziehen und Verbiegen entnehmen.

150. Fritteverklumpung

Bei längerem Lagern von zerkleinerten (auch gemahlenen) Fritten, tritt bei bestimmten Typen eine Verklumpung derart stark ein, dass man sie kaum noch mit einer Schaufel aus dem Vorratsbehältnis (Sack, Silo u.a.) entnehmen kann.
Dies geschieht vor allem bei solchen Fritten, die hohe Alkalianteile haben, welche durch Feuchtigkeitsaufnahme (aus Umgebung) hydratisieren und hierbei mehr oder weniger Hydrate bilden, die zum Teil kristallin zusammenwachsen und verklumpen.

Die Ursachen liegen außer in der chemischen Zusammensetzung in der unsachgemäßen Fritteherstellung (durch Verbraucher nicht zu beeinflussen) und unsachgemäßer Lagerung.

Hilfe:

1) *Bei Fritten, welche längere Zeit vorrätig sein müssen, darf der Alkaligehalt (Na_2O/K_2O) nicht so hoch sein (Anhaltswert: max, 1/4-1/3 vom SiO_2), sonst Gefahr baldiger Verklumpung. Entsprechender Einkauf.*

2) *Bei der Fritteschmelzung muss auf gutes Durchschmelzen des Versatzes geachtet werden. Nicht gebundene Alkalien ergeben, schon direkt im Glasurversatz, einen anderen pH-Wert und andere Schlickereigenschaften, die oft zu Produktionsschwierigkeiten führen. Bei längerer Standzeit solcher Versätze ändern sich die reologischen Eigenschaften, so dass öfter ein Nachstellen des Schlickers notwendig wird.*

3) *Die Lagerung von Fritten sollte sicherheitshalber in Plastiksäcken und Holzbehältnissen erfolgen.*

4) *Sollte man Empfindlichkeit der Verklumpung feststellen, so kann man einen guten Hinweis bekommen, wenn man die pH-Änderung ermittelt:*
1. Bei Lieferung, pH-Wert feststellen (z.B. 250 g Fritte und 500 g Wasser 5 Min. Rühren) und
2. Nach 30 Min. Mahlzeit in Labormühle (gleiche Mischung) wieder pH-Wert feststellen. Die pH-Differenz ist Löslichkeitshinweis.

151. Frosteinfluss auf Gießmasse

Es geschieht, dass Gießmasse im Vorratsbehälter aus irgendwelchen Gründen einer Frosttemperatur ausgesetzt ist, so dass der Schlicker in seiner Oberfläche eine mehr oder minder starke Eisschicht bildet.

Nach dem Auftauen stellt man fest, dass die wiederum flüssige Gießmasse sich relativ schnell absetzt und entmischt, auch zeigen aus dieser Masse hergestellte Proben eine stark verminderte Trockenfestigkeit.

Erst nach etwa 8 Tagen (in Zimmertemperatur), kommt langsam die Homogenität wieder zurück, allerdings muss man mit Elektrolyt-Additiven die Viskosität neu einstellen.

Hilfe:

1) *Masse nach Auftauen und längerer Standzeit in warmer Umgebung wieder mit Elektrolyten neu einstellen.*

2) *Am sichersten ist es, die Masse zu verwerfen und die Aufbereitung eines neuen Versatzes durchzuführen.*

152. Frosteinfluss auf plastische Arbeitsmasse (Hubel)

Gefrorene (vereiste) Hubel, die längere Zeit dem Frost ausgesetzt waren, so dass diese durchgefroren sind, zeigen eine Feuchtigkeitsentmischung. Hierbei wird die Hubelmasse zum Teil entwässert, wobei das Wasser nach außen zieht und hier meist Eiskristalle bildet. Bei schamottierten Hubeln zeigt sich z.T. Eisbildung in entstandenen Rissen, die beim Auftauen weiter aufplatzen.

Diese plastische Massen können auf keinen Fall nach dem Auftauen direkt zur Formgebung verwendet werden, die Homogenität ist fast restlos verloren.

Hilfe:

1) *Hubel sollte man wenigstens 8 Tage nach dem Auftauen ruhen lassen, ehe sie durch Neuaufbereiten (meist reicht Strangpressen) wieder brauchbare Eigenschaften erhalten.*
2) *Hubel zum Trockenbruch geben und wieder neu der Aufbereitung (in 20% Anteilen) dem übrigen Versatz zugeben.*

153. Frostschäden an Fliesen und Platten in der Anwendung

Häufig entstehen an verlegten Keramik-Fliesen und Platten Frostschäden, wobei der Fehler verschieden aussehen kann.

So gibt es Schäden, wobei die Werkstücke reißen und sich vollkommen von der Unterlage lösen und andere, wobei Stücke der Fliesen abgesprengt werden und wiederum ein Teil, bei denen die Keramiken nur kreuz und quer reißen. Die Ursachen können dementsprechend verschieden sein, sie können

A) bei der Massezusammensetzung,
B) bei der Formgebung und
C) beim Brand liegen,

so dass man mehrere Faktoren beachten muss.

Hilfe:

A) *Die Massezusammensetzung muss so sein, dass eine gleichmäßige, homogene Zusammensetzung vorliegt, die sich gut verformen und trocknen lässt und beim Brand ein vollkommen gleichmäßig verdichteter Scherben entsteht. Masse, welche aus Granulaten verschiedener Rohstoffe zusammengesetzt ist, ist besonders gefährdet, wenn die einzelnen Massegranulate (meist über 100-200 μm), verschiedene Dichten und Schwindungen haben, welche bei nicht vollkommener Dichte punktartige Frostabplatzer ergeben können.*
Es darf keine Feuchtigkeitsdehnung (FD) vorliegen, was wichtig ist und nicht vom Frost abhängt. Die Feuchtigkeitsdehnung (falls vorhanden), die in der Praxis im Laufe des Jahres (oder Jahre) im Wechsel von Wasseraufnahme und Wärme entsteht, bewirkt feinste Gefügelockerungen im Werkstück. In diese Gefügelockerungen treten Wasserteile ein, welche Frostschäden ergeben können. Bei Großgranulaten ist dies besonders der Fall.

Die sichersten Massen gegenüber Frostschäden sind:

1) Nassaufbereitete Massen, die bei der Aufbereitung eine vollkommene, homogene Mischung erhalten und Massemischungen, die aus einzelnen Rohstoffmehlen (Tonmehlen) zusammengesetzt sind und hierdurch eine gute Homogenität bei der Aufbereitung erhalten.

2) Beim Ziehen entstehen teilweise feinste Gefügerisse in haarfeiner Größe, wobei die Haarrisse parallel zur Oberfläche und quer zur Pressrichtung (bei Strangziehen) laufen. Diese Risse verschwinden meist durch homogenisieren und mauken.

B) Beim Brand muss eine gleichmäßige Schwindung erfolgen und die Wasseraufnahme soll unter 1,5% liegen, sonst höher brennen und länger tempern.

C) Bei zu hoher WA: höher brennen und/oder längere Temperzeiten vornehmen; Zusatz von Flussmitteln (Feldspat, Glasmehl, Glimmer u.a.).

154. Fußrisse an flachen Werkstücken (beim Rollern)

An den Standflächen von Flachgeschirr sind am Fuß Risse zu erkennen, welche zum Teil auch erst deutlich nach dem Brand sichtbar werden. Die Ursache liegt aber bei der Formgebung und kann sowohl an dem Zustand der Arbeitsmasse als auch im technischen Ablauf der Verformung liegen.

Hilfe:

1) Temperatur der Rollerschablone ist zu hoch, dementsprechend hierbei die Temperatur erniedrigen.
2) Die Arbeitsmasse ist zu steif (zu fest), so dass hier eine bessere Plastizität (mehr Feuchtigkeit) hergestellt werden muss.
3) Die Ausformzeit war zu lange (zu schneller Trocknungsbeginn), so dass der Ausformungsvorgang beschleunigt werden muss.
4) Der Trocknungsvorgang der geformten Werkstücke muss langsamer sein.

155. Garnierfehler

Diese Fehler können vielseitig sein, es können Risse an der Garnierstelle auftreten; es kann ein Verziehen von angarnierten Teilen erfolgen; es können aber auch Risse im angarnierten Fügeteil und auch an dem Werkstück erfolgen, woran es angarniert wurde.

Die Beachtung der entsprechenden Maßnahmen müssen voll sachgemäß durchgeführt werden, damit solche Fehler nicht auftreten.

Beim Angarnieren von Stegen (z.B. bei bestimmten Ofenkacheltypen) können Risse auf (im) Kachelblatt entstehen, die von ungleichen Schwindungen der Grundkachel und dem angarnierten Steg kommen. Auch im sanitären Bereich gibt es ähnliche Garnierfehler.

Hilfe:

1) *Alle miteinander zu verbindenden Rohteile (Fügeteile), müssen die gleiche Feuchtigkeit und Schwindung besitzen, sonst kann es zu Rissen und zum Verziehen der Einzelteile kommen, was sich als evtl. erweiterter Fehler am ganzen Werkstück ausweiten kann.*
2) *Die Verkittung der Angarnierstellen (Fügestellen) muss so intensiv sein, dass hier schon ein Verwachsen von beiden Teilen vorhanden ist und man das Ganze als eine Einheit ansehen kann.*

156. Garnierrisse

Es handelt sich hierbei um Risse zwischen den verschiedenen Einzelteilen, die durch Garnieren (aneinandersetzen) zusammengesetzt wurden. Hierbei handelt es sich um Griffe, Henkel, Ausgüsse (z.B. an Kannen), Stege, Füße, Verzierungen, Abzweiger (z.B. an Röhren), Isolatoren u.a.. Besonders bei figürlichen Formen kann durch ein nachfolgendes Retuschieren eine Vervollkommnung der Gesamtfigur erfolgen.

Das Garnieren erfolgt so, dass man die „Ansatzstellen" ankratzt (mit Metallspitze, Stahl-Pinsel o.Ä.), mit angesteiftem Garnierschlicker (angesteifter Masseschlicker) bestreicht und die Einzelteile durch Andrücken vereinigt.

Hierbei müssen alle Voraussetzungen bei Garnierteilen und Klebschlicker (Garnierschlicker) vorliegen, um später eintretende Garnierrisse zu vermeiden.

Hilfe:

1) *Alle Einzelteile müssen gleiche Ausgangsfeuchtigkeit und gleiche Schwindungsmaße haben, sonst entstehen Garnierrisse oder Absprengungen.*
2) *Die Garnierstellen der Einzelteile müssen so vorgeformt sein, dass beim Anlegen beide Teile voll anliegen und zwischen ihnen keine Hohlräume sind.*
3) *Miteinander zusammengesetzte Teile müssen beim Garnieren fest aneinander gedrückt werden, wobei der eventuell austretende Überschussschlicker abgeputzt wird (nicht zu nass), der Rest wird verteilt, so dass die Ansatzstellen keine Vertiefungen zeigen.*
4) *Zu hohe Schlickerfeuchtigkeit ergibt meist Trockenrisse, welche sich beim Brennen noch vergrößern und gleichzeitig einen Festigkeitsverlust ergeben.*
5) *Ein Zusatz von Fritte oder transparenter Glasur (ca. 5-8%) zum Garnierschlicker, erhöht die Verkittung der Garnierstellen.*

157. Gasbläschen in Schmelzdekoren (Malerei, Abziehbilder, Siebdruck)

Diese Gasbläschen treten nur in den dekorierten Flächen (teils auch in den gesamten Flächen der Abziehbildunterlagen) auf, während rundum alles ohne diesen Fehler bleibt.

Die Ursachen liegen fast immer im Brennablauf des Ofens, wobei Gasöfen hierbei wesentlich anfälliger sind, weshalb man auch heute überwiegend den Elektro-Ofen zum Schmelzbrand einsetzt.
Bei diesen Fehlern (Gasbläschen und kleinste Kraterspitzen) geschieht das Hochheizen zu schnell, so dass der sich bildende Kohlenstoff, aus den organischen Binde-Hilfsstoffen, beim Schmelzen des Aufglasurdekors noch nicht vollkommen verbrennen konnte und als Gasbläschen in der Dekorschmelze hängen bleibt.
In den schlimmsten Fällen können hell- bis dunkelgraue Verfärbungen entstehen. Hier fehlt der Sauerstoff zur Kohlenstoff-Verbrennung, vor Schmelzbeginn des Dekors.

158. Gewellte Oberflächen bei Eindreh-(Einform-)Werkstücken

Diese mehr oder weniger starken wellenartigen Oberflächen treten an der Verformungsseite der Werkstücke auf. Diese Unebenheiten sieht man immer nur an der Aufformseite, d.h., wo die Schablone oder Rolle die Arbeitsmasse auf die Form aufdrückt und vorgesehenes Profil und richtige Scherbenstärke ausformt.

Am stärksten tritt der Fehler auf, wenn zu viel Masseauflage (auch zu dickes Masseblatt) verwendet wird, wobei auch die Plastizität (Feuchtigkeit) eine wichtige Rolle spielt.

Beim Ausformen wird momentan zu viel vorhandene Masse nach außen gedrückt, wobei oft Verdickungen (Bugwelle) und auch Überschlagungen entstehen können, welche die Schablone zeitweise anheben und somit mehr oder minder starke, wellenartige Oberflächen erzeugen.

Bei Spindelpressen, wobei der rotierende Oberstempel im Eindrehverfahren die Innenseite ausformt (z.B. Blumentopf), entstehen diese wellenartigen Flächen an der Innenseite der Werkstücke.

Stets verstärkt sich der Fehler bei zu schneller Geschwindigkeit des Ausformens (oder Eintauchgeschwindigkeit).

Hilfe:

1) Masseblatt dünner herstellen und evtl. vorformen.
2) Bei Spindelpresse das Gewicht (Masse) der Formmasse verringern, so dass nur geringes Ausquetschen entsteht.
3) Plastizität der Masse erhöhen, d.h. die Formmasse muss feuchter sein und sich leichter verformen lassen (Standfestigkeit des Rohlings muss erhalten bleiben!).
4) Die Ausformgeschwindigkeit verringern.
5) Bei Spindelpressen die Eintauchgeschwindigkeit des rotierenden Oberstempels verringern.

159. Goldrandabrieb (auch Schmelzfarbenabrieb)

Meist geschieht dies, nach kurzer Einsatzzeit, an Tellern, Gläsern und anderen Werkstücken, die mit Gold gerändert sind.

Dieser Fehler entsteht am Goldrand, der im Schmelzbrand (600-750°C) aufgeschmolzen wurde, wobei es sich um Glanzgold, Poliergold oder Glasgold handeln kann. Dieser Goldrand lässt sich schon beim Versand, spätestens aber nach kurzer Gebrauchszeit, leicht abreiben. Da dieser Fehler direkt nach dem Brand optisch nicht erkennbar ist, kommen Reklamationen erst später.

Wenn dekorierte Stücke z.B. in Holzwolle o.k. verpackt und verschickt werden, verursachen die Reibungen zwischen Verpackungsmaterial und Goldrand oft schon einen Teilabrieb am Goldrand. Spätestens aber stellt die Hausfrau nach einiger Einsatzzeit diesen Abrieb fest, was dann zu Reklamationen führt.

Somit muss bei Goldranddekoren direkt nach dem Brand eine Prüfung auf Abriebfestigkeit durchgeführt werden. Wenn hierbei die Beurteilung: „nicht abriebfest" ermittelt wird, müssen entsprechende Maßnahmen ergriffen werden. Da bei diesem Fehler meist zu wenig Verzahnungsreaktionen (Schmelzreaktionen) zwischen Unterlage und Gold stattgefunden haben, müssen Gegenmaßnahmen getroffen werden.

Hilfe:

1) *Sauberkeit des glasierten Werkstückes, direkt vor dem Goldauftrag, muss vorhanden sein.*
2) *Die Endtemperatur-Haltezeit muss (um ca. 50%) verlängert werden.*
3) *Die Brenntemperatur muss um ca. 10-15 K erhöht werden, wobei die Maßnahme „Haltezeiterhöhung" (Nr. 2) (wegen Temperaturausgleich) immer vorzuziehen ist.*
4) *Falls der Fehler nur bei einer bestimmten Glasur (bzw. Dekor) eintritt, so kann man die Glasur durch Zusatz von wenig Flussmittel (ca. 5%) etwas früher zur Schmelzreaktion bringen.*

Eine praktische Prüfung von Goldfestigkeit ist das Reiben der Goldfläche mit a) Schreibmaschinengummi; b) mit feuchtem, holzhaltigem Papier; feuchter Holzwolle, wobei sich kein Abreiben (Durchscheinen der Unterlage) zeigen darf.

160. Gold-Zusammenziehen (tropfenartig) im Brand

Dieser Fehler zeigt an Stelle der Goldauflage (z.B. Goldband), tropfenartiges Zusammenziehen der Goldauflage, wodurch Gold-freie Stellen entstehen.

Hier gibt es verschiedene Ursachen, die zu diesem Fehler führen können.

Hilfe:

1) Eine unsaubere Unterlage, die z.B. Staub, Fett, Schweiß u.a. enthält, kann zu dem Zusammenziehen führen, so dass man die Unterlage, vor der Goldauflage, einwandfrei reinigen muss.

2) *Eine zu dicke Goldauflage und ein zu schnelles Trocknen fördern ebenfalls diesen Fehler. Gold dünner auflegen, eventuell verdünnen.*

3) *Ein zu schnelles Hochheizen, vor allem im Bereich der Vergasungen der organischen Bindehilfsmittel, führt zum Fehler und verstärkt diesen.*

161. Gold- und Schmelzfarben-Auftragsfehler

Durch einen unsachgemäßen Auftrag von Gold- und Schmelzfarben, können Schmelzdekorfehler entstehen, wobei am häufigsten auftreten:

RUBINBILDUNG in Unterglasur, ZUSAMMENZIEHEN, schlechte HAFTUNG, IRISIEREN, AUSLAUFEN von Dekorrand, ABHEBEN der Auflage, VERSCHWINDEN der Dekorfarbe, FARBKÖRNCHEN in Farbe, STREIFEN in Gold, ABRUTSCHEN der Farbe an senkrechten Flächen, LÜSTERABPLATZEN, SCHLECHTE DECKKRAFT in Gold und Schmelzfarbe u.a.

Hilfe:

1) *RUBINBILDUNG.*
Die Goldauflage ist zu dünn aufgetragen (dicker auflegen); Brenntemperatur zu hoch (niedriger brennen); Unterglasur ist zu leichtflüssig - (ca. 5% Kaolin zusetzen oder andere Unterglasur anwenden!).

2) *ZUSAMMENZIEHEN.*
Hier ist die Farbauflage (Goldauflage) zu dick - (dünner auftragen!); Trocknung war zu wenig und zu schnell - (intensivere Trocknung!); Goldmedium ist zu steif (dickflüssig) - (Verdünnung zumischen!).

3) *SCHLECHTE HAFTUNG.*
Zu wenig Schmelzreaktion zwischen Unterlage und Auflage - (höher brennen und/oder längere Pendelzeit/Flussmittel in Dekormedium erhöhen/ eventuell andere Unterglasur, mit früherer Schmelzreaktion verwenden!).

4) *IRISIEREN.*
Hier ist wahrscheinlich ein Niederschlag von Metalldampf (aus Schmelzfarben-Medium) erfolgt (volle Oxidation und Luftumwälzung beim Brennen durchführen!).

5) *AUSLAUFEN.*
Der Flussmittelanteil der Farbe ist zu hoch (Farbkörper zumischen!); die Brenntemperatur ist zu hoch und/oder die Pendelzeit zu lang (entsprechend abändern!); Farbmedium dünner auftragen!

6) *ABHEBEN.*
Hier ist meist eine verschmutzte Unterlage die Ursache, wie Staub, Fett, Schweiß, u.Ä. (Voraussetzung: gute Säuberung der Werkstücke!).

7) *VERSCHWINDEN.*
Ein Auflösen der Dekorfarbe ist meist auf eine zu hohe Brenntemperatur zurückzuführen - (niedriger brennen und Haltezeit verkürzen! Zerfall von Farbverbindungen - Kristallzerfall - andere Farbkörpertypen verwenden!); eine nicht gewollte Reduktion beim Brand kann ebenfalls den Fehler erzeugen!

8) *FARBKÖRNCHEN.*
Schlechtes Aufspachteln beim Farbmischen können einzelne Farbkörnchen hinterlassen, die im Brand nicht voll aufgelöst werden und als kleine Erhabenheiten im Farbdekor vorkommen (besser aufbereiten!).

9) *STREIFEN.*
Wenn das Goldmedium beim Auftrag zu zäh ist, entstehen oft Streifen im Dekor (Gold mit „Verdünnungsöl" flüssiger einstellen und nochmals überdekorieren!).

10) *ABRUTSCHEN.*
Bei zu flüssiger Farbe (z.B. mit zu viel Terpentinöl) ist die Viskosität und Haftbarkeit an der Unterlage zu gering, so dass das Farbmedium abrutschen kann, wobei es außerdem unschöne Ränder und Dekorflächen gibt - (Farbmedium, entsprechend viskoser einstellen!).

11) *LÜSTERABPLATZEN.*
Bei staubiger (auch gering) Oberfläche platzt der Lüster ab - (Oberfläche reinigen, vorteilhaft mit Alkohol!); bei zu dicker Lüsterauflage platzt er ab (dünner auftragen!).

12) *SCHLECHTE DECKKRAFT.*
Zu viel Lösungsöl im Lüster; zu dünne Auflagenschicht bei Goldpräparaten - (weniger Verdünnungsöl oder dicker auftragen!); zu hohe Brenntemperatur, z.B. bei Gold oder Rot (niedriger brennen!).

162. Goldverzehr im Schmelzdekorbrand

Glasgold-, Glanzgold- und Mattgold-Dekore (z.B. Ränder und Flächen u.Ä.) werden teils oder vollkommen aufgelöst. Nach der Goldauflösung sind die Goldanteile oft in die Unterlage eingedrungen und haben diese leicht Rubinfarben eingefärbt, so dass hier das Goldrubin entstanden ist. Die Ursachen liegen hier in der Unterlage, der Auftragsstärke und dem Brennen.

Hilfe:

1) *Unterlage ändern, so muss z.B. bei transparenten und weißen Glasuren die Viskosität erhöht werden, um eine zu starke Reaktion des Goldes mit der Unterlage zu verhindern.*
2) *Je dünner das Gold aufgebracht wird, desto höher ist der Goldverzehr durch die Unterlage.*
3) *Bei farbigen Unterlagen muss erst eine Brennprobe des entsprechenden Goldpräparats durchgeführt werden, so lösen Kupfer-, Kobalt-, Mangan- und sonstige Farboxid-enthaltende Glasuren die Farbe Gold (teilweise oder ganz) auf (je nach Affinität).*
4) *Bei Auftrag von „Glasgold" auf Keramikunterlage (um niedrigere Brenntemperatur zu ermöglichen) ist der Goldverzehr am höchsten, hier muss man „ Glanzgold" oder „Poliergold" verwenden.*
5) *Bei Goldverzehr (auch bei Purpur- oder Rubinfarbentwicklung) muss die Brenntemperatur erniedrigt werden (auch Verkürzung der Temperzeit).*

163. Gehämmerte (raue) Innenflächen bei gegossener Hohlware

Dieser Fehler ist bereits an dem gegossenen Rohling zu erkennen und wird nach dem Brand verstärkt sichtbar.

Hierbei wird der eingefüllte Gießschlicker von der Gipsform angesaugt und bildet nach einiger Zeit einen entsprechend dicken Scherben. Wenn nach der vorgesehenen Ansaugzeit die Gipsform gekippt wird, läuft die Masse aus und viele gröbere Hartteile (z.B. Quarzkörnchen aus Magerton, Scherbenmehl, Schamotte-Feinkorn u.a.) bleiben im schon gefestigten Scherbeninnern hängen, während die dünnflüssige Masse abläuft; womit eine raue (oft wie gehämmert) Innenfläche entsteht.

Die Ursachen liegen in der Zusammensetzung und den Roheigenschaften des Gießschlickers.

Hilfe:

1) *Masse feiner aufbereiten! Hartstoffe in feinerer Fraktion zugeben.*
2) *Masse viskoser machen (weniger Wasser).*
3) *Masse viskoser machen, durch Zugabe von Kaolin (ca. 5%) und gleichzeitig einen plastischen Illit-Ton (ca. 5%).*
4) *Viskoser einstellen durch 2-3% Bentonitzugabe.*
5) *Masse in Mühle feiner aufmahlen.*

164. Gelbfärbung bei Terrakotten und Ziegelerzeugnissen

Hierbei erscheinen die normal, ziegelroten Terrakotten in gelbroten bis fast gelben Farbtönen. Je nach Temperatur entstehen auch fast beige Farbtöne an den Werkstücken.
Die Ursachen liegen hier in der Zusammensetzung der Arbeitsmassen (meist plastisch) und an der Brenntemperatur.
Bei feinaufbereiteten Massen zur Herstellung von Terrakotten wurde festgestellt, dass die Anteile von CaO und Fe_2O_3 eine wichtige Rolle spielen.

Hilfe:

1) *Gelbliche Werkstücke werden wieder rot, wenn man der Masse Fe_2O_3 oder einen Eisenoxid-reichen Ton (z.B. Odenwälder, Niederahrer, Hirschbacher u.Ä.) der Masse zugibt und mit aufbereitet.*
2) *Bei Neuversatz sollte man Tone mit hohem Fe_2O_3-Gehalt und wenig CaO verwenden. CaO-Anteil soll nicht so hoch sein.*
3) *Ein Überspritzen der trockenen Rohlinge mit Na-/triphosphat (Calgon „ i") verbessert und verschönert das „Ziegelrot".*

165. Gelbliche Ausscheidungen an unglasierten Werkstücken

Am häufigsten kommen diese Fehler an buntbrennenden Werkstücken (Ziegel, Klinker, Pflanzschalen, Dachziegel, Blumentöpfe u.a.) vor, die noch einen porösen Scherben haben. Nicht immer sind die Ausblühungen sofort nach dem Brand zu erkennen, sondern werden erst nach längerem Einsatz sichtbar, so dass man den Fehler nicht direkt am Ende des Produktionsablaufes feststellen kann.

Er kommt in Werkstücken vor, in deren Formmassen lösliche Salze, minimale Anteile von S-, V-, Ti-, Fe- u.a. vorhanden sind, welche schon beim Trocknen mit dem Wasser nach außen wandern können und dann „bei genauer Betrachtung" oft schon als hellere Flächen (meist an Kanten und Stellen, wo die Wasserverdunstung konzentriert erfolgt) sichtbar werden. Andere Salzverbindungen, die im Innern der Werkstücke bleiben und nicht vollkommen gebunden werden, sind direkt nach dem Brand nicht sichtbar. So kommt es vor, dass nach mehreren Zyklen von Feuchtigkeitsaufnahmen und anschließender Trocknung die Salze (in löslicher Form) mit dem Wasser nach außen wandern und an der Oberfläche als Salze ausscheiden.

Wenn der Fehler einmal im Werkstück vorhanden ist, kann man ihn kaum wieder beseitigen. So ist man gezwungen, eine Ausblühungskontrolle durchzuführen und je nach Ergebnis, die keramischen und evtl. brenntechnischen Maßnahmen durchzuführen.

Die löslichen Salze können a) im Rohstoff (Lehm, Ton etc.); b) im Anmachwasser; c) im Zuschlagstoff (z.B. Eisenrotschlamm etc.) vorkommen und können auch, durch die Brenngase (bei offenem Feuer) angelagert werden, so dass eine Kontrolluntersuchung an allen Stellen (z.B. Rohstoffeingang) durchgeführt werden muss.

Hilfe:

1) Untersuchung der einzelnen Rohstoffe (mit Wasser aufschlämmen) auf lösliche Salze (Filtratuntersuchung) prüfen.
2) Zusatz von Bariumkarbonat (0,2-1%) zur Masseaufbereitung hilft sehr oft.
3) Ein langsameres Trocknen hilft ein wenig.
4) Ein höherer Brand (wenn Werkstücke dies für Produktion und späteren Einsatz zulassen) hilft gegen Ausblühungen im Einsatz.
5) Notfalls Austausch der verunreinigten Rohstoffe.

166. Gelbe (helle) Flecken und Flächen bei Salzglasur

Es sind hierbei kleine, gelbliche Flächen, die sowohl bei oxidierender als auch bei reduzierender Atmosphäre auftreten können, aber verschiedene Ursachen haben können.

Die Ursache kann im Brand, aber auch im Salzen, weniger an der Zusammensetzung der Arbeitsmasse liegen. Oft lassen sich, an der Art und Größe der hellen Flecken, Rückschlüsse über die Entstehung ziehen.

Hilfe:

1) *Graublaues Steinzeug erhält durch Luftüberschuss (an zugreicher Stelle im Ofen) helle Flächen, hierzu muss man den Fehlzug (falscher Luftzug) im Ofen beseitigen (z.B. Abdichten von Zuglöchern u.Ä.).*
2) *Bei quarzreichen Teilchen, die an der Oberfläche des Werkstückes liegen, entstehen helle Flecken (bei Reduktionsatmosphäre = grauweiß; bei Oxidation = gelblich weiß).*
3) *Sehr helle Punkte (meist geringe Vertiefungen) zeigen, dass hier beim „Salzen" ein großes Salzstück (oder Anhäufung) liegen blieb und dort geschmolzen ist. Dies geschieht meist an waagerechten Werkstücken. Hier muss die Salzmenge vermindert und ein feineres Salzkorn verwendet werden.*
4) *Zu frühes und zu geringes „Salzen" ergibt helle und raue Flächen. Hier muss man den Zeitpunkt des „Salzens" erst nach Beginn der Scherbensinterung verlegen.*

167. Gelbstichigkeit bei hellen, meist halbmatt bis matten Glasuren

Hier entstehen (selten in E-Öfen) in der Glasuroberfläche Gelbstichigkeiten von weißen Glasuren (auch halbmatt bis matten Glasuren), wobei ein Vorhandensein von Titanverbindungen dies begünstigt.

Die Ursache kann die Bildung von Rutil (dkl. gelb-braun = Eisen-haltiges TiO_2) sein; beim Vorhandensein von MgO wird die Gelbfärbung intensiviert; auch eine Spur von Cr_2O_3 kann die Gelbstichigkeit fördern und Mitverursacher sein, wobei die Ofenatmosphäre eine Rolle spielt.

Hilfe:

1) *Ein Zusatz von (2-3%) BaO-Fritte oder $BaSiO_3$, wobei $BaCO_3$ in viskosen und vor allem in Schnellbrandglasuren zur Blasenbildung neigt.*
2) *MgO aus dem Glasurversatz entfernen, was eine Erniedrigung der Viskosität bedeuten kann, vor allem bei Glasuren oberhalb von 1160 °C.*
3) *TiO_2 durch Zirkonsilikat ($ZrSiO_4$) oder Zirkonfritte ersetzen, falls der vorhandene Glasureffekt es zulässt.*
4) *Bei niedrigen Temperaturen hilft ein geringer Zusatz (0,3-1,0%) von Ca-Phosphat.*

168. Gezahnte (raue) Kanten und Schnittflächen bei Nachbehandlung (bei Fliesen, Platten, Kacheln u. a.)

Beim Schneiden und Schleifen (heute fast nur noch Schneiden) auf Maß von Fertigstücken werden meist genaue Endmaße verlangt, wobei die Schnittränder saubere und gerade Kanten ergeben sollen.

Raue und mehr oder weniger stark gezahnte (Sägeblatt-ähnlich) Kanten treten immer wieder beim Sägen (mehr beim Schleifen mit Topfscheiben) auf, besonders bei stark schamottierten Artikeln (z.B. Ofenkacheln, Schamotteplatten, Baukeramiken u.a.).

Hilfe:

1) *Werkstücke vor dem Schneiden (bzw. Schleifen) gut wässern.*
2) *Auf richtige Drehrichtung der Schleifscheiben achten.*
3) *An Stelle von Schleifscheiben Diamant-Trennscheiben verwenden.*
4) *An Stelle von Schamottegrobkorn (0-2,5 mm) ein Feinkorn (0-0,75 mm) verwenden.*

169. Gießfehler

Es gibt eine Menge an Gießfehlern, die bei den verschiedenen Gießarten auftreten können. So sind beim HOHLGUSS, VOLLGUSS und DRUCKGUSS zwar immer die gleichen Entwässerungsaiten (Wasserabzug durch die Formenwand), doch können durch die verschiedenen Formungsabläufe auch unterschiedliche Fehler eintreten.

Es sind hier nur die möglichen Fehler angegeben, die zum großen Teil unter anderen Stichworten*) angegeben und zu finden sind.

Hilfe: - Maßnahmen und Fundstellen*)

1) *HOHLGUSS: Gießflecken*), Deformieren*), Auffallen der Form*), Schlierenbildung*), Randlöcher*), Absetzen*), Aufreißen der Gießnaht*), Gipsformenverschleiß*), Faltrisse, Rillenbildung*), Gießflecken*).*
2) *VOLLGUSS: Hohlräume im Scherben*), ungleiche Scherbenstärken*), Gipsformenverschleiß*), Absetzen von Masseschlicker*).*
   Weichbleiben von Vollgusswerkstücken erfolgt a) bei zu nasser Gipsform; b) zu langer Ansaugzeit (zu hoher Wassergehalt und zu viel plastische -fette - Tone im Gießmassenversatz); c) der Elektrolytgehalt bildet zu schnell eine Haut zwischen Form und frisch gebildetem Gießling (z.B. Wasserglas-Hautbildung), die eine weitere Entwässerung stark behindert.
3.) *DRUCKGUSS: Druckgussfehler*), Druckgusszeiten*), Druckguss*)! Zu hoher Druck ergibt eine sehr hohe Anfangsgeschwindigkeit der Scherben bildung, aber danach eine sehr starke Verminderung, sodass man mit geringerem Gießdruck (ca. 0,5 MPa) bessere Ergebnisse erzielt.*
   *Alle mit *) bezeichneten Fehler sind durch direktes Eingeben der entsprechenden Code-Zahlen (aus Inhaltsverzeichnis) direkt einzugeben.*

170. Gießflecken (an Roh-, Schrüh- u. glasierten Werkstücken)

Gießflecken sind helle Flecken, an der äußeren Oberfläche von gegossenen Werkstücken. Sie sind am Rohling nur schwierig (bei bunten Massen besser) zu erkennen. Nach dem Brand heben sich die Gießflecken farblich auf der Oberfläche von gegossenen Werkstücken, als hellere Flächen, vom übrigen Scherben ab.

Dieses wird durch einen transparenten Glasurüberzug noch deutlicher sichtbar.

Diese Flecken sind masseabhängig und sind Anhäufungen feinster, verdichteter Masseteilchen. Sie entstehen dadurch, dass der Gießmassengießstrahl auf die innere Gipswand aufprallt und an dieser (stark saugenden) Stelle eine Masseverdichtung hervorruft und hierdurch den Gießfleck erzeugt.

Hilfe:

1) *Beim Gießen den Gießstrahl (Schlicker) in der Formenmitte eingeben, so dass der Gießschlicker vom Boden emporsteigen kann! (Hier kann ein Gießfleck auf dem Boden entstehen, der aber am Fertigstück unwichtig sein kann).*
2) *Gießstrahl über ein grobes Sieb (ca. 1-2 mm Maschenweite) in die Form einlaufen lassen, so dass es zu keinem konzentrierten Aufprall kommen kann.*
3) *Masseversatz ändern, wobei Rohstoffe mit gröberen Tonteilchen und auch Elektrolytänderungen Erfolge bringen können.*

171. Gießmassefehler (reologische Veränderung) bei Kaolinaustausch

Bei Kaolinaustausch oder Neulieferung (auch Lieferantenwechsel) können sich veränderte Eigenschaften in der Gießmasse zeigen, so ein plötzliches Eintreten von Thixotropie, veränderte Dünnflüssigkeit (Viskositätsänderung), Absetzen und veränderte Ansaugzeiten.
Die reologischen Veränderungen kommen meist von den verschiedenen Gewinnungs- und Veredlungsarten der Kaoline.

So werden einmal Verflüssiger bei der Kaolinschlämme eingesetzt, um mit wenig Wasser arbeiten zu können und oft werden später, zum schnelleren Ausflocken (und Absetzen), Flockungsmittel eingesetzt. Diese Salzzusätze, welche den pH-Wert der Kaolinschlämme verändern, verschwinden nicht vollkommen mit dem Filterwasser (bei Filterpresse) und Wasserdampf (bei Sprühturm) und verbleiben zum geringen Teil in Filterkuchen und Sprühgranulat, wodurch eine geringe pH-Beeinflussung beim späteren Einsatz möglich ist.

Da die verschiedenen Firmen mit verschiedenen Additiven und auch mit verschiedenen Zusatzmengen arbeiten, sind auch verschiedene pH-Werte der gelieferten Kaoline möglich. So können diese pH-Änderungen die obigen Eigenschaften der Gießmasse (Glasur und Engobe) und somit den Produktionsablauf beeinflussen.

Hilfe:

1) *Kaolinrohstoffe (auch andere Rohstoffe) sollen, vor allem bei Neulieferungen und Lieferantenwechsel, auch auf pH-Wert geprüft werden.*
2) *Wenn pH-Wert-Änderungen vorliegen, so muss die Gießmasse (Glasur, Engobe u.a.) durch Zugabe entsprechender Additive nachgestellt werden.*

3) *Absetzprobe, Ansaugprobe und Thixotropiefeststellung von Gießschlicker, einmal mit altem und einmal mit neuem Rohstoff zeigen, ob man den entsprechenden Schlicker nachstellen muss. Ein minimaler Zusatz von Ca-Salz (max. 0,02%) bei Thixotropie und Na-Al-Silikat (0,01 % Nalsit) bei zu schnellem Ansteifen und Hautbildung wirken gut auf kaolinreiche Gießmassen.*

172. Gießnaht; Glasur- und Nadelstiche in -

Diese Nadelstiche treten vermehrt in Scherbenflächen von Gießnähten auf. Beim Putzen der Naht wurde die feine, etwas dichtere Scherbenoberfläche (Haut) weggekratzt, so dass die Glasur direkt auf dem Scherbeninneren liegt.

Den beim Brand entstehenden Entgasungen wird an diesen Stellen (besonders bei Steinzeug, Vitreous und Porzellan) weniger Widerstand entgegengesetzt, so dass hier die Gase leichter und vermehrt durchbrechen und kleinste Bläschen und Nadelstiche zurücklassen.

Hilfe:

1) *Naht nicht abkratzen (oder gar abschneiden), sondern mit einem feinen, feuchten Leder (Fensterleder) verschwämmen (verschmieren).*
2) *Gipsformen öfter erneuern, vor allem wenn Gießnähte breiter werden.*
3) *Die breiten Gießnähte können die Ursache in nicht sauberen Schlössern und Fugen (der Gipsform) haben, so dass hier stets auf gute Reinigung zu achten ist.*
4) *Aufbringung einer Entgasungshemmschicht (z.B. Nalsit-Sinterengobe) bremst die plötzlichen Gasdurchbrüche und somit die Nadelstiche, dies hilft vor allem bei nicht allseitig glasierten Werkstücken.*

173. Gießrillen-Gießlinien

Gießlinien verlaufen als fadentiefe Gießrillen rundum der Außenfläche von gegossenen Werkstücken. Man kann diese waagerecht bis leicht gewellt verlaufenden Rillen zwar verschwämmen, aber bei transparenten und dünn aufgelegten Glasuren bleiben diese Fehler trotzdem nach dem Brand noch sichtbar. Die Gießrillen-Rohlinge sind so nicht verwendbar.

Die Entstehungsursache liegt in der Zusammensetzung der Masse und ihren physikalischen Eigenschaften, wobei der Fehler in der zu hohen Oberflächenspannung des Gießschlickers liegt.

Hilfe:

1) *Oberflächenspannung des Gießschlickers durch Zusatz von Additiven (z.B. Arten von Dolapix, Soda etc.) herabsetzen.*
2) *Gießschlicker in der Viskosität herabsetzen (höherer Wasseranteil).*
3) *Bei Füllen der Gießformen nicht unterbechen, sondern in einem Zug einfüllen.*
4) *Keine zu trockene (oder gar warme) Gipsformen verwenden.*

174. Giftige Abgase beim Brennen keramischer Produkte

Beim Brennen von den meisten keramischen Produkten entstehen mehr oder weniger Abgase, die zum großen Teil umweltschädigende Bestandteile haben. Diese Abgase müssen beim Produktionsablauf so gebunden oder vernichtet werden, dass die Umwelt keinen Schaden nimmt.

Eine Entschwefelung ist von seinem prozentualen Anteil abhängig. Meist reicht hier schon ein geringer Zusatz von Bariumkarbonat (1,5-2fache vom SO_2-Anteil der Brenngutanalyse), um den Schwefel zu binden. Die Zugabe muss schon bei der Masseaufbereitung erfolgen.

Nicht im Scherben gebundene Anteile von „S" und ,,F", die durch den Kamin in die Umwelt gelangen würden, werden durch einen Kamin-Einbaufilter geleitet, wo „S" und „F" im Durchströmen an entsprechende Medien gebunden werden. Hier werden im Filter einmal Ca-Verbindungen $Ca(OH)_2$ und $CaCO_3$ eingefüllt, womit sich die Gase zum Calziumfluorid und Calziumsulfat umwandeln. Nach Verbrauch der Zusatzmedien (Ca-Verb.) muss der Filter entleert und neu mit Ca-Salzen gefüllt werden.

Hilfe:

Bei zu hohem S- Anteil im Abgas:

1) *Zusatz einer entsprechenden Menge an Bariumkarbonat bei der Aufbereitung der Arbeitsmasse (zur S-Bindung).*
2) *Eingabe von Kalkhydrat in Abgasfilter, um Schwefel an Kalk zu binden.*

Bei zu hohem Fluorgehalt im Abgas:

1) *Zusatz von $CaCO_3$ oder besser $Ca(OH)_2$ in die Arbeitsmasse, aber nur bei solchen Produkten, die eine Porosität von > 5% besitzen.*
2) *Eingabe von $Ca(OH)_2$ in Abgas-Filteraggregat, um Fluor an Calzium zu binden.*
3) *Bei dichtbrennenden Massen darf Zugabe einer CaO-Verbindung zur Masse nicht erfolgen, so dass hier nur eine Gasfilter-Entgiftung möglich ist.*

175. Gipsformen-Verschleiß und-Brüche

Gipsformenverschleiß kann verschiedene Ursachen oder Kombinationen der Einzelursachen haben. So zeigt ein zu langer Einsatz einen Verschleiß durch: 1. Reibung der einzelnen Kornteilchen in der Masse; 2. chemischen Angriff auf den Gips der diesen aufspaltet und labilisiert; 3. eine zu hohe Trockentemperatur der Gipsformen, die das Gipskristallgefüge verändern und labiler machen kann, so dass bei geringen Angriffen die Gipsformen beschädigt werden. Eine ebenfalls wichtige Rolle spielt die Behandlung der Formen im Produktionseinsatz.
Eine Salzausscheidung der Gipsform-Außenseite zeigt eine Übersättigung von löslichen Salzen, die nach außen diffundieren und auskristallisieren.

Hilfe:

1) Neue Gipsformen nur bis max. 60°C trocknen.
2) Gießmassen mit möglichst wenig Elektrolytsalzen (max. 0,4%) verwenden.
3) Möglichst feinkörnige Gießmassen verwenden, sonst hoher Verschleiß (z.B. bei schamottierten Gießmassen).
4) Gipsformen immer mit richtigem Formensitz in Spindeln, -Rollern einsetzen-
5) Beim Reihenguss (u. Stapelguss) die Gipsformen richtig verbinden (Klammern).
6) Beim Trocknen, zwischen den einzelnen Gießzyklen, max. 60°C erreichen.
7) Bei großen Gipsformen können beim Verlassen aus dem Trockner große Temperaturdifferenzen beim Gießmasseeinfüllen zu Gießfehlern führen.
9) Wenn Gipsformen abgerundete Kanten, vorhandene grafische Konturen nicht mehr bringen oder ausblühen, so ist es höchste Zeit neue Formen einzusetzen.

176. Glasierfehler

Oft sind Fehler an Glasuren nicht auf unrichtige Zusammensetzung oder falsches Brennen zurückzuführen, sondern auf Fehler, die durch unsachgemäßes Glasieren im Produktionsablauf eintreten können.

Hier sind sowohl manuelle, wie auch maschinelle Auftragsarten als Verursacher anzusehen, wobei TAUCHEN, ÜBERGIESSEN, SPRITZEN die häufigsten Glasierarten sind. Im Folgenden sind nur die möglichen Glasierfehler angegeben, die zum Teil unter anderen Stichworten *) angegeben und zu finden sind.

Hilfe: Fehlerfundstellen bei *)

1) TAUCHEN: Abrollen), Abrutschen*), Schlieren*), Pustelbildung*), Risse in Rohlingen*), Glasurfreie Stellen*), Spritzkorn*), (siehe auch „31“)!*
2) ÜBERGIESSEN: Glasurfreie Stellen), Ablaufen (-rutschen) der rohen Glasur*), Glasurtränen*)!*
3) SPRITZEN: Hammerschlagbildung), Schlierenbildung*), Farbspritzer*), Zusammenziehen*), wellige Oberflächen*)!*

*Die jeweiligen Ursachen und Hilfen unter *)!*

177. Glasurblasen

Glasurblasen deuten auf nicht beendete Entgasungen beim Schmelzen der Glasur hin, wobei die Blasen aus der Glasurzusammensetzung aber auch aus der Unterlage kommen können, wenn dort Gase entstehen und nach außen entweichen.
Bei der letzten Art sind diese nur an der Werkstückoberseite, nicht an der Unterseite festzustellen, während Blasen aus der Glasurauflage kommend, nach allen Richtungen auftreten (austreten).

Nach dieser ersten Feststellung von der Lage der Blasen kann man entsprechende Maßnahmen ergreifen.

Hilfe:

1) *Höher brennen (ist abhängig von der Stabilität von Masse und Glasur).*
2) *Flussmittelzugabe zur Glasur (ca. 5-10%), (Erniedrigung der Viskosität).*
3) *Temperatursteigerung (vor Glasursinterung) verlangsamen, evtl. hier Temperatur-Haltezeit einprogrammieren.*
4) *Gasabspaltende Stoffe aus dem Versatz nehmen, besonders bei Schnell-brand.*
5) *Blasen, aus der Masse kommend, kann man durch Auflage einer Sinterengobe (mitbesonders breitem Sinterintervall, evtl. mit Nalsit) absperren.*

178. Glasurflecken

Glasurflecken können verschiedenartig sein; sie können ihre Ursachen haben 1. in nicht genügender Aufbereitung des Glasurschlickers; 2. in Befall der rohen Glasurschicht mit eigenschaftsveränderten Stoffen; 3. in einer nicht gleichmäßig verteilten Brenntemperatur im Ofenraum; 4. in Änderung der Ofenatmosphäre im Ofen während des Brandes; 5. durch Scherbeneinflüsse (Sauberkeit der Oberfläche und Einfluss durch Scherbenverunreinigungen; 6. durch Glasurausscheidungen und Entmischungen der Glasurschmelze (z.B. Borate u.a.); durch Befall von Brennhilfsmitteln und von Ofendecke u.v.m.!

Hilfe:

Hier kann man keine allgemeinen Hilfsmaßnahmen angeben, vielmehr muss bei den verschiedenen Glasurfehlerarten entsprechend abgefragt werden. Z.B. „Luftgelbe Flecken"; „Ausscheidungen"; „Matte Oberflächenflecken"; „Blindwerden von Glasuren"; „Farbige Punkte" etc.!

179. Glasdekorfehler

Die Glasdekore sind fast übereinstimmend mit den Schmelzfarbendekoren auf Steingut und Porzellan, nur sind hierbei (Glas) die Brenntemperaturen wesentlich niedriger. Der Flussmittelanteil der Glasfarben ist dementsprechend höher.

Die wichtigsten Glasdekorfehler sind: 1. Farbfreie Dekorstellen; 2. Dekorkonturen verlaufen; 3. Abrollen des Glasdekors; 4. Abrieb von Gold- und Schmelzfarben beim Transport in Holzwolle, oder längerem Gebrauch; 5. Goldrubinbildung in Dekorrand; 6. Verzehren von roter Schmelzfarbe; 7. milchig, grauer Schleier auf Dekor.

Hilfe:

Zu 1) *Glasoberfläche gut säubern; befreien von Fett, Schweiß, Staub. Bei Abziehbildern gutes Anreiben, hierbei muss der letzte Restwassertropfen unter dem Abziehbild entfernt werden.*

Zu 2)	*Niedriger brennen und/oder Haltezeiten verkürzen.*
Zu 3)	*Unterlagen gut säubern (wie zu 1), Schmelzfarben dünner auftragen und langsamer trocknen.*
Zu 4)	*Der Schmelzfarbe mehr Fluss zumischen, Abziehbilder höher brennen.*
Zu 5)	*Brenntemperatur herabsetzen und/oder Haltezeit vermindern.*
Zu 6)	*Zu viel Fluss in Schmelzfarbe; zu hoher Brand; zu lange Haltezeit, dementsprechende Änderungen durchführen.*
Zu 7)	*Zu schneller Brand lässt Kohlenstoffanteile nicht vollkommen verbrennen, ehe Dekor schmilzt; höhere Brenntemperatur erforderlich; Fluss muss erhöht werden.*

180. Glasurfreie Stellen und Glasur-Abroller

Diese Fehler an der Glasuroberfläche zeigen Zusammenziehen der Glasur (bei flachen Teilen, z.B. Fliesen), oft ein Zurückziehen vom Rand, oder es bilden sich völlig glasurfreie Stellen. Diese glasurfreien Stellen können in Form von Furchen, aber auch als fleckenartige Stellen auftreten, wobei der äußere Rand meist eine wulstartige Erhöhung zeigt.

Diese Fehler beruhen auf der Wirkung der Oberflächenspannung in der Glasurschmelze, wobei die Auswirkung der Fehlerart und -größe von verschiedenen Faktoren beeinflusst wird. Diese Beeinflussung findet sowohl in der rohen Glasur (Schlicker) als auch in der Glasurschmelze statt. In der Praxis wird bestätigt, dass bei sehr fein aufgemahlenen Glasuren wesentlich mehr Abroller auftreten. Sehr fein aufgemahlene Glasurschlicker bilden schon beim Trocknen feine Risse in der trockenen Glasurauflage. Diese Trennung (Unterbrechung) der Oberflächenschicht fördert die Auswirkung der Oberflächenspannung, so dass sich beim Brand hier die Glasur leichter zusammenzieht und glasurfreie Stellen und Abroller bildet.

Je weniger die Haftung der Glasurunterlage und je höher die Oberflächenspannung der Glasur, desto häufiger treten diese Fehler auf. Das heißt: Je poröser und offener die Werkstückoberfläche, desto weniger Fehler und umgekehrt (praktisch erkennt man diese Unterschiede schon an Pressware und Gießware gleicher Massen).

Die Verzahnung Scherben/Glasur ist genau so wichtig, wie der richtige Oberflächenspannungswert der Glasurzusammensetzung.

Hilfe:

1)	*Zusätze von Stoffen zur Glasur die einen niedrigen OS-Wert haben, so z.B. K_2O, Na_2O, SiO_2, B_2O_3 (als Rohstoffe: synth. Nephelin, Na-Feldspat, Soda, Borax, Alkalifritten, Quarz, wobei die Zusätze je nach Größe der Fehler zwischen 3-10% liegen können).* *Da hier die Möglichkeit besteht, Stoffe mit Flussmitteleigenschaften als auch mit Schwerschmelzbarkeit einzuführen, ist eine Kombination zur Erhaltung der entsprechenden Brenntemperatur gegeben.*

2) Glasur weniger fein aufmahlen.
3) Kaolin durch einen fetten Ton ersetzen.
4) Klebemittel in geringen Mengen (0,1-0,5%) zusetzen, z.B. Tragant, Dextrin, Tylose, CMC (oft auch Firmenprodukte).
5) Geringe Zusätze von Chemikalien (z.B. Ammonchlorid, Ammonoxalat).
6) Dünner glasieren (Glasurauflage vermindern).
7) Langsamer trocknen und weniger schnell hochheizen.

181. Glasurtränen

Es sind Glasurverdickungen, die einen geringen Ablauf (meist nach unten) haben und als Träne (tropfendick) enden. Diese Glasurerhabenheiten zeigen, dass es sich um eine viskose Glasur handelt, da der vom Auftragen her aufliegende Glasurschlikker fast ohne Verlaufen geschmolzen ist.

Hilfe:

1) Glasurschlicker nicht so dick auftragen; flüssiger einstellen (mit Wasser verdünnen).
2) Beim, bzw. direkt nach dem Glasurauftrag (z-B. Übergießen), muss der Glasurschlicker besser abgeschleudert werden.
3) Die Glasurschmelze etwas niedriger viskos machen, durch wenig Zugabe von Flussmittel (je nach Brenntemperatur 3-8%); so z.B. Fritte, Na-Feldspat, Borax u.Ä.
4) Verminderung der Aufmahlzeit in der Trommelmühle.
5) Bei Versatz-Neuaufbau darauf achten, dass vor allem Al_2O_3 niedrig und MgO nach Möglichkeit nicht in der Glasur vorhanden sind. (Kontrollieren, dass Oxide mit hohen OS-Faktoren tief gehalten werden).

182. Glanzgoldverfärbung (Verzehren)

Dieser Fehler tritt beim Schmelzdekorbrand auf, worin Gold (als Glanz- oder Mattgold) aufgebrannt wurde. Die entsprechenden Goldflächen sind hierbei mehr oder weniger in der Grundglasur aufgelöst. Hierbei bildet sich oft eine rötliche Farbe (Goldrubin), was ein sicheres Zeichen eines zu hohen Temperatureinflusses ist.

Durch eine zu hohe Aufschmelztemperatur wird das aufgelegte Gold in der Glasurschmelze gelöst und bildet hier, in der Glasphase, das bekannte Goldrubin.

Auftreten kann der Fehler beim Schmelzdekorbrand von Glas, Email, Steingut, Porzellan und allen glasierten Keramiktypen, wo ein Goldauftrag (als Dekor oder auch aus technischen Gründen) durch Aufschmelzen durchgeführt wird.

Hilfe:

1) Dickere Goldauflage vermindert die Auflösung in der Glasur.
2) Die Schmelztemperatur erniedrigen, (ca. 10-20 K) und/oder die Endtemperatur-Haltezeit verkürzen (ca. 30-50%).
3) Grundglasur viskoser einstellen (nur bei keramischen Werkstücken) (5-10% Kaolinzusatz).

183. Glasurrandreaktionen

Bei den Werkstücken die rundum glasiert sind, gibt es, ausgenommen der unglasierten Standfläche, keinen Glasurrand, so dass man im Allgemeinen nur bei Werkstücken mit teilweiser Oberflächenglasierung einen Glasurrand hat.

Dies ist meist bei Fliesen, Platten, Ofenkacheln u.Ä. der Fall. An den Randstellen ist die Glasur a) auslaufend oder b) zusammenziehend, d.h. am Rand ist die Glasurunterlage entweder dünner werdend oder sie wird dicker (beim Zusammenziehen).

So gibt es bei auslaufenden Glasurschmelzen (a), besonders bei farbigen Glasuren hier oft einen Farbunterschied im Glasurrand, der besonders deutlich bei bunten Unterlagescherben (z.B. rotbrennend) hervortritt und eine Farbabtönung ergeben kann, die von der sichtbaren Glasurschmelzreaktion mit dem Scherben herrührt.

Hilfe:

Zu a)
1) Hier muss die Viskosität der Glasur erhöht werden (z.B. 5-8% Kaolinzusatz), wenn es einen unschönen (unscharfen) Rand gibt.
2) Die Oberflächenspannung muss etwas erhöht werden (hier wirkt Al_2O_3 viskositäts-erhöhend wie auch OS-erhöhend). Der Zusatz von Kaolin ist zu erhöhen.
Man kann dementsprechend einen Kaolinzusatz so lange steigern, bis die Randreaktionen beseitigt sind, wobei man immer auch auf die Ausschmelzbarkeit achten muss.

Zu b)
1) Beim Zusammenziehen der Randzonen muss Flussmittel gering erhöht werden (z.B. 3-5% Fritte).
Bei einer schwachen Wulstbildung muss die Oberflächenspannung erniedrigt werden, was man mit Zusatz von Na-Verbindungen erreichen kann, wobei man auf evtl. eintretende Rissbildung achten muss, die man in Kombination mit SiO_2 (Quarz) wieder beseitigen kann.

184. Glasurrisse

Glasurrisse sind wohl die bekanntesten Glasurfehler. Sie haben ihre Ursachen in dem ungleichen Ausdehnungsverhalten von Scherben und Glasur, wobei durch einen zu hohen Glasur-AK die Glasur (beim Abkühlen) unter so hohe Zugspannung gerät, dass Glasurrisse entstehen.

In seltenen Fällen, bei denen der Scherben Glasphasenanteile besitzt und eine dünne Scherbenstärke mit einseitiger Glasurauflage (z.B. bei Fliesen) hat, kann es (durch die hohe Zugspannung) zum konkaven Verziehen der Werkstücke kommen.

Falls Glasurrisse nur bei einem bestimmten Glasurtyp (bzw. Dekor) entstehen und die übrigen Glasurtypen einwandfrei sind, muss der AK der entsprechenden Glasur erniedrigt werden. Wenn alle Werkstücke Glasurrisse erhalten, so müssen massetechnische oder brenntechnische Maßnahmen durchgeführt werden.

Es gibt auch Werkstücke, die direkt nach dem Brand ohne Risse sind, aber im Laufe der Zeit durch Wasseranlagerung im Scherben (im Lager oder praktischen Einsatz) eine Feuchtigkeitsdehnung erhalten. Hierdurch gerät die Glasur unter immer stärker werdende Zugspannung, bis schließlich Glasurrisse entstehen. Bei Werkstücken (bzw. Massen), die keine Feuchtigkeitsdehnung zeigen, verändert sich auch nicht das Spannungsverhalten und es entstehen keine Risse.

Hilfe:

1) *Höhere Brenntemperatur durchführen und/oder längere Endtemperatur-Haltezeiten (Diese Maßnahme reicht oft bei nur einzelnen Rissen).*
2) *Glasur-AK erniedrigen, durch Zusatz von AK-erniedrigten Stoffen (z.B. SiO_2, ZnO, MgO etc.). Sind mehr als 10% (z.B. SiO_2) notwendig, so ändert sich das Glasurschmelzverhalten, so dass ein Neuaufbau der Glasur vorzuziehen ist.*
3) *Beim Neuaufbau einer Glasur sind die Anteile an Alkalioxide merkbar zu verringern. B_2O_3 hat einen tiefen AK und gleichzeitig Flussmittelwirkung.*
4) *Bei porösen (nicht dichten) Massen hilft immer ein Zusatz von Erdalkali-Rohstoffen wie Kreide, Dolomit, Wollastonit u.Ä., wobei, je nach Anzahl der Glasurrisse, Zusätze (zur Masse) zwischen 5 und 10% liegen können. Diese Maßnahme hat zusätzlich den Vorteil, dass gleichzeitig auch die Feuchtigkeitsdehnung stark vermindert wird.*

185. Glasurrisse, nur an Vorbrandware (Glühware)

Bei Werkstücken aus selbiger kalkhaltiger Masse (6% $CaCO_3$) entstehen an vorgeglühten Teilen Glasurrisse, während die rohglasierten Waren rissefreie Oberflächen ergeben.

Zweck des Brandes sollte die Vermeidung von Nadelstichen sein, die auch verschwanden, dafür zeigten sich aber Glasurrisse.

Da durch den Vorbrand das $CaCO_3$ sich mit dem Quarz der Masse zu Calziumsilikat verwandelte, war die Reaktion der Glasurschmelze (ca. 1040 °C) mit den Scherbenbestandteilen erschwert, während bei rohglasierten Werkstücken eine intensive Glasurscherbenreaktion (Glasur-CaO-SiO_2) ablaufen konnte, wodurch eine bessere Zwischenschicht entstand.

Hilfe:

1) *Beim Glasieren auf Vorbrandware, die Temperzeit des Glattbrandes verlängern (um ca. 50%).*
2) *Die Glattbrandtemperatur um etwa 1 SK (ca. 20 K) erhöhen.*
3) *Dem Scherben (Masse) mehr $CaCO_3$ (ca. 4-5%) zusetzen, wobei allerdings bei verschiedenen Farbglasuren geringfügige Farbabweichungen eintreten können.*
4) *AK-Verminderung der Glasur (z.B. durch SiO_2) kann Erfolg bringen, wenn es das Glasurschmelzverhalten (Viskosität kann gering erhöht werden) zulässt.*

186. Glasur-Texturrisse

Diese Glasurrisse verlaufen in Richtung dem Vorhandensein von Texturen, die von der Formgebung des Werkstückes herrühren. Da die flüssige Verformung (Gießen) fast spannungsfrei verläuft, treten die Glasur-Texturrisse hierbei auch kaum auf.

In plastisch (und trocken) geformten Werkstücken sind sie zu beobachten (z.B. bei getöpferten, ein- und übergeformten Gefäßen; gepressten und gezogenen Werkstücken(wie Platten u.a.) an Stellen der Texturspannung, wobei meist auch unterschiedliche Dichten im Scherben vorliegen.

Diese Fehler können auch von Engobenauflagen (z.B. Kacheln, Feuerton etc.) herrühren, wenn diese gegenüber der Grundmasse Texturspannungen erzeugen.

Hilfe:

1) *Hier helfen nur Änderungen bei der Formgebung, z.B. langsameres Formen (beim Töpfern, Ziehen, Pressen etc.).*
2) *Masse voll homogenisieren, evtl. durch Verwendung von Warmwasser bei der Aufbereitung und/oder längeres Mauken.*
3) *Es können auch Änderungen an den Formgebungsaggregaten notwendig werden (z.B. an Eindrehspindeln, auch bei Rollerverformung), Mundstücksänderung - beim Ziehen- u.Ä..*

187. Gradlinige und bogenförmige Risse bei Schleifscheiben

Diese Risse, die meist erst nach dem Brand zu sehen sind und selten unregelmäßig verlaufen, haben ihren Ursprung schon vor dem Einsatz in den Brennofen, sind aber hier noch nicht (kaum) sichtbar.

Diese Risse können durch die ganze Scheibenstärke hindurch gehen (auch als Teil abfallen) und auch weniger oft an der Oberfläche auftreten. Die Fehlerursache liegt fast immer in der nicht genügenden Bindefestigkeit im Rohzustand.

Hilfe:

1) *Zu schnelles und ungleichmäßiges Trocknen verhindern.*
2) *Handhabung (vor allem bei großen Schleifkörpern) vorsichtiger durchführen.*
3) *Transport der Rohlinge vorsichtig und ohne Erschütterung durchführen.*
4) *Vorsichtiger einsetzen und unebene Unterlagen vermeiden.*
5) *Zu hohes Stapeln (beim Einsetzen) vermeiden.*
6) *Trockenfestigkeit durch entsprechende Bindehilfstoffe (auch Zusatzmenge) verbessern.*

188. Grüne (blaugrüne) Punkte in Glasur

Solche vereinzelt auftretenden Punkte (meist in Weißglasuren deutlich) bedürfen oft eines Ausschleifens, einer Glasurausbesserung (Auftrag von Glasurschlicker auf Abschleifstelle) und eines Nachbrandes (z.B. bei Sanitär u.Ä.).

Die Ursachen liegen im Vorhandensein von farbig brennenden Verunreinigungen, meist aus dem Scherben (z.B. Kupferpyrit u.a.).

Liegen diese Verunreinigungen dicht unter der Werkstückoberfläche, so diffundieren die entstehenden Kupferdämpfe durch den Scherben in die Glasur und ergeben einen Farbpunkt, oft mit einem größeren Farbhof. Weniger oft liegt die Ursache in kupferhaltigem Wasser, was zur Glasur- und Masseschlicker-Herstellung benutzt wurde. Auch kupferne Glasurschlickerbehälter waren schon Ursache solcher Fehler, wobei im letzteren Falle mehr wolkenartige, kleine Farbflächen auftreten.

Auch nicht vollkommen saubere Glasurmühlen, in denen vorher farbige Glasuren aufbereitet wurden, waren schon die Ursachen von Missfärbungen. Die Fehlerursachen können dementsprechend sowohl aus der Unterlage (Scherben), was meist der Fall ist, als auch aus dem Glasurschlicker kommen.

Hilfe:

1) *Die einzelnen Rohstoffe der Masse auf Anwesenheit von Verunreinigungen kontrollieren. Hierzu am einfachsten den Siebrückstand der einzelnen Rohstoffe (Sieb:< 100 µm) in die Oberfläche einer noch rohen Weißglasur einstreichen (oder drüberstreuen - und umgekehrt) und bei der Betriebstemperatur brennen.*
   Nach dem Brand werden alle farbig werdenden Verunreinigungen eine entsprechende Farbe bilden, so dass man den verunreinigten Rohstoff sicher finden kann.
2) *Kann man aus technischen Gründen den Masseversatz nicht ändern, so hilft der Auftrag einer trennenden Sinterengobe zwischen Scherben und Glasur. Hierbei ist zu beachten, dass diese Trennschicht relativ früh sintert und ein breites Sinterintervall besitzt. Hierzu eignen sich gut die Nepheline (vorteilhaft: synth. Nephelin), die ein breites Sinterintervall ergeben. Sie werden in frittehaltige Engoben eingegeben (ca. 10-15%) und verhindern das Durchdiffundieren von Gasen vom Scherben her.*

3) *Sauberkeitskontrolle der Glasurmühlen, wobei es von Vorteil ist, keine farbigen Glasuren in Glasurmühlen für weiß und transparent aufzumahlen. Alle kupfernen (auch andere korrodierende) Behälter, Leitungen und Glasurwerkzeuge (z.B. Siebe) ausschalten.*

4) *Bei nur sehr geringen Farbschleierbildungen kann man u. U. durch Erhöhung der Glasuroberflächenspannung die Affinität (Reaktionsfreudigkeit) zwischen Scherben und Glasur (somit auch mit Verunreinigungen) vermindern.*
Hierzu kann man wenige Prozente von Kaolin, Magnesit oder Talkum in den Glasurschlicker einmahlen.

189. Ineinanderlaufen von Glasurdekoren

Hierbei sind die einzelnen Farben des Gesamtdekors stark ineinander gelaufen, so dass Konturen und Dekordarstellungen total verändert (verwischt) sind.

Die Ursachen können verschieden sein und an der falschen Zusammensetzung, am unvorsichtigen Dekorauftrag und auch am unsachgemäßen Brennen liegen.

Hilfe:

1) *Farbmedien (und Unterglasur, bzw. Überzugsglasur) dünner auftragen.*
2) *Brenntemperatur erniedrigen und/oder Temperzeiten verkürzen.*
3) *Oberflächenspannungswerte der einzelnen Medien (Glasur/Farbglasur etc.) anpassen.*
4) *Die Viskositäten der am Dekor beteiligten Medien erhöhen, was meist mit einem Zusatz von 5-8% Kaolin zu erreichen ist. Mit Kaolin wird auch gleichzeitig die Oberflächenspannung gering erhöht.*

190. Innenrandrisse an Gefäßen

Der Fehler zeigt sich als langer Riss am oberen, meist verdickten Abschlussrand von Werkstücken (z.B. an Schüsseln, Tellern, Schalen, Töpfen u.Ä.).
Der Fehler entsteht, wenn beim Pressen die Masse an diesen Stellen überschlägt (meist zu steife Masse) und sich nicht mehr vollkommen miteinander homogen verbinden kann. Sichtbar wird der Fehler erst bei genauer Kontrolle nach dem Trocknen oder gar erst nach dem Brand. Man kann den Verformungsfehler direkt nach dem Pressen (auch Eindrehen) erkennen, wenn man den plastischen Rand (z.B. mit dem Daumen) verbiegt und wieder zurückformt. Hierbei reißt der Scherben auf, wenn ein vorheriges Masseüberschlagen erfolgt war.
Bei Gefäßen mit kleinen Durchmessern (auch Gießware) können solche Risse beim Verputzen des Innenrandes eintreten, wenn man beim Abkratzen des Gießrandes (mit Putzmesser) zu unachtsam ist, wobei der Feuchtigkeitszustand der Rohlinge das Auftreten des Fehlers beeinflusst. Je trockener hierbei der unverputzte Rohling ist, desto empfindlicher werden die Werkstücke.

Diese Verputzfehler erkennt man im trockenen Zustand nur bei genauer Kontrolle (z.B. mit Spiritus; siehe auch „Trockenrisse" und „Henkelrisse").

Hilfe:

1) *Masse beim Verpressen weniger steif einstellen (Wassergehalt erhöhen).*
2) *Maukzeit der Formmasse erhöhen (mind. 24 h); je länger, desto besser. Masselagerung in möglichst nicht zu kalten Räumen (mind. 18°C).*
3) *Kein Pressöl oder sonstige Trennmittel verwenden.*
4) *Den Verformungsvorgang (z.B. Pressen) zeitlich verlängern; auch eine Nachpressung bringt eine Verbesserung.*

191. Inselbildung bei Glasuroberflächen

Bei diesem Fehler hat sich die Glasur auf der Werkstückoberfläche so stark zusammengezogen, dass nur noch einzelne Glasurinseln (Tropfen) diese überziehen.

Die Fehlerursache kann hier einmal in der Glasurzusammensetzung und zum anderen in dem zu glasierenden Rohling liegen.

Hilfe:

1) *Die Oberfläche muss völlig sauber sein (Staub, Fett, Schweiß u.Ä.).*
2) *Beim Rohglasieren soll, vor dem Glasieren, die Scherbenoberfläche mit einem wenig feuchten Schwamm abgeputzt werden, um noch evtl. vorhandene Staubteile zu binden.*
3) *Die Mahldauer des Glasurschlickers muss vermindert werden.*
4) *Dem Glasurschlicker müssen Stoffe (5-8%) zugesetzt werden, die eine sehr niedere Oberflächenspannung haben (z.B. Alkalifritte, Borax u.Ä.)*
5) *Die zu glasierenden Werkstücke müssen eine höhere Saugfähigkeit besitzen.*

192. Haarrisse in Oberflächen

Haarrisse können in Glasuren entstehen, wobei diese einen zu hohen Wärmeausdehnungswert gegenüber der Unterlage haben, dementsprechend sich beim Abkühlen auch mehr zusammenziehen, so dass die Glasurzugspannungen so groß werden, dass schließlich Glasur-Haarrisse entstehen, die in Fehler Nr. 184 eingehend behandelt sind.

Feine Risse können aber auch in unglasierten Oberflächen, meist an sehr mageren, oft schamottierten Erzeugnissen (z.B. schamottierte Platten, Gartenkeramiken, Klinkersteine und ähnlichen Werkstücken) auftreten.

Die Risse sind oft zahlreich an der Oberfläche und deutlich zwischen den Schamottekörnern erkennbar. Sie haben oft eine Länge von mehreren Millimetern und die Ursachen liegen fast immer in den unterschiedlichen Schwindungsverhalten der Massebestandteile (z.B. Ton:Schamotte).

Hilfe:

1) *Anteile der Feinstfraktionen bei Hartstoffen erhöhen, Grobkorn vermindern.*
2) *Anteile der hochplastischen Tone in der Masse erniedrigen und durch halbfette (nicht quellende) Tone ersetzen.*
3) *Hartstoffe (z.B. Schamotte) fraktioniert (z.B. nach Fullerkurve) in den Masseversatz einbauen.*

193. Haarlinien in Email

Haarlinien an Emailoberflächen sind linienartige (in allen Formarten) Veränderungen der Oberfläche, wobei meist winzige Bläschen die Linien erzeugen. Die Linien können auch durch geringe farbliche Abänderung zur Umgebung dargestellt sein (man könnte von winzigen Entmischungen sprechen).

Die Ursachen liegen in der Email-Unterlage, wobei verschiedene Spannungen im Werkstück, wie auch unterschiedliche Wandstärken (z.B. Kanten, Stege u.a.) eine unterschiedliche Aufheizung in den Werkstücken beim Emailliervorgang bewirken.

Hilfe:

1) *Gleichmäßiger Emailauftrag ist Grundbedingung.*
2) *Spannungen im Werkstück (Glühen) beseitigen.*
3) *Deckemail etwas niedriger in der Viskosität einstellen (mehr Fluss).*
4) *Gleichmäßige Auflage der Brennunterlagen (falls notwendig) ist vorteilhaft.*
5) *Schwachbrand (bei Grund- und Deckemail) begünstigt Haarlinien, also höher brennen.*

194. Haftfestigkeit von Gold (Silber, Platin u. a.)

Die fehlende Haftfestigkeit der aufgebrannten Edelmetalle wird praktisch erst nach kurzem Einsatz bemerkt. So z.B. beim Reinigen der veredelten Werkstücke, oder beim öfteren Abrieb und im schlechtesten Falle, schon durch Reibung in der Verpackung, beim Transport.

Die Ursachen können in der Zusammensetzung vom Edelmetallmedium (z.B. Glanzgold etc.), in der Eigenschaft der Unterlage, sowie im unsachgemäßen Auftrag und Brennen liegen.

Hilfe:

1) *Unterlagen gut reinigen (von Staub, Fett, Schweiß u.a. befreien).*
2) *Höher brennen und/oder längere Temperzeiten durchführen.*
3) *Glasurunterlagen flüssiger einstellen (Zugabe von 3-6% Fritte zur Glasur), damit eine frühere Reaktion mit dem Edelmetallmedium erfolgt.*

195. Hammerschlagartige Glasuroberfläche

Dieses hammerschlagartige Aussehen können: 1. von der Glasurzusammensetzung und von der Auftragsart herrühren. 2. bei Werkstücken auftreten, die im Hohlguss hergestellt wurden. Hierbei können die Innenseiten ebenfalls diesen Effekt erhalten, wobei die Ursache in der Zuammensetzung des Gießschlickers liegt.

Hilfe:

1) *Bei Spritzen der Glasur ist die Düse falsch eingestellt, so dass diese den Glasurschlicker aufspuckt, was auch von der falschen Druckeinstellung (meist zu tiefer Druck) verursacht werden kann. Druck und Düse verändern!*
2) *Die Glasur hat eine zu hohe Oberflächenspannung, so dass tropfenartige Effekte auftreten (Zusatz von Flussmittel mit niedrigen OS-Werten, wie Alkalien u.a.).*
3) *Bei zu dünner Gießpiasse (zu viel Wasser) erhalten die Innenseiten der Hohlgussware, eine raue, gehämmerte Oberfläche, die nach Glasurüberzug (vor allem bei dünner Glasurauflage) einen Hammerschlag-Effekt ergeben;*
   a) hier muss der Wassergehalt herabgesetzt werden
   b) grobe Hartstoffe müssen durch Feinmehl-Rohstoffe ausgetauscht werden.

196. Hautbildung der Gießmasse in Vorratsbehälter und Gipsform

Die Hautbildung im Vorratsbehälter (auf Schlickeroberfläche) ist im normalen Produktionsablauf meist nicht zu sehen, da sich der Vorratsbehälter meist nicht im Gießraum, sondern an einer anderen, zentralen Stelle befindet.

So erkennt man die Hautbildung zuerst an der Oberfläche der gefüllten Gipsformen. Die Hautbildung geschieht durch Einfluss der warmen umgebenden Luft, was bei ruhiger Schlickerlage zu erkennen ist. Schon geringe Hautbildung kann man feststellen, indem man einen Gegenstand (oder Finger) wenig eingetaucht, waagerecht durch die Schlickeroberfläche zieht. Hierbei entstehen, schon bei geringster Hautbildung, gut sichtbare Falten.

Hilfe:

1) *Hautbildung wird meist vermieden, indem man ein Spezial-Elektrolyt zur Gießmasse hinzugibt (z.B. 0,05-0,10% von Dolapix PC 67), welches gut verflüssigt und Hautbildung verhindert.*
2) *Rücklaufmasse, die Haut beinhaltet, nicht zurück in den Vorratsbehälter geben. Hier kann man die Rücklaufmasse über ein Sieb geben, worauf die Haut hängen bleibt.*
3) *Möglichst kein Wasserglas als Verflüssiger verwenden, wodurch die Hautbildung gefördert wird.*
4) *Im Masse-Vorratsbehälter darf sich keine Haut bilden, was man durch Zugabe von 0,05% Dolapix und Wasser verhindert. Hier muss stets eine Tages-Viskositätskontrolle und Nachstellen erfolgen.*
   Langsames Dauerrühren (Tag und Nacht) und Nacheinstellung garantiert einen immer gleichen Produktionsablauf bei der flüssigen Formgebung.

197. Heizspiralenbruch bei E-Öfen

In E-Öfen, deren Heizspiralen offen im Brennraum liegen (hängen etc.), sind diese meist gegen mechanische Beanspruchung (z.B. Stoß oder starkes Andrücken) nicht geschützt.

Die Heizspiralen werden nach einigen Brenneinsätzen immer starrer, so dass man sie nicht mehr biegen kann und sie bei mechanischer Beanspruchung wie Glas brechen. Hier sind die Spiralen mit geringem Drahtdurchmesser besonders gefährdet. Wenn z.B. beim Reinigen des Ofenraumes Werkzeuge gegen die Spiralen anschlagen, oder beim Einsetzen des Ofens Brennhilfsmittel (z.B. Schamotteplatten) und auch schwere Einsatzware gegen die Spiralen anstoßen, so kommt es oft zum Spiralenbruch. Auch bei Reparaturen am E-Ofen können durch Unachtsamkeit solche Beschädigungen auftreten, die man nicht sofort erkennt.

Spätestens beim Einschalten des Ofens merkt man (z.B. am Amperemeter), ob alle Heizkreise in Ordnung sind.

Eine einfache Kontrolle ist ein kurzzeitiges Einschalten des Ofens (ca. 20-30 Sek.) und nach dem Abschalten die Spiralen (in Seite und Tür) auf Erwärmen abtasten.

Hilfe:

1) *Vor Beginn des Einsetzens den Ofen kurzzeitig einschalten (30-60 Sek.) und auf Funktion kontrollieren (z.B. geringe Spiralenerwärmung).*
2) *Vorsicht beim Reinigen des Brennraumes (kein Anstoßen an Spiralen).*
3) *Vorsichtig einsetzen und entsprechenden Spiralenabstand einhalten.*
4) *Sollte wirklich mal ein Spiralenbruch entstehen, so kann ein Fachmann die Stelle reparieren (z.B. Schweißen mit Spezialmitteln). Bei geringem Drahtdurchmesser (bis 2 mm) hilft ein Verbinden der Spiralen am Bruchende, die man in glühendem Zustand (z.B. mit Lötlampe) gut biegen und verdrillen kann.*

198. Hell färbende Ziegel und Terrakotten

Hell gefärbte Ziegel sind oft als unschön anzusehen und werden meist als „minderwertig" (2. Wahl) eingestuft. Bei Terrakotten wird eine geringe Abtönung des Rots nach Gelb (heute) erwünscht, solange die Oberfläche der Werkstücke einen gleichmäßigen Farbton besitzt (es gibt auch mit Absicht hergestellte Verfärbungen). Als fleckenartige Gelbfärbungen sind sie immer als Fehler anzusehen, wenn diese nicht als Effekt gewollt sind.

Hilfe:

1) *Die Brenntemperatur, bei voller Oxidationsstufe, gering (ca. 20 K) erhöhen.*
2) *Tone mit reichlich Fe_2O_3 (7-12%) im Versatz erhöhen und kalkhaltige Rohstoffe vermindern.*
3) *Ein Zusatz von Bariumkarbonat (0,2-0,3%) ist immer vorteilhaft.*

4) *Ein Überziehen (z.B. Tauchen, Spritzen) der Rohware mit Na-Triphosphat (oder Calgon „i"), ergibt ein schönes Ziegelrot (bei entspr. Fe_2O_3-Gehalt) nach dem Brand.*

199. Helle Flecken bei Graublau (Salzglasur)

Helle Flecken, bei graublauem Steinzeug, haben ihre Ursachen im Brennablauf und in der Durchführung des „Salzens" (siehe auch Nr. 112).

Hilfe:

1) *Durch vorbeiströmende Luft (Sauerstoff) wird an dieser Stelle eine Oxidation erfolgen, was zu einer Gelbfärbung (Aufoxidation von Fe-Silkat) führt. Hier muss die Ursache der „Falschluft" beseitigt werden.*
2) *Beim „Salzvorgang" war eine oxidierende Phase (an einzelnen Stellen) vorhanden, hier muss auf eine schwache Reduktion beim „Salzen" geachtet werden.*
3) *Ein zu frühes „Salzen" ergibt (je nach Abkühlungsablauf) hellere Flächen an den Werkstücken.*

200. Henkelrisse

Dieser Fehler bezieht sich nur auf angarnierte (manuell oder maschinell) angeklebte Henkel (Griffe u.Ä.). Bei angarnierten Henkeln haben wir es mit dem Zusammensetzen von Gefäß und Henkel zu tun, die für sich in einzelnen Teilen hergestellt wurden, wobei die Verformungsart beider Teile nicht immer die gleiche ist.

Die Verklebung (Garnierung) erfolgt mit einem „Garnierschlicker" (oft angesteifter Masseschlicker), dessen Konsistenz wichtig ist für das fehlerfreie Haften und Verkitten im weiteren Produktionsablauf. Die Ursachen für Henkelrisse sind: falsche Zusammensetzung des Garnierschlickers, falsche Vorbehandlung der zu garnierenden (verbindenden) Teile, unsachgemäße Garnierdurchführung und weitere Behandlung.

Hilfe:

1) *Gefäß und Henkel (zu garnierende Einzelteile) müssen gleiche Feuchtigkeit und Schwindungswerte haben.*
2) *Garnierschlicker muss, in den aufgerauten Ansatzstellen, so dünn wie möglich aufgebracht sein.*
3) *Am fertig garnierten Stück muss die Ansatzstelle vollkommen gleich aussehen, wie das ganze Werkstück. Hierbei dürfen weder Vertiefungen noch Erhabenheiten zurückbleiben.*
4) *Zu hohe Schlickerfeuchtigkeit ergibt Risse beim Trocknen und Brennen, so dass in diesem Falle die Feuchtigkeit erniedrigt werden muss.*
5) *Nach dem Garnieren sollen die entsprechenden Werkstücke einige Zeit (30-60 Sek.)stehen (Anpassungszeit der Feuchtigkeit von Garnierschlicker und Werkstückteilen), ehe sie in den Trockner gegeben werden.*

201. Hochheizrisse in Werkstücken

Diese Risse erscheinen nach dem Brand am Werkstück, wobei diese vom Entstehungspunkt aus sich langsam verbreiternd fortsetzen und fast immer am Werkstückrand enden.

Ein Aufschlagen der Risse zeigt, dass im Innern des offenen Risseteils sich die Ofenatmosphäre auswirken konnte und auch die Brennfarbe der übrigen Werkstückaußenseite zeigt (vor allem beim bunten Scherben deutlicher festzustellen).

Die Ursache kann verschieden sein und reicht von schlechter Aufbereitung bis zu falscher Formgebung und nicht vollkommener Trocknung.

Hilfe:

1) *Intensive und voll homogene Aufbereitung ist erforderlich.*
2) *Hochplastische, tonige Rohstoffe, wie Bentonit, Fire-clay, montmorillonitische Tone etc. aus dem Versatz herausnehmen.*
3) *Besser und intensiver trocknen.*
4) *Scherbenstärke vermindern.*
5) *Magerungsstoffe, wie Scherbenmehl, Schamottemehl, Kaolin, Kalkspat, Dolomit, Nephelin (je nach Keramiktyp) der Masse zusetzen.*

202. Hochheizrisse in unglasierten, rotbrennenden Fliesen und Platten (Trockenpressung)

Dichtgebrannte Klinker-Fußbodenplatten, die in einem Schnellbrand-Tunnelofen gebrannt wurden, zeigten unerwartet einen hohen Anteil (fast über 70%) an feinen Rissen, die durch den ganzen Scherben hindurchgingen. Die Risse verliefen fast alle von außen zur Flächenmitte, wobei sehr wenige Stücke in zwei (selten drei) Teile brachen. Beim vollen Aufschlagen der Risse zeigte sich an der differenten Brennfarbe der Bruchflächen, dass die Risse beim Hochheizen entstanden waren. Da der Wetterumschwung, von warm in den nass-kalten Herbst eingetreten war, wurde auf Restfeuchte der Rohlinge getippt, aber ein intensiveres Trocknen brachte nur einen geringen, etwa 50%igen Erfolg.

Die Aufbereitung lief über Trocknen (von Tonschnitzelgemisch), Pulverisieren, Zusatzeingaben, Mischen und Granulataufbereitung.

Eine Granulatuntersuchung zeigte, dass geringe Mengen an etwa 200 μm großen, tonigen Festteilen vorhanden waren, die nicht voll aufgeschlossen waren. Die Vermutung auf Fire-clay-haltige Anteile wurde bestätigt. Die Beseitigung erfolgte durch Kombination von feinerem Pulvermahlen und längerer Misch- und Maukzeit.

Hilfe:

1) *Kontrolle der aufbereiteten Granulatmasse auf homogene Aufbereitung (Feinheit, Feuchte und Korngröße).*

2) *Granulatmasse in Standzylinder geben, mit Wasser (notfalls mit Elektrolytzusatz) versetzen, ca. 15 Min. aufschütteln und mit guter Granulatmasse vergleichen.*
3) *Rohling in Wasser eintauchen (oder einseitig mit Wasser übergießen) und feststellen, ob beim anschließenden Abtrocknen die Oberfläche völlig eben bleibt (gut) oder Pustelbildung (Gefahr für Schnellbrand) eintritt.*
4) *Längeres und intensiveres Trocknen (vor Ofeneinsatz) ist beim Schnellbrand immer von Vorteil.*
5) *Im Notfall stark quellende Rohstoffe (hochplast. Tone) durch unempfindliche Tone (kaolin- oder glimmerhaltige) austauschen.*

203. Hohlräume in gegossenen Werkstückscherben (Hohl- und Kernguss)

Hohlräume innerhalb meist dickwandiger Scherben (etwa > 5 mm) entstehen durch Zusetzen der Nachlaufkanäle oder durch zu schnelles Anziehen (Ansaugen) in verengten Formenabschnitten (z.B. in Henkel, Ausgießer u.v.m.), wo sich die Ein- bzw. Ausgänge zu diesen Formenabschnitten zugesetzt haben.

Bei Vollguss (Kernguss) kommt dieser Fehler häufiger vor und entsteht durch Verstopfen der Kanäle oder Nachlauftrichter. Diese sind oft so eng, dass sie sehr schnell durch die Scherbenbildung am Formeneingang zuwachsen, falls nicht genügend Schlicker zum Formennachlauf in die Trichter (oder sonstigen Steiger) nachgefüllt wird.

Hilfe:

1) *Bei Gießlingen mit empfindlichen geometrischen Formen (Henkel, Ausgießer, engen Einfüllöffnungen u.Ä.) keine warm-trockenen Gipsformen verwenden.*
2) *Hierbei keine hoch-viskosen Massen verwenden (mit Wasser verdünnen).*
3) *Bei Vollgussformen (vor allem bei dünnwandigen Teilen, z.B. Reihenguss, Stapelguss) stets den Entlüftungskanal (Gegenseite zum Einfüllkanal) sauber (offen) halten.*
4) *Ansätze der Nachfülltrichter (Bomsen, Steiger u.Ä.) auf der Innenseite (der Gießmasse zugewandte Seite) abdichten (mit Gummiemulsion, Firnis, Lack o.Ä.), damit hier kein Verstopfen durch Wasserentzug (Masseansteifen) eintreten kann.*
5) *Metall- oder Kunststofftrichter einsetzen, die sich gut bewährt haben.*

204. Kachelblattrisse

Dieser Fehler zeigt ein oder zwei Risse, quer durch das ganze innere Kachelblatt. Hier können zwei verschiedene Ursachen vorliegen.

A) Das Kachelblatt (meist bei Schüsselkacheln und ähnlich geformten Kacheln) kann auf den Gipskern aufschrumpfen und durch die bereits hier einsetzende, erste Trockenschwindung bewirken, dass es zu Spannungsrissen kommt (auch bei anderen Keramikwerkstücken).

B) Werden Kacheln (oder anderen Werkstücken) auf der Rückseite noch Stege aufgarniert, so müssen bei anschließender Weiteschwindung von Kacheln mit Stegen (in beiden Teilen) genau die gleichen Bewegungen erfolgen, sonst gibt es unweigerlich Kachelblattrisse oder Verziehen der Kacheln.

Hilfe:

1) Beim Gießen von Kacheln diese etwas früher (vor lederhartem Zustand) aus der Form nehmen, wobei die Kachel noch so weich sein kann, dass sie beim Ausnehmen leicht deformieren kann.
2) Bei Kacheln (und anderen Werkstücken), bei denen noch Stege angarniert werden, müssen 100%ige Schwindungsübereinstimmungen (ab Garnierzustand) vorhanden sein.
3) Man kann die „Garnier-Spannungen“ stark verringern, indem man die Stege nicht in einem durchgehenden Stück belässt, sondern Stücke herausschneidet, um die entstehende Gesamtspannung zu vermindern. Oft hilft diese Maßnahme, um den Kachelblatt-Riss zu beseitigen.
4) In der schamottehaltigen Gießmasse kann man durch Zusatz von feinkörnigen Hartstoffen, durch Schwindungsverminderung, die Ausschrumpfrisse vermeiden. (Hier auf Änderung der Schwindung->-Endmaße achten).
5) Eine weitere Hilfe erhält man, wenn man Stege aus im gleichen Guss hergestellten Kachelblättern ausschneidet und diese zum Aufgarnieren verwendet.

205. Kalkaussprengungen an Werkstücken

Dies sind mehr oder weniger große (Stecknadelgroße und größere) Aussprengungen von Masseteilchen aus dem Werkstück. Oft zeigen diese direkt nach dem Brand nur feine Risse, bzw. Kreuzrisse (z.B. an Ziegeln, Klinker, Gartenkeramiken, Kacheln u.a.), die bei längerem Einfluss von feuchter Luft zum Abplatzen von Oberflächenteilen führen.

In Innern der gebildeten kleinen Krater kann man ein weißes Korn (oder Kornrest) erkennen, was auf Kalk schließen lässt, der beim Brennen zu CaO wurde und durch den Einsatz der Luftfeuchtigkeit zu Calziumhydrat ($Ca(OH)_2$) wird. Hierbei entsteht eine große Volumendehnung, die mit ihrer starken Sprengkraft das Abplatzen (im äußersten Fall Zerstörung) bewirkt.

Hilfe:

1) Einzelrohstoffe einer Siebanalyse unterziehen, wobei dann im Überkorn (> 200 μm) die Kalkteilchen zu erkennen sind, wonach man diese Rohstoffe aus dem Versatz nehmen, oder vorbehandeln kann.
2) Masse feiner aufbereiten.!! (Nur Kalkgrößen ab 0,2 mm erzeugen die Kraft einer Aussprengung).

3) *Darauf achten, dass keine Ca-haltigen Teile in die Masse (auch Rücklaufmasse) gelangen können. So z.B. Mauermörtel, Gipsteilchen, Kalksteinstücke, Bruchstücke alter Gipsformen und Gipsplatten u.Ä. können auch Verursacher der Fehler werden.*

206. Kantenabplatzer auf seidenmatten Emailoberflächen

Bei seidenmattem Email, vor allem bei farbigen Emails entstehen Abplatzer durch einen zu tiefen AK des Mattemails, was oft durch das Mattierungsmittel und zusätzlich durch den Farbkörper bedingt ist.

Eine bewährte Fehlervermeidung erreicht man durch die Erhöhung vom Email-AK, in dem man Stoffe einführt, die Mattierung und gleichzeitig den Wärmeausdehnungswert erhöhen und dabei die Viskosität nicht erniedrigen. Hierbei hat sich besonders ein synth. Nephelin (Nalsit) bewährt.

Hilfe:

1) *Zusatz von 2-4% Nalsit (synth. Nephelin).*
2) *Tonanteil im Versatz reduzieren und hierfür (50% vom Ton) Nalsit ein führen, wo durch ein breites Schmelz- und Kristallisationsintervall erreicht wird.*
3) *Falls Feldspat im Versatz ist, kann auch dieser (voll) durch Nephelin ersetzt werden.*
4) *Ein Zusatz von 3-5% Borax bringt nur bedingt eine Beseitigung der Kantenabplatzer.*

207. Kantenabplatzer an Glasuren

Glasurabplatzer zeigen sich zuerst an Kanten und Werkstückrändern, was auf zu hohe Druckspannung der Glasur zurückzuführen ist. Ist eine viel zu hohe Glasurdruckspannung vorhanden, so können auf der Glasurfläche kleine Glasurscheibchen abheben.

Der Glasur-AK ist bei diesen Abplatz-Fehlern wesentlich zu niedrig, so dass der Scherben sich beim Abkühlen mehr zusammenzieht als die Glasur, so dass diese vom Scherben abplatzt (oft auch erst nach kleinster, mechanischer Beanspruchung, wie Anstoßen etc.).

Hier können Hilfen, durch Änderungen der Masse- als auch Glasurzusammensetzungen erreicht werden. Auch durch Änderungen im Produktionsablauf kann eine Verbesserung herbeigeführt werden.

Hilfe:

1) *Die einfachste Maßnahme ist eine geringe Zugabe (4-8%) von Alkaliverbindungen (z.B. synth. Nephelin, Feldspat, Alkalifritte u.Ä.) zum Glasurversatz, wobei die Zusatzstoffe in der Glasurmühle mit aufgemahlen werden müssen.*

2) *Beim Neuaufbau der Glasur, Oxide mit einem großen AK erhöhen, so z.B. Na_2O, K_2O, Li_2O, CaO. Da es hier sowohl schwerschmelzbare, als auch Oxide mit starker Flussmittelwirkung gibt, kann man durch Kombinationszugabe den Schmelzpunkt beibehalten.*
3) *Glasur wesentlich dünner auftragen.*
4) *Masse-AK erniedrigen, so z.B. CaO-haltige Rohstoffe (Kreide, Wollastonit, Dolomit u.a.) in der Masse erniedrigen, was nur bei Neuaufbau der Masse möglich ist.*
5) *Quarzanteil (auch Cristobalit, sofern vorhanden) in der Masse herabsetzen (nur bei Masse-Neuaufbau möglich).*
6) *Kaolinzusatz (6-10%) zur Masse erniedrigt hier die Spannungen zwischen Scherben und Glasur.*

208. Kantenrisse an Werkstücken (Klinkersteine, Steinzeugplatten, Schleifsteine, Feilen etc.)

Die Kantenrisse verlaufen fast ausschließlich über die Kantenspitze in verschiedenen Längen, wobei ganze Körperteile abfallen können.

Die Ursachen, die zum Kantenriss führen sind verschieden.

Bei Schleifkörpern können die Ursachen in zu feuchter Masse, in falschem Pressverlauf und in zu hohem Bindungsanteil liegen, vor allem beim feinen Korn.

Bei keramischen Steinen, Stäben, Platten etc. sind außer zu viel Feinanteil der Trocknungs- und Brennablauf für die Kantenrisse verantwortlich, wobei der Fehler bei plastisch- und trocken verformten Teilen auftreten kann.

Hilfe:

Zu A

1) *Bei feiner Körnung mit weniger feuchter Masse pressen.*
2) *Bei Pressablauf Entlüftung verbessern und langsamer pressen. (Auch zu dicht schließende Form kann Ursache sein).*
3) *Bindungsanteil vermindern und langsam trocknen und brennen.*

Zu B

1) *Masse abmagern.*
2) *Masse weniger dicht pressen.*
3) *Beim Trocknen und im ersten Brennabschnitt langsamer hochheizen. (Evtl. Feuchtlufttrocknung durchführen).*

209. Kerngussfehler

Es können hierbei verschiedene Fehler auftreten:

A) Risse im Werkstück, die sofort nach dem Ausformen oder erst nach dem Trocknen sichtbar werden. Kerngegossene Hohlkörper (z.B. Waschbecken etc.) drücken beim Schwinden auf den inneren Kern, wodurch Risse entstehen können.

B) Verziehen (Verformen, Verbiegen) der Werkstücke beim Entformen (Ausnehmen aus der geöffneten Gipsform).

C) Einziehen (Einschrumpfen) des Werkstückscherbens, was zum Teil im Brand zu Verdickungsstellen (Wülsten) führen kann.

Die Risse können an verschiedenen Stellen des Werkstückes entstehen, überwiegend an untergriffigen Stellen, auch an Innen- und Außenecken, Übergangsstellen zu anderen Scherbendicken.

Das Verziehen entsteht meist an besonders dicken Scherbenstellen, wobei das Innere des Scherbens noch so weich ist, dass ein leichtes Verziehen beim Ausnehmen des Werkstückes erfolgt.

Einziehen (Schrumpfen) entsteht meist, wenn der Massezulauf des Schlickers bei der Scherbenbildung zu früh gehemmt (oder gar abgebrochen) wird, wie es z.B. bei zu dünnen Gießkanälen eintreten kann, wobei aber auch die Reologie der Masse eine wichtige Rolle spielt.

Hilfe:

Zu A

1) Ungleiche Scherbenstärken (auch in Form) beseitigen.

2) Werkstücke früher aus der Form nehmen, um ein Aufschrumpfen zu verhindern.

3) Bei Kerngusshohlkörpern die Kerne rechtzeitig (nach Scherbenbildung) aus der Form entfernen.

Zu B

1) Die Ansaugzeiten verlängern, Werkstücke später aus der Form nehmen.

2) Falls es möglich ist, nur einen Teil der Gipsform abheben, so dass das Werkstück, ohne zu verziehen etwas antrocknen (verfestigen) kann. Darauf achten, dass bei Hohlkörpern stets der Formenkern abgehoben wird.

Zu C

1) Einziehen (und Hohlräume) des Scherbens durch Erweiterung der Gießkanäle verhindern.

2) Die Masse kann Verursacher sein, wenn diese zu schnell in den Nachlaufkanälen antrocknet. Hier muss man die Gießmasse etwas flüssiger (mehr Wasser) einstellen, oder aber einen plastischen Rohstoff in geringen Mengen (ca. 5%) zusetzen. Hier hilft auch ein minimaler Zusatz (ca. 1%) an Bentonit.

3) Den Einsatz von neuen und zu trockenen (oder gar warmen) Gipsformen vermeiden.
Bei Neuformen Probeguss (zum Abfall) durchführen.

210. Kleben in Stahlform bei plastischer Formgebung

Dieser Fehler zeigt sich beim plastischen Pressen und Eindrehen (z.B. bei Schüsseln, Blumentöpfen, Übertöpfen etc.) mit „Rotationspressen" oder z.B. beim Kachelpressen mit „Stempelpressen".

Beim Stempelpressen hängt (klebt) das Werkstück am Pressstempel und deformiert oder zerbricht beim Abnehmen (bzw. Ausstoßen). Meist ist hierbei die Feuchtigkeit der Formmasse zu gering und keine Gleitschicht (Trennschicht) vorhanden.

Bei der Rotationspresse bleibt das Gefäß oft hängen und rotiert mit dem Pressstempel, oder wird beim Ausstoß deformiert bzw. stark beschädigt, bzw. zerstört. Auch hierbei ist die Feuchtigkeit zu gering und es fehlt eine Trennschicht (Gleitschicht).

Hilfe:

1) Masse so feucht einstellen, dass man diese (ohne kleben) in der Hand formen kann - dann zusätzlich:
2) Gleitmittel (Stanzöle, Pressöle, Pressemulsionen u.Ä.) verwenden, wobei man am günstigsten die Formmassestücke mit Gleitmittel überzieht (übersprüht).

211. Klinkerverfärbungen (fleckenartige-)

Hier zeigen sich an der Oberfläche der Klinkerwerkstücke fleckenartige Verfärbungen, die in eine Klinkerabtönung nach braun, grau oder schwarz zeigen.

Diese Fehler treten an stranggezogenen Werkstücken auf, wie Spaltplatten, Fußbodenplatten, Klinkersteine u.Ä. und zwar immer an der äußeren (Mundstück) Seite. Hat man ab und zu eine Platte am Mundstückausgang mit der Hand abgehoben, so sieht man nach dem Brand an den entsprechenden Orten diese Anfassstellen als dunkle Schatten. Hier wurde die noch sehr weiche Oberflächenhaut durch das Anfassen in der Oberfläche gering verdichtet, so dass hier die Entgasung und sonstige Reaktionen (auch mit Atmosphäre) etwas abgeändert ablaufen.

Außerdem bleibt sicher auf der Oberfläche etwas Öl, Fett, Schweiß oder sonstige Verunreinigung vom Anfassen her haften und wirkt als Mitverursacher der dunkleren Flecken.

Hilfe:

1) Möglichst die frisch gezogenen Werkstücke nicht auf der Oberfläche anfassen, auch nicht darüberstreichen.
2) Hände und sonstige Abnehmer gut reinigen, möglichst mit mechanischen Abnehmern automatisch abnehmen und absetzen.
3) Es kann auch die Gleitölsorte (am Mundstück) die Ursache sein. Ein Gleitmittelwechsel (z.B. auf Emulsion) kann etwas Abhilfe schaffen.
4) Ein spürbares Abmagern der Formmasse kann auch Abhilfe schaffen, wobei aber ein anderer Oberflächencharakter entstehen kann.

212. Knotenbildung (u.Ä.) an Innenflächen von Hohlgießlingen

An den rohen Innenflächen von gegossenen Hohlkörpern (Krüge, Kannen, Vasen, Dosen u.a.) erkennt man nach dem Ausgießen der Rest-Gießmasse, dass sich an den Innenwänden Erhebungen (Knoten, Rillen u.Ä.) gebildet haben, so dass keine glatte Innenfläche entstanden ist. Hier ist aus verschiedenen Gründen (Entmischungen in Gießmasse, - verschiedene Ansauggeschwindigkeiten der Form u.a.) die Scherbenbildung unterschiedlich stark vor sich gegangen, so dass vereinzelte Scherbenerhebungen auf der Innenfläche entstanden, die kaum zu reparieren sind.

Hilfe:

1) *Masse feiner aufbereiten und wenigstens durch das 0,100 mm Sieb geben, dann erst die Gipsformen füllen.*
2) *Masse etwas viskoser einstellen, wobei eine geringe Thixotropie vorteilhaft ist.*
3) *Form (mit Gießmasse gefüllt) während der Ansaugzeit in Bewegung halten (z.B. langsam auf Ränderscheibe drehen).*
4) *Austausch der Verflüssigungs-Elektrolyte.*
5) *Gipsformen zu alt - austauschen.*

213. Körnige, glasierte Erhebungen

Hierbei handelt es sich meist um harte Körnchen (aus Masse oder Spritzkorn der Glasur, Fritte und sonst. Abriebs-Grobstaub), die irgendwie in die Glasur gelangt sind. Es sind fast immer Hartstoffkörnchen (SiO_2, Schamotte, Feldspat u.a.), die von der Glasur nicht oder nur sehr gering gelöst werden und dann als Erhebungen in der Glasuroberfläche stehen bleiben.

Hilfe:

1) *Mahlkontrolle durchführen (Siebrückstandskontrolle).*
2) *Kontrolle der Siebe (vor Mühlenausgang bis Siebstation. Oft sind kleine Beschädigungen im Siebgewebe die Ursache).*
3) *Häufigeres Absieben des Glasurschlickers während des Einsatzes (vor allem beim Tauchglasieren). Rücklaufglasur muss immer durch ein entsprechend feines Sieb gehen.*

214. Kohlenstoffkern in Schleifkörpern

Kohlenstoffkerne zeigen sich im Innern von Schleifkörpern und verschlechtern die Festigkeitsweite, so dass diese (z.B. bei Scheiben) oft zum Ausschuss führen.

Die Ursachen liegen in der Kohlenstoffbildung im Brand, wobei dieser nicht voll aufoxidiert wurde und somit nicht als Gas entweichen konnte und als dunkler

Kern im Körper zurückbleibt, wobei er die Bindungsschmelze und somit alle Festigkeitswerte stark vermindert.

Hilfe:

1) *Falscher Brand in Vorbrennzone, wo eine volle Oxidation gefordert wird.*
2) *Zu hoher Anteil von organischen Hilfsmitteln in der Bindung; auch andere entgasende Stoffe (z.B. Bindungsversatz) ausschalten (z.B. keine CO_2-haltigen Stoffe verwenden).*
3) *Es muss lockerer eingesetzt werden, so dass sich die bildenden Gase nicht stauen und voll aufoxidiert werden können.*

215. Kopfrisse in Schleifscheiben

Dies sind Risse in gebrannten Schleifscheiben, die vom Rand in Richtung Zentrum verlaufen und nach wenigen Zentimetern (selten mm) enden. Beim Aufschlagen erkennt man, dass die Risse innen durch die Bindung verlaufen (nie durch ein Korn) und meist in den Rissbereichen verschmolzen sind. Somit sind die Risse vor der Sinter- bzw. Schmelztemperatur der Bindung entstanden.

Die Ursache liegt meist in ungleichem Trocknen (und erster, zu schneller Hochheizzone), wobei die Risszonen (Außenrand-Zonen) zu schnell trocknen und schwinden.

Hilfe:

1) Langsamere und trotzdem intensivere Trocknung.
2) Bindungsanteile verringern und/oder Tonanteile in Bindung verringern.
3) Schiebezeit bei Tunnelofen verlängern.
4) Bei Kammer-, Herdwagen- und Haubenöfen im ersten Brennbereich die Temperatur sehr langsam steigern.
5) Lockerer einsetzen (Besatzdichte vermindern) - Umluft erhöhen.

216. Konischwerden von Werkstücken (z.B. Platten, Kacheln u.a.)

Beim Formen kommt dieser Fehler bei Gießwaren vor, wobei die meist flachen Werkstücke hochkant gegossen werden. Hierbei können einmal die Hartstoffteilchen (hohes spez. Gew.) innerhalb der Gießmasse absetzen, so dass hier geringere Schwindung erfolgt, zum andern steht die untere Masse unter einem höheren Druck, so dass die Masse schneller angesaugt wird und mehr Masse nachfließt, so dass hier ein dichterer Scherben entsteht. So haben unterer Teil und oberer Teil verschiedene Schwindung und Werkstückgröße, die mit einer Zunahme der Brenntemperatur immer größer wird.

Auch unterschiedliche Brenntemperatur am gleichen Werkstück ergeben differente Schwindungen (siehe auch „351“).

Hilfe:

1) *Flache Werkstücke in liegender Form (flache Lage) ergibt die größte Sicherheit der Maßhaltigkeit, da hier keine unterschiedlichen Druckverhältnisse in Gießmasse auftreten.*
2) *Viskosität bei Gießmasse möglichst hoch halten, so dass Absetzen und Entmischen nicht begünstigt werden.*
3) *Druckgussverfahren ergibt ebenfalls eine bessere Maßhaltigkeit, da sich der Druck hierbei gleichmäßig verteilt.*
4) *Beim Brennen eine gleichmäßige Temperaturverteilung im Brennraum schaffen, wozu ein lockerer Besatz die erste Maßnahme ist.*

217. Kraterbildung in Email

Krater bei Email sind aufgeplatzte Schmelzblasen, wobei im Moment des Aufplatzens (bzw. kurz nachher) der Emailüberzug erstarrt. Der so entstandene Schmelzkrater kann in der Tiefe bis zum Grundemail und bis zum Metall durchgehen, je nach Entstehungsursache der aufgeplatzten Blase (siehe auch „044" und „071").

Es kommen hierfür alle Entgasungsursachen in Frage, die im Bereich der Email-Schmelztemperatur noch vorhanden sind. Es sind Zersetzungsreaktionen, die meist aus der Unterlage kommen, so z.B. aus Falznähten, Schweißnähten, Verunreinigungen in Fritte etc.

Hilfe:

1) *Metallunterlagen gut säubern (beizen, neutralisieren, trocknen).*
2) *Mühlenzusätze kontrollieren (z.B. Ton, Bentonit u.a.).*
3) *Emaillierte Roh-Werkstücke gut vortrocknen.*
4) *Keine Reduktionszone beim Brand ermöglichen.*
5) *Flussmittel (Fritte) erhöhen, evtl. Temperatur wenig erhöhen oder Brennzeit gering verlängern.*
6) *Mahlfeinheit des Emailschlickers kontrollieren.*

218. Kraterbildung in Scherben und Glasur

Kraterbildung in der Werkstückoberfläche kommt von Scherbenentgasungen oder (selten) Ausbrennungen organischer Anteile, wobei zusätzlich die Gase einen Entgasungsschlot nach oben, bis durch die Glasur (falls vorhanden), an deren Oberfläche bildet. Wenn hierbei die Glasur schon in Schmelze ist, entsteht in der Glasur zuerst eine starke Blase, die schließlich aufplatzt und einen Krater mit einem kleinen Wulstrand hinterlässt. Ob und wie stark der Wulstrand ausgebildet ist, hängt von der Größe der Oberflächenspannung der Glasur ab.

Bei plötzlichen, sehr starken Gasentweichungen, kann der Druck auf den Scherben so groß werden, dass ganze Teile ausgesprengt werden (siehe auch „008"). Wenn kurz nachdem eine Blase aufgeplatzt ist der Brand zu Ende ist, verbleibt ein trichterförmiger Krater! Wenn die Entgasung sehr plötzlich eintritt, so können ganze Teile (auch glasiert) hochgehoben und abgesprengt werden, dies kann beim Vorhandensein von Kalkhydrat eintreten.

Bei unglasierten Werkstücken können Krater entstehen, wenn $Ca(OH)_2$ (z.B. auch Betonsplitter) in der Masse vorliegen, wobei das $(OH)_2$ schon bei niederen Temperaturen (beim Hochheizen) ziemlich plötzlich abgespalten wird. Dies geschieht bei 500-600°C, wobei sich Krater (je nach Kalkhydratgröße) bilden können.

Hilfe:

1) *Langsamer hochheizen, vor allem bei Temperaturen bis 800°C, wobei oxidierende Atmosphäre vorliegen muss.*
2) *Grobe Kalkspat/Kreide-Anteile (oberhalb von 100 µm bei glasierter Ware und bei unglasierter Ware oberhalb von 200 µm) aus der Masse (Glasur) entfernen.*
   Hierbei kann man gleich andere Verunreinigungen (z.B. Holz, Kohle etc.) erkennen,die auch Ursache für Kraterbildung (und Hohlräume) sein können.
   Besonders bei Schnellbrand und bei offenem Feuer muss, außer den obigen Maßnahmen, voll oxidierend gebrannt werden. Bei Feinkeramik: Masse absieben (und/oder besser aufmahlen).
3) *Höherer Brand und/oder längere Temperzeit kann bei kleinen Kratern in Glasuren u. U. ein Zulaufen (Zuschmelzen) bewirken.*
4) *Flussmittelzusatz (z.B. 5% Fritte) kann ebenfalls ein Zuschmelzen bewirken, aber nur im Bereich kleinster Kraterbildung.*

Am sichersten ist es, eine vollkommen neue Masse anzuwenden, wenn die obigen Maßnahmen nicht helfen.

219. Krakeleerisse in Gipsformen-Außenflächen

Hier zeigt sich auf der Gipsform ein mehr oder minder starkes Rissenetz (oft krakeleeförmig), wodurch bei der Gipsform die durchgehenden Kapillarwege unterbrochen werden und die Saugfähigkeit stark vermindert wird.

Die Ursachen können sowohl in der ersten Trocknung (direkt nach der Formenherstellung) bei zu heißer Temperatur liegen, als auch in einem viel zu langem Formeneinsatz (zu alt) und auch bei zu starker, einseitiger Trocknung.

Hilfe:

1) *Neue Gipsformen (direkt nach der Herstellung) nicht zu heiß trocknen, die Temperatur soll max. 50-55°C betragen.*
2) *Innerhalb der Produktion (Gießen auf beheizten Gießtischen) dürfen die leeren Formen zum Trocknen nicht direkt auf die Heizrohre gestellt werden.*

1) *Auch das Stellen oder Anlehnen an heiße Stellen (z.B. Ofendecke oder Ofenwand) soll vermieden werden.*
2) *Bei rissigen Formen die Ansaugzeiten feststellen und evtl. durch neue Gipsformen ersetzen.*

220. Krakeleerisse in Glasuren

Wenn Risse in einer Glasur so reichlich sind, dass sich ein dichtes Rissenetz (also keine einzelnen Risse) ergeben, so spricht man von einer Krakeleeglasur. Oft sind die Krakeleeglasuren mit Absicht hergestellt, um bestimmte Effekte (z.B. Apothekengefäße -Läuger - Glasuren u.a.) zu erhalten.

Die Rissbildung entsteht, wenn die Glasur mit einem erheblich höheren AK hergestellt ist als der Scherben. Je gößer die Differenz der AK's von Scherben und Glasur, desto engmaschiger ist das Glasurnetz.

Die Beseitigung solcher Krakeleerisse ist abhängig von der Differenz der Ausdehnungswerte in Glasur und Scherben.

Hilfe:

1) *Höher brennen und wesentlich längere Haltezeiten durchführen.*
2) *Glasur sehr dünn auflegen.*
3) *Zusatz von Stoffen mit sehr niedrigem AK, so z.B. SiO_2 (Quarzmehl). Wenn mehr als 10% SiO_2 notwendig sind, um die Risse zu beseitigen, so muss man gleichzeitig Flussmittel (z.B. Fritte) mit einführen, um die Schmelztemperatur einzuhalten.*
4) *Wenn alle Glasuren Risse erhalten, so ist es vorteilhaft, die Masse anzupassen (um alle Glasurdekore zu erhalten).*
Zusätze zur Masse, die hier den AK erhöhen, sind: Kalkspat, Kreide, Dolomit, Wollastonit, Quarz u.a., wobei die Zusätze im Bereich von 5-10% liegen können.

221. Krakeleerisse an unglasierten, schamottierten Werkstücken

Diese kleinen Krakeleerisse überziehen die ganze Werkstückoberfläche, wobei es sich fast immer um schamottierte Artikel handelt (wie Steine, Verblenderplatten, Spaltplatten, Schamotte-Werkstücke u.Ä.).

Bei den Rissen erkennt man deutlich, dass sie immer zwischen den Schamottekörnern liegen. Innerhalb der Masse liegen rings um die Schamottekörner plastische Bindetone, die eine hohe Schwindung (Trocken- und Brennschwindung) haben. Da die Schamottekörner diese Schwindungen nicht mitmachen, entstehen hierdurch Zugkräfte, die ein Verziehen bewirken, solange die Masse noch nachgiebig (plastisch) ist und sie bewirken Rissbildung wenn das Werkstück starr (trocken) wird. Diese Risse vergrößern sich deutlich im nachfolgenden Brand.

Durch diese Risse vermindern sich die mechanischen Festigkeits- und Beständigkeitswerte ganz deutlich.

Hilfe:

1) *Schamottekornfraktionen sind für diesen Masseversatz zu grob, feinere Kornfraktionen anwenden, am besten nach Kornkurve (Fuller-, Litzow- u.Ä.) einführen.*
2) *Anteile der hochplastischen Tone vermindern, auf Kosten von Magertonen und nichtquellenden Tonen.*
3) *Mehr Magerrohstoffe (Magertone!! - kein Quarz!!) einführen.*
4) *Schamottefeinkorn erhöhen und Grobkorn herabsetzen.*

222. Krakeleerisse an Schleifkörperoberflächen

Diese Risse verlaufen zart, netzförmig über die ganze Außenfläche von Schleifkörpern. Diese feinen Risse gehen nicht durch den ganzen Körper, sind also nicht miteinander verbunden.

Bei Schleifkörpern mit diesem Fehler ist ein sehr deutlicher Abfall der Härte und der Festigkeiten feststellbar, so dass fast keine Beanspruchung der Schleifkörper mehr möglich ist.

Hilfe:

1) *Es können Verunreinigungen vorliegen; man muss die entsprechenden Versatzstoffe (hier hauptsächlich das Korn) auf verbrennbare Anteile untersuchen.*
2) *Es kann in der Pressmischung regeneriertes Korn vorliegen, was zu dem obigen Fehler führen kann. Hier vom Korn Glühverlust ermitteln, wenn ja, dann liegt sicher „R-Korn" vor, welches man gegen sauberes Korn austauschen muss.*
3) *Unsachgemäße Bindung kann auch die Ursache sein, z.B. zu viel schwindbare (und verbrennbare) Anteile, (plastischer Ton, Dextrin, Tylose, CMC etc.).*
4) *Die Trocknung war zu rapide, was langsamer und gleichmäßig erfolgen muss.*

223. Kreisförmige Glasurrisse in Fliesenoberfläche

Kreisförmig angeordnete Glasurrisse zeigen, dass die Unterlage (Fliese) eine kreisförmig, unterschiedliche Beschaffenheit besitzt. Diese Texturen entstehen beim Verformen. So kann z.B. eine trockengepresste Fliese beim Verformen (Pressen) unterschiedliche Dichten erhalten haben, z.B. im Stempelmittelbereich (auch durch zusätzlich zu hohen Druck).

Die Ursachen können im zu schwachen oder zu hohen Pressdruck, zu schnellem Pressen oder zu hoher und ungleichmäßiger Granulatfüllung liegen. Bei sehr großen Fliesen (Platten) kann die Ursache in einer zu schwachen Stempelfläche liegen.

Hilfe:

1) *Homogenere Granulatmischung (möglichst mit Maukzeit) herstellen.*
2) *Gleichmäßiges Füllen der Pressform.*
3) *Langsameres Pressen, mit höherem Enddruck durchführen.*
4) *Eine Doppelpressung (2 x Pressdruck) bringt Verbesserung.*

224. Kristallausscheidungen in Glasurfläche

Kristallausscheidungen zeigen sich auf der Glasuroberfläche als kleine, raue Ausscheidungen, die sowohl einzeln als auch in großen Flächen auftreten können.

Diese Fehler treten auf, wenn folgende Zustände gleichzeitig vorliegen:

a) In der Glasur müssen kristallbildende Oxide vorliegen.
b) Die Glasur muss, im Temperaturbereich der Kristallkeim- und -wachstumsgeschwindigkeit so leichtflüssig (niederviskos) sein, dass die entsprechenden Kristallkeime wachsen können.

Wenn man diese Voraussetzungen aufhebt, so bilden sich keine kristallinen Ausscheidungen und die Glasur bleibt glasig.

Hilfe:

1) *Viskosität der Glasur erhöhen durch Zusatz von* Al_2O_3*-reichen Stoffen, wie Kaolin oder fetten Ton, wobei die Menge bei 5-10% liegen kann.*
2) *Bei Glasurneuaufbau die Alkalien vermindern und* Al_2O_3 *erhöhen. Die zum Kristallisieren neigenden Oxide (ZnO,* TiO_2*,* V_2O_5 *u.Ä.) möglichst tief halten.*
3) *Schneller abkühlen (z.B. Schnellbrand), hierbei ist die Zeit der niederen Glasur-Viskosität so kurz, dass keine Zeit zum Kristallwachstum übrig bleibt.*

225. Kühlrisse in Werkstücken

Dieser Fehler ist oft optisch nur sehr schwer zu erkennen, da die Risse sehr schmal sind, so dass es notwendig wird, durch Anklopfen an das Werkstück einen Klangverlust zu erkennen (nur Scheppern, keinen Klang)! Aufgespaltene Risse sind keine Kühlrisse (siehe Fehler „201“)!

Kühlrisse entstehen durch plötzlich auftretende thermische Spannungen, meist in quarzreichen Keramikmassen durch Modifikationswechsel. Sind diese Spannungskräfte größer als die Werkstückfestigkeit, so reißen die Teile.
Allgemein kann man sagen: Mit der Zunahme der Größe des Werkstückes und mit Zunahme des Masse-Quarzgehaltes nimmt die Kühlrissgefahr zu.

Hilfe:

1) *Die Abkühltemperatur im Bereich 700-400°C wesentlich verlangsamen.*
2) *Werkstücke, die es vertragen, höher brennen, um noch Quarzanteile zu binden.*

3) *$CaCO_3$ zusetzen (wenn zulässig), um Quarz in $CaSiO_3$ umzuwandeln, was keine plötzlich auftretende Modifikationwechsel mehr besitzt.*
4) *Masse neu aufbauen und quarzärmere Rohstoffe einführen.*
5) *Dilatometerkurve vom Werkstück zeigt evtl. zu hohen Quarzgehalt an.*

226. Kupferköpfe auf Blech-Email

Dieser Fehler zeigt sich als punktartige Zunderstelle im Grundemailüberzug. Die Farbflecken haben oft ein schwarz-rötlich-braunes Zentrum.

Hier können verschiedene Ursachen auftreten, die aber meist alle auf ein nicht vollkommen sauberes Blech zurückzuführen sind. Somit gibt es auch mehrere Hilfsmaßnahmen.

Hilfe:

1) *Beizkontrolle (vollkommen blankes Blech); genügende Neutralisation und Nachwässerung.*
2) *Nachoxidation (zu langes Lagern) der Email-Rohbleche verhindern.*
3) *Na-Nitrit-Zusatz (als Rostschutz) im Emailschlicker überprüfen.*
4) *Höheres (10-15 K) Brennen kann manchmal den Fehler verhindern.*

227. Kupferverunreinigungen in weißen Glasuren

Kupferverunreinigungen sind zu erkennen durch vereinzelt auftretende, grüne (bis türkisfarbene) Punkte, bzw. Flecken bei Sanitär, Fliesen, Kacheln, Geschirr und sonstigen weißglasierten Werkstücken.

Hierbei zeigt sich oft ein konzentrierter Farbmittelpunkt mit einem umgebenen Farbhof, was anzeigt, dass ein Farb(oxid)korn vorhanden ist, welches ein hohes Reaktionsvermögen mit der Glasur hat.

Die Ursache liegt in einer Kupferoxid-haltigen Verunreinigung, die sowohl im Scherben (Engobe) als auch (weniger) in der Glasur vorhanden ist. Diese Verunreinigungen ergeben in Verbindung mit der Glasur die grünen Farbeffekte. Meist liegen diese Verunreinigungen in der Glasurunterlage (Masse, Ton, Schamotte, Engobe u.a.).

Auch kann das Anmachwasser (von Glasur und Engobe) Kupfersalze enthalten, wenn es aus nur wenig benutzten Kupferrohrleitungen entnommen wird. Oft enthält auch nicht gereinigtes Brunnenwasser Kupfersalze, welche die Farbhöfe ergeben können.

Hilfe:

1) *Bei grünen Punkten, diese (mittels Diamantsäge) aufschneiden und zu erkennen versuchen, ob die Ursache im Scherben, Engobe oder Glasur liegt.*
2) *Masse über 63 µm-Sieb geben und Rückstand auf oder in frisch glasierte Oberfläche geben, brennen und Farbeffekte des Rückstandes feststellen.*

3) *Jeden einzelnen Masserohstoff (kleine Brocken/ohne Zerkleinerung) mit einer weißen Glasur überziehen, brennen und Farbeffekt feststellen.*
4) *Bei eigenem Wasser (z.B. Brunnenwasser oder Recycling-Wasser) einen hier länger benutzten Filzfilter abnehmen, in einer Schale brennen und die Asche unter oder in die frisch glasierte Probe geben.*
5) *Wenn Verursacher in Masse, die man aus irgendwelchen Gründen nicht ändern kann, dann eine Absperr-Engobe aufbringen.*
6) *Bei nur schwachen Farbhöfen ergibt sich eine Verbesserung, indem man die Viskosität und evtl. Oberflächenspannung der Glasur leicht erhöht (z.B. 5% Kaolinzusatz).*

228. Labile (klapprige) Werkstücke

Klapprige Werkstücke sind selten auftretende Fehler und können bei allen Typen, am meisten jedoch bei trockengepressten Artikeln, vorkommen.

Bei plastisch verformten Werkstücken tritt dies vor allem bei kohlenstoffhaltigen Massen auf, wenn die Brennatmosphäre im falschen Wechsel abläuft. Es kann auch ein Wiegefehler sein, z.B. Flussmittel o.a. vergessen einzuwiegen (siehe auch „240“).

Hilfe:

1) *Brenntemperatur erhöhen und/oder deutlich längere Pendelzeit durchführen.*
2) *Dichtbrennende Rohstoffe im Versatz erhöhen (z.B. Illit-Tone, Feldspat, Sintermehl, u.Ä.).*
3) *Versatzkontrolle um festzustellen, ob kein wichtiger Verfestiger-Rohstoff vergessen wurde. Bei Versatzabwiegen immer erst den Versatz fertig machen und nicht unterbrechen (z.B. Pause o.a.).*
4) *Bei Gasofenbrand voll oxidierend brennen, so dass kein Kohlenstoff im Kern des Scherbens zurückbleibt, der die Festigkeit wesentlich verschlechtert.*

229. Zu lange Zeiten beim Filterpressen

Die Filterzeiten, beim Entwässern eines Masseschlickers, sind oft zu lange und trotzdem sind die Filterkuchen im Innern noch zähflüssig. Weitere Erhöhung der Filterzeiten bringt keine Verbesserungen mehr, was man feststellen kann, da kein Filterwasser mehr ausläuft.

Die Ursachen von zu langen Filterzeiten hängen ab von der Wasserbindung der Masse. In einem solchen Falle sind im Masseversatz Rohstoffe, welche eine hohe Wasserbindung mit einem hohen Quellvermögen haben, und/oder einen so feinen Kornaufbau haben (z.B. Odenwälder, Ochtendunger u.a.), dass bei der ersten Entwässerung die Maschen der Filtertücher schnell verschlossen werden, so dass das Filtern immer schwieriger wird.

Hilfe:

1) *Masse zum geringen Entflocken bringen, durch Zusatz von einer schwachen Säure (z.B. 0,2l 4%ige Essigsäure auf 300-500 l Schlickermasse).*
2) *Durch Zusatz von feinstem Schamottemehl (besser ist Scherbenmehl) den Wasserentzug erleichtern.*
3) *Beim Versatz aufstellen, mehr Rohstoffe verwenden, (Glimmertone, Magertone, Kaoline u.Ä.), welche einen schnellen und leichten Wasserentzug ermöglichen.*

230. Löcher und Abroller in Abziehbild-Dekoren

Bei diesen Löchern handelt es sich um lochartige, dekorfreie Stellen im Abziehbild-Dekor, wobei es sowohl rundum (im Dekorloch) zum Zusammenrollen des Dekormediums kommen kann.

Beim Abrollen direkt, beginnt das Zusammenziehen des Dekorbildes meist von außen. Hierbei gibt es verschiedene Ursachen, welche zu den beiden Fehlerarten führen.

Hilfe:

1) *Bei den Löchern (dekorfreien Stellen) im Bilddekor fehlt an diesen Stellen der Kontakt zwischen Bild und Unterlage, was meist auf nicht voll kommen ausgestrichene Wassertröpfchen zurückzuführen ist.*
2) *Beim Erscheinen von mehreren kleinen Dekorlöchern handelt es sich um Verunreinigungen (Staub, Fett u.Ä.) auf der Unterlage, welche man vor dem Auflegen des Abziehbildes gut reinigen muss.*
3) *Beim Zusammenrollen des Dekorbildes kann es wiederum von Verunreinigungen der Unterlage herrühren (also reinigen), es kann aber auch von zu frühem Schmelzbeginn des Abziehbildes herrühren. Hier sind die Unterschiede von Transformationspunkt der Unterglasur und Schmelzpunkt des Dekors zu weit auseinander, so dass man diese (evtl. andere Bildqualitäten) anpassen muss.*

231. Löcher beim Verputzen von Gießrohlingen

Es sind kleine Löcher, die auftreten beim Abdrehen oder Verputzen mit einem feuchten Schwamm. Überwiegend tritt dieser Fehler an den oberen Werkstückrändern (an Hohlgefäßen, wie Kannen, Vasen u.Ä.) auf und beruht darauf, dass kleine, unter der Oberfläche liegende Luftblasen durch das Beseitigen der äußeren Hautschicht als Löcher sichtbar werden.

Diese, im oberen Werkstückteil, eingeschlossenen Luftlöcher entstehen beim Eingießen einer viskosen Gießmasse, wobei durch den Gießstrahl Luft mit eingezogen wird. Diese Luftblasen strömen zwar in der Gießmasse nach oben, aber der Widerstand des zähen Gießschlickers ist größer als die Auftriebskaft der Luftblasen, so dass diese, mehr oder weniger, nahe des oberen Formenrandes hängenbleiben.

In dickwandigen Werkstücken kann es auch sein, dass diese Bläschen so tief im Scherben liegen, dass sie erst nach dem Brand als aufgeplatzte Scherbenblase oder als Krater erscheinen.

In dichten Massen (z.B. in Steinzeug, Sanitärporzellen u.a.) kann es auch zu Aufblähungen kommen.

Hilfe:

1) *Langsamer eingießen, wobei Gießstrahl an der inneren Gießformenwand einlaufen soll, um Einziehen von Luft zu vermeiden.*
2) *Eingießen über ein Sieb, welches den starken Gießstrahl und somit auch den Lufteinzug verhindert.*
3) *Die Viskosität der Masse vermindern (durch Zumischen von Wasser), wobei auch ein Elektrolytaustausch Verbesserungen bringen kann.*
4) *Eine Abmagerung der Masse, mit eigenem Scherbenmehl bringt hier eben falls Vorteile.*

232. Lochrisse in Schleifscheiben

Lochrisse sind Risse in Schleifscheiben, welche zentral von der Bohrung ausgehen und bis zu Zentimeterlänge erreichen können. Sie zeigen sich nach dem Brand (seltener nach dem Trocknen), z.T. auch erst nach dem Nachabdrehen.

Die Ursachen sind verschieden, so dass man verschiedene Maßnahmen ins Auge fassen muss.

Hilfe:

1) *Presswerkzeuge, einschließlich Dorn kontrollieren. Rauigkeit der Oberflächen (vor allem am Dorn) kann Ursache sein.*
2) *Zu hohe Sprödigkeit beim Vorabdrehen der Rohlinge kann Ursache sein, wobei die Risse selbst oft noch gar nicht sichtbar sind.*
3) *Zu hohe Trockenspannung (z.B. zu schnelles Trocknen und Hochheizen) können diese Risse erzeugen.*
4) *Zu hoher Füllgrad (rund um Bohrungs-Dorn) erzeugt hier höhere Pressverdichtung, welche die Ursache für die Fehlerentstehung sein kann.*

233. Luftgelbe Oberflächenflecken

Luftgelbe Flecken an Glasur (auch an unglasierten, dichten Waren) treten meist beim weißen Porzellan auf, wenn keine genügende Reduktion (auch an bestimmten Ofenstellen) im letzten Brennabschnitt stattgefunden hat (bei Salzglasuren - siehe „166").

Es ist also der Sauerstoff (in Luft), der das Porzellanweiß, welches durch Reduktion entsteht, die Werkstückoberfläche (glasiert und unglasiert) aufoxidiert und dann die gelbe Farbe erzeugt.

So kann auch ein falsches Einsetzen in den Brennofen ein Mitverursacher sein; ebenso bei Ofenbeschädigungen, wodurch ein falscher Luftzug im Brennraum erfolgen kann.

Hilfe:

1) *Auf voll reduzierende Atmosphäre muss, vor allem im letzten Brennabschnitt, geachtet werden.*
2) *Ofenraum kontrollieren, ob keine Beschädigung oder Fehleinstellung zu Luftnestern führen kann.*
3) *Beim Einsetzen darauf achten, dass die Einzelteile nicht mit voller Fläche auf den Brennhilfsmitteln stehen, sondern so, dass die Brennatmosphäre rundum an die Ware gelangen kann.*

234. Lüsterfehler

Lüsterdekore bestehen aus hauchdünnen Metallhäutchen, die durch Reduktion aus der aufgetragenen Lüsterpaste im Dekorbrand (bei 600-720°C) und/oder aber mit direkten Lüsterglasuren (Glasuren mit spezieller Zusammensetzung) in reduzierender (teils auch in oxidierender Atmosphäre) bei Glattbrandtemperatur (900-1050 °C) entstehen.

Fehler sind also hier überwiegend auf das Aufoxidieren des Metalleffektes (Lüstereffekt) zurückzuführen, wodurch der schillernde Lüstereffekt eine sehr blasse Glasurfarbe ergibt. Die Fehler können aber auch im Auftrag der Lüsterpaste, in der Atmosphäre beim Brennen und in der Höhe der Brenntemperatur liegen.

Hilfe:

1) *Bei Auflösung der schillernden (regenbogenartigen) Farbeffekte ist bei Lüsterglasuren die Brenntemperatur zu hoch (evtl. auch zu stark oxidierend).*
2) *Bei zu geringem (schwachem Effekt) bei Lüsterpasten-Verfahren, muss die Lüsterpaste stärker aufgetragen werden.*
3) *Adern in Lüstereffekten (Dekorbrand) entstehen bei zu schneller Trocknung des Pastenauftrags. Treten schon beim Trocknen Risse auf, so ist ein Aufbrennen überflüssig, denn dieser Fehler wird nur noch verstärkt.*
4) *Lässt sich der Lüstereffekt (aus Schmelzdekorbrand) abreiben (z.B. mit feuchter Holzwolle u.Ä.), so war die Brenntemperatur etwas zu niedrig. Ein Nachbrennen (höhere Temperatur) ist hier nicht möglich, denn der Reduktionseffekt ist nicht mehr herstellbar.*

235. Mantelrisse in Schleifscheiben

Dies sind Risse, die meist nur bei hochverdichteten, feinkörnigen Schleifscheiben auftreten. Es sind Risse, die in geringem Abstand des Rand-Umfangs auftreten und erst nach dem Brand sichtbar werden. Die Risse verlaufen in der Tiefe, schräg vom Rand weg (in Richtung Bohrung).

Die Ursachen liegen hier fast ausschließlich im rauen (Verschleiß) Formenring (Mantel), der bei dem hohen Verdichtungsdruck den Pressling so festhält, dass beim Ausstoß der Rohling im Gefüge aufgerissen wird.

Hilfe:

1) Pressform kontrollieren und evtl. erneuern.
2) Langsamer pressen.
3) Gleitmittel (evtl. auch Druckausgleichmittel) beim Pressen verwenden.

236. Maßhaltigkeit, keine - bei gepressten Fußbodenfliesen

Die Fehler sind zum Teil schon bei Maßkontrollen nach dem Pressen feststellbar. Hierbei differieren vor allem die Stärken (Dicke) und etwas seltener die Flächenmaße.

Die Ursachen der Maßabweichungen können sehr verschieden sein, wobei Zusammensetzung, Aufbereitung, Formgebung und Brand mitverantwortlich sein können.

Hilfe:

1) Bei Rohstoffneulieferungen Kontrollen der techn. Daten durchführen, hier können Änderungen eingetreten sein.
2) Bei der Aufbereitung: Kontrollen der einzelnen Daten durchführen, ob Korngröße, Wassergehalt und Verformbarkeit (Plastizität) der Arbeitsmasse stimmen.
3) Beim Pressvorgang aufrichtige Formfüllung und Masseverteilung und Pressdruck achten.
5) Maße kontrollieren, wobei Trocken- und Brennschwindung einbezogen werden müssen.
6) Gleichmäßiges und immer gleiche Einsetzart (z.B. in Fahrtrichtung u.Ä.) sowie gute Temperaturverteilung im Ofen beachten.

237. Mattierungen auf Glasuren

Ungewollte Mattierungen können vereinzelt (an bestimmten Ofenstellen) oder aber über die ganze Werkstückfläche, mehr oder weniger verteilt, auftreten.

Mattierungen auf Glasuren haben zwei verschiedene Ursachen:

a) Die Glasur ist zu schwer schmelzbar, so dass nur eine Sinterung erfolgte und die eigentliche Schmelztemperatur noch nicht erreicht wurde.

b) Die Glasur ist niederviskos und ist so reichlich mit leicht kristallisieren den Stoffen (Oxiden) angereichert, dass eine kristalline, oft zartmatte Oberfläche entsteht. Hierbei ist der Anteil der entsprechenden Oxide (z.B. ZnO, TiO_2, MgO, CaO, CeO_2 u.a.) so hoch, dass sich die hohe Anzahl der Kristallkeime gegenseitig am Wachstum hindern und so stark miteinander verzahnen, dass diese eine mehr oder minder starke kristalline Mattierung ergeben.

c) An bestimmten Ofenstellen können Über- oder Untertemperaturen den Fehler entstehen lassen, wobei auch die verschieden schnelle Abkühlzeit an bestimmten Stellen die Mattierungen fördern können.

Hilfe:

1) *Ein Zusatz von Flussmitteln (5-10% Fritte) kann die Mattierung, welche auf Schwerschmelzbarkeit (meist an Schwachbrandstellen) beruht, aufheben.*
2) *Kristalline Mattierungen beruhen meist auf Übersättigung an Kristallisationsmitteln in der Glasur, so dass man meist nur mit einem Wechsel der Glasurzusammensetzung Erfolg hat. Oft hilft hier auch schon eine Viskositätserhöhung, die man mit einem Kaolinzusatz (5-10%) erreichen kann.*
3) *Es ist auf eine gut verteilte (gleichmäßige) Ofentemperatur zu achten, damit es bei gleichem Viskositätsverhalten bleibt, die einen großen Einfluss auf Mattierungen hat.*
4) *Beim Brand sollte kein Atmosphärenwechsel stattfinden, besonders in der gesamten Abkühlzone, da auch hiervon Viskosiät und Kristallisationsverhalten beeinflusst werden.*

238. Mattierung (wenig Rauigkeit) rund um Abziehbilddekor

Dieser Fehler kann beim Schmelzdekorbrand mit Abziehbildern auftreten, hierbei erscheint rund um das Abziehbild (auf undekorierter Glasur, direkt neben dem eingebrannten Bild) eine leichte Rauigkeit (schwache Schleiermattierung). Oft lassen sich auch mit der Lupe ganz schwache Bläschen erkennen (siehe hierzu auch „Schnellbrand Dekorfehler").

Die Ursache liegt in einer nicht reinen Gelatineunterlage, auf der die Schmelzfarbe (Dekor) aufgedruckt ist. In dieser Gelatineschicht sind geringe Anteile an Alkalien enthalten, die beim Verbrennen der organischen Gelatine übrig bleiben und mit der Glasur in Reaktion treten, wobei dieser Fehler entsteht.

Hilfe:

1) *Dekorbrandtemperatur erhöhen und/oder längere Haltezeit durchführen.*
2) *Viskosität der Unterlagenglasur erhöhen (ca. 5-10% Kaolinzusatz).*
3) *Abziehbilder von anderen Herstellern erproben (hilft oft).*

239. Mattierungsunterschiede in seidenmatter Emailoberfläche

In seidenmatten Emailoberflächen erscheinen in wachsartigen Oberflächen zum Teil glänzende Flecken und zum Teil rau-kristalline Flecken und Flächen (z.B. bei Sanitäremail u.Ä.). Hier liegen die Hauptursachen in dem Mattierungsmittel und im Brand, hauptsächlich: Temperaturhöhe und -Verteilung und Emaillierzeit, wobei auch die Atmosphäre und das Werkstückgewicht mitverantwortlich sind.

Durch geringe Unterschiede dieser Faktoren kann es zu mehr oder weniger Mattierung (Kristallisation) in der Emailoberfläche kommen, z.B. wenn ein bestimmter viskoser Zustand die Kristallbildung fördert oder behindert. Hier hat sich bewährt, Stoffe in den Emailversatz einzubringen, die bei einem kurzen Brand den Großteil seiner Kristalle und Kristallkeime behält, so dass eine gleichmäßige Mattierung gesichert ist.

Hilfe:

1) Langsamer abkühlen, falls bei dem Brennablauf durchführbar (leider nur selten möglich).
2) Stoffe einführen, die die Viskosität erniedrigen und trotzdem nicht ablaufen. Hier bringt ein Nalsit-Zusatz (synth. Nephelin) ein gutes Ergebnis, wobei man gleichzeitig den Ton (im Emailschlicker) herabsetzen muss; hierbei muss man die sich ändernden Schlickereigenschaften neu einstellen.
3) Erhöhung der Kristallisationsmittel, so z.B. ZnO, TiO_2, wobei ein sehr niederer SnO_2-Zusatz (ca. 2%) sehr stabilisierend wirkt.

240. Mechanisch labile Werkstücke (keine Festigkeit)

Bei diesem Fehler zeigt sich ein labiles Keramikwerkstück, welches nur eine geringe Scherbenfestigkeit zeigt und beim Anschlagen keinen Klang bringt. Der Scherben lässt sich mit einem Metallwerkzeug (Nagel, Messer, Schraubenzieher u.Ä.) leicht beschädigen.

Bei Schleifkörpern lässt sich dieser mit einem Metall leicht beschädigen und bricht aus und ist für den Verkauf nicht mehr geeignet. In beiden Fällen fehlt dem Werkstück die Bindefestigkeit (Zusammenhalt), wenn auch die Ursachen verschieden sein können.

Hilfe:

BEI KERAMIK-WERKSTÜCKEN:

1) Energieausfall beim Ofen möglich. Schaltanlage überprüfen.
2) Verwechslung von Versatzrohstoffen möglich. (z.B. Quarz anstatt Feldspat, Magerton an Stelle von plast. Ton u.a.) Verwechslungen treten am ehesten bei Pulver-Rohstoffen auf, die im Rohzustand ein sehr ähnliches Aussehen haben.
3) Schnellkontrolle mit einer Kontrolle der Trocken- und Brennschwindung, eine Dilatometerüberprüfung (roh und gebr.) gibt eine Bestätigung. Einen neuen Kleinversatz als Produktionsvergleich (im Betriebsofen brennen).

BEI SCHLEIFKÖRPERN (-SCHEIBEN)

1) Zu geringer Bindemittelanteil im Pressversatz?! Bindungsanteil (oder auch Fritte in Bindungsversatz) erhöhen.
2) Verwechslung von Bindungs-Rohstoffen?!
3) Zu tiefe Brenntemperatur. Höher brennen und/oder Pendelzeit verlängern.

4) *Verbrennungsrückstände (z.B. von regeneriertem Korn, welches man vor dem Gebrauch untersuchen sollte - Rauchbildung, Flammenbildung, Glühverlust o.Ä.).*

5) *Bindungsballungen im Granulat-Pressgemisch?! Pressversatz besser homogenisieren.*

241. Mikrowellenbeschädigung an keramischen Werkstücken

Glasierte, keramische Werkstücke erhalten im Mikrowellenofen schon nach einer sehr geringen Einsatzzeit Risse und gehen in Bruch. Andere Werkstücke zerreißen in mehrere Teile.

Die Ursachen können verschieden sein und liegen an dem Zustand der Keramiken vor und beim Einsatz. So können Ausdehnungsverhalten in niedrigem Temperaturbereich, sowie Glasurrisse und Porosität die Verursacher sein. Überall, wo sich Wasserteile verbergen (in Glasurrissen, in den Poren des Werkstückes), entsteht bei Mikrowellenbeeinflussung eine Erhitzung, die so stark ist, dass eine sofortige Beschädigung eintritt.

Eine weitere Beschädigung entsteht durch unterschiedliches Ausdehnungsverhalten von belegter, erhitzter Fläche (z.B. mit feuchtem Medium) und freier, nicht belegter, kalter Fläche (z.B. Tellerrand), so dass es bei einem hohen AK-Wert (z.B. hoher Cristobalitgehalt) zu Spannungen im Werkstück (Rissbildung) kommen kann.

Hilfe:

1) *Hohen AK (z.B. hohen Cristobalitgehalt) im unteren Temperaturbereich ausschalten (neue Masse!!).*

2) *Keine Keramiken mit Glasurrissen verwenden.*

3) *Keine porigen Werkstücke (Schüsseln, Teller etc.) verwenden, die noch Feuchtigkeit (Wasser) aufnehmen können.*

242. Missfärbungen von Glasur und Email

Unter Missfärbungen versteht man Farbabweichungen von vorliegenden farbigen und auch nicht farbigen Glasur-(bzw. Email-)Überzügen.

Diese Missfärbungen können flächenartig, fleckenartig und punktartig auftreten, wobei ganz verschiedene Ursachen in Frage kommen können. Es sind somit auch verschiedene Maßnahmen zur Fehlerbeseitigung möglich.

Hilfe:

1) *Auf Glasur, Email und Werkstückoberflächen dürfen sich, vor dem Ofeneinsatz, keine Verunreinigungen (Staub, Wassertropfen u.a.) befinden.*

2) *Kondenswasser und Ausscheidungen (z.B. aus Rohscherben oder Schlickerauflage) vermeiden. Gute Vortrocknung ist notwendig.*

3) *Reduktions-Brennabschnitte (oder Atmosphären-Wechsel) vermeiden, vor allem in Sinter- und Schmelzbereich von Glasur und Email.*
4) *Keine Farbsalze und Oxide, sondern nur beständige Farbpigment-Farbkörper verwenden.*
5) *Anfassen und Berühren der beschichteten, rohen Oberfläche kann zu Missfärbungen führen (siehe auch „124"-„126").*

243. Nachdicken von Gießschlickern

Das Nachdicken von Gießschlickern hat eine Erhöhung der Viskosität zur Folge, so dass ein Gießen in diesem Zustand zu Formgebungsfehlern (z.B. Schlierenbildung, Lufteinschlüsse, Verstopfen von Gießkanälen u.a.) führen kann.

Das Nachdicken kann verschiedene Ursachen haben und kann von unsachgemäßer Aufbereitung bis zur falschen Zusammensetzung reichen. Es kann ein Nachquellen von quellfähigen Tonanteilen sein, die nicht genügend aufbereitet waren, es kann aber auch von falschen oder zu hohen Elektrolytanteilen herrühren. Hierbei kann es zu Hydrolysebildung kommen, was zum Ansteifen führen kann.

Ein Chlor-haltiges Anmachwasser kann ebenfalls ein Nachdicken bewirken. Montmorillonitische Tone im Versatz führen ebenfalls häufig zum Nachdicken.

Hilfe:

1) *Masse länger aufbereiten, damit alle Aufquellungen der entsprechenden Anteile vollendet sind, danach ein Nachstellen der Viskosität.*
2) *Eine Wasserverdampfung (z. T. in Vorratsbehälter) führt zu Nachdicken (oft auch zur Hautbildung auf Schlickeroberfläche). Die Viskosität durch Wasserzugabe täglich neu einstellen.*
3) *Ein geringer Elektrolytgehalt (evtl. Austausch) hilft gegen Nachdicken (hier helfen Huminat- und minimale Phosphat-haltigen Salze).*
4) *Ein geringer Zusatz (0,1%) Nalsit ergibt eine größere Breite des Viskositäts-Zustandes.*

244. Nachdunkeln von Glasurdekoren nach längerem Einsatz (z.B. Ofenkacheln)

Farbige Glasuren können bei längerem Einsatz durch Einfluss verschiedener Faktoren eine Farbabänderung erleiden.

So können farbige Glasuren (Selen-, Chrom-, Eisen-, Mangan-haltige Glasuren) durch Wetter (Licht und Atmosphäre), ihre Farbe deutlich verändern, besonders wenn ein nicht völlig dicht gebrannter Scherben vorliegt. Auch Einflüsse, die vom Scherben her an die Glasur herankommen, können zur Farbabänderung im Glasurdekor führen.

So können Ofenkacheln in der Praxis ein Nachdunkeln erfahren, wenn von der Rückseite her Kohlenstoffe (auch Feuchtigkeit und sonstige Gase) in den Scherben (bei porösen Scherben) eindiffundieren. Hierbei erscheint die Farbglasur (Dekor), durch den nunmehr dunkleren Hintergrund, erheblich dunkler.

Auch Witterungseinflüsse geben farbigen Glasuren nach längerer Einsatzzeit eine mehr oder minder starke Farbabänderung.

Hilfe:

1) *Für Außenglasuren nur bleifreie und alkaliarme Glasuren mit höheren Brenntemperaturen (> 1100°C) einsetzen, wobei die oben genannten Farboxide nicht pur, sondern nur als beständiger Farbkörper (möglichst auf dichtem Scherben) eingesetzt werden sollen.*
2) *Bei Glasurfarbenveränderungen von Scherbenseite her, sollte man*
a) keine sehr dünnflüssigen Glasuren verwenden, da diese meist labiler sind gegen Außeneinflüsse.
b) Beim Einsatz von leichtflüssigen, kristallinen oder sonstigen Effektglasuren, arbeitet man sicherheitshalber mit einer Absperrschicht. Diese Absperr-Sinterengobe muss ein sehr breites Sinterintervall haben, um nicht selbst stark beeinflussend auf die Farbbildung zu wirken.

245. Nadelstiche in Glasuren

Nadelstiche sind die letzten Reste einer Entgasung (siehe auch „245/246"), wobei die vorher aufgeplatzte Glasurblase nicht wieder vollkommen zugeschmolzen und geglättet ist, sondern noch eine kleine nadelstichartige Öffnung übrig bleibt, die sich teilweise bis in den Scherben ziehen kann. Der Brand ist demnach beendet, ehe die vorherigen Blasenreste wieder ganz zugeschmolzen sind.

Es gibt jedoch auch Nadelstiche, die nicht direkt aus der Glasur kommen, sondern ihre Ursachen im Scherben (Zusammensetzung und Gefüge) und auch im Brand (z.B. Atmosphäre, besonders Atmosphärenwechsel) haben können. Ein sehr schlimmer Verursacher der Nadelstiche (bis zur Schaumbildung) ist Gips (siehe auch „Nr 287/288"), wenn er in kleinsten Körnchen in der Masse vorliegt. Ähnlich wirken andere S-Verbindungen (wie Na-Sulfat und Fe-S-Verbindungen). Hierbei entstehen deutlich (je nach Verteilung der S-Verunreinigungen) mehr oder weniger konzentrierte Nadelstichflächen auf der Glasur.

Ein weiterer, hinweisender Anhaltspunkt sagt: Treten die Nadelstiche nur oben aus der Oberfläche, so liegt die Ursache fast bestimmt im Scherben, während bei allseitigem Vorkommen die Ursache meist in der Glasur liegt.

Hilfe:

1) *Verlängerung der Endtemperatur-Haltezeit (ca. 30-50%) kann helfen.*
2) *Höheres Brennen (ca. 10-20 K), wobei die Temperatursteigerung der letzten 40 K sehr langsam verlaufen soll.*

3) *Flussmittelzugabe (je nach Brenntemperatur: Na_2O-, und K_2O-haltige Stoffe, oder Fritten), wobei die Zusätze zwischen 4 und 8% liegen können.*
4) *Glasur feiner aufmahlen (bringt nur bei sehr kleinen Stichen einen Erfolg).*
5) *Bei Glasurneuaufbau auf Verminderung der Oberflächenspannung achten (Al_2O_3 nicht so hoch, dafür SiO_2 gering über normal; auch MgO aus der Glasur rausnehmen).*
6) *Brennatmosphäre möglichst voll oxidierend einstellen, um Nadelstiche von Aufoxidationen her auszuschalten.*
7) *Masse auf Verunreinigungen der Feststoffe (> 100 µm) und S-Verbindungen überprüfen und evtl. Gegenmaßnahmen ergreifen (z.B. $BaCO_3$-Zusatz). Masse feiner aufbereiten (bei Gießmassen max. < 900er Maschensieb).*
8) *Eine Zwischenschichtauflage (Sinter-Absperrengobe) kann u. U. die Gasdurchbrüche auffangen und gegen die Glasur absperren.*

246. Nadelstiche und Orangeschaligkeit bei Sanitärglasuren

Hier zeigen sich auf der Glasuroberfläche feinste Nadelstiche und zum geringen Teil in der Glasurschicht, wobei zum Teil in stärkeren Glasurlagen Orangehaut-ähnliche Oberflächen zu erkennen sind. Je dünner die Glasurschicht, desto weniger treten die Fehler auf, die fast nur an der Gipswandseite (der Gießform) der Werkstücke auftreten.

Die Ursachen liegen im Entweichen von Gasbläschen, deren Entstehungsursache verschieden sein kann. So kann es außer Entgasungen von Abspalten aus Glasur und Masserohstoffen auch von einer chemischen Umwandlung (z.B. durch zu hohe Brenntemperatur, zu schnellem Brand in bestimmten Temperaturbereichen und Ofenatmosphären) herrühren.

Zu hohe Viskositäten der Glasur ergeben einzelne, größere Blasen und zu niedere können eine Vielzahl von kleinsten Nadelstichen ergeben, wenn die Brenntemperatur zu hoch ist. Interessant ist, dass an Stellen, wo eine Gießnaht verlief und verschwämmt wurde, und an Innenstellen, die nicht mit der Gipsformenwand und dessen Absaugvorgängen in Berührung kamen, diese Glasurfehler fast nie auftraten.

Hilfe:

1) *Glasurschicht möglichst dünn auftragen.*
2) *Gesamte zu glasierende Fläche des Rohlings fein abschwämmen (Feinstschwamm).*
3) *Viskosität der Glasur erhöhen durch geringen Zusatz (2-3%) an Kaolin.*
4) *Rausnahme von Talkum (falls vorhanden) aus Masseversatz.*
5) *Voll oxidierendes Brennen, wobei der Temperaturbereich 700 bis 900°C, eine längere Einflusszeit (sehr langsame Steigerung) bekommen soll.*
6) *Auftragen einer Bremsschicht (Sinterengobe) auf den Scherben, diese soll das Eindringen von Gasen in die Glasurschicht verhindern. Hierbei bewährt sich eine Sinterengobe mit extrem breitem Sinterintervall, welches man mit einem synth. Nephelin vorteilhaft erreichen kann.*

7) *Gipsformen müssen öfter gewechselt werden, um sicher zu sein, dass keine Spuren von $CaSO_4$ in die Außenhaut der Werkstücke gelangen.*

8) *Nur Elektrolyte verwenden, die keinen Angriff auf die Gipsform ergeben (keine Phosphat-haltigen Elektrolyte!!)*

247. Netzartige- bis bienenwabenartige Glasuroberflächen

Hier erscheinen diese Muster, teils halbtransparent, irisierend und heben sich von der übrigen Farbglasur in hellerem Netzmuster ab. Diese Muster, die hier als „Fehler" eingestuft werden, sind Entmischungen von verschiedenen Glasphasen.

Die Ursachen liegen in der Bildung von Boratphasen, wobei B_2O_3 mit CaO eine Calziumboratphase und mit SiO_2 eine SiO_2-reiche Boratphase bildet. Diese Phasen haben verschiedene Oberflächenspannungen, so dass sie, mit Farboxiden versetzt, in verschiedenen Farbnuancen erscheinen und ein schönes Dekor ergeben können.

Um diesen Entmischungseffekt zu beseitigen, d.h. wieder eine einheitlich aussehende Glasuroberfläche (-Farbe) zu erhalten, kann man verschiedene Maßnahmen ergreifen. So kann man die Viskosität so stark erhöhen, dass die Kräfte zur Entmischung nicht mehr ausreichen oder man kann die Verursacher (B_2O_3 und/oder CaO) vermindern.

Hilfe:

1) *In der Glasur den Al_2O_3-Anteil (z.B. durch Kaolin) erhöhen, wobei die Zusatzmenge (4/8/12 %)für die jeweilige Glasur zu ermitteln ist, da hierbei der Schmelzpunkt der Glasur leicht erhöht werden kann.*

2) *B_2O_3 und CaO in der Glasur vermindern. Falls Calziumborat im Versatz vorhanden, so diesen Rohstoff etwas vermindern. CaO-Verminderung kann als Wollastonit ausgeglichen werden, wobei man die miteingebrachte SiO_2-Menge an Quarz im Versatz ebenfalls vermindern muss.*

3) *Brenntemperatur erniedrigen (ca. 20 K), falls die Keramikqualität dann noch vorhanden bleibt.*

4) *Zusatz von Alkali-Rohstoffen (Feldspat, Nephelin, notfalls 3% Na_2CO_3) verhindert bzw. vermindert die Bildung von Boratphasen.*

248. Netzrisse an schamottierten Werkstückoberflächen

Die Erscheinung zeigt Risse in den unglasierten Oberflächen, die deutlich bis ins Scherbeninnere hineingehen. (Bei glasierten Stücken werden diese Risse (kleine Spalten) von einer hochviskosen Glasur nur wenig zugedeckt, so dass Riss-Adern verbleiben.)

Diese Risse lockern das Gefüge stark auf, so dass die Werkstückfestigkeit verringert wird. Die Ursachen liegen in zu starker, örtlicher Schwindung der Bindetonteile, in nicht homogenen Massemischungen, in ungenauer Fraktionsverteilung des Schamottekorns und in nicht gleichmäßigem und zu schnellem Trocknen und Brennen.

Hilfe:

1) *Masse intensiver und homogener aufbereiten, wobei eine Maukzeit (mind. 24 h) vorteilhaft ist.*
2) *Heiße Aufbereitung bringt Vorteile und bessere Plastizität (Formbarkeit) und kann ein Mauken ersetzen.*
3) *Fraktionsverteilungskurve (z.B. Fullerkurve) beim Schamotteanteil einhalten.*
4) *Bindetonanteil verringern und Tone verwenden, die eine geringere Schwindung zeigen.*
5) *Langsamer (mit Umluft und evtl. Feuchtluft) und intensiv trocknen.*
6) *Langsamer und mit gleichmäßiger Temperaturverteilung hochheizen.*

249. Oberflächen-Brennrisse bei Ziegelsteinen u. Ä.

Hier zeigen sich Oberflächenrisse nach dem Brand, die wie eine Verästelung verlaufen und mitten in der Oberfläche wieder verschwinden. Im Trockenzustand sind keinerlei Risse vorhanden. Im Produktionsversatz war ein sehr hoher Sandanteil vorhanden und eine Dilatometerkurve des rohen Steines zeigte schon einen sehr hohen Quarzanteil, während die gebrannten Steine noch ca. 37% Quarz zeigten.

Nach diesen Werten ist die Ursache im Sandanteil (wahrscheinlich zu grob und nicht homogen) zu suchen, der beim Hochheizen im Bereich der Quarzdehnung (- Umwandlung) das Reißen in den Grenzschichten „TON/SAND“ bewirkt.

Im weiteren Brennablauf wird ein Teil des Quarzes an CaO, MgO und andere Oxide gebunden, so dass beim Abkühlen keine stärkeren Abkühlrisse (am ganzen Körper) entstehen.

Hilfe:

1) *Zu schnelles und einseitiges Hochheizen verhindern.*
2) *Sand feiner absieben!!*
3) *Verminderung des Sandes (evtl. gegen mageren bis halbfetten Ton aus tauschen) bringt Verbesserung. Überprüfung der Gesamtschwindung notwendig!*
4) *Ein Sandaustausch gegen Lavalitmehl oder Schiefermehl beseitigt ebenfalls die Oberflächen-Brennrisse.*

250. Oberflächenfehler bei rohglasierten, trockengepressten Waren

Bei trockengepressten, flächigen Werkstücken (Platten, Fiesen u.Ä.) treten beim Glasieren und Brennen (besonders beim Schnellbrand) verschiedenartige Oberflächenfehler auf. So z.B.:

A) Aufreißen und geringes Hochheben der frisch glasierten Oberflächen, wobei nach dem Trocknen ein winziger Riss bleibt. Ähnlich sieht die Pustelbildung aus, die ein geringes, aufbrechendes Hochheben der Oberfläche zeigt.

B) Es zeigen sich nach dem Brand kleine Aufberstungen, Blasen und zahlreiche Nadelstiche, was vor allem beim Schnellbrand auftritt. Die Ursachen können verschieden sein, so z.B. von schlechter Aufbereitung und unhomogenem Pressgranulat; oder von Mineralanteilen in der Granulatmasse, die sehr stark quellend bei Wasseraufnahme sind. Es kann auch von zu dichtem Grünling (Rohling) kommen, dessen Außenhaut beim Pressen und nachfolgendem Trocknen eine erhebliche Dichte erhält.

Hilfe:

Zu A

1) Bei der plastischen Aufbereitung (vor Granulierung) muss eine Zerkleinerung stattfinden, so dass anschließend eine vollkommene homogene Granulatmasse vorliegt. Eine anschließende Maukzeit, von 24 h oder mehr, ergibt erhebliche Verbesserungen.

2) In jedem Fall ist eine Aufbereitung mit vorher pulverisierten Rohstoffen vorzuziehen, da Aufschluss und Homogenität einfacher erreicht werden.

3) Durch Einsatz von warmem bzw. heißem (ab 60 °C) Wasser bei der Aufbereitung, ergibt sich eine wesentlich bessere Masse, wobei man oft auf das Mauken verzichten kann.

Zu B

1) Das Aufbersten und Entweichen von Gasen bei sehr stark verdichteten Grünlingen, geschieht durch zu schnelles Hochheizen, aber temperaturmäßig verzögert. Da der Durchbruch der Gase durch die dichtere Außenwand einen größeten Druck benötigt, der oft erst auftritt, wenn die Glasur schon anfängt zu sintern, können dann Blasen und Aufberstungen entstehen.

2) Hilfe bringt oft ein weniger hoher Pressdruck, so dass der Rohling eine weniger hohe Dichte zeigt.

3) Eine längere Verweilzeit im Temperaturbereich 700-900°C ist von Vorteil, damit die hier noch nicht verdichtete Außenhaut die Entgasung gestattet.

251. Oberflächenrisse bei unglasierten Werkstücken

Hier zeigen sich feine Risse auf der Werkstückoberfläche. Meist zeigen sich diese Risse (oft netzartig) an schamottierten Erzeugnissen wie Verschleißmaterial, Steinen, Platten, Gartenkeramiken und ähnlichen Werkstücken. Sie erscheinen oft zahlreich an der Oberfläche und sind deutlich zwischen den Schamottekörnern erkennbar. Sie haben oft eine Länge von mehreren Millimetern und die Ursachen liegen meist in dem unterschiedlichen Schwindungsverhalten von Hartstoffen (meist Schamottekorn) und tonigen Masseanteilen (Bindung).

Hilfe:

1) *Hartstoffe in feineren Fraktionen einführen, auf gute Fraktionsverteilung (evtl. Fullerkurve) achten.*
2) *Anteile der Bindetone erniedrigen und/oder durch halbfette Tone ersetzen. Hier kann man auch den Feinstkorn-Schamotteanteil gering erhöhen.*
3) *Kontrollieren, ob Feinrisse schon nach dem Trocknen sichtbar sind, wenn ja, so kann ein langsameres Trocknen (evtl. Feuchtluft) helfen.*

252. Orangenhautartige Glasuroberflächen

Eine orangenhautähnliche (zart gepickte) Glasuroberfläche zeigt Reaktions-Blasenreste, wobei aber die Blasen nicht aus dem Scherben, sondern aus der Glasur kommen.

Hierbei spielt meist die Ofenatmosphäre und die Höhe der Brenntemperatur eine Rolle, wobei

a) die unterschiedliche Löslichkeit der Ofengase in der oberen Glasurhaut einen Wertigkeitsunterschied herbeiführen kann, wodurch diese Oberflächenfehler entstehen.
b) aber auch bei einer übersäuerten Glasur (Glasuren mit einem zu hohen SiO_2-Anteil, der nicht mehr von der Glasurschmelze gebunden wird) kleinste Stippen entstehen können, die auf ausscheidende Cristobalitkriställchen zurückzuführen sind, die z.B. in einem folgenden Dekor-Schmelzbrand zu kleinsten, spitzen Stippen führen, die sich nach oben (außen) gering anheben. Kann auch im Schnellbrand geschehen, wobei die Ofenatmosphäre eine Rolle spielen kann.

Dieser Fehler kann sich auch beim Dekor-Schmelzbrand zeigen, wenn mit Abziehbildern (Schiebebilder) gearbeitet wird, wobei die Orangenhaut dann die Größe der Bildunterlage hat, die meist Spuren von Alkalien besitzt, welche beim Dekorbrand gering mit der Glasuroberfläche reagieren. Diese Stippenbildung geschieht in übersäuerten Glasuren, die bei über 1300 °C gebrannt wurden, damit kleinste Cristobalitkristalle vorliegen können.

Hilfe:

1) *Ofenatmosphäre voll oxidierend einstellen!*
2) *Glasur etwas viskoser einstellen durch Zugabe von 5-10% Kaolin.*
3) *Bei Schmelzbrand den Temperaturbereich ca. 50 K vor der Endtemperatur bis Endtemperatur langsamer hochheizen.*
4) *Brenntemperatur erhöhen (10-20 K) und/oder Temperzeit verlängern.*

253. Pinkverfärbungen in Glasuroberflächen

Pinkverfärbungen (ähnlich hellrot-fliederfarben) haben ihre Ursachen in Verdampfung von Chromverbindungen (auch Cr-Metall; z.B. Brennkörbe), wobei die Cr-Dämpfe mit den, in direkter Nähe stehenden Glasuren (Werkstücken) sehr stark reagieren und in den betroffenen Glasuroberflächen Pinkverfärbungen ergeben.

Es bilden sich schwach rubinfarbene Flächen, die (je nach Zusammensetzung der Glasur) mehr oder weniger aufgehellt sind. Der Verursacher „Cr“ bildet vor allem mit Al-, Ca-, Sn-, Zr-, oder Ti-haltigen Glasuren die Pinkverfärbungen, wenn die entsprechenden Werkstücke und der „Cr-Dampf-Verursacher“ im Brand zusammenstehen.

Das Cr kann hierbei als Cr_2O_3 in einer grünen Chromglasur, oder als Pinkfarbkörper, oder als Cr_2O_3 pur (z.B. Beschriftung) oder als Cr-Metall (z.B. Brennkörbe oder Heizspiralen u.a.) vorliegen, immer ist die Verdampfungsgefahr mit Pinkbildung auf Nachbarglasuren gegeben.

Rote Pinkglasuren, in denen das Cr in Form von roten Pinkfarbkörper eingeführt wurde, zeigen nur selten, bei sehr hohen Zusätzen und sehr geringen Setzabständen (< 1 cm) Verfärbungen an Nachbarstücken.

Hilfe:

1) *Setzabstand von wenigstens 3 cm, bei Chromoxid-haltigen Glasuren einhalten; oder Cr-haltige Glasuren alleine brennen.*
2) *Cr-grüne Farben nicht mit Cr_2O_3, sondern mit einem stabilen Cr-Farbkörper erzeugen.*
3) *Bezeichnungen (z.B. Probebeschriftung auf Rückseiten) nicht mit Cr_2O_3 durchführen.*
4) *Keine chromhaltigen Unterlagen verwenden (auch mit Cr-Verbindungen verschmutzte Schamotteplatten).*
5) *In E-Öfen sind bei älteren Öfen noch Cr-haltige Heizspiralen eingebaut, wobei man beim Einsetzen einen Sicherheitsabstand (3-4 cm) einhalten soll.*

254. Pockenbildung an Werkstücken

Pockenbildung auf Oberflächen von Werkstücken sind als Erhebungen (Blähungen) ausgebildet. Die „Pockenbildung“ kann verschiedener Größe sein, beginnend mit stecknadelkopfgroßen Pocken bis zu faustgroßen „Geschwulsten“, die zum Teil im Innern auch noch Verfärbungen (z.B. grau-schwarz von Kohlenstoffresten u.a.) zeigen können.

Diese Aufbläherscheinungen kommen nur bei dichtgebrannten (oder glasphasenhaltigen) Werkstücken vor. Hier ist die äußere Werkstückhaut schon abgedichtet (weich), während im Innern die Entgasungen noch nicht abgeschlossen sind, so dass die nun eintretende, thermisch bedingte Gasvolumenvergrößerung einen Druck erzeugt. Dieser Druck drückt die schwächste Stelle nach außen, so dass die oben beschriebenen Pocken entstehen, wobei dieser Fehler sowohl bei unglasierter als auch bei glasierter Ware vorkommen kann.

Ursachen der Gasbildungen im Scherbeninnern können sein: Kalkkörnchen, Gips Verunreinigungen, Pyrite, organische Teile wie Kohle, Wurzelreste und Hohlräume (auch von Formgebung her) u.a.

Hilfe:

1) *Es muss langsam gebrannt werden, so dass die Poren so lange offen bleiben, bis alle Entgasungen beendet sind. Hierzu muss sicherheitshalber ein sehr langsamer Temperaturanstieg im Bereich von 500-950°C durchgeführt werden. Auch eine Haltezeit (Temperaturrampe) der Temperatursteigerung innerhalb dieses Bereichs ist vorteilhaft.*

2) *Beim Brennen mit offener Flamme (z.B. Gasofen, muss eine starke Oxidationseinstellung für eine völlige Entgasungsmöglichkeit erfolgen und zwar im Temperaturbereich, vor Beginn der Scherbenabdichtung).*

3) *Oft hilft schon ein Abmagern der Masse, so dass diese später sintert und gleichzeitig hier Porosität schafft, um eine schnellere Entgasung zu erhalten.*
Hierzu eignen sich geringe Zusätze an Schamottemehl, Kaolin, Quarz (wenn zulässig - Kühlrisse), Magertone u.a.

4) *Eine Massekontrolle, wobei man von den Einzelrohstoffen (auch von der Fertigmasse) eine Siebrückstandsprobe (auf 100 µm-Sieb) durchführt. Die Einzelrückstände überglasieren und brennen, wonach man die Auswertung durchführt und Maßnahmen ergreift.*

255. Pressfehler auf Gipsformen (plast. Massen)

Diese Pressfehler können sein: Wellen auf Oberflächen, Falten und Faltenrisse in Oberflächen, Deformieren beim Ausnehmen, starke Randnähte, Rissbildung u.Ä.

Die Ursachen sind verschieden und reichen von falscher Massezusammensetzung, Feuchtigkeit der Arbeitsmasse, Beschaffenheit der Gipsform bis Art des Formgebungsablaufes.

Hilfe:

1) *Zu trockene Formen ergeben oft Ankleben und Rissbildung;*
- keine zu trockenen (oder gar warme) Formen verwenden!

2) *Zu weiche Masse ergeben ebenfalls Ankleben und Verziehen;*
- trockenes Massemehl zusetzen und 24 h mauken lassen, oder durch Stehenlassen ein Abtrocknen erreichen!

3) *Zu schnelle Formgebung bei zu wenig Feuchte kann zu Faltrissen führen;*
- Pressvorgang etwas langsamer durchführen (einstellen)!

4) *Zu viel Arbeitsmasse bei Verformung ergibt starke Randnähte, die sich schlecht beseitigen lassen;*
- weniger Massevolumen zum Verformen in Presse eingeben!

5) *Zu weiche Masse bei feuchten (nassen) Formen ergeben oft Wasserdellen und wellige Oberflächen;*
- Masse und Formen anpassen!

256. Pressfestigkeit von Trockenpressformlingen, keine -

Zu geringe Festigkeit von frisch gepressten Werkstück-Rohlingen haben fast immer einen erhöhten Rohbruch zur Folge.

Beim DRUCKPRESSEN sind oft andere Ursachen vorhanden (gegenüber Druck-Pressen), wie zu geringer Vordruck und Hauptdruck, zu wenig Bindestoffe in Arbeitsmasse (Pressgranulat) und Geschwindigkeit des Pressvorganges.

Beim VOLUMENPRESSEN sind die Ursachen meist im Versatzanteil von Ton und dessen Beschaffenheit, sowie Art und Menge der Hilfszusätze (Wasser, Pressöl, Waschemulsion u.a.), Granulatdichte und Geschwindigkeit des Pressvorganges zu suchen.

Hilfe:

Beim DRUCKPRESSEN:

1) *Besser entlüften beim Pressvorgang; langsamer den Druck erhöhen.*
2) *Höheren Hauptdruck durchführen. Bei Enddruck geringere Haltezeit eingeben.*
3) *Granulatdichte erhöhen (evtl. Änderung der flüssigen Bindungshilfsstoffe).*

Beim VOLUMENPRESSEN:

1) *Höhere Bindungsanteile (z.B. plast. Ton) in Masse eingeben.*
2) *Bessere (längere und intensivere) Granulatmischung nach Zugabe aller Zusätze.*
3) *Standzeiten (Maukeffekt) vom Pressgranulat einführen (mind. 24 h).*
4) *Bindungshilfsmittel (Emulsionen, Pressöl, Gleitmittel u.Ä.) erhöhen, wobei die Rieselfähigkeit voll erhalten bleiben muss.*
5) *Granulatverdichtung (z.B. Vorpressen von Pellets) bringt wesentliche Verbesserung.*

257. Pressnähte an keramischen Kugeln

Sowohl bei plastischen als auch trockengepressten Kugeln, die als Massenware hergestellt werden, ist es meist unausbleiblich, dass beim Pressverformen eine mehr oder minder grosse Pressnaht entsteht.

Bei PLASTISCHER VERFORMUNG ist der vorgegebene Massestrang schon so verdichtet, dass bei der Formgebung selbst nur noch ein Umformen zur Kugel stattfindet. Sehr oft bevorzugt man hier auch eine Rollerverformung, die zwar etwas längere Verformungszeit braucht, aber keine Nähte ergibt. Bei der plastischen Pressverformung kann man die Menge der Formmasse (vor Eingabe in die Pressform) genau abmessen, so dass nur wenig überflüssige Masse eine kleine Pressnaht ergeben kann. Diese Kugeln sind aber plastisch noch so weich, dass man sie nicht so ohne weiteres nachbehandeln kann, so muss man die Endbehandlung der Kugeln (Nahtentfernung) nach dem Trocknen bzw. nach dem Brand durchführen.

Bei TROCKENGRANULATVERFORMUNG wird außer der Formgebung auch eine starke Verdichtung des Granulates gefordert. Hier muss volumenmäßig mehr Granulat in die Pressform gelangen, um eine dichtere, volumenmäßig kleinere Kugel zu erhalten. Hierbei wird fast immer mit einem Übermaß an Granulat gearbeitet, so dass immer eine, mehr oder weniger breite Pressnaht entsteht. Die Kugeln sind hierbei mechanisch schon so fest, dass man sie behandeln und transportieren kann.

Hilfe:

Bei plastischer Verformung

1) *Bei der Rollerformung, wobei aus plastischer Masse gezogene kleine Würfel oder Zylinder in einem Rotationsgefäß (-Topf) eine Eigenverformung, Kugeln ohne Naht, ergeben.*
2) *Plastisch gepresste Kugeln zeigen meist nur noch eine geringe Naht, die man in einem schräg stehenden Mischertopf (z.B. Eirichmischer) rotieren lässt, wobei sie sich selbst entgraten und polieren.*

Bei Trockenpressverformung

1) *Hier muss die Dichte des einzufüllenden Pressgranulates erhöht werden, um eine höhere Werkstückdichte (Kugeln) und bessere Qualitäten zu erreichen.*
2) *Höhere Feuchtigkeit des Granulats ergibt Kugeln mit höherer Dichte, weniger Nähte, aber höherer Schwindung und höherer Trockenempfindlichkeit.*
3) *Durch Vorverdichten des Granulates erreicht man bessere Qualitäten, indem man Pellets (eierförmige Körper) presst und diese wieder granuliert. Aus diesem Granulat werden nunmehr die Werkstücke (Kugeln) gepresst, wobei Granulat- und Füllgewicht größer ist und das Füllvolumen etwas kleiner werden muss, um die Nähte zu vermindern, wobei aber Festigkeit und Dichte (roh, trocken und gebrannt) höher werden.*

Bei NÄHTEN AN ALLEN GEBRANNTEN KUGELN kann man diese ebenfalls in rotierende Trommeln geben, wobei sich durch die rotierende Bewegung die Nähte abreiben.

258. Punktförmige Ausschmelzungen und Ausplatzer an Oberflächen

Hierbei entstehen dunkle, fast schwarze Ausschmelzungen, die zum Teil erhaben sind und zum Teil auch Löcher ergeben.

Diese Ausschmelzungen, die oft an grobkeramischen Werkstücken, vor allem im reduzierenden Brand als Schmelze und bei Oxidation als porige Aufblähungen auftreten, sind meist als Pyritverunreinigungen vorhanden. Liegen solche Pyritanteile im Scherbeninnern nahe der Oberfläche, so gibt es durch Aufoxidation des Pyrits eine solch starke Volumenvergrößerung (Pyrite verbrauchen zum Aufoxidieren einen vielfachen Sauerstoffverbrauch gegenüber anderen Verunreinigungen), dass es am Werkstück Aussprengungen gibt, wobei oft der Pyritkern im Krater sichtbar wird.

Hilfe:

1) *Einzeltone der Masse untersuchen (Siebrückstand), um den verursachenden Rohstoff zu finden und aus dem Versatz zu entfernen.*
2) *Masse besser aufbereiten, d.h. so fein zerkleinern, dass die Kornfraktion unter 100 µm liegt.*
3) *Zugabe von Bariumkarbonat (max. 0,5%) zur Masse hilft gegen Ausblühungen, während die Ausschmelzungen und Ausplatzer kaum beeinflusst werden.*

259. Pustelbildung an rohglasierter Ware

Dieser Fehler entsteht direkt nach dem Glasurschlickerauftrag (z.B. beim Tauchglasieren, wobei das Wasser direkt in den Scherben eindiffundiert und dort noch nicht vollkommen trockene Teile zum schnellen Aufquellen bringt.

Hierbei wird oft, die nunmehr weiche Scherbenoberfläche mit der aufliegenden Glasurschicht nach oben aufbersten, wobei meist nur ein sehr kleiner Berst-Riss (Pustel) entsteht, der nach dem anschließenden Trocknen fast nicht mehr zu erkennen ist. An dieser Stelle sieht man nach dem Brand eine kleine, rissförmige Glasurfalte, teils in den Scherben gehend. Dieser Fehler erscheint nicht, wenn man die Pustel nach dem Entstehen (nach Glasieren und Trocknen) leicht mit dem Finger zureibt.

Kommt so ein Riss z.B. von kleinsten CaO-Teilchen (z.B. aus nicht sauberer Schamotte) so entsteht beim Glasieren (durch Wasseraufnahme) an dem CaO eine $Ca(OH)_2$ Umwandlung, die später (beim Brennen) wieder Abplatzer und Absprengung u.a. (siehe auch „008/039/040“) verursachen können.

Sind Kalk-Teilchen in der Masse, so können diese im ersten Brand (z.B. Schrühware) auch CaO bilden, die dann später am Lager, spätestens aber beim Glasieren wieder $Ca(OH)_2$ bilden, so dass ähnliche Fehler auftreten können, die auch teilweise (bei genauer Kontrolle) sofort beim Glasieren kurz sichtbar werden.

Hilfe:

1) *Rohware intensiver trocknen; gerade in den Übergangs-Jahreszeiten, wenn die Ware trocken aussieht, aber im Innern noch Feuchtigkeit vorliegt.*
2) *Glasurschlicker etwas zäher (weniger Wasser) einstellen, damit das Wasser nur schwieriger abgesaugt werden kann.*
3) *Werkstücke nicht ganzteilig, sondern nur eine Seite glasieren, eine kurzzeitige Trocknung (> 5-10 Min.) einlegen und dann Rest glasieren.*
4) *In solchen Massen bringt das Glasurspritzen Vorteile, da am Scherben weniger Wasser (mit Glasurnebel) ankommt und auch nur weniger vom Scherben aufgesaugt werden kann.*
5) *Eine Masseabänderung (neue Masse, ohne stark quellende Tone) und vor allem ein dickerer Scherben, bringt hier Vorteile.*
6) *Bei Pustelbildung, die von Verunreinigungen der Masse verursacht werden, muss man eine Sieb-Rückstandskontrolle durchführen.*

260. Radialrisse (an Boden)

Dies sind Risse, etwa in der Mitte des Werkstückbodens (z.B. Schale oder Topf) und sind mitunter schon nach dem trocknen, sonst nach dem Brand als Radialriss, oft auch S-förmig festzustellen. Die Größe der Risse steigt meist mit der Werkstückgröße und der Scherbenstärke (Dicke). Die Ursachen liegen fast ausschließlich in der falschen Behandlung der Masse, in unsachgemäßer Formgebung und Trocknung der Artikel. Die Hauptursache sind Formgebungsspannungen, die verschiedene Gründe haben können.

1) *Vakuumieren der plastischen Formgebungsmasse ist erforderlich.*
2) *Gefügestrukturen (z.B. aus Strangpresse) durch Vorverformung, auch Schlagen (Klotzen) beim Töpfern.*
3) *Massehubel der Form anpassen (1. in Menge und 2. in Durchmesser).*
4) *Masse länger mauken lassen.*
5) *Einseitiges Trocknen verhindern, Gefäße punktartig erhöht (Lochbleche, Dreikantleisten u.a.) aufstellen, damit die Trocknung rundum erfolgen kann.*
6) *Abmagern der Masse bringt hier immer Besserung.*

261. Randlöcher an oberem Werkstücksende bei Gießwaren

An Rohlingen erscheinen am oberen Rand (bei Gefäßen, Vasen etc.) kleine Luftlöcher, die zum Teil erst beim Putzen oder Abdrehen des Randes sichtbar werden.

Es sind Luftlöcher, die dicht unter der Oberfläche liegen und hervortreten, sobald die Haut beseitigt wird. Die Ursache liegt im Gießen einer zähflüssigen Gießmasse, wobei die durch den Gießstrahl eingezogene Luft nicht mehr vollkommen entweichen kann; sie strömt zwar nach oben, aber der Widerstand wird immer größer, je näher die Luft an die erste Abdichtung der Scherbenbildungshaut kommt, und jetzt hängen bleibt.

Es kann auch sein, dass diese Luftblasen nicht schon am Rohling, sondern erst nach dem Brand als aufgeplatzte Glasurblasen oder Krater erkennbar werden.

Hilfe:

1) *Langsamer gießen, wobei der Gießstrahl an der inneren Gießformenwand einlaufen soll, um ein Einziehen von Luft zu vermeiden.*
2) *Viskosität der Masse erniedrigen (durch Wasserzugabe), Elektrolytaustausch oder neuer Masseversatz. Eine Erniedrigung der Oberflächenspannung der Gießmasse bringt auch Hilfe.*
3) *Gipsformen sollten nach oben (Einfüllseite) möglichst keine untergriffigen Stellen haben, wo sich die luftenthaltende Gießmasse nicht mehr entlüften kann.*
4) *Möglichst nur mit evakuiertem Gießschlicker arbeiten und dann keinen vollen Gießstrahl anwenden.*
5) *Ein Eingießen über ein Sieb (0,5-1,0 mm Maschenweite) vermindert einen Lufteinzug in den Gießschlicker.*

262. Randrisse in plastisch geformten Werkstücken

Randrisse in Werkstücken (besonders in großen und flachen Stücken) sind oft schon nach dem Trocknen sichtbar. Oft sind diese Trockenrandrisse sehr eng, so dass man diese (vor allem bei grober Masse) erst nach dem Brennen klar erkennt. Die Risse zeigen deutlich an der Innenfläche den Atmosphäreneinfluss des Brandes (in Farbe und Oberfläche). Dieses erkennt man gut (siehe auch „201“), wenn man die Risse weiter aufsprengt, wo das Scherbeninnere ein anderes Aussehen zeigt.

Die Ursachen liegen auch hier in Massezusammensetzung, Trocknung und im Brennablauf.

Hilfe:

1) Masse abmagern (Schamottemehl, Scherbenmehl u.Ä.)!
2) Trocknung gleichmäßig (nicht einseitig!), langsam und intensiv durchführen.
3) Bei großen Tellern, Platten und sonstigen Flachteilen, die Masse vorformen und dann erst zur Endverformung übergehen (siehe auch „201“).
4) Im ersten Brennabschnitt (bis. ca. 450 °C) langsam und reichlich Umluft hochheizen.
5) Weniger dicht einsetzen, hierbei Standflächen nicht voll eben aufsetzen.

263. Randrisse bei Fliesen (trockengepresst) und Schleifscheiben

Randrisse (bei Schleifscheiben auch als „Kopfrisse“ bezeichnet) sind meist erst nach dem Brand sichtbar und verlaufen von außen zum Fliesenzentrum (bei Schleifscheiben fast immer radial). Diese Risse sind schon während der ersten Hochheizphase entstanden. Die Ursachen liegen beim falschen Trocknen (selten auch bei falscher Formenfüllung beim Pressen) und beim falschen Brand.

Hilfe:

1) Langsamer und vorsichtiger trocknen.
2) Erste Brennzone langsamer hochheizen, volle Oxidation in Gasofen.
3) Bei Masse die Magerungsanteile etwas erhöhen.
4) Gleitmittel (auch Druckausgleichmittel) einsetzen.
5) Rauigkeit der Presswerkzeuge kontrollieren, evtl. austauschen.

264. Randverziehen (Unrundwerden)

Runde Ränder werden im Brand (kann auch schon beim Trocknen geschehen) unrund, so dass oft die vorgesehenen Deckel nicht mehr aufpassen und auch der obere Abschlussrand nicht mehr eben ist.

Dieser Fehler kann verschiedene Ursachen haben:

1) Spannungsauftreten bei Formgebung (kann beim Gießen = flüssige Verformung, nicht auftreten) durch schlecht homogene, nicht gut entspannte, plastische Massen oder durch ungleiche Verteilung der Granulate (auch Sprühkorn) in den Druckformen vor dem Pressen, durch zu schnelles Verformen bei plastischen Massen und durch Formmassen, die Texturen (z.B. durch schlechte Strangpresse) enthalten.
2) Ungleiche Schwindung (Trocken- und Brennschwindung) zur gleichen Zeit am gleichen Teil (z.B. Außenbezirke der Werkstücke) trocknen (schwinden) schneller als innere (oder andere) Bezirke, wobei auftretende Spannungen das Verziehen verursachen.
3) Stark unterschiedliche AK-Werte der Innen- und Außenglasur ergeben Spannungen, die Verziehen (aber auch Reißen) bewirken können.

Hilfe:

1) Gleichmäßige Temperaturverteilung (richtige Umluftverteilung) sind notwendig beim Trocknen und Brennen.
2) Arbeiten mit (beim Trocknen und z.T. beim Brennen) Bomsen sind eine gute Hilfe (Bomsen = Verzugs-Hilfsmittel).
3) Verlängerung der Endtemperatur-Haltezeit.
4) Scherbenstärke an allen Werkstückteilen möglichst gleich stark (dick) halten.
5) Masse stabilisieren durch Magerungszusätze (Scherbenmehl etc.).
6) Etwas niedriger brennen, dafür die Pendelzeit (ca. 50%) verlängern.

265. Rauigkeit auf Farbkörperdekoren

Bei dekorierten Glasuroberflächen zeigen die Dekore (Farben) eine mehr oder weniger starke Rauigkeit (kein Glas), was darauf zurückzuführen ist, dass in den Farbdekoren zu wenig Flussmittel vorhanden sind. Hier sind oft die Farbkörper fast pur verwendet worden.

Da die hierzu verwendeten, verschiedenen Glasuren (und Glasurtypen) verschiedene Schmelzverhalten haben, müssen demnach die entsprechenden Farbkörper meist diesen Glasuren angepasst werden.

Hilfe:

1) Temperzeiten (ca. 50%) verlängern, oder höher brennen (ca. 20 K).
2) Farbkörper mit 25% Fritte und 10% Kaolin (notfalls weiß-fetten Ton) gut vermischen und dann erst einsetzen.
3) Farbkörper mit 20-25% transp. Glasur und mit 15-20% Masse (nur in weißbrennender Masse, - sonst Kaolin) versetzen, aufmahlen und dann als Dekormedium anwenden.
4) Nach dem Dekorieren, eine sehr dünne transparente Glasurschicht überspritzen.

266. Rauigkeit bei Salzglasur

Hierbei zeigen die salzglasierten Werkstücke eine raue, teils leicht körnige Oberfläche. Die Glasur ist hauchdünn entwickelt, so dass ein grober, quarzreicher Scherben die Unebenheiten der Oberfläche bewirkt. Die Ursachen können verschieden sein und können im schlechten Ofeneinsatz, im unsachgemäßen Brand, im nicht richtigen „Salzen" und in der Massezusammensetzung liegen.

Hilfe:

1) Die Temperatur beim „Salzen" (Eingabe des Kochsalzes) ist noch zu niedrig, d.h. der Scherben ist noch nicht gesintert und zeigt dementsprechend nicht die erforderliche Reaktionsbereitschaft. So muss höher gebrannt werden.
2) Es wurde zu wenig Salz verwendet, so dass nicht genügende Glasurschichtbildung möglich war. Mehr Salz verwenden.
3) Eine neubezogene Masse hat einen zu hohen Sinterpunkt, so dass auch eine höhere Brenntemperatur erforderlich ist.
4) Die Masse ist zu grobkörnig, es muss Ton mit feineren Fraktionen in die Masse eingebaut werden.
5) Ein viel zu dichter Ofeneinsatz (in Kombination mit Salzminimum) kann ein starkes Umspülen mit den Na-Dämpfen stark einschränken und so ein Fehlen von Glasurschicht bewirken. Hier muss lockerer eingesetzt werden.

267. Mattierungen - raue Stellen in Glasur

Die rauen Stellen können sehr vereinzelt oder aber als geschlossene Fläche erscheinen. Sie können überall im Ofenraum oder an örtlich bestimmten Plätzen im Ofenbesatz auftreten.

Die Ausscheidungen können a) sintermatt oder b) raukristallin sein, hieraus kann man schon die erste Ursachenmöglichkeit erkennen. Im ersten Fall a) sind die Ursachen meist „Schwerschmelzbarkeit" und im zweiten Fall b) auf „Kristallisation" zurückzuführen. In beiden Fällen können sowohl brenntechnische als auch keramische Maßnahmen zur Beseitigung des Fehlers führen.

Hilfe:

Bei Schwerschmelzbarkeitsursache:

1) Brenntemperatur erhöhen (ba. 20 K), oder verlängern der Temperzeiten.
2) Flussmittelzugabe (5-10% Fritte o.Ä.) zur Glasur.

Bei Kristallisationsursache:

1) Schneller abkühlen, niedriger brennen (Falls Glasur es zulässt).
2) Viskosität erhöhen (durch 5-10% Kaolinzugabe).
3) Bei Glasurneuaufbau weniger kristallisierende Oxide einbauen (z.B. ZnO, ZiO_2, u.Ä.).

268. Raue Werkstückoberflächen (an roher und gebrannter Ware)

Raue Oberflächen von Rohlingen sind meist erst nach dem Trocknen erkennbar, wobei die Ursache in der Massezusammensetzung liegt. Der Kornaufbau ist hier so, dass in feinen, tonigen Massen gröbere Hartstoffanteile (Quarz, Schamotte u.a.) vorhanden sind, welche beim Schwinden der plastischen Tonanteile nicht mitschwinden und so als raue Anteile in der Oberfläche stehen bleiben.

Bei Feinkeramiken kann beim Putzen der Waren mit zu viel Wasser im Putzschwamm gearbeitet worden sein, so dass die Feinstanteile ausgeschwämmt, die gröberen Teile stehen bleiben (besonders an den Gießnähten sichtbar) und eine gering gröbere Oberfläche ergeben. Beim Brennen vergrößert sich meist die Schwindung, so dass nach dem Brand eine noch rauere Oberfläche bleibt.

Selbst bei einem dünnen Glasurüberzug bleibt diese kleine Rauigkeit sichtbar.

Hilfe:

1) Hartstoffe in feinerer Korngröße zugeben (z.B. bei Quirlaufbereitung).
2) Masse feiner aufbereiten. Feineres Absieben hilft, verändert aber oft die Massezusammensetzung (wenn Siebrückstand zu hoch) und deren Eigenschaften.
3) Zum Verputzen keinen Schwamm, sondern ein Fensterleder mit wenig Feuchtigkeit benutzen und die Überschussmasse (Naht) nur verreiben.
4) Mit Engobeüberzug die Rauigkeit abdecken, dann erst glasieren.

269. Readsorptions-Trockenrisse

Diese Rissbildung an keramischen Körpern zeigt ein netzartiges Bild, wobei oft eine Gefügelockerung des Werkstückes zu Schäden (Teilzerstörung oft beim Transport der Trockenwaren) führt. Die Ursache liegt in der Wiederaufnahme von Feuchtigkeit (z.B. aus der Umgebung) der vorher getrockneten Rohlinge (siehe auch „259").

Je kompakter und dickwandiger das Werkstück (z.B. Ziegelsteine, Klinker, Sanitärteile etc.), desto größer ist die Gefahr dieser Rissbildung. Hierbei spielen auch die mineralischen Zusammensetzungen der Produktionsmassen eine Rolle.

Hilfe:

1) Getrocknete Werkstücke möglichst bald in den Ofen bringen.
2) Trockene Werkstücke nur in trockener, bzw. warmer Umgebung lagern.
3) Im extremen Fall, die Masse mit nichtquellenden Rohstoffen abmagern oder neuen Versatz herstellen.
4) Trockner nicht abstellen und völlig erkalten lassen (z.B. Wochenende) und später wieder anstellen, sondern mit geringer Wärme weiterlaufen lassen.

270. Reduktionskerne

Reduktionskerne sind äußerlich meist nicht zu erkennen, ergeben aber oft schlechtere Festigkeiten und leichte Blähungen. Sie haben ihre Ursachen in nicht oxidierten (nicht verbrannten) Kohlenstoffanteilen im Werkstückinnern.

Hier bilden sich graue bis schwarze Zonen, die äußerlich nicht immer gleich sichtbar sind und erst beim Aufschlagen (Aufbrechen, -schneiden etc.) zum Vorschein kommen.

Durch diese Reduktionskerne werden bautechnische Eigenschaften (wie Festigkeit, Frostbeständigkeit, Wetterbeständigkeit u.a.) stark verschlechtert.

Bei glasierten Waren treten oft, bei empfindlichen Farbglasuren, an den entsprechenden Außenstellen Farbveränderungen (oft fleckenartig) auf, welche von Wertigkeitsänderungen durch die dortigen Atmosphärenwechsel hervorgerufen werden. Bei unglasierter, fast dicht gebrannter Ware (< 2% WA), mit noch schwachen Reduktionskernen in Werkstückmitte (Fliesen, Kacheln etc.), können nach langem Feuchtigkeitseinfluss im praktischen Einsatz graue Farbränder in den Werkstückoberflächen entstehen, die nicht mehr zu entfernen sind. Hier wandern feinste Kohlenstoffanteile (aus schwachem Reduktionskern) im Laufe langer Zeit nach außen und verbleiben unter der Randoberfläche.

Bei transparent glasierten Werkstücken erscheinen, stellenweise unter der Glasurschicht, graue bis schwarze Flächen, die ebenfalls auf noch vorhandenen Kohlenstoff im Scherben hinweisen.

Hilfe:

1) *Ofenbesatzdichte ändern: Werkstücke lockerer einsetzen; keine hohen Stapel bei geringen Wandabständen; Hohlwaren nicht stülpen!!*
2) *Keine hohen Stapel (bei empfindlichen Massen) durchführen.*
3) *Hohlwaren nicht stülpen (auf gar keinen Fall „randdicht"), damit im Inneren gebildete Kohlenstoffgase gut entweichen können.*
4) *Langsamere Temperatursteigerung, vor allem im Bereich der Entgasungen und vor Scherben- bzw. Glasurabdichtung (650-900°C). Hierbei nicht vergessen, dass Abzugsklappen offen sind.*
5) *Höher brennen (etwa 20 K) und/oder längere Endtemperatur-Haltezeiten durchführen.*
6) *Besonders bei Gasöfen mit voller Oxidationsstufe brennen. In den Haupt-Aufoxidationszonen des Kohlenstoffes eine Haltezeit einprogrammieren. Bei Rollen-Schnellbrandöfen kann meist nur eine notwendige Ofenverlängerung eine Hilfe bringen.*
7) *Durch Zugabe von Ammonnitrat (max. 0,3-0,5%) zur Masse kann man die Aufoxidation des Kohlenstoffes verbessern und leichte Reduktionskerne beseitigen.*

271. Reißen der Arbeitsmasse beim Formen (Einformen und Eindrehen)

Beim Einformen und Eindrehen (Gips- und Metallformen) entstehen schon Risse beim Verformen, wobei die Risse meist verstärkt am äußeren Rand auftreten.

Die Ursachen liegen in der Zusammensetzung und der Feuchte der Arbeitsmasse. Hat die Arbeitsmasse eine zu geringe Feuchtigkeit, so ergeben sich Formgebungsrisse (zu weiche Masse ergibt Verziehen und Zusammenfallen des geformten Körpers).

Ist die Masse von der Zusammensetzung her zu mager (zu geringe Plastizität) so ergeben sich auch Risse während der Verformung. So soll eine gute Masse nicht aufbrechen, wenn man einen Massestrang um 90-180°C biegt (krümmt); tritt hierbei ein Aufreißen statt, so ist die Plastizität zu gering (auch zu mager). Die Plastizität kann man auch mit Mauken und/oder mit Evakuieren wesentlich verbessern und somit den Formgebungsrissen entgegenwirken.

Hilfe:

1) Formmasse homogener aufbereiten und Maukzeiten (mind. 24 h) einhalten.
2) Magere Masse mit plastischem Ton (5-10%) versetzen.
3) In der Arbeitsmasse die Feuchtigkeit gering erhöhen.
4) Ein Evakuieren der Masse ergibt bessere Plastizität und wirkt somit auch den Formgebungsrissen entgegen.

272. Reißen der Überzugsglasur über Unterglasurdekoren

Bei diesem Fehler erscheinen Glasurrisse nur über den dekorierten Stellen. Hierbei liegt der Fehler in dem untergelegten Farbmedium, wobei die Ursache sowohl in „Roheigenschaften" als auch in „Brenn- und Schmelzeigenschaften" liegen kann.

Hilfe:

1) Zu starke Dekorauflage kann schon Trockenrisse ergeben. Somit dünnere Dekorauflage durchführen.
2) AK-Differenzen von Dekormedien und Glasur bewirken Rissbildung in Glasur, welche einen zu hohen AK hat. Somit Glasur-AK erniedrigen (z.B. mit 4-8% Quarzusatz).
3) Eine gute Abgleichung (hilft fast immer) ergibt ein Zusatz von 15-20% Überzugsglasur und 15-20% Werkstückmasse (nur bei hellen Massen - sonst hier hellen Ton verwenden) zum Farbkörper.
4) Dekorierte Flächen (Stellen) dünn mit Glasur besprühen, und nach dem Trocknen erfolgt dann das eigentliche Glasieren.

273. Riefen (nach Verputzen und Trocknen der Oberfläche)

Auf der verputzten Oberfläche erscheinen Riefen, die bei transparenten Glasuren, auch nach dem Brand noch sichtbar sind.

Bei runden Körpern (z.B. große Vasen u.a.) entstehen, vor allem bei etwas grobkörniger Struktur der Scherbenmasse, Abdrehspuren (von Abdrehstahl oder Sandpapier), die ringförmige Riefen am Werkstück zeigen. Auch bei Abschwämmen (mit nassem Schwamm) werden die Feinstteile verstärkt ausgeschwämmt, so dass nur die gröberen Teile riefenförmig stehen bleiben.

Hilfe:

1) *Masse feiner aufbereiten, oder Masse mit Rohstoffen herstellen, die einen feineren Kornaufbau haben.*
2) *Bei schamottierten Massen den Feinkornanteil erhöhen und mehr plastische Tone in den Versatz einbringen.*
3) *Mit feinerem und weniger nassem Schwamm verputzen.*
4) *Bei feinkeramischen Artikeln mit Fensterleder verschwämmen (glätten).*

274. Ringförmige Risse an Isolatoren

An Isolatoren erkennt man vereinzelt Risse, die sich ringförmig am Übergang von starken zu dünnen Wandstärken zeigen. Fast immer sieht man bei glasierten Stükken, dass die Glasur diese Risse (Körperrisse) nicht mehr voll schließt, wenn diese bereits beim Hochheizen entstanden sind. Auch an Garnierstellen von Rundisolatoren entstehen oft solche Ringrisse.

Die Ursachen sind meist durch Einwirkung von äußeren und inneren Kräften (Formgebungskräften) verursacht, die den Widerstand der feuchten und trockenen Masse bei der plastischen Formgebung übersteigen.

Die ringförmigen Spannungen können sowohl von maschineller als auch von manueller Formgebung (auch Garnierung) verursacht werden.

Auch kann die Ursache durch die Nachbehandlung (z.B. Verputzen) der Werkstückoberflächen auftreten, da durch das starke Anfeuchten (der dünnen und dicken Scherbenteile) ungleichmäßiges Schwinden beim Trocknen Spannungen und Risse erzeugen kann. Auch beim Rohglasieren sind diese Vorgänge möglich.

Hilfe:

1) *Gut homogenes Durcharbeiten und Entlüften der Arbeitsmasse, bei möglichst längerer Masse(Batzen)-Lagerung vor der Formgebung.*
2) *Keine zu großen Masseanteile zur Formgebung aufgeben. Hierdurch würden innere Reibungen beim Formen und Ausquetschen des Masseüberflusses entstehen, welche zu Deformationen und Rissen führen können.*

3) *Beim Garnieren müssen gleiche Zustände bei den Masse-Einzelteilen vorliegen, um keine zusätzlichen Spannungen aufkommen zu lassen.*
4) *Beim Verputzen (Verschwämmen) auf geringe Feuchtigkeitsaufnahme der dünnen Wandstärken achten.*
5) *Vorsichtig und langsam trocknen. Hier sind die allgemein bekannten Vorsichtsmaßnahmen (siehe auch „Trockenfehler“) zu beachten.*
6) *Vorsichtig und langsam hochheizen, um keine zusätzlichen Thermospannungen aufkommen zu lassen.*

275. Rissbildung an Stegen bei plastisch gezogenen Waben-und Lochsteinen

Hier erkennt man die Risse fast nur an den Stegen im Innern der einzelnen Werkstücke (z.B. Ziegelerzeugnisse, techn. Keramik, Katalysatoren etc.).

Die Risse können an verschiedenen Stationen des Produktionsablaufes auftreten, so z.B. 1. direkt bei der Verformung (z.B. am Mundstück); 2. beim Trocknungsvorgang; 3. beim Brand.

Die erste Voraussetzung zur Fehlervermeidung ist eine gut aufbereitete, homogene Masse, wobei eine entsprechende Zerkleinerung und Verteilung der Zusätze (z.B. Hartstoffe, Porosisierungsmittel u.Ä.) und ein gutes Vakuum gefordert wird.

Hilfe:

1) *Ungleicher Massevorschub in Strangpresse. Hier müssen Mundstück und/ oder Vorschubaggregate der Strangpresse geändert werden. Es können aber auch schlechte Vakuumeinstellung (-Schwankungen) die Ursachen sein - kontrollieren.*
2) *Ungleiche Wandstärken bei Stegen und Mantel vermeiden.*
3) *Ungleiches und zu schnelles Trocknen (Spannungen) vermeiden, wobei auch Falschluft (Zugluft) zu Rissen führen kann.*
4) *Ungleiches und zu schnelles Hochheizen beim Brennen vermeiden, wobei hier auch die Setzweise zu Temperatur-Nestern und Rissen führen kann.*

276. Rissbildung und Aderung in Schmelzfarben

Dieser Fehler erscheint sowohl in Edelmetallüberzug (z.B. Glanzgold, Silber u.a.) als auch in Schmelzfarbenauflage, wobei die Oberfläche eine Aderung erhält. Hier kann die Aderung im Dekor direkt erscheinen oder aber voll aufreißen, dass die Unterlagenglasur sichtbar wird.

Die Fehlerursachen können sowohl bei der Zusammensetzung der Glasurunterlage als auch bei der Dekorauflage liegen.

Hilfe:

1) Unterlagenglasur viskoser einstellen (evtl. 4—8% Kaolinzusatz).
2) Scherben hat einen zu hohen Quarzgehalt, so dass der Dekorbelag (z.B. Glanzgold) in eine, durch den Quarzsprung aufgerissene Unterlage ein sinkt und Aderung zeigt. Somit Quarz in der Masse erniedrigen.
3) Schmelzfarben weniger dick auftragen. Somit Farbenmedium verdünnen.

277. Risse in Werkstücken

Bei Rissen in Werkstücken kennt man zwei verschiedene Arten, die nach Aussehen und Ursachen gut zu unterscheiden sind.

1) Risse, welche nach außen hin (vom Entstehungsort aus) einen leicht verbreiterten Spalt zeigen und schon beim Trocknen, Anwärmen oder Hochheizen eintreten, allerdings meist erst nach dem Brand deutlich sichtbar werden.

2) Risse, die sehr fein sind (ohne Spaltverbreiterung) und ebenfalls durch den ganzen Scherben gehen. Sie sind sehr oft nur schwer erkennbar, so dass man diese meist erst durch Anschlagen an das Werkstück an dem Klangverlust (Scheppern u.Ä.) erkennt (siehe auch „225").

Wenn man die Risse aufbricht (aufschlägt) und am Scherbeninnern einen Unterschied (in Farbe, Glanz, Gefüge) feststellt, dann gehört er zu Rissart Nr. 1 und rührt von plötzlichen mechanischen Spannungen (z.B. Wasserdampf u.a.) der Massezusammensetzung her und war schon bei niedrigen Temperaturen vorhanden, so dass der spätere Atmosphäreneinfluss auf den inneren Riss stattfinden konnte.

Wenn der Riss im Scherbengefüge keinen Unterschied zwischen Risstiefe und Aufschlagtiefe zeigt, so ist der Riss erst nach dem Brand (beim Abkühlen) entstanden und wird auch oft als Abkühlriss bezeichnet. Letzterer entsteht meist durch einen zu hohen Quarzanteil in der Masse, welcher bei seiner sprunghaften Volumenveränderung beim Abkühlen (575°C) den Spannungsriss (auch Quarzriss) verursacht. Dieser Riss gehört zu den Rissen in Nr. 2.

Hilfe:

Risstyp 1:

1) Wesentlich besser trocknen (bei Schnellbrand muss besonders gut (hoch) vor dem Ofeneinsatz getrocknet werden).
2) Langsamer hochheizen (bis ca. 450 °C).
3) Masse abmagern (kein Quarz!).

Risstyp 2:

1) Langsamer abkühlen im Bereich 700-450°C.
2) In Massezusammensetzung Quarzanteil (quarzreiche Stoffe) vermindern.
3) Umluftgeschwindigkeit im Ofenraum beim Abkühlen beibehalten.

278. Risse im Drittbrand (Schmelzdekorbrand)

Unter Drittbrand versteht man den Brand, in dem das Aufschmelzen von Dekoren (Hand-dekoriert, Abziehbild-Dekor, Siebdruck), auf die glasierten (gebrannten) Produkte aufgebrannt wird.

Da heute sehr oft die Einbrandtechnik angewendet wird, sollte man eher von einem Schmelzdekorbrand reden. Hierbei entstehen Risse, welche durch das ganze Werkstück gehen, so z.B. Fliesen (vom Außenrand bis fast zum Zentrum), Tassen und Tellern u.v.m., die eine Rissbildung erhalten und im schlimmsten Falle völlig zerstört werden können.

Die Ursachen sind thermische Spannungen, die große Spannungskräfte entwickeln, die höher als die Scherbenfestigkeit sind, so dass die Werkstücke reißen, in Teile zerfallen oder dass Stücke abgesprengt werden. Der Verursacher ist fast ausschließlich im Quarzgehalt, zu schnellem Brand und in sehr stark unterschiedlicher Scherbenstärke im Werkstück zu suchen.

Hilfe:

1) *Langsamer hochheizen und abkühlen.*
2) *Scherbenstärken vermindern. Hier kann man feststellen: Je größer das Werkstück und je dicker der Scherben, desto größer werden die Thermospannungen beim schnellen Hochheizen und Abkühlen.*
3) *Vom Werkstück eine Dilatometerkurve fahren, um festzustellen, ob plötzliche Dehnungseffekte (Cristobalit, Quarz und allgemein hoher AK) vorhanden sind, deren Ursachen man bekämpfen muss.*
4) *Den Quarzgehalt (und Cristobalitgehalt) in der Werkstückmasse herabsetzen, was bedeutet, dass man die Produktionsmasse ändern muss.*

279. Risse in Glasuren

Risse in Glasuren sind häufige Fehler in der Praxis und sind immer auf unterschiedliche Wärmeausdehnungsverhalten von Glasur und ihrer Unterlage zurückzuführen.

Je größer die Anzahl der Risse, desto größer sind die AK-Differenzen von Glasur und Scherben, wobei die Glasur stets (bei Glasurrissen) den höheren Ausdehnungswert hat. Praktisch sind außer der AK-Differenz auch unsachgemäße Produktionsabläufe beim Mahlen, Auftragen und Brennen die die Glasurrissbildung stark beeinflussen, was aus den Gegenmaßnahmen ersichtlich wird.

Hilfe:

1) *Dünner glasieren (hilft nur bei einzelnen Rissen).*
2) *Höher brennen (10-20 K) und/oder längere Pendelzeit (hilft nur bei wenigen Rissen).*

3) *Zugabe von AK-erniedrigenden Rohstoffen (z.B. 5-10% SiO_2); wenn 10% Quarzmehl nicht ausreichen, so wird die Schmelztemperatur erhöht, so dass gleichzeitig auch Flussmittel (z.B. Fritte) zugegeben werden muss.*
4) *Man kann den AK-Wert der Masse erhöhen durch Zusatz von Stoffen mit einem hohen Ausdehnungswert (z.B. Quarz, Kalkspat u.a.).*
5) *Vor allem, wenn die Glasur (z.B. wegen bestimmtem Effekt) unverändert bleiben soll, muss man die Masse so verändern (oder neu zusammensetzen), dass diese einen höheren Ausdehnungswert erhält (4).*

280. Risse in stranggepressten Trockenrohlingen

Hier zeigen sich die Risse fast immer erst nach der Trocknung der plastisch gezogenen Werkstücke wie Ziegel, Bausteine, Spaltplatten etc.. Diese Trockenrisse sind an der Oberfläche sichtbar, die meist etwas rau und uneben ist.

Man erkennt deutlich an den kleinen Erhebungen, dass diese eine verminderte Trockenschwindung haben. Die Ursache liegt fast nur bei der Aufbereitung, wobei unterschiedliche Kornfraktionen der verschiedenen Masserohstoffe vorhanden waren, welche ungenügende Zerkleinerung und schlechte Homogenisierung erfahren haben. Hier ist auch die Hartstoff-Kornfraktionsverteilung von Wichtigkeit, da diese (im Gegensatz zu den tonigen Anteilen) keine Trockenschwindung erfahren, so dass hier Schwindungsdifferenzen Spannungen erzeugen, die schließlich beim Trocknen zu Werkstückrissen führen.

Eine weitere Ursache der Rissbildung kann durch Texturbildung in der Strangpresse geschehen, wenn verschiedene Dichten und Entmischungen im Formung auftreten, die man oft nicht nach der Verformung, sondern erst am trockenen Werkstück erkennt. Es kann auch sein, dass Texturen erst nach dem Brand oder erst nach praktischem Einsatz z.B. nach Frosteinwirkung erkennbar werden.

Hilfe:

1) *Bessere Zerkleinerung und Homogenisierung der tonigen Anteile bei der Aufbereitung.*
2) *Hartstoffe genügend zerkleinern und bei hohen Anteilen entsprechende Kornfraktionsverteilung einhalten (z.B. nach Fullerkurve).*
3) *Mauken der Formgebungsmasse durch Zwischenlagerung (wenigstens 24h), wodurch Formgebung und Trocknung begünstigt werden.*
4) *Heißaufbereitung (oder warmes Wasser von 60-70°C) bringt besseren Aufschluss und begünstigt Verformbarkeit und Trocknung.*
5) *Zur Feststellung von Texturbildung kann man den trockenen Scherben aufschneiden und/oder den aufgeschnittenen Scherben anfeuchten und frosten (Tiefkühlschrank), wonach die Texturen sichtbar werden.*

Außer der Änderung des Masseversatzes muss das Formgebungsaggregat auf Arbeitsweise (Formgebungsgeschwindigkeit, Verschleiß der Förderschnecke, -Messer, -Zylinder, -Schneideblätter, -Mundstück etc.) kontrolliert und notfalls überholt werden.

281. Risse (Glasur-) nach längerer Gebrauchszeit

Einwandfrei glasierte und rissfreie, gebrannte Werkstücke, erhalten im praktischen Gebrauch (so z.B. Kaffeetassen, Vasen, Wandfliesen u.a.) nach längerer Zeit Glasurrisse, die schließlich ein Rissenetz bilden können. Diese Rissbildung beruht auf einer minimalen Vergrößerung (Feuchtigkeitsdehnung) des Scherbens innerhalb einer längeren Gebrauchszeit durch Feuchtigkeitseinfluss, welchen die aufliegende Glasur nicht mitmacht und reißt.

Hilfe:

1) *Autoklavprüfung der Fertigware:*

   Sicherheitsformel: $\frac{bar \cdot h}{2}$ *= Lebensdauer in Jahren*

   (garantiert rissfreie Jahre, bei Belastung in feuchter Umgebung).
   Wenn Ergebnis negativ, dann:
2) *Kreidezusatz (je nach Brenntemperatur 4-8% - Gesamt CaO). (Je höher die Brenntemperatur, desto weniger CaO).*
3) *Höhere (ca. 20 K) Glattbrandtemperatur.*
4) *Zusatz von $BaCO_3$ (4-8%); in Kombination mit $CaCO_3$ max. 12% Gesamt-Ba/$CaCO_3$.*

282. Rote und schwarze Flecken in kupfergrünen Glasurdekoren

Bei kupfergrünen Glasuren (-Dekoren) kann es 1. zu metallisch schwarzen und 2. zu roten Farbflecken (-Flächen) kommen. Dies ist abhängig von der Atmosphäre und von der Menge des Kupferanteils in der Glasur, wobei im Gasofen (auch Schnellbrand) die Setzdichte eine wichtige Rolle spielt. Die dunklen Ausscheidungen sind Kupferoxidbildungen (CuO), während die roten Flecken auf Reduktion zu Kupferoxidul (Cu_2O) zurückzuführen sind.

Hilfe:

Bei schwarzen Flecken (-Flächen)

1) *Weniger Cu-Verbindungen in Glasur eingeben, so dass durch Übersättigung kein schwarzes CuO entstehen kann.*
2) *Bei Verwendung von Kupferoxid zum Einfärben muss man die Glasur mit dem CuO besser aufmahlen, damit es keine punktartigen schwarzen Flecken ergibt.*
3) *Bei rotem Scherben: Glasur dicker auftragen, sonst schimmert meist der dunkle Untergrund durch und die Glasur wird nur sehr schwierig einen grünen Farbton erhalten.*

4) *Bei punktartigen Flecken auf roten Unterlagsscherben: Hier sind Fe-Verunreinigungen im Scherben (geben mit Verbindung von Kupferverbindungen schwarze Flecken):*
a) Scherben reinigen,
b) Zwischenengobe auflegen und dann erst glasieren.

Bei roten Flecken (-Flächen)

1) *Voll oxidierendes Brennen durchführen (vor allem ab 900 °C bis Brandende).*
2) *Weniger dichter Ofenbesatz fördert eine gute Atmosphärenverteilung, so dass es keine reduzierende Atmosphärennester gibt.*

283. Rotverfärbung bei Se-haltigen Glasuren

Das Rot zeigt hier, je nach Unterlage und Brandführung, graue bis schwarze Punkte und Flächen. Die Punkte (meist mit einem Farbhof) sind meist dunkel (bis schwarz) und die Flächen sind mehr dunkelgrau, was auf die Art, Größe und Entfernung der beeinflussenden Verunreinigung schließen lässt.

Die Verursacher liegen meist als Pyrit-Verbindungen (z.B. FeS_2) im Scherben vor. Im Brand wird in seiner Umgebung der Sauerstoff für die Fe_2O_3-Bildung verbraucht und die S-Gase diffundieren nach außen in die Selenglasur. Dies und der Sauerstoffentzug zerstören das Selenrot. Auch eine reduzierende (auch kurzzeitig) Atmosphäre (auch Kohlenstoffgehalt im Scherben) führen zu dem Fehler.

Hilfe:

1) *Saubere Masserohstoffe verwenden, es dürfen auf keinen Fall S-Verbindungen vorliegen, so dass eine qualitative Prüfung erforderlich ist.*
2) *BaO zu Glasur (3-5% $BaCO_3$) ergibt eine Verbesserung der roten Selenfarbe.*
3) *Absperrschicht, zwischen Glasur und Scherben, mittels einer sauberen Sinterengobe mit breitem Sinterintervall (z.B. mit Nalsitzusatz) aufbringen (porige Engobe ergibt nur eine kleine Fehlerverminderung).*
4) *Gute Ofenbelüftung (Entgasung) bis 950°C bewirken.*
5) *Lockeren Ofenbesatz bei Se-Glasuren durchführen.*

284. Rubinfarbene Goldränder

Rund um Goldränder und Golddekoren erscheint ein rubinroter Rand, der einen Übergang zur Glasurunterlage zeigt. Es kann auch vorkommen, dass sich größere Golddekorteile vollkommen in rubinrot (Goldrubin) umgewandelt haben. Die Ursachen können sowohl im Goldauftrag, in der Grundglasur als auch im Brand liegen.

Bei Goldverzierungen (aller Art) liegt das Gold metallisch vor; sobald es in glasigen Schmelzen gelöst wird, entsteht ein Rubinrot, wobei die Intensität der roten Farbe von der gelösten Goldmenge abhängt. Für sehr schwache Farbtöne reichen schon wenige Promille von gelöstem Gold (siehe auch „161/162").

Hilfe:

1) *Goldmedien (Glanzgold oder Mattgold) dicker auftragen.*
2) *Unterglasur muss viskoser sein (ist bei Rubinbild zu leichtflüssig), muss die Unterglasur zäher eingestellt werden (z.B. mit 4-8% Kaolinzusatz). Dies gilt nur, wenn man die Schmelzdekortemperatur nicht verändern will.*
3) *Brenntemperatur (Dekorbrand) erniedrigen (ca. 10-20 K) und/oder die Temperzeit (um ca. 25-50%) verkürzen.*

285. Salzausblühungen

Man unterscheidet zwischen Salzausblühungen, welche 1. sofort nach dem Trocknen, 2. sofort nach dem Brand und 3. nach längerem, praktischen Einsatz (z.B. Wettereinfluss u.a.) sichtbar werden. Grundsätzlich erkennt man die meist hellen Salzausblühungen leichter auf bunten Scherben (durch größere Farbdifferenz Scherben/Salze), als auf hellen Scherben.

Bei Fehler 1. und 2. sind es leicht lösliche Salze (Na-, Fe-, Mg- u.Ä.), welche besonders stark wanderungs- und somit ausblühfähig sind und bei Fehler 3. sind es meist schwerer lösliche Salze (z.B. Kalzium- und Calziumsulfat), wobei das Porengefüge stark beeinflussend mitwirkt. Auch Sulfat-haltiges Anmachwasser kann die Ursache der Ausblühung werden (siehe hierzu „056/165/421“).

Hilfe:

1) *Zusatz von Bariumkarbonat (0,1-0,5%) zur Masse.*
2) *Anmachwasser auf „S“ untersuchen (mit $BaSO_4$-Fällung).*
3) *Einzelrohstoffe untersuchen, bei positivem Ergebnis, entsprechenden Rohstoff ausschalten (austauschen).*

286. Salz-Hautschichtbildung auf Glasurschlickern

Nach längerem Stehen von Glasurschlickern (in Vorratsbehältern), zeigen sich auf der Schlickeroberfläche klare Flüssigkeiten, auf denen sich dünne, zusammenhängende Salzschichten gebildet haben.

Bei meist Alkali-haltigen Glasurschlickern, zeigt sich eine deutliche Reaktionsfreudigkeit mit H_2O (pH-Kontrolle). Nach längerer Standzeit des Glasurschlickers im Vorratsbehälter setzen sich Feststoffe ab und auf der fast klaren Oberfläche zeigen sich feste Salzschichten, die aus mehr oder weniger entwässerten Alkalisalzen bestehen.

Hilfe:

1) *Nach dem Aufmahlen der Glasur soll der Schlicker einer pH-Messung unterzogen werden. Sollte ein stark basischer Schlicker vorliegen, so kann man ihn durch Zumischen von schwachen Säuren (Magnesiumchlorid, Ammonchlorid u.a.) neutralisieren, um ein Absetzen durch Hydratisierung mit späterer Salzschichtbildung auf der Schlickeroberfläche zu vermeiden.*

2) *Viskositätserhöhung des Glasurschlickers durch quellfähige Rohstoffe (z.B, Peptapon, Bentonit, plast. Ton u.Ä.) sind vorteilhaft.*
3) *Viskositätserhöhungen mit organischen Zusätzen (z.B. Detrin, CMC, Tylose u.Ä.) sind möglich, bedürfen aber einer schnellen Verarbeitung, um evtl. Schimmelbildung und Fäulnisbildung zu entgehen. Falls aus irgendwelchen Gründen doch organische Zusätze verwendet werden, ist ein Zusatz von wenig (ca. 0,05-0,1%) Phosphatsalz vorteilhaft, um eine Schimmelbildung etc. zu vermindern.*

287. Schaumartige Oberflächenbläschen in braunen Glasuren

Hier ist die Glasuroberfläche (fast immer nur bei glänzenden Glasuren) mit kleinen Bläschen übersäht, so dass sie schaumartig erscheinen. Oft sind es auch Anhäufungen an bestimmten Stellen der Oberflächen.

Überwiegend handelt es sich hierbei um leichtflüssige, reaktionsfreudige Glasuren. Da es nur braune Glasuren sind, können es nicht nur Gase aus dem Glasurversatz (z.B. Karbonate), sondern überwiegend Gase aus Reaktionen von bestimmten Farboxiden mit der Brennatmosphäre sein. Die Ursachen liegen in der Brennatmosphäre, der Art und des Typs der Farboxide, des Glasurauftrags und deren Zusammensetzung.

Hilfe:

1) *Masse auf Entgasungsbestandteile prüfen, wobei sehr oft Pyritanteile der einzelnen Rohstoffe die Ursache sind. Entsprechende Rohstoffe aus dem Versatz nehmen.*
2) *Weniger dichtes Einsetzen bringt immer Vorteile bei nicht voll entgasten Glasuren.*
3) *Besseres Aufmahlen des Glasurversatzes, so dass keine Grobfraktionen (über 60 µm) vom Farboxid vorlegen.*
4) *Betroffene Glasuren dünnner auflegen, wenn der Farbstoff im Glasurversatz eingemahlen ist.*
5) *Wenn der Farbstoff unter der Glasur liegt, so hilft ein Vormischen von Farboxid (FK) mit 20% Masse und 20% der aufgelegten Transparentglasur.*
6) *Für Glasureinfärbung keine Salze oder Oxide, sondern nur stabile Farbkörper (z.B. Spinelle), verwenden.*
7) *Voll oxidierendes Brennen bei Gasöfen. Atmosphärenwechsel (ergibt Wertigkeitswechsel) ist ein Förderer der Bläschenbildung, welche oft von Sauerstoffabspaltungen kommt.*

288. Schaumbildung in Glasuren

Schaumartige Glasurstellen, welche aus einer Anhäufung kleinster Glasurbläschen bestehen, treten meist an besonders dicken Glasurstärken auf (so z.B. am Gefäßboden, Vertiefungen, wie Rillen in Oberflächen, Innenkanten, Winkelrahmen etc.).

Die Ursachen sind Entgasungen, die sowohl im Scherben als auch in der Glasur stattfinden können. Die bekanntesten Verursacher sind:

Im Scherben: SiC (kann aus Brennhilfsmittelabrieb, verunreinigten Schamotteplatten, Schleifmittelresten - auch Schleifstaub -, herrühren); $CaSO_4$ (kann aus unsauberem Arbeiten mit Gipsformen oder deren Abfall kommen); Pyrit, Magnetit, Goetit (kann aus verunreinigten Rohstoffen kommen), hier können schon geringste Anteile (so auch bei SiC - schon unter 0,1 %) die Ursache sein.

Die dichteste Schaumbildung zeigt SiC, während z.B. bei Gips mit abnehmender Dichte (und Menge) es zu zahlreichen Nadelstichen kommt, wobei natürlich die Viskosität und Oberflächenspannung mit beeinflussend ist.

In Glasuren: Hier kommen noch die Farboxide hinzu (z.B. besonders Mn-, Fe- und Cr-Verbindungen) die schnell auf Atmosphären-(und Wertigkeits-)Wechsel mit Bläschenbildung reagieren.

Bei SiC und $CaSO_4$ als Verursacher, können sich auch in feinsten Fraktionen noch Bläschen bilden; MnO_2 sollte man nur verwenden, wenn alle Fraktionen unter 60 µm liegen, ansonsten sollte man besser einen stabilen Mn-Farbkörper oder Mn-Fritte verwenden.

Hilfe:

1) *Durch Massekontrollen (Absieben auf 90 µm) den Siebrückstand auf einer sauberen Keramikunterlage aufgeben und mit einer entsprechenden Glasur überziehen. Falls Verunreinigungen vorhanden, kann man nunmehr die Einzelrohstoffe untersuchen und bei Notwendigkeit austauschen.*
2) *Durch Glasurschlickeruntersuchung (ebenfalls 90 µm-Sieb) auch eine Siebrückstandskontrolle durchführen.*
3) *Einfärbemittel weglassen und feststellen, ob die Schaumbildung verschwindet; wenn ja, so ist das Färbemittel der Verursacher.*
4) *Wenn Farbmittel der Verursacher, so austauschen gegen einen stabilen, feuerbeständigen Farbkörper.*

289. Schichtrisse (Spaltrisse) bei Bakelit-Schleifscheiben

Diese Risse treten bei kunstharzgebundenen Scheiben auf. Sie liegen in der Mitte der Scheibenstärke (Im Innern - parallel zu der Außenfläche -). Die Ursache ist in der zu starken Verdichtung der Außenflächen (Seitenflächen), ehe die bei der Aushärtung entstehenden Gase und Dämpfe entweichen können.

Eine besondere Gefahr ist hier das Vorhandensein von Wasser (Feuchtigkeit) innerhalb der noch nicht verdichteten Rohlinge, wobei außer den Wasserdämpfen ein Wasserfilm den Verbund der Kunststoffanteile untereinander, schon beim Pressen, unterbindet (verhindert).

Hilfe:

1) *Eine bessere und intensivere Trocknung durchführen und vor allem nur trockenes Grundmaterial verwenden.*
2) *Längere (langsamere) Härtung bei etwas niedrigerer Temperatur durchführen.*
3) *Ändern (bzw. Austausch) der Kunststoffbindung.*

290. Schimmelbildung auf Glasurschlicker (im Vorratsbehälter)

Bei längerer Standzeit von aufbereiteten Glasurschlickern kann es zum Faulen und zur Schimmelbildung kommen. Dies ist meist die Folge vom Altern und Zersetzen von organischen Anteilen im Glasurschlicker, wie Dextrin, Zellulose, Glykose u.v.m.

Die Schimmelteile (auch noch so klein aufgemahlen) ergeben meist glasurfreie Stellen und meist Glasurabroller, wobei ein schneller Brand den Fehler vergrößert.

Hilfe:

1) *Schlickeroberflächenwasser (nach Absetzen) abschöpfen und mit frischem Wasser aufquirlen, wobei ein Anteil von 0,05% Wasserglas vorteilhaft ist. Ein Nachstellen kann dann mit Magnesiumchlorid $MgCl_2$ erfolgen.*
2) *In den Glasurschlicker sollte man von Anfang an minimale (0,05%) Anteile von Natrium- und/oder Ca-Phosphat einführen, um ein Faulen und Schimmelbildung zu vermindern (bzw. zu verhindern).*
3) *Wenn es kein zu großer Schaden ist, sollte man neue Glasur ansetzen, die man möglichst ohne lange Lagerung verarbeitet. Dies ist wohl die größte Sicherheit für einen guten Produktionsablauf.*

291. Schiefrige Struktur trockengepresster Werkstücke

Hier zeigt sich am trockengepressten Werkstück (z.B. an Fliesen und Platten) eine schiefrige Scherbenstruktur, welche nach dem Brand eine geringe Volumendehnung zeigt. Schon bei geringer mechanischer Beanspruchung brechen diese Teile schiefrig auf, wonach sich im Innern eine blättrige (schiefrige) Scherbenstruktur zeigt.

Bei schnellem Trocknen kann hierbei schon ein blättriges Aufschiefern des Scherbens erfolgen. Es können auch Lagerisse entstehen. Die Ursachen liegen in der Zusammensetzung und Aufbereitung der Masse, sowie im unsachgemäßen Trockenpressvorgang.

Hilfe:

1) *Bessere Masseaufbereitung sollte in entsprechenden Rohstoffen die Blättchenstruktur des Minerals möglichst zerstören.*
2) *Bessere Entlüftung durchführen (Vorverdichtung nicht so schnell übergehen).*

3) *Körnungsaufbau der Masse ändern (evtl. andere Tonminerale einbauen) und Granulat etwas mehr anfeuchten.*
4) *Pressdruck erhöhen, hilft immer (je niedriger der Wassergehalt, desto höher muss der Pressdruck sein). Hier hilft auch oft eine Doppelpressung (mit Hauptdruck).*

292. Schlechte Deckfähigkeit von Glasur

Diesen Fehler erkennt man am besten an Glasuren auf dunklem Scherben, welcher bei nicht genügender Deckkraft noch durchscheint. Meist sind es weiße, matte und farbige Glasuren, bei denen die richtige Deckfähigkeit für die Endqualität wichtig ist, so dass entsprechende Werkstücke auch im äußeren Aussehen zueinander passen.

Hilfe:

1) *Dickere Glasurauflage ergibt bessere Deckkraft.*
2) *Höhere Anteile der Trübungs- und Mattierungsmittel (z.B. SnO_2, TiO_2, $ZrSiO_4$, ZnO, CaO u.a.) ergeben höhere (bessere) Deckkraft.*
3) *Bei farbig deckenden Glasuren kann auch ein höherer Zusatz an Farbkörpern höhere Deckkraft ergeben.*
4) *In Fertigglasuren kann man durch Zusatz von (4-8%) Kaolin die Löslichkeit von schwerschmelzbaren Trübungsmitteln (z.B. SnO_2) die Deckkraft erhöhen.*
5) *Beruht die Trübung auf Kristallisation (z.B. ZnO, TiO_2), so muss man durch geringe Frittezugabe diese Kristallisation fördern.*

293. Schlechte Saugfähigkeit von Gipsformen

Hierbei sind die Standzeiten des Gießschlickers zur Scherbenbildung in der Gipsform zu lange. Hierzu gibt es verschiedene Ursachen, wobei die Massezusammensetzung, die Feuchtigkeit, das Alter (Einsatzzeit) der Gipsform und die Art des Gipsrohstoffes eine Rolle spielen. Auch die Trocknungstemperaturen (zwischen den einzelnen Gießzyklen) kann ein Mitverursacher sein.

Hilfe:

1) *Bei der Herstellung der Gipsform den richtigen Gipstyp verwenden. (So muss das Gips/Wasserverhältnis und der Gipstyp stimmen, so dass man für Modelle, Drehformen, Pressformen und Gießformen immer andere Gipsmischungen verwenden muss).*
2) *Gipsform muss gut trocken (aber nicht warm) sein, damit eine gute und gleichmäßige Saugfähigkeit vorhanden ist.*
3) *Die Gießmasse muss so zusammengesetzt sein, dass sie sich leicht entwässern lässt und die Gipsporen nicht sofort zusetzt.*

4) *Die Gipsform „altert", bei dauerndem Produktionseinsatz (s. auch „046") durch Verengungen (Anlagerungen von Salzen) der Poren, durch kleine Risse, welche die Kapillaren unterbrechen u.a., so dass die Saugfähigkeit nachlässt. So gilt eine Gipsform (je nach Art der Arbeitsmasse und Formbehandlung) nach 80-100 Einsätzen als „verbraucht".*

294. Schlechtes Lösen der Gießlinge aus der Form

Hier muss man unterscheiden von Hohlgusswerkstücken und Formungen, die zum Teil aufschrumpfen können (z.B. Kernguss). Beim Hohlguss kann die Ursache des nicht guten Lösens von der Form, von der Massezusammensetzung, von der geometrischen Form und von dem Formenzustand abhängen.

Sehr ähnlich verhält es sich beim Kernguss (Vollguss), wobei die Masse andere Roheigenschaften haben muss. Es gibt auch Formen, die sowohl Hohlguss wie auch Aufschrumpfeffekte gleichzeitig haben (z.B. Kaffeekannen oder andere Gefäße mit Henkeln, oder Sanitärartikel u.a.).

Hilfe:

1) *BEI HOHLGUSS: Hier ist die Schwindung bei und direkt nach der Formgebung (nach Ausgießen) zu klein, so dass ein Loslösen von der Form erschwert wird. Hier kann man versuchen, mit Druckluftpistole (im Abstand zwischen Gießling und Form halten) und mit einem kurzen Luftschuss den Körper ablösen.*
Eine Erhöhung der Trockenschwindung bringt hier Hilfe, wozu man wenig (ca. 5%) plastischen Ton in die Gießmasse einbaut.
2) *BEI KERNGUSS: (s. auch „ 51") Hier ist die erste Schwindung zu groß, so dass der Gießling auf den Gipskern aufschrumpft und ein Lösungsversuch mit der Luftdruckpistole zu spät sein kann und der Formling zerreißt.*
Man muss hier der Masse etwas von der Trockenschwindung wegnehmen, indem man Magerungsmitel (Kalkspat, Quarz, Scherbenmehl, Feldspat u.Ä.) zusetzen kann. Eine Erhöhung von Tonen mit geringer Quellfähigkeit (z.B. Glimmertone, Kaolin u.a.) einbauen und dafür Tone mit hoher Quellfähigkeit (Montmorillonittone, Fire-clay-Tone u.a.) aus der Masse herausnehmen.

295. Schlechte Trockenfestigkeit bei Schleifkörpern (Zerfall)

Diese Fehler zeigen sich teilweise schon beim Transport der getrockneten Rohlinge, welche bei geringster mechanischer Beanspruchung durchgehende Risse erhalten. Dies kann bei unsachgemäßer Behandlung im Rohzustand und auch beim Vorabdrehen der trockenen Schleifscheiben eintreten. Häufig brechen auch die Kanten der Schleifkörper ab, was schon beim Aufstellen der Rohlinge auf Brennhilfsmittel erfolgen kann.

Hilfe:

1) *Pressgranulat homogener mischen und vor dem Pressen etwas ruhen lassen.*
2) *Kleberanteil in Bindung erhöhen (auch plastische Bindetone erhöhen).*

3) *Bindungsanteil in Pressmasse erhöhen.*
4) *Langsamer und intensiver trocknen.*
5) *Vorsichtiger beim Vorabdrehen und beim Handhaben der Körper.*
6) *Erschütterungen beim Transport und zu hohes Übereinanderstapeln beim Einsetzen vermeiden.*

296. Schleierbildung in Glasuren auf meist bunten Scherben

Diese nebel- bis wolkenartigen Schleierbildungen sind bei sehr zarten Ausscheidungen auf weißen (hellen) Scherben in transparenten Glasuren fast nicht zu sehen. Dagegen sind schon die feinsten Ausscheidungen auf bunten Scherben, wegen der starken Farbdifferenzen (Schleier/Scherben), gut zu erkennen.

Wird eine solche Glasur eingefärbt, so ist ein Erkennen sehr deutlich, da die Schleierausscheidungen einen anderen Farbton erhalten als die transparenten Glasuranteile (siehe auch „074").

Überwiegend handelt es sich bei den (glänzend-)weißen Schleiern um Boratausscheidungen, die sich meist in Verbindung mit ZnO und CaO gerne in niederviskosen, bor-haltigen Glasuren bilden.

Hilfe:

1) *Viskositätserhöhung der Glasur durch Al_2O_3-Erhöhung (z.B. durch 5-10% Kaolinzusatz) kann die Ausscheidungen beseitigen.*
2) *CaO (notfalls auch ZnO) in der Glasur erniedrigen.*
3) *Zusätze von BaO und SrO (6-8% als Karbonate) verhindern bzw. vermindern sehr stark die Boratausscheidungen.*
4) *Weniger B_2O_3 in die Glasur und dafür andere Flussmittel einsetzen, wobei Al_2O_3 höher als normal (über 1/10 von SiO_2) sein soll.*
5) *Nach Brandende den Ofen schneller abkühlen.*

297. Schleiffehler an gebrannten Werkstücken

Oft erkennt man an geschliffenen Werkstücken mehr oder minder starke Beschädigungen an den Schleifstellen. So z.B. erkennt man an Kanten von Leichtsteinen, Ofenkacheln u.a. raue Flächen, raue gezahnte Kanten und ausgebrochene Ecken. Die Ursachen liegen sowohl im Schleifaggregat als auch in der Art des Schleifens, sowie der Massezusammensetzung.

Hilfe:

1) *Raue und gezahnte Kanten haben ihre Ursachen meist in zu grobkörnigen Arbeitsmassen.*
2) *Bei Ofenkacheln kann ein zu dichtes (hartes) Schamottekorn in der Arbeitsmasse Mitverursacher des Fehlers sein.*

3) *Falscher Lauf der Schleifscheibe (Topfscheibe) und zu grobes Schleifkorn (in Scheibe) kann Verursacher sein.*
4) *Zu schnelles Schleifen kann auch die Fehler begünstigen und herbeiführen. Schleifgeschwindigkeit muss (je nach zu schleifendem Werkstück) entsprechend eingestellt werden.*
5) *Notfalls mit Diamantsäge zum Trennschleifen übergehen, wobei es die wenigsten Probleme gibt.*

298. Schlickerabheben an Schlickermalerei

Bei der Schlickermalerei werden mit einem tonigen, eingefärbten Schlicker, mittels eines „Malhörnchens", Dekore auf das Werkstück aufgetragen. Hierbei muss eine gute Haftung vorhanden sein. Dies vor allem, wenn man bedenkt, dass der Schlicker (nach dem Glasieren) als Zwischenschicht zwischen Masse und Glasur liegt und sich nach beiden Seiten hin anpassen muss.

Ein Abheben des Schlickers kann sowohl nach dem Trocknen (wenn die Trockenschwindung zu groß ist) im Rohzustand als auch nach dem Brand erfolgt, wobei Brennschwindung und/oder Gesamtschwindung zu hoch ist und die Verzahnung mit der Unterlage fehlt.

Hilfe:

1) *Schlicker abmagern (wenig Zusatz von Quarz, Feldspat, Nephelin, Kaolin u.a.).*
2) *Schlicker statt auf trockenen auf lederharten (feuchten) Scherben auftragen.*
3) *Schlicker etwas Fritte (5-10%) zusetzen, dies ergibt weniger Trockenschwindung und gleichzeitig bessere Verzahnung.*

299. Schlierenbildung (Rotznasen) auf (in) Hohlgefäßen

Es sind dies an der Innenfläche (bei Hohlguss) entstandene kleine Masserückläufer, die aus einem vorhandenen Masseüberschuss-Tropfen wieder (Richtung Innenform) zurücklaufen. Hierbei entstehen kleine Schlieren (Rotznasen) von wenigen cm Länge (je nach Größe des Massetropfens). Bei diesen Rotznasen kann man also zusehen, wie die Entstehung des Fehlers erfolgt.

Eine zweite Art der Schlierenbildung geschieht während der Scherbenbildung, innerhalb der eingefüllten Gießmasse, beim Ansaugen an die Gipswand. Diese Schlieren sind erst nach dem Ausgießen (oft nach Antrocknen) an der Oberfläche an den gegossenen Gefäßen sichtbar, wo sie hellere Streifen (teils wenig erhaben) bilden, die mitunter später zu Rissen führen. Die Entstehung dieser Schlieren führt man auf örtliche Entmischungen zurück, welche besonders bei Tonen (Kaolinen) mit geringer Teilchengröße auftreten können. Die letzte Fehlerart tritt öfter bei Porzellan-Gießmasen auf, während der Rücklauffehler (Rotznase) öfter bei tonigen Gießmassen (Steingutarten) zu finden ist.

Hilfe:

Bei Rücklauf-Schlieren (Rotznasen):

1) Gießformen nach Entleeren länger in gekippter Lage stehen lassen, bis die Masse angetrocknet ist (stumpfe Oberfläche), dann erst zurückstellen.
2) Oberflächenspannung der Masse vermindern (Zugabe und/oder Ändern der Elektrolyte).

Bei Entmischungsschlieren:

1) Zusatz von wenigen Prozenten an Ball-clay- oder Fire-clay-Tonen.
2) Bewegen des Schlickers (Form) während der Scherbenbildungszeit.
3) Langsame Rotation der gefüllten Form während der Scherbenbildungszeit.

300. Schmauchrisse

Schmauchen ist ein alter Ausdruck aus dem Ziegelbereich, worunter man den ersten Temperaturabschnitt verstand, was man heute als „Vorfeuer" oder „Vorheizzone" bezeichnet.

Der Ausdruck „Schmauchrisse" ist aber heute noch in der groben Baukeramik (Ziegel, Klinker, Dachziegel u.a.) in Gebrauch. Schmauchrisse sind demnach Risse, die im ersten Brennabschnitt des Ofens auftreten, besonders dann, wenn frische, noch kalte Werkstücke in den warmen Teil des Ofens (auch Tunnelofen) eingesetzt werden, so dass sich auf der Oberfläche der Werkstücke Kondenswasser bildet. Dieses Wasser weicht den Scherben auf, ehe dieser im weiteren Brand (bei Temperatursteigerung) das Wasser wieder abgibt, wobei sich oft Risse bilden.

Hilfe:

1) Rohlinge völlig trocken in den Ofen eingeben.
2) Rohlinge angewärmt (möglichst direkt aus Trockner) in den Ofen einsetzen.
3) Erste Brennzone langsamer anheizen.
4) Masse mit Bruchmehl etwas abmagern.

301. Schmelzfarbenfehler

Hier gibt es vielerlei Fehler, deren Ursachen und Abhilfen zum größten Teil in den einzelnen Fehler-Inhalten (z.B. Nr. 009, 015, 028, 073, 085, 108, 159, 182, 194, 234 u.a.) beschrieben werden. Allgemein kann man sagen, die Hauptabhilfen sind: SAUBERKEIT, HOMOGENITÄT der Farbmedien, sachgemäßer AUFTRAG und BRENNEN.

Hilfe:

1) SAUBERKEIT muss vor allem bei den Dekorunterlagen vorhanden sein (kein Staub, Schweiß, Fett u.Ä.).

2) *HOMOGENITÄT des Farbmediums muss vorhanden sein, sonst Fehler in Dekorfarben in punkto Farbe, Glanz, Deckkraft und Beständigkeit.*
3) *BEIM AUFTRAG müssen Viskosität und Adhäsion stimmen, damit keine Fehler, wie „Auslaufen, Abplatzen und schlechte Konturen" auftreten können. Völliges Ausstreichen der Wassertropfen (unter Schiebebildern) ist unbedingt notwendig.*
4) *Beim BRENNEN kann ein Schwachbrand die Abriebfestigkeit der Dekore zerstören, ein zu hoher Brand kann die Farben auflösen und umwandeln, sowie die Dekore verzerren und zerstören.*

302. Schmelzlöcher in Oberflächen

In der Oberfläche von Keramikwerkstücken (Fliesen, Platten u.a.) sind kleine Löcher zu erkennen, die in ihren Vertiefungen Schmelzerscheinungen (oft verschiedenfarbig) zeigen. Es kommt auch oft vor, dass es nicht zu Schmelzlöchern, sondern zu glänzenden (Schmelzerscheinungen) Sinterpunkten kommt.

Hierbei handelt es sich um Verunreinigungen in der Arbeitsmasse, wobei man aus der Schmelzmasse Rückschlüsse über die Art erhalten kann.

Helle Schmelzen können von Sintermehl, Feldspat, Glimmer, Bims u.Ä. herrühren, während dunkle Sinterpunkte (oder Schmelzvertiefungen) fast immer auf eisenhaltige Verunreinigungen (Pyrit, Markasit, Basalt, Lava u.Ä.) schließen lässt.

Oft sind auch verschiedene Mehle (z.B. Sintermehl, Feldspat u.a.) im Versatz, wobei in den Mehlen sogenanntes „Spritzkorn" (aus unsauberem Mahlablauf oder defekten Sieben) vorliegt.

Hilfe:

1) *Arbeitsmasse aufschließen und Siebrückstand feststellen, wobei man Körner mit Korngrößen über 100-150 µm als Verunreinigungen betrachten kann.*
2) *Wenn bei 1) positives Ergebnis, auch von den Einzelrohstoffen Siebrückstände feststellen und entsprechende Stoffe austauschen.*
3) *Bei eigenen Mahlanlagen die Siebeinrichtungen auf Defekte im Sieb kontrollieren.*
4) *Eine intensive und feinere Aufbereitung hilft immer.*

303. Schnellbrand-Dekorfehler (auch bei Schmelzfarben) auch bei Schnellbrand-Porzellan

Hier gibt es Fehler, die je nach Geschwindigkeit des Brennens, der Ofenatmosphäre (in den verschiedenen Brennbereichen), der Zusammensetzung der Dekormedien und der Additive (Hilfsmittel) beim Aufbringen der Schmelzdekore verschieden aussehen können.

Fehler im Dekor kommen meist aus der Zusammensetzung des Dekormediums, worin außer Farbfritten noch organische Hilfsbindungen (wie Dextrin, Tylose, Gelatine, Siebdruckmedien und sonstige Kleber vorhanden sind).

Es können grau-schwarze Verschmutzungen der undekorierten Glasuroberfläche auch nach dem Dekorbrand (Schmelzbrand) von Abziehbildern entstehen. Diese sind rund um das aufgebrannte Dekor sichtbar. Der Fehler zeigt sich oft wie eine hellgraue Schleierwolke, wobei das eigentliche Dekorbild erhalten bleibt.

2) Es können Eierschaligkeit und Stippen (teils nadelpunktartige Rauigkeit) in der undekorierten Glasuroberfläche entstehen (unter der Lupe teils als sehr kleine Bläschen und Minikristallspitzen erkennbar).

Hierzu muss man wissen, dass Abziehbilder frühschmelzende Farbglasuren sind, die dekormäßig auf eine sehr dünne, leicht verbrennbare Schicht (Gelatine u.Ä.) aufgebracht sind, mit der sie auf das glasierte Fertigstück aufgeklebt sind. Die Gelatinen (u.Ä.) enthalten Reste von Alkalien (meist Na_2O), die bei nicht genügender Verbrennung, in reduzierender Berührungsschicht, die Glasur erweichen und Kohlenstoff in die Glasuroberfläche bringen, der auch bei kurzfristiger nachfolgender Oxidation fast nicht mehr zu entfernen ist, so dass der Fehler zu 1. entsteht. Wird hier noch oxidierend weiter gebrannt, so bilden sich kleinste CO_2-Bläschen.

Die kleinen Stippen (Fehler Nr. 2. „kleine kristalline Spitzen“) können Quarzkornreste sein, die im schnellen Brand nicht voll gelöst wurden und beim Abkühlen u.U. kleinste Cristobalitkriställchen bilden können, die beim Wiedererhitzen (im Dekorbrand) zu kleinsten Nadelspitzen aufbersten können.

Hilfe:

1) *Von Anfang an mit reichlich Luftüberschuss brennen.*
2) *Weniger dichten Ofenbesatz durchführen.*
3) *Erhöhung der Viskosität der Glattbrandglasur.*
4) *Wird der Porzellan-Dekorbrand in einem E-Ofen durchgeführt, so treten diese Fehler nicht auf.*

304. Schnellbrandfehler bei Glasuren

Glasurfehler im Schnellbrand entstehen meist an zu schnell ablaufenden Reaktionen im Glasurversatz. Es kann vorkommen, dass Entgasungen bei Normalglasuren noch nicht abgeschlossen sind und gleichzeitig, durch die schnell steigende Temperatur, teilweise schon Sinter- und Schmelzreaktionen eintreten.

So können verschiedene Tempervorgänge gleichzeitig ineinander verlaufen, was fast immer zu Fehlern führt. Aus diesem Grunde ist es wichtig, dass man den Glasurversatz aus Stoffen zusammensetzt, die keine (fast keine) Entgasungen ergeben, vor allem nicht in höheren Temperaturen (oberhalb 800 °C). So entstehen Glasuren aus einem sehr hohen Fritteanteil mit geringen Zusätzen an Kaolin (auch Ton), Farbkörpern und Glasuradditiven (z.B. Kleber, Stellmittel u.Ä.). Die Hauptfehler im Schnellbrand sind: Nadelstiche, Abroller, glasurfreie Stellen, Farbdifferenzen und Pustelbildungen.

Interessant ist, dass im Schnellbrand der Verbrauch an Farb-Körpern und -Oxiden um ca. 10-15% höher ist (für gleichen Farbton) als beim Normalbrand (z.B. E-Brand).

Getrübte und matte Glasuren zeigen starke Farb- und Oberflächenunterschiede bei schon gering unterschiedlichen Glasurstärken.

Hilfe:

1) *Grundsätzlich muss die Ware vor dem Glasieren immer gut trocken (nicht warm) sein.*

2) *Bei rohglasierter Ware muss, zwischen dem Glasurauftrag und dem Ofeneinsatz beim Schnellbrand, eine Nachtrocknung erfolgen (80-100°C). Somit entsteht beim schnellen Hochheizen nicht mehr soviel Wasserdampf, der die Haftfestigkeit der Glasurauflage labilisieren kann und damit das Abrollen und glasurfreie Stellen fördert.*

3) *Je nasser eine Glasur aufgetragen wird, desto mehr vermischt sie sich hierbei schon mit dem Scherben und ergibt keine einheitliche Farbfläche in der gebrannten Glasur. Besonders zeigt sich dies bei farbigbrennenden Scherben.*

4) *Es ist besser eine Glasur in zwei, zeitlich versetzten Arbeitsgängen aufzubringen, damit durch eine kurze Zwischenabtrocknung (ab 0,5-1 Min.) die Kapillarwirkung des Wasserabsaugens aus dem Glasurschlicker unterbrochen wird. So wird aus dem zweiten Arbeitsgang nicht mehr so viel Wasser in den Scherben gelangen, so dass er stabiler bleibt.*

5) *Die Schnellbrandglasur sollte mindestens 85-90% aus völlig unplastischen und nicht gasabspaltenden Rohstoffen (z.B. Fritte, Feldspat, Nephelin, Wollastonit etc.) zusammengesetzt sein, während der Rest aus Stoffen für Farbe und Dekor und in kleinen Mengen für konsistenzbildende Eigenschaften eingeführt wird.*

6) *Gleichmäßige Scherbenstärke der Werkstücke sollte nach Möglichkeit immer vorliegen, da sonst die auftretenden thermischen Spannungen verschiedene Brennfehler wie Verziehen, Hochheiz- und Abkühlrisse, Abroller und glasurfreie Stellen verursachen können.*

7) *Orangenhautähnliche Oberflächen (auch Stippen) und Nadelstiche lassen sich bei Zirkonglasuren durch geringe Zusätze von Wollastonit oft beseitigen, wobei die Oberfläche etwas glänzender wird.*

8) *Na_2O sollte nach Möglichkeit durch synth. Nephelin eingeführt werden, um eine garantierte Gleichmäßigkeit und Entgasungsfreiheit in der Glasur zu erhalten.*

305. Schnellbrandfehler an Werkstücken

Bei unglasierter Ware sind die häufigsten Fehler:

1) PLATZEN und REISSEN der Werkstücke;

2) SCHWARZE KERNE und MONDE an Werkstücken;

3) AUFBLÄHEN und PUSTELBILDUNG an Werkstücken;

4) AUSBLÜHUNGEN an (meist bunten) Werkstücken.

Hilfe:

Zu 1)
Im unteren Hochheizbereich (bis ca. 500°C) langsamer brennen, im Abkühlbereich bis 700°C schnell abkühlen, ab hier bis 450°C langsam und ab hier kann man wieder schneller abkühlen.

Zu 2)
Im Bereich der Kohlenstoffverbrennung (500-900°C) mit reichlich Sauerstoff-Überschuss brennen. Beim E-Ofen in diesem Bereich langsamer hochheizen. Werkstücke lockerer einsetzen und nicht stülpen (siehe auch „306/307" u.a.).

Zu 3)
siehe Fehler „120/259".

Zu 4)
Kontrolle der Masse auf S- und V-Verbindungen. $BaCO_3$ (max. 0,5%) zu Masse zusetzen (siehe auch „056").

306. Schwarze Einlagerungen in schamottierten Werkstücken

Hier zeigen, meist grobkeramische Werkstücke, einzelne schwarze Einschlüsse im Scherben, die an der Oberfläche nicht zu sehen sind. Hier sind ganz vereinzelt kleine Löcher (auch Mulden) zu erkennen.

Bei glasierten Stücken zeigen sich ganz vereinzelt tiefe Nadelstiche, die beim Aufschlagen des Scherbens in der Tiefe grauschwarze Einschlüsse zeigen. Bei einem oxidierenden Nachbrennen verschwindet die dunkle Farbe (somit also Kohlenstoff).

Die Untersuchung der Einzelrohstoffe zeigte dann beim Siebrückstand, dass die schwarzen Teile nur im Schamottekorn vorkamen. Es wurde dementsprechend kohlenstoffhaltige Schamotte verwendet, die in ihrem Ausgangsrohstoff (Ton) Holz, Wurzelteile, Bitumen oder gar Kohleanteile im grobaufbereiteten Tonbatzen hatte. Diese, von Ton umschlossenen Verunreinigungen, wurden so schnell hochgebrannt, dass die Schamottebatzen äußerlich schon gesintert waren, ehe der Kohlenstoff im Innern verbrannt war. So kam der Kohlenstoff auch ins Schamottekorn.

Hilfe:

1) *Saubere Rohstoffe (Schamottekorn) einführen.*
2) *Wenn notwendig, verunreinigte Rohstoffe gut vorzerkleinern.*
3) *Stark oxidierender Brand bis ca. 1050°C gefordert.*
   a) Hier verbrennt mehr Kohlenstoff, so weniger Reduktionsfehler.
   b) Die Sinterung beginnt in oxidierender Atmosphäre, so dass die Poren länger offen bleiben und Gase entweichen können.

4) *Langsamer brennen bringt bei entgasenden Zusätzen immer Vorteile.*
5) *Die Überzugsglasur (falls vorhanden) etwas strenger einstellen, so dass diese erst zu sintern beginnt, nachdem alle Gase (die aus der Masse kommen) restlos entwichen sind.*

307. Schwarze Kerne in Ziegel-und Klinkerwaren

Äußerlich ist oft kein Fehler erkennbar und erst beim Aufschlagen eines Werkstükkes wird der schwarze Kern im Innern erkennbar. Diese Schwarzfärbung rührt von nicht verbranntem Kohlenstoff, welcher nach Verdichten der äußeren Körperteile nicht mehr verbrennen konnte, weil kein Sauerstoff mehr bis zum Kohlenstoff vordringen konnte. Da die schwarzen Kerne in der Praxis meist zu starken Qualitätsminderungen, wie Festigkeitsminderung, Witterungsempfindlichkeit etc. führen, sollen sie beim Produktionsablauf erst gar nicht entstehen.

Hilfe:

1) *Voll oxidierendes Brennen, wobei es wichtig ist, dass vor allem vor der einsetzenden Brennschwindung das „C" als „CO_2" entgast ist. Hier ist vor allem der Temperaturbereich ca. 700-900°C voll oxidierend zu verbreitern.*
2) *Den Ofenbesatz lockerer einsetzen, um Entgasungen zu erleichtern.*
3) *Magerungsstoffe zusetzen, um im Brand die Poren länger offen zu halten (Scherbenmehl, Schamottemehl, Quarz etc.)*
4) *Ammoniumnitratzusatz (max. 1%) oxidiert vom Scherbeninnern her das „C" zu „CO_2", so dass der schwarze Kern verschwinden kann.*

308. Schwarzer Kern in Schleifkörpern

Am fertigen Schleifkörper sind äußerlich keine Veränderungen zu erkennen, er zeigt beim Anschlag nur einen schlechten Klang, und bei der Schwingungsprüfung (Eigenfrequenzprüfung) stellt man eine schlechte Amplitude (Schwingung fest), woraus man ableiten kann, dass im Innern des Körpers Gefügeänderungen vorliegen.

Nach Aufbrechen vom Schleifkörper sieht man im Innern einen schwarzen Kern, der auf Kohlenstoff schließen lässt, welcher sich im Brand gebildet hat. Es war nicht genügend Sauerstoff vorhanden, um den entstandenen Kohlenstoff zu verbrennen. Hierdurch fehlt die glasige Bindung und somit Härte (Bindefestigkeit) des Schleifkörpers.
Die Ursachen können sowohl im falschen Einsetzen als auch im nicht voll oxidierenden Brand liegen.

Hilfe:

1) *Lockerer (weniger Gewicht) einsetzen.*
2) *Keine hohen Stapel einsetzen.*

3) *Längere Oxidationszeiten bei den Verbrennungstemperaturen (bis 1000°C) d.h. in diesem Temp.-Intervall langsamer hochheizen.*
4) *Gasabzüge bis Verbrennungsende offen halten.*
5) *Weniger organische Bindemittel in Bindung (wie Dextrin etc.).*
6) *Sauerstoffeinsatz beim Brennen (vor allem beim Schnellbrand).*

309. Schwarzfärbung von Selen-Rotglasuren

In Selenglasuren zeigen sich oft schwarze Punkte (meist mit einem Farbhof), schwarze Flecken oder dunkle Ränder. Bei weißen Scherben sind es meist nur schwarze Flecken, die als Fehler auftreten.

Bei den meisten Fehlern liegt die Ursache in S-Verbindungen, die vom Scherben aus bis in die Selenglasur eindiffundieren und hier mit dem Selen eine schwarze Farbe ergeben (Selensulfid). Je näher diese S-Verbindungen (z.B. Pyritverunreinigungen) an der Oberfläche liegen, desto intensiver werden die dunklen Punkte (Flecken). Die Ursachen sind meist Pyritverunreinigungen (auch Kupferpyrit) aus dem Scherben, aber auch Gipsverunreinigungen zerstören das Selenrot.

Eine zu hohe Brenntemperatur zerstört das Rot, indem das Rot aufgelöst wird, was man in den Randzonen zuerst sieht. Eine reduzierende Atmosphäre, sowie bunte Scherben (mit Fe- und/oder Mn-Verbindungen in Masse) zerstören das Rot, vor allem bei etwas zu hoher Brenntemperatur (> 1060°C).

Hilfe:

1) *Selenrote Glasuren nur auf saubere, pyritfreie Scherben aufbringen. Hier kann man notfalls eine Zwischensperrschicht (Art Sinterengobe) aufbringen, die ein breites Sinterintervall haben muss. Eine porige Engobe verhindert nicht den Fehler, welcher dann nur wenig abgemildert wird.*
2) *Beim Ofensetzen, keine kupfer- und eisenhaltigen Verbindungen (glasierte Waren) in direkte Nähe bringen.*
3) *Bei Auflösungserscheinungen kann man durch BaO- und/oder SrO-Zusätze (in die Glasur) die rote Farbe stabilisieren.*

310. Schwarze Punkte in Werkstückoberflächen

Diese schwarzen Punkte treten sowohl in glasierten als auch in unglasierten Werkstücken auf. Es sind Verunreinigungen aus der Masse, die sowohl aus den plastischen als auch aus den unplastischen Masserohstoffen herrühren können.

Diese Fehler erscheinen meist in Oberflächen feinkeramischer Produkte. Bei leichtflüssigen Glasuren kann es, rund um diese Punkte, jeweils zu einem kleinen Farbhof kommen (muss aber nicht). Die Größe dieser Farbpunkte ist von der Mahlfeinheit der Masse abhängig.

Die Ursache kann aber auch beim Zusatz von Schamotte (z.B. 0-1 mm) liegen, welches der plastischen (sauberen) Masse zugegeben wird und jetzt innerhalb der Masse, z.B. bei Ofenkacheln, Feuerton, Baukeramik u.Ä., die schwarzen Punkte verursachen kann.

Hilfe:

1) *Wenn schwarze Punkte nur an einem bestimmten Glasurtyp auftreten, dann andere Glasur erproben.*
2) *Siebrückstand von Masse durchführen. Brennprobe von Siebrückstand (z.B. in oder auf Glasur) lässt Verunreinigungen besser erkennen.*
3) *Sicherheitshalber von allen Masserohstoffen diese Siebrückstandsprüfung durchführen. Auch Prüfung vom Rückstandskorn mit Magnet, ob eventuell Eisenabrieb (von Mahlaggregaten, Schamotte- oder Tonmahlanlage) vorhanden ist. Hier können auch Fremdteile aus Umgebung sein (Basalt, Beton, Lavalit, Schweißnebel u.a.), welche als Ursache (meist kurzzeitig) in Frage kommen.*
4) *Liegen die Rohstoffe (z.B. Tonbrocken u.Ä.) nur in grober Form vor, so empfiehlt es sich, diese zu glasieren (z.B. Tauchen, Übergießen o.Ä.) und zu brennen, wonach meist Verunreinigungen als Farbpunkte zu erkennen sind.*

311. Schwarz-braune Ausschmelzungen in Oberflächen

Darunter versteht man punkt- oder fleckenhaft auf der Oberfläche verteilte, meist verschieden stark geschmolzene Körner, die manchmal Abplatzer erzeugen und manchmal förmlich Krater in den Scherben hineingeschmolzen haben.

Ob diese dunklen, meist eisenhaltigen Verunreinigungen der Tone zum Schmelzen kommen, hängt von der Temperaturhöhe und der Ofenatmosphäre ab, wobei auch eine aufliegende Glasur beeinflusst wird. Bei reduzierender Brennatmosphäre zeigen sich meist sehr dunkle (fast schwarze) Farbpunkte bzw. Schmelzen, während bei oxidierender Atmosphäre rotbraune Farben entstehen. So kann es auch vorkommen, dass ein solcher Fehler vor allem, wenn die Schmelztemperatur noch nicht erreicht ist, an der Außenfläche andersfarbig ausfällt als im Scherbeninnern (Beeinflussung durch die Ofengase möglich).

Diese Verunreinigungen können in verschiedenen Verbindungen, meist Fe-Verbindungen (z.B. Pyrit, Hämatit, Magnetit, Siderit, Basalt u.Ä.) vorkommen. Falls es zu Ausschmelzungen kommt, sind diese teils von Bläschen durchzogen, was auf zusätzliche Gasabspaltungen der Fe-Verbindungen (meist FeS_2) schließen lässt.

Wenn diese verunreinigenden Teile relativ groß (> 1,0 mm) sind, können bei einer zu schnellen Abdichtung der Außenhaut eines Werkstückes (z.B. Schnellbrand, Salzbrand etc.) Absprengungen von Scherbenteilen eintreten. Hierbei hat man oft im Krater noch die Reste der Verunreinigung vorliegen.

Hilfe:

1) *Tone besser aufbereiten (zerkleinern unter 100 µm), so dass die Verunreinigungen sich so fein verteilen, dass sie als Fehler nicht mehr auftreten können (z.B. bei deckenden Glasuren).*

2) *Mit der Lupe feststellen, ob noch graue (bläulich graue) Farbtöne in der Schmelze vorhanden sind (ohne Bläschen), so ist meist Basalt vorhanden. Bei Bläschen kann auch noch Schwefelkies u.Ä. vorliegen.*

3) *Eine Siebrückstandsprüfung ist auch hier eine einfache und praktisch wichtige Untersuchung, um die Fehlerverursacher zu finden, die man ausschalten und austauschen kann.*

4) *Eine qualitative Schnellprobe erhält man durch Kochen einer Kleinstprobe mit verd. HNO_3 im Reagenzglas, dann abfiltern und ins Filtrat Bariumchlorid ($BaCl_2$) einschütten. Zeigt sich nach kurzem Schütteln eine weiße Trübung, so enthält die Probe S-Verunreinigung. Nun kann der entsprechende Rohstoff ausgetauscht werden.*

312. Schwarze Stellen (Flächen) unter Glasuren

Dieser Fehler tritt oft unter transparenten Glasuren am Boden (Stellfläche) oder innerer Bodenfläche auf. Besonders erscheinen sie an Gefäßen, welche im Ofen gestülpt eingesetzt waren, so dass hier nicht genügend Sauerstoff zur Kohlenstoffverbrennung hinkommen konnte.

Die Ursache liegt also einmal im Vorhandensein von gebildetem Kohlenstoff, aus organischen Anteilen der Masse und aus Brenngasen und zum anderen im frühen Abdichten (Sintern) der Glasur, so dass noch vorhandener Kohlenstoffrest nicht mehr aufoxidieren (verbrennen) kann und als solcher unter der Glasur vorhanden bleibt.

Wird ein solches Gefäß höher gebrannt, so dass der Scherben sintert (erweicht), so gibt es starke Aufblähungen an der Scherbenoberfläche, wobei im Innern noch grauschwarzer Kohlenstoffrest erhalten bleibt. Meist sind solche organischen, kohlenstoffbildenden Verunreinigungen in buntbrennenden (meist rot-braun) Rohstoffen nicht sofort erkennbar.

In hell brennenden Rohstoffen (Tonen) lässt meist eine graue bis dunkel graublaue Rohstofffarbe auf einen Anteil von organischen Anteilen schließen, wenn diese nach einem Brand (ca. 950-1000°C) weiß (hell) werden.

Hilfe:

1) *Lockere Setzweise der Werkstücke im Ofen.*

2) *Die Hohlräume von Werkstücken sollen nach oben hin offen sein, so dass eine gute Entgasung vor dem Schmelzbeginn der Glasur erfolgen kann.*

3) *Die Hochheiztemperatur darf zwischen 650 und 900°C nur langsam ansteigen, wobei eine Haltezeit zwischen 750-850°C vorteilhaft ist.*

4) *Bei offenem Feuer (z.B. Gasofen) ist, bis vor Sinter- und Schmelzbeginn der Glasur, mit voller Oxidation zu brennen.*

5) *Den Schmelzbeginn der Glasur nach höherer Temperatur verschieben, indem man schwerschmelzbare Stoffe zusetzt (z.B. Kaolin, Quarz u.Ä.)*

313. Schweißnaht-Bläschen in Emailoberflächen

Dies sind Bläschen, welche über der Schweißnaht verlaufen und ihre Ursachen in einer unsachgemäßen Durchführung der Schweißnaht-Herstellung, bzw. deren Zusammensetzung haben.

Beim älteren Verfahren, dem Autogenschweißen, war Schweißbrennerflamme (Gas-Sauerstoff-Verhältnis) nicht richtig eingestellt, so dass Aufkohlungen (auch durch unsauberes Schweißen) und auch Oxideinschlüsse entstanden waren.

Durch die späteren Entgasungen beim Brand (z.B. Kohlenstoffverbrennung) entstehen dann die Bläschen (auch größere Blasen und oft auch dunkle Punkte) in der Emailoberfläche. Auch beim Lichtbogenschweißen können durch unsauberes Arbeiten (auch durch falsche Elektroden) Verunreinigungen in die Schweißnaht eingebracht werden, die später die Fehler verursachen und fördern. Auch in Falznähten und Bördelungen können noch Verunreinigungen verborgen sein, die zu Blasenbildungen führen können.

Hilfe:

1) *Schweißnähte an Metallkörpern müssen gut nachgearbeitet (abschleifen) und gesäubert werden.*
2) *Beim Beizen der Teile muss immer auf den Beizvorgang und anschließende Neutralisation geachtet werden.*

314. Schwindungsdifferenzen in Werkstücken

A) Schwindungsdifferenzen können von verschiedenen Stellen eines gleichen Werkstückes auftreten. B) Es können Abweichungen von den bisherigen Normalmaßen (bei Rohlingen und gebrannten Werkstücken) kurzzeitig auftreten, was auf veränderte Schwindungen zurückzuführen ist.

Die Schwindungsdifferenzen am gleichen Werkstück können ihre Ursachen in der Verformung (siehe auch „216") und auch in der schlechten Temperaturverteilung im Brennofen haben.

Sind allgemeine Abweichungen von den bisherigen Normalmaßen eingetreten (z.B. Unterschiede in Werkstückmaßen), so ändern sich meist auch die Dichte, Ausdehnungsverhalten und andere Eigenschaften. Hier können die Ursachen in unterschiedlichem Zustand der Arbeitsmassen (z.B. verschiedene Feuchten, geänderte Tonsorten-Neulieferungen), im unterschiedlichen Pressdruck, Gewichtsauflage bei Pressaufgabe, in unterschiedlichem Brennablauf (z.B. Atmosphärenwechsel u.a.) liegen.

Hilfe:

1) *Kontrolle der techn. Daten der Arbeitsmasse vor der Verformung.*
2) *Verformungskontrollen (plast. Masse-Plastizität; Granulatmasse - Granulat -Raumgewicht; Gießmasse - Viskosität und Absetzverhalten).*
3) *Kontrolle des Brennablaufes und der Temperaturverteilung während des Brennens.*
4) *Lockerer einsetzen, wenn Temperaturdifferenzen vorhanden sind.*

315. Säurebeständigkeitsabfall (Verminderung) bei chem.-techn. Keramik

Ein Abfall (Verminderung) der Säurebeständigkeit bei chemisch-technischen Artikeln im Bereich von Steinzeug und Porzellan etc., bedeutet fast immer eine Qualitätsverminderung mit einer folgenden Kundenreklamation. Wenn dieser Fehler direkt nach Produktionsablauf festgestellt wird, kann es auch zu Ausschuss führen.

Die chemische Beständigkeit von fast immer dichtgebrannten Werkstücken ist von vielen Faktoren abhängig. Zuerst kommt es auf die chemische Zusammensetzung der Masse an, wobei in der Hauptsache die Rohstoffverunreinigungen wie Fe_2O_3, CaO, MgO, MnO_2 u.A., die Säurebeständigkeiten stark herabsetzen (nicht erreichen). Außer diesen verminderten Oxiden braucht man noch Oxide, welche die Sinterung fördern und damit das Eindringen chemikalischer Lösungen in den Werkstückkörper verhindern, also Glasphase im Körper bilden, diese Oxide sind K_2O, Na_2O, Al_2O_3, SiO_2.

Auch die Sinterzusätze wie Sintermehl, Feldspat, Nephelin-Syenit u.Ä. sind bei Neulieferung zu kontrollieren. Die Dichte ist außer von der chemischen Zusammensetzung auch von der Aufbereitung, Fomgebung, und dem Brennen abhängig, die im Produktionsablauf genau kontrolliert werden müssen. So ergeben sich bei schlechter chemischer Beständigkeit folgende Maßnahmen zur Behebung:

Hilfe:

1) Höher brennen (meist reichen 20 K) oder die Endpendelzeit verlängern (ca. 20-25%).

2) Rohstoffe der Arbeitsmasse kontrollieren, wobei die Werte für Fe_2O_3, CaO, MgO, gegenüber alten Lieferungen nicht ansteigen dürfen. Na_2O und K_2O dürfen nicht abfallen.

3) Glasbildende Stoffe, wie z.B. Feldspat, Sintermehl (alkaliarmes Glasmehl) und vor allem Nephelin-Syenit, der ein breites Sinterintervall und damit gleichmäßigere Qualitäten ergibt, dem Versatz zusetzen.

4) Bei fast dichten Werkstücken erhöht ein kleinen Zusatz (max. 3-4%) von Talkum und/oder Kieselgur (ca. 2-3%) die Festigkeit und Säurebeständigkeit.

5) Masse intensiver (feinere Fraktionen erreichen) und voll homogen aufbereiten.

6) Fertige Trockenpressmasse (Granulatmischung) einige Zeit (mind. 24 h) ruhen lassen, um gute Homogenität zu erreichen.

7) Bei Trockenpressung ergeben sich bessere Dichten, wenn mit Vorpressen von Pellets gearbeitet wird, die nach Wiederzerkleinerung (Granulierung) eine höhere Dichte des Rohlings und der gebrannten Teile ergibt, womit gleichzeitig auch die Säurebeständigkeit erhöht wird.

316. Segerkegel-Fehlwerte

Temperaturfehlwerte vom Segerkegel ergeben sich, wenn beim gebrannten Segerkegel folgende Fehlbilder auftreten:

1) Schwarz-graue Farbe (oft im Schmelzfarbenbereich bei relativ niedrigen Temperaturen),
2) Blähen des Segerkegels,
3) Kein Umfallen (Umbiegen),
4) Schmelzen auf Standfläche.

Die Ursachen können sowohl beim falschen Einsetzen der Segerkegel als auch in der Brennatmosphäre liegen, da die angegebenen Schmelzpunkte für oxidierende bis neutrale Atmosphäre gelten. Auch sehr alte, falsch gelagerte (z.B. in hoher Luftfeuchtigkeit) Segerkegel können Fehlwerte ergeben. Man erkennt oft am Einsatzkegel, dass sich die äußerlichen Kegelfarben (Rohzustand) stark verändert haben.

Hilfe:

1) Die graue bis schwarze Farbe der Segerkegel zeigt das Vorhandensein von Kohlenstoff, aus einer reduzierenden Atmosphäre. Hier hilft ein oxidierender Brand mit weniger dichtem Einsatz.
2) Bei einem zu schnell hochgeheizten Schmelzdekorbrand kann die Haut des Segerkegels schon sintern (abdichten) und im Kegelinnern sind noch Kohlenstoffreste (aus Bindungshilfsstoffen) vorhanden, so dass es zum Blähen kommen kann.
3) Bei 3. ist die Schmelztemperatur noch nicht erreicht oder Kegel ist veraltet.
4) Segerkegel ist zu senkrecht aufgestellt und die Brenntemperatur ist zu hoch oder es wurde ein SK verwendet für niedrigere Temperatur.

317. Spalt- und Schuppenerscheinungen an gezogenen Werkstücken

Dieser Fehler tritt an stranggezogenen (meist dickwandigen) Werkstücken (z.B. Rohren, Platten, Steinen u.a.) auf. Diese inneren schiefrigen (blättrigen) Scherbenstrukturen lassen sich meist erst nach dem Trocknen und teils auch erst nach dem Brennen erkennen.

Die Ursachen liegen in verschiedenen Formgeschwindigkeiten des äußeren und inneren Scherben, wobei auch verschiedene Feuchtigkeit und Homogenität Mitverursacher sein können, vor allem wenn der Strangzylinder zu heiß wird. Es kann auch am Zustand des Presszylinders und Mundstücks liegen, wobei die Zusammensetzung der Pressmasse (Anteil der Hartstoffe, Korngrößenverhältnisse der einzelnen Hartstoff-Kornfraktionen zueinander) eine Rolle spielt.

Hilfe:

1) Masse gut homogen aufbereiten, wobei eine Warmaufbereitung und/oder eine lange (mind. 24 h) Maukzeit Vorteile bringt.
2) Die Pressgeschwindigkeit verlangsamen.

3) *Hartstoffanteile erhöhen, zwecks besserer Verzahnung der Rohmasse.*
4) *Mundstück und Strangzylinder überprüfen und eventuell Mundstückbewässerung durchführen.*

318. Spaltrisse in flüssig verformten Werkstücken

Spaltrisse in gegossenen Werkstücken (z.B. Sanitär, Kacheln u.a.) verlaufen im Innern des Scherbens, parallel der Außenseiten. Die Ursachen liegen im Ansaugverhalten der Masse und in der Gießform. Bei dichtgebrannten Stücken kann es an diesen „Hohlstellen" zu Aufbläherscheinungen kommen, die u.U. zum Aufplatzen (Aufbersten) des Werkstückes führen können.

Hilfe:

1) *Gipsformen nicht so stark trocknen, so dass diese weniger schnell die Masse ansaugen und Schlicker nachlaufen kann. Bei neuen Gipsformen ist es vorteilhaft, diese erst mit einem feucht ausgedrückten Schwamm voll auszuschwämmen, um die Scherbenhautbildung zu verlangsamen.*
2) *Gießmasse flüssiger machen durch Zumischen von Wasser und/oder Elektrolyten (z.B. Dolapix C67).*
3) *Bei den Gipsformen die Gießkanäle und Verbindungskanäle im Formeninnern etwas vergrößern.*
4) *Nachlauftrichter (auf Gießform) immer mit Gießschlicker gefüllt halten, es darf während der Werkstückbildung zu keiner Unterbrechung des Schlickernachlaufes kommen.*

319. Spaltrisse an trockengepressten Werkstücken (z.B. Steinzeug-Fliesen)

Unter Spaltrissen versteht man Risse im Werkstückinnern, welche den Scherben schiefrig aufspalten. Sie treten meist an trockengepressten Werkstücken (auch bei Kern- und Vollguss) auf.

Diese Spaltrisse sind Formgebungsfehler und entstehen durch unsachgemäße Ausführung der Arbeitsvorgänge und Abweichungen von den Herstellvorschriften, Zusammensetzung der Massen und durch schlechte Qualität der Formen. Tritt der Fehler bei plastisch geformten Teilen auf, so liegt die Ursache fast ausschließlich in nicht homogenen Massen, die noch eine Struktur von der Vorbehandlung (z.B. Strangpresse) beinhalten.

Hilfe:

1) *Gute Aufbereitung (Zerkleinerung und Mischung und Homogenität sind unbedingt einzuhalten).*
2) *Eine Maukzeit (mind. 24 h) bringt bessere Pressfähigkeit und sollte durchgeführt werden.*

3) *Pressöle und Druckausgleichmittel sollten aus Emulsionsverbindungen bestehen, um einen besseren Zusammenhalt beim Pressen zu erreichen.*
4) *Gleichmäßige Rieselfähigkeit und Feuchte des Pressgranulates muss vorliegen.*
5) *Möglichst keine hohen Anteile von blättchenförmigen Tonmineralen (z.B. Glimmer und Kaolinit-Minerale) einführen, welche die Spaltrisse fördern.*
6) *Pressvorgang verlangsamen, auf gute Entlüftung achten und ruckartigen Ausstoß vermeiden.*

320. Spaltrisse bei Schleifscheiben

Spaltrisse sind bei Schleifscheiben nur an der Schleiffläche (äußerer Mantel) oder in der Bohrung sichtbar.

Diese Risse verlaufen fast immer parallel zu den Seitenflächen, so dass sie fast die Scheiben spalten. Dieser Fehler ist nicht mehr zu reparieren und gilt als Ausschuss. Die Ursachen können im Versatz, in der Herstellung und im Brand liegen.

Hilfe:

1) *Auf richtige Zusammensetzung des Pressgranulates achten, hier darf der Bindungsanteil nicht so hoch sein, da die Verbrennung der Bindungshilfsstoffe die Spaltrisse erzeugen und fördern kann.*
2) *Auf sachgemäßes Pressen achten, vor allem die Entlüftung beachten. Eine Doppelpressung oder langsamere Druckerhöhung bringt hier Vorteile.*
3) *Zu schnelles Trocknen vermeiden, vor allem bei hochverdichteten Werkstücken. Trockenrisse, die auch hier schon parallel zu den Seitenflächen verlaufen können, sind die ersten Entstehungsphasen von diesem Fehler.*

321. Spannungsrisse in Schleifscheiben

Spannungsrisse treten hier selten auf und führen nur dann zu diesem Fehler, wenn die Wärmedehnung (AK) von Bindung und Korn stark voneinander abweichende Dehnungswerte besitzen. Entstehen beim Schleifen mit der Scheibe große Temperaturunterschiede im Schleifkörper, so kann die Scheibe zerfallen und im schlimmsten Falle zerspringen (bersten). Wenn die Spannungen in einer Scheibe zu hoch werden, so kann diese schon beim Abkühlen im Ofen Spannungsrisse erhalten (oder zerfallen). Zum Teil entstehen auch Spannungsrisse (auch Zerfallen) beim Sortieren oder beim ersten Transport.

Hilfe:

1) *Gleichmäßige Abkühlung im gesamten Ofenraum ist eine Voraussetzung, um keine Spannungen im Werkstück aufkommen zu lassen.*
2) *Plötzlicher Temperaturwechsel (auch im Einsatz) muss vermieden werden.*

3) *Langsames Abkühlen unterhalb des Transformationsbereiches der Bindung muss eingehalten werden.*
4) *Mittels Dilatometermessung die Wärmedehnungen feststellen und die Werte von Korn und Bindung etwas anpassen.*

322. S-förmige Risse im Boden von Keramikgefäßen

Dieser Fehler tritt in Gefäßböden auf und hat seine Ursache in der Formgebung. Er kann sowohl in handgetöpferten als auch in maschinell eingedrehten Keramiken auftreten. Die Risse gehen sehr oft durch den ganzen Scherben, so dass er für Flüssigkeiten nicht mehr verwendbar ist.

Die Ursachen hierfür sind Formgebungsspannungen, welche auf zu schnelle und mit zu viel Kraft durchgeführte Verformung zurückzuführen sind, hierbei sind oft schon Spannungen in der Dreh- oder Einformmasse vorhanden, welche durch die zu schnelle Formgebung noch erhöht anstatt beseitigt werden.

Je größer Gefäßdurchmesser (und Höhe) des keramischen Werkstückes, desto größer ist hierbei die Gefahr der Rissbildung. Bei einem kleinen Gefäß ähnelt der Bodenriss einem „S", bei größeren Gefäßen sind es Risse in geschwungener Form. Oft sind die plastischen Masse-Hubel zu klein, oder nicht entlüftet, so dass eine Zwischenbearbeitung (z.B. Vorverformen; Entlüften mit Schlagen, beim Töpfer oft mit „Klotzen" bezeichnet) der entsprechenden Masse immer von Vorteil ist (siehe auch „128").

Diese Risse können meist schon beim schnellen Trocknen auftreten, wenn nicht, so spätestens beim Brennen, wobei im Bereich der letzten Wasseraustreibung (bis etwa 350 °C) die Risse eintreten.

Hilfe:

1) *Massehubel (-Teil) vorverformen (entlüften, klotzen, schlagen).*
2) *Masse abmagern (mit Schamottemehl, Scherbenmehl, Lavalit etc., kein Quarz!!).*
3) *Massehubel mit größerem (kleinerem) Durchmesser (Mundstückänderung) herstellen.*
4) *Verlangsamen von Formgebungsvorgang und Trocknung.*

323. Spritzkorn in glasierten Oberflächen

Unter Spritzkorn versteht man ein Überkorn, welches nach dem Brand als ungeschmolzendes (meist glasiertes) Körnchen in der Glasuroberfläche erscheint.

Dieses sogenannte Spritzkorn (Überkorn) kann beim Absieben des Glasurschlickers vom Sieb wegspritzen und in den bereits abgesiebten Schlicker fallen. Beim Glasurauftrag im Spritzverfahren können solche kleinen Überkörner in der Düse hängen bleiben und einen Auftragsfehler bewirken. Beim Tauchverfahren werden solche Überkörner durch das laufende Tauchen neu hinzukommen, vor allem beim Rohglasieren können geringste Fein- und Hart-Teilchen (von Werkstücken u.Ä.) in das Glasierbecken einfallen und gelangen beim Glasieren auch mit in die Glasurschicht des Werkstückes.

Es kann auch in einem Sieb eine kleine Beschädigung sein, durch die ein Überkorn in den Glasurschlicker gelangen kann (siehe auch „176").

Hilfe:

1) Glasursiebe öfter auf Beschädigung des Siebgewebes kontrollieren.
2) Beim Tauchglasieren und Überglasieren die Rücklaufglasur nur über ein Sieb in den Glasierbehälter zurückgeben.
3) Beim Bezug von Fertigglasur immer absieben, denn es können auch beim Transport und Abfüllen, Verunreinigungen (auch Überkorn) mit in die Glasur gelangen.
4) Abrieb von Brennhilfsmitteln und Befall (im ganzen Bereich vom Glasieren bis Ofeneinsatz) kann ebenfalls die Fehlerursache sein, so dass sauberes Arbeiten notwendig ist.
5) Auch grober Staub kann Mitverursacher des Fehlers sein.

324. Spritzkorn in pulvrigen und körnigen Rohstoffen

Spritzkorn sind kleinste Mengen an Überkorn, welche beim Zerkleinerungsprozess des entsprechenden Rohstoffes ungewollt anfallen.

In den meisten Fällen ist dieses Überkorn nicht ganz zu vermeiden, denn beim Zerkleinern, Absieben, Transportieren und Abpacken kommt es immer wieder zu kleinsten Mengen von Spritzkorn, was je nach weiterer Verarbeitung zu Produktions- und Endqualitätsfehlern führen kann. So geben heute schon Lieferanten von Pulver und körnigen Rohstoffen (z.B. von Ton, Feldspat, Schamottefraktionen, Sintermehl, Fritten, Gesteinsmehlen u.a.) den Spritzkornanteil mit Maximumswert an. So kann man sich gerade da, wo nur noch gemischt und kaum noch zerkleinert wird (z.B. beim Einfärben, bei Schmelzfarbenmedien, bei Bindungen u.a.), hierauf einstellen und Vorsorge treffen.

Die Fehler können von rauer Oberfläche bis zum Abrieb bestimmter Aggregate und Formeneinrichtungen und Reaktionsänderungen reichen.

Hilfe:

1) Siebkontrollen der einzelnen Lieferungen können manchen Fehler ausschalten und sollten normale „Eingangskontrolle" sein.
2) Sedimentation im Standzylinder kann auch eine schnelle Hilfe sein, wobei man oft noch organische Anteile sieht, die sonst nirgendwo erscheinen.

325. Sprühgranulat zu schalig (hohl)

Hierbei liefert der Sprühturm ein lockeres, luftiges Granulat, was meist beim Pressen ein weniger dichtes Werkstück ergibt. Außerdem sind die Brennkosten für die Granulatherstellung hierbei zu hoch. Bei diesem Granulat ist der Feststoffgehalt vom Ausgangsschlicker zu gering, was man aus der Schlickerdichte vorher erkennen kann, wogegen bei einer hohen Feststoffkonzentration ein dichteres, kompakteres Granulat entsteht. Um die Feststoffkonzentration zu erhöhen, muss man verschiedene Maßnahmen erproben (anwenden).

Hilfe:

1) *Wassergehalt im Schlicker vermindern, jedoch nur soweit es die Fließeigenschaften zulassen.*
2) *Bei richtigem Zusatz der Verflüssigungs-Elektrolyte (oft haben diese die Zusatzbezeichnung „SP") kann ein höherer Feststoffanteil erreicht werden.*
3) *Magerung des Sprühschlickers (bei der Aufbereitung).*

326. Spucken (tropfen) der Spritzpistole (-Aggregate) beim Glasieren

Beim Spritzglasieren (per Hand oder Spritzautomat) kann es vorkommen, dass die frisch aufgetragene Glasurschicht tropfenartige (auch teils) Beschichtung zeigt. An der Spritzstelle erkennt man, dass die Glasurversprühung tropfenartige Glasurschlickerteile mit auf die zu glasierenden Werkstücke spuckt. Nach dem Brand entstehen Fehler im Glasurdekor, was zu Ausschuss führt.

Die Ursachen können hier sehr verschieden sein, so z.B. Druckabfall im Luftkompressor, Spritzkorn (Überkorn) im Glasurschlicker, Spritzdüse an Pistole verstopft oder verschmutzt, Glasurschlicker hat seine Konsistenz verändert (Absetzen, Eindicken u.a.), so dass es verschiedene Hilfsmaßnahmen geben kann.

Hilfe:

1) *Düsenkontrolle am Glasieraggregat, evtl. reinigen oder neue Düse.*
2) *Düsenstrahl-Einstellung berichtigen, dann Probespritzen.*
3) *Luftdruckkontrolle am Druckbehälter (bzw. Kompressor).*
4) *Glasurkonsistenz überprüfen (Viskosität, Feinheit etc.) und eventuell absieben und neu einstellen - dann Probespritzen.*
5) *Kontrolle der Schlauchleitungen (Beschädigung, Knick, Kontaktlockerung etc.), evtl. Maßnahmen durchführen.*

327. Standfestigkeit, keine - der Werkstücke direkt nach Formen

Bei plastisch verformten (auch freigedrehten) Rohlingen erscheint dieser Fehler. Hier zeigt sich, dass die frisch geformten Teile leicht zusammensacken oder deformieren. Ein anderer Fehler zeigt zwar standfeste Rohlinge, die aber bei leichter Erschütterung (z.B. Transport) langsam zusammenfallen. Diese beiden Fehler haben verschiedene Ursachen, wobei der Erste von zu weicher Arbeitsmasse und der Zweite von thixotropen Massezustand herrührt.

Hilfe:

1) Der Rohling wurde mit einer zu weichen (zu feuchten) Arbeitsmasse verformt (oft schon starke Deformation beim Abheben aus Formaggregat. Masse muss fester eingestellt werden, was geschehen kann: 1. durch Lagern; 2. durch Zusatz von Trockenmasse (Mehl aus Trockenbruch), die neu eingearbeitet werden muss.

2) Beim thixotropen Zustand: 1. antrocknen lassen, denn durch Wasserentzug wird die thixotrope Eigenschaft beseitigt; 2. durch Zumischen von (0,05-0,2%) $Ca(OH)_2$ bei der Aufbereitung entsteht keine Thixotropie, somit bleibt die Standfestigkeit des Rohlings erhalten.

328. Staublöcher in Glasur und Email

Dies sind kleine Löcher (teils kleinste, aufgeplatzte Bläschen), die mehr oder weniger häufig in der Oberfläche zu erkennen sind. Da diese Löcher nur auf der Oberseite (fast nie an der Unterseite) sind, kann man davon ausgehen, dass Staubbefall (Ablagerung) stattgefunden hat.

Hilfe:

1) Gründliche Oberflächenreinigung (Abblasen) vor dem Glasieren bzw. Emaillieren.

2) Bei rohglasierter Ware ist zu empfehlen, die gesamte Fläche mit einem feuchten (ausgedrückten) Schwamm abzuschwämmen, wodurch auch die feinsten Staubteilchen von der feuchten Oberfläche gebunden (verklebt) werden.

3) Ein Abdecken, der glasierten bzw. emaillierten Werkstücke (z.B. mit einer Folie) bis zum Ofeneinsatz (z.B. bei Großteilen, wie Wannen und Sanitärkeramik u.Ä.), soll einen nachträglichen Befall der Rohbeschichtung verhindern.

329. Stegrisse und Verziehen von Ofenkacheln

Diese sind meist an der Rückseite der Kacheln zu erkennen und deuten auf ungleiche Schwindungen der angarnierten Stege hin, wobei die Garniermasse oder aber die Stegmasse eine andere Schwindung gegenüber der Kachelblattmasse hat. Dieser Fehler wird oft nicht bemängelt, solange noch genügende Stegfestigkeit mit dem Blatt vorhanden ist, aber oft brechen die Stege beim Ofenbau ab und es fehlt dann die Halterungsmöglichkeit.

Wenn die Stegangarnierung aber sehr intensiv ist und eine erhebliche Schwindungsdifferenz von Stegmasse und Kachelmasse vorliegt, so kann die Ofenkachel deutlich verziehen und sogar Risse durch den ganzen Körper bilden.

In einigen Fällen kann es auch auf der Kachelspiegel-Oberfläche zu einem Schattenbild (meist Spuren einer Vertiefung) kommen, die dem Stegverlauf auf der Rückseite entspricht.

Hilfe:

1) Beim Angarnieren von Stegen an Kacheln (und anderen Werkstücken) müssen 100%ige Schwindungsübereinstimmungen vorliegen (ab Garnierzustand).

2) *Ein Zusatz von Feinstschamotte in Gießmasse (vor allem in Garnierschlicker) hilft oft, Stegrisse zu vermeiden.*
3) *Beim Kachelverziehen hilft auch eine Stegunterbrechung, indem man Stücke der aufgarnierten Stege herausschneidet und somit die Spannungen stark vermindert.*
4) *Bei Stegspiegelbild auf der Glasur-Gesichtsseite muss die Masse der Kachel beim Angarnieren trockener sein.*

330. Stippen, kleine Krater auf Blechemail (Deckemail)

Es zeigen sich auf der Emailoberfläche Stippen (kleinste Kriställchen), orangehautähnliche Effekte und kleine Krater. Diese Fehler können verschiedene Ursachen haben und liegen überwiegend im Grundemail.

Die Ursachen können verschiedene sein und können vom Vorbehandeln der Bleche bis zur Zusammensetzung, Aufbereitung und Brand liegen.

Hilfe:

1) *Kleine Kriställchen haben ihre Ursachen oft in zu hohem und/oder zu langem Brand.*
2) *Grundemail liegt zu dick, also weniger dick auftragen.*
3) *Die Oberflächenspannung im Deckemail etwas tiefer einstellen, dies ist fast nur bei Fritteherstellung möglich, oder Zugabe von minimalen Na-Verbindungen.*
4) *Die Ursache kann von zu geringem Kaltwalzgrad (Verformungsgrad) herrühren. Nur bei Werkstück-Herstellung möglich.*
5) *Deckemail ist zu hoch gebrannt, also Temperatur gering (10-20 K) erniedrigen.*
6) *Grundemail ist zu schwach gebrannt, also Temperatur erhöhen und/oder längere Aufschmelzzeit.*
7) *Deckemail ist zu fein aufgemahlen. Hier hilft nur neuen Mühlenversatz herstellen. (Zu fein gemahlener Fehlversatz kann u.U. mit jeweils 5-10% im Schlicker zugemischt werden).*
8) *Nach Deckemailauftrag kann Befall (z.B. Staub u.Ä.) erfolgt sein, so in Trockenperiode.*
9) *Eventuell kann eine geringe Quarzmehlzugabe (3-5%) Abhilfe schaffen.*

331. Stippenbildung beim Dekorschnellbrand (1120°C-Einsinkdekor) (bei Schnellbrand-Porzellan)

Die Stippenbildung (nadelspitzartige Rauigkeit) erscheint erst im Dekorbrand, obwohl die Porzellanglasur im vorangegangenen Glattbrand einwandfreie Oberfläche zeigte. Ursachen können einmal bei der reduzierend gebrannten Grundglasur liegen, in welcher Stickstoff und Kohlenstoff in der Schmelze aufgenommen wurden. Beim folgenden Dekorbrand versuchen diese mit dem Sauerstoff in Verbindung zu treten und können kleinste Blasen (Stippen) bilden.

Bei den Dekoren sind meist organische Hilfsbindemittel, wie z.B. Tylose, Gelatine und Siebdruckmedien vorhanden, welche meist die Viskosität etwas erniedrigen. Hierbei entsteht kurzfristig eine reduzierende Atmosphäre, wobei wiederum Kohlenstoff in die Schmelze gelangt und wieder Stippenfehler verursachen kann.

Es kann aber auch sein, dass im vorhergehenden Glattbrand (Schnellbrand) in der Glasur kleine ungelöste Quarzreste verblieben, welche beim Abkühlen kleinste Cristobalitkriställchen gebildet haben, welche beim Wiedererhitzen (im nachfolgenden Dekorbrand) kleinste Nadelspitzen (durch die plötzliche Cristobalitdehnung) ergeben können.

Hilfe:

1) *Im Dekorschnellbrand muss im Bereich der Verbrennung organischer Hilfsmittel vollkommen oxidierend gebrannt werden.*
2) *Bei Einsinkdekoren muss die Haltezeit der Endtemperatur (oxidierend) verlängert werden.*
3) *Bei Abziehbildern muss das Wasser (zum Wässern der Abziehbilder) öfter vollkommen erneuert werden.*
4) *Durchführung des Dekorbrandes in einem E-Ofen verläuft meist erfolgreich, ist aber nicht überall möglich.*

332. Strangtextur-Fehler an gezogenen Werkstücken

Ziegelsteine, Spaltplatten u.a. zeigen, direkt bei der Formgebung, Strangverformungsfehler an gezogenen Werkstücken. Diese zeigen sich in Form von Rissen (Längs- und Querrisse), Verziehen und Kerntexturspalten. Im Extremfall kann es sogar zur Aufspaltung führen (z.B. bei großen Werkstücklängen). Nicht immer sind die Fehler sofort bei der Formgebung sichtbar, sondern sind erst nach dem Trocknen zu erkennen.

Ursachen dieser Formgebungsfehler liegen meist in bereits vorhandenen Texturen im Massestrang, welches man direkt am Mundstück der Strangpresse erkennt. Wenn keine direkten Fehler am Strang erkennbar sind, so kann man eine Massescheibe (Strangbatzen-Scheibe) abschneiden und diese verbiegen (je nach Formlingsgeometrie kann man auch den ganzen Rohling verbiegen). Spaltet (oder reißt) diese hierbei an bestimmten Stellen, so ist kein Massezusammenhalt vorhanden und bestätigt das Vorhandensein einer Texturspannung im Prüfstück.

Nach völligem Trocknen der abgeschnittenen Massescheibe zeigen sich deutliche Texturen (wenn vorhanden). Die Texturen (Risse u.Ä.) verlaufen bei der Strangverformung fast immer in Fließrichtung. Ein sehr gutes Erkennen ist durch Befrosten gegeben, wobei sich typische „Eisstrukturbilder" zeigen (zeitaufwendig).

Hilfe:

1) *Massestrang länger lagern (mind. 24h Mauken), damit eventuell vorhandene Kleinstrukturen besser verschwinden und ein besserer Masseverbund entsteht (diese Maßnahme ist immer vorteilhaft).*
2) *Masse feuchter einstellen.*

2) *Masse abmagern (z.B. durch Schamottekorn), um Masseverzahnung zu verbessern.*
4) *Strangpresse auf gleichmäßigen Vorschub kontrollieren (z.B. mit Drahtharfe am Mundstück zeigt unterschiedlichen Vorschub, durch unterschiedlich schnellen Vorschub der Streifen).*
5) *Strangpresse von einem Fachmann überprüfen lassen, ob Verschleiß im Innern des Presszylinders vorliegt, nicht richtige Mundstücke verwendet werden und ob ihre Einstellungen noch in Ordnung sind.*

333. Strangverkrümmung beim Strangpressen

Mit am häufigsten auftretende Fehler bei der Strangpressenverformung sind die Strangverkrümmungen an gezogenen Erzeugnissen. So z.B. an Ziegeln, Spaltplatten, Röhren Simse u.a., wobei die Verkrümmungen meist unmittelbar am Austritt des Mundstückes auftreten.

Es können aber auch im Innern der gezogenen Teile Texturen auftreten, die erst beim Trocknen verziehen oder gar Texturspannungsrisse ergeben. Die Ursachen dieser Fehler können in nicht homogener Masse, in ungleichmäßigem Massevorschub in der Strangpresse und in einer falschen Mundstückgeometrie liegen.

Hilfe:

1) *Masse gut homogenisieren. Hier helfen Warmwasser-Aufbereitung und Maukzeiten.*
2) *Einbau von Texturzerstörern in Presszylinder.*
3) *Förderschnecke kontrollieren (kann verschlissen sein).*
4) *Reibungsunterschiede zwischen Masse und Mundstückrand verursachen oft Drachenzähne, wogegen eine Mundstückbewässerung eine Hilfe ist.*
5) *An Masseaufgabetrichter der Strangpresse darf keine Unterbrechung oder Hohlraum auftreten, was den Fehler (Verkrümmung und wellige Oberflächen) begünstigt.*

334. Streifenbildung auf Glanzgold-Dekoren

Hierbei sieht man im aufgeschmolzenen Glanzgold (auf Streifen, Rändern, Flächen u.a.) haarfeine Streifen (meist in Auftragsrichtung), die ein unschönes (verkratztes) Aussehen zeigen.

Hilfe:

1) *Die auftragsfertige Goldpaste ist zu zäh und muss mit Terpentin, Lavendelöl oder Alkohol o.Ä. verdünnt werden.*
2) *Die streifigen Goldstellen kann man nochmals dünn überziehen.*
3) *Ein nicht voll homogen aufbereitetes (oder entmischtes) Goldmedium kann Ursache sein. Oft sieht man Entmischungserscheinungen des flüssigen Goldmediums, welches gut nachgemischt werden muss (z.B. auf Glasscheibe nachmischen und nachspachteln).*

335. Strukturveränderung (Dichte-) bei Krakeleeglasuren

Bei glasierten Werkstücken, welche auf der Außenfläche ein Glasurkrakelee als Dekor erhalten sollen, ist die Struktur und Größe des Rissenetzes für den Effekt oft entscheidend. Hier gibt es Gefäße, bei denen die Innenglasur dicht sein muss, um ein Durchdringen von Flüssigkeiten zu verhindern (z.B. Geschirr, Übertöpfe etc.), während die Außenglasur den Krakelee-Effekt geben soll.

Bei anderen Glasuren (z.B. Keramikbilder, Wandteller, Ofenkacheln etc.) kann die Gesamtglasur ein Krakelee bilden.

Die genaue Krakeleestruktur erkennt man meist erst nach Einfärben der Risse (z.B. mit Graphit, Stempeltusche, Zuckerwasser mit Nacherhitzen u.a.). Eine Veränderung der Rissedichte und Struktur kann verschiedene Ursachen haben und kann in der AK-Veränderung der Masse, der Glasur, sowie auch in der Auftragsstärke und im Brennablauf liegen. Es gibt somit auch verschiedene Hilfsmaßnahmen.

Hilfe:

1) *AK-Kontrolle der gebrannten Werkstücke.*
2) *AK-Kontrolle der Glasur.*
3) *Kontrolle der Auftragsstärke der Glasur. Bei vorgeschrühten Keramiken kann sich eine geänderte Scherbenporosität (z.B. Schwachbrand u.a.) auf die Auftragsstärke auswirken.*
4) *Die Brennzeiten und Brenntemperaturen müssen eingehalten werden (je höher und länger die Brennzeiten, desto weiter wird das Rissenetz) verkürzte Haltezeiten ergeben engeres Rissenetz.*
5) *Eine AK-Erhöhung der Glasur ergibt engeres Rissenetz und umgekehrt.*
6) *Eine AK-Erhöhung, der Werkstückmassen ergeben ein weiteres Rissenetz.*
7) *Eine stärkere Glasurauflage ergibt ein engeres Rissenetz und umgekehrt.*

336. Tauchglasierfehler

Obwohl es beim Tauchglasieren manuelle und maschinelle Verfahren gibt, sind die hierbei auftretenden Fehler und ihre Ursachen dieselben.

So kennt man A) glasurfreie Stellen; B) abgerutschte Glasurflächen; C) Glasurschlieren, -läufer, -Tropfenbildung; D) ungleiche Glasurauflagen; E) Pustelbildung (Aufbersten).

Der Glasurschlicker muss beim Glasieren dauernd in Bewegung gehalten werden, um ein Absetzen zu vermeiden, trotzdem ergeben sich obige Fehlermöglichkeiten.

Hilfe:

Zu A)

1) *Das Werkstück muss völlig sauber sein;*

2) *die Saugfähigkeit des Scherbens muss erhöht werden (intensivere Trocknung bei Rohglasieren, bei schwächerem Vorbrand, z.B. bei Feinkeramik);*
3) *Glasur nicht so lange aufmahlen (kürzere Laufzeit der Trommelmühle);*

Zu B)

1) *Die Saugfähigkeit ist zu gering;*
2) *Die Tauchzeit ist zu lang, (schnellerer Tauchglasiervorgang);*
3) *Viskosität des Glasurschlickers ist zu hoch (Wasserzugabe);*
4) *Bei Rohglasieren muss Werkstück trockener sein (notfalls etwas anwärmen);*

Zu C) ,

1) *Viskosität der Glasur ist zu hoch;*
2) *Saugfähigkeit des Scherbens ist zu gering;*
3) *Glasurauflage ist zu stark (dick), Tauchzeit ist zu lang;*

Zu D)

1) *Falsches Tauchen ergibt ungleiche Dicken. Merke: Teile, die zuerst in den Glasurschlicker eintauchen, müssen (sollen) auch zuerst wieder herausgeführt werden, damit alle Stellen eine gleich lange Ansaugzeit erhalten.*
2) *Werkstücke mit ungleichen Scherbenstärken erhalten dann verschiedene Auflagen stärken, wenn Werkstücke nicht durch und durch die gleiche Trocknung haben.*

Zu E)

1) *Pusteln treten auf, wenn die Saugfähigkeit des rohen Werkstückes überzogen wird (zu lange Tauchzeit), wo dann tonige Anteile aufquellen und stellenweise kleine Aufberstungen ergeben, die wieder gering zusammenfallen (Siehe auch „259“).*
2) *Die Wandstärke der Werkstücke beim Rohglasieren ist zu dünn. Wandstärken verstärken.*
3) *Die Tauchzeiten sind zu lang.*
4) *Die rohen Werkstücke sind im Innern noch nicht vollkommen trocken.*

337. Terrasigillata(TS)-Fehler

Diese Glanzengobenart, meist auf rotbrennenden Werkstücken, wie Dachziegel, Klinker und feinkeramischen Waren aufgebrannt, besteht nur aus feinsten Fraktionen blättchenförmiger Tonminerale (z.B. Glimmertone). Diese Feinst-Tonschlämme, die keinerlei Zusatz an Flussmitteln besitzen, werden dem rohen Werkstück aufgetragen und gebrannt.

Es können hierbei folgende Fehler auftreten:

A) kein oder zu wenig Glanz auf der gebrannten Oberfläche;
B) Hohlräume unter der „TS“-Schicht (vor allem in Ecken, Kanten u.Ä.);
C) Abheben kleiner „TS“-Schichten (sofort oder nach kurzem Einsatz).

Hilfe:

Zu A)

1) Die Terrasigillata hat zu wenig Anteile feinster Tonfraktionen (an Blättchenmineral-Rohstoffen).
2) Die Absetzzeit bei der TS-Herstellung ist zu kurz (verlängern!).

Zu B)

1) Feinstanteile sind zu hoch, so dass eine zu hohe Brennschwindung gegenüber der Unterlage entsteht. Dementsprechend dünner auftragen!
2) TS nicht auf trockene sondern auf feuchtere Werkstücke auftragen.
3) Absetzzeiten bei der TS-Herstellung verkürzen, somit weniger Feinstanteile.

Zu C)

1) Die Schwindung der TS ist zu groß (Abhilfe wie zu B).
2) Gasbildende Verunreinigungen (z.B. Schwefelverbindungen) drücken die TS vom Scherben ab. Zusatz von $BaCO_3$ (max. 0,4%) binden die S-Gase.
3) Oberfläche gut säubern (vor TS-Auftrag). Hier kann Fett, Schweiß, Salzausblühung u.a. die Ursache sein.
4) Langsamer, oxidierender Brand ist hier ebenfalls von Vorteil.

338. Texturspannungsrisse und Verziehen

Verziehen kann beim Verformen (siehe auch „416“), beim Trocknen und im Brand seine Ursachen haben. Texturspannungen haben ihre Ursachen meist im Verformungsprozess, zeigen sich aber erst nach dem Trocknen oder nach dem Brand (siehe auch „ 186“).

Texturrisse im Körper haben ihre Ursachen:

a) in unterschiedlicher Verteilung stofflicher Komponente;
b) wenn Teilchenausrichtung beim Verformen zu unterschiedlichem Verhalten im Werkstück führen (siehe auch „236“);
c) wenn unterschiedliche Verdichtung (siehe auch „223“) bei der Herstellung von Werkstücken in verschiedenen Formlingsbereichen auftreten.

Hilfe:

Zu a)

1) Auf vollkommen homogene Arbeitsmasse achten (mind. 24 h Maukzeit bei plastischen Massen).
2) Auf immer gleichen Formgebungsablauf achten (z.B. Druck, Temperatur).
2) Auf immer gleichen Trocknungs-und Brennablauf achten.

339. Transportrisse u.Ä. bei Schleifkörper-Rohlingen

Es handelt sich hierbei um durchgehende Risse, welche die ganze Körpertiefe (Dicke) durchlaufen, wobei man feststellen kann, dass die Schleifkörper in den Rissen nicht gebrochen sind. Hierbei können auch ganze Teile eines Schleifkörpers abbrechen. Die Risse haben keine bestimmte Richtung.

Die Ursachen liegen im zu labilen Zusammenhalt der Rohlinge, d.h. die Festigkeit des trockenen Werkstückes ist zu gering.

Hilfe:

1) Der Körper muss im Rohzustand vorsichtiger behandelt werden.
2) Durch falsches Stapeln der Rohlinge (übereinander auf unebenen Unterlagen). Geringere Höhe und ebene Auflagen beachten.
3) Erschütterungen beim Transport können Trockenrisse bringen. Beim Transport möglichst keine Erschütterungen zulassen.
4) Erhöhung von Bindungshilfsstoffen, wie Dextrin, Tylose und sonstige organische Klebemittel ergeben verbesserte Trockenfestigkeiten.

340. Trockenausblühungen an Rohware

Diese Ausblühungen (oft weiße oder gelbliche Salzausscheidungen) können am trockenen und am gebrannten Werkstück auftreten und auch erst nach längerem praktischen Einsatz erscheinen. Letztere kommen selten vor und die Ursachen liegen in löslichen Salzen, meist Sulfaten des Natriums, Kaliums, Eisens, Vanadins u.a.. Sie diffundieren im Brand und teils schon vorher beim Trocknen mit dem entweichenden Anmachwasser an die Oberfläche. Hier bleiben sie beim Verdunsten des Wassers als weiße, gelbliche, grünliche oder bräunliche Ausblühungen zurück. Bei weißen und hellen Keramikmassen werden diese (meist hellen) Ausscheidungen oft nicht sofort erkannt, dagegen erkennt man auf bunten Scherben (Tonen) schon geringe Ausscheidungsschleier (auch schon auf dem Trockengut). Da diese Ausblühungen oft auch noch zusätzlich Ursache für einige Glasurfehler (z.B. Abroller, glasurfreie Stellen, Schleierbildung, Nadelstiche, Rauigkeit u.a.) sind, müssen derartig verunreinigte Rohstoffe beseitigt oder behandelt werden.

Da die meisten Salze als Sulfate vorliegen, ist man bestrebt, diese zu binden, oder so hoch zu brennen, dass sie beim Sintern in den Scherben gebunden werden, so dass eine Wasserlöslichkeit und Diffusion ausgeschlossen wird.

Hilfe:

1) Masse auf S-Verbindungen untersuchen (mit verd. HNO_3 aufkochen, Filtrat mit $Ba(OH)_2$ versetzen - ein weißer, unlöslicher Niederschlag zeigt S-Anteile an (hier durch $BaSO_4$-Bildung). Dies kann man mit den einzelnen Masserohstoffen erproben, wonach man den S-haltigen Rohstoff austauscht.

2) *Bariumkarbonatzugabe (max. 0,5%) zur Masse geben und mit aufbereiten,, so dass schon hier ein Großteil völlig unlösliches $BaSO_4$ entsteht, welches die Ausblühungen schon beim Trocknen etwas vermindert. Beim Brand erfolgt dann die völlige Überführung in $BaSO_4$, so dass meist keine Ausblühgefahr mehr besteht.*
3) *Brenntemperatur erhöhen, um den Verursacher durch eine Silikatbildung zu binden, dass er für sich nicht mehr wirken kann.*
4) *Es kann die Ursache einer Sulfateinbringung auch durch das Anmachwasser erfolgen (z.B. Brunnenwasser, Abwasser aus Betrieb u.a.), so dass in Fehlerfällen auch eine Überprüfung des Anmachwassers erfolgen sollte.*

341. Trocken-Brennfehler isostatisch gepresster Feinkeramik

Diese Fehler zeigen sich auf den gebrannten Waren (auch beim Glühbrand), durch nicht einheitliche Scherbenfarbe (z.B. Farb-Flecken, -Wolken, und -Monde). Es können auch Risse auftreten und im nachfolgenden Glattbrand zeigen sich vermehrte Nadelstiche.

Die Farberscheinungen sind mehr oder weniger starke Reduktionserscheinungen, welche, je nach chemischer Zusammensetzung der Granulatmasse, verschiedene Farbschleier ergeben können, wobei Reste von organischen Reduktionsphasen als Mitverursacher vorliegen können.

Die Ursachen sind häufig von der Art und Menge der organischen Additive im Pressgranulat und von der Geschwindigkeit des Trocknens abhängig. Diese organischen Press-Hilfsmittel bedürfen einer völligen Austreibung aus dem Scherben.
Da bei dem hohen Pressdrücken fast immer eine Rückdehnung der Werkstücke entsteht, muss dieser Entspannungsprozess erst vollkommen erfolgt sein, ehe man zum Brennen übergeht, sonst können außer den obigen Fehlern auch noch Scherbenrisse entstehen.

Da diese Rückdehnung hier sehr langsam erfolgt, ist eine lange und intensive Trocknung erforderlich.

Hilfe:

1) *Intensives Trocknen vor Ofeneinsatz (Schnellbrand).*
2) *Beim Ofeneinsatz soll max. 1 % Restfeuchte nicht überschritten werden.*
3) *Sauerstoff-Überschuss muss vor allem im unteren Temperaturbereich (bis etwa 700°C) vorhanden sein (auch beim Schnellbrand).*
4) *Stapelhöhe darf beim Trocknen und Brennen (Glühbrand bei Steingut und Porzellan) nicht zu hoch sein.*

342. Trockenbruch, erhöhter -

Trockenbruch kann an verschiedenen Stellen beim Produktionsablauf entstehen, so z.B.:

A) an der Luft (normale Atmosphäre);
B) im Trockner;
C) bei Trockenpresse;
D) beim Transport;
E) beim Ofeneinsetzen.

Die Ursachen sind einmal Gefügespannungen beim Trocknen des Werkstückes und zum anderen zu geringe Festigkeit des trockenen Körpers, dem die Bindefestigkeit fehlt.

Bei Druckguss-Rohlingen ist die Trockenempfindlichkeit erheblich geringer als bei Stücken, die im normalen Gießverfahren hergestellt sind.

Hilfe:

Zu A) Masse abmagern, durch Erhöhung von Hartstoffen oder Austausch von zu plastischen (quellfähigen) Tonen gegen unempfindliche tonige Rohstoffe (z.B. Glimmer-haltige Tone, Kaoline u.Ä.). Zusätze von $CaCO_3$, Schiefermehl, Tonstein und Sägemehl haben sich bei Ziegelerzeugnissen bewährt.

Zu B) Trockner langsamer hochheizen (Trockenzeit verlängern); mehr und besser verteilte Umluft im Trockenraum; evtl. Feuchtlufttrocknung.

Zu C) Pressdruck beim Verformen erhöhen; Gleitmittel bei Pressformen einsetzen; Feuchtigkeit des Granulats gering erhöhen; Bindemittel im Pressgranulat erhöhen (z.B. Zusätze an plastischem Ton, Bentonit, organ. Bindemittel).

Zu D) Transport vorsichtiger durchführen (glatte Fußböden, luftbereifte Transportwagen) und Erschütterungen hierbei vermeiden.

Zu E) Vorsichtiger (nicht auf Kante) einsetzen; evtl. auch vor dem Einsetzen nicht ganz so trocknen (gilt nicht für Schnellbrand!).

Allgemein (meist für A und B): Scherbendicke vermindern und ungleiche Scherbenstärken am gleichen Werkstück vermeiden und Rohling nicht mit voller Auflage auf dichte (nicht poröse) Unterlagen aufsetzen.

343. Trockenfehler

Die meisten Trockenfehler bei Werkstücken sind „Risse“ dann folgen „Zerreißen“ und „Platzen“ und schließlich das „Verziehen“ der Werkstücke, wobei die Ursachen verschieden sein können.

Die genauen Untersuchungen können in der Zusammensetzung der Arbeitsmasse, in der Werkstückgröße und Art und Geschwindigkeit des Trocknens liegen. Auch muss man darauf achten, dass ein gut eingestellter Trockner für einen bestimmten Artikel (z.B. Übertöpfe u.Ä.) nicht unbedingt auch ein gutes Trocknungsergebnis für dickwandige Waren (Ziegelsteine u.Ä.) bringen muss.

Hilfe:

1) *Langsamer (mit wenig Temperatursteigerung) trocknen.*
2) *Umluftgeschwindigkeit im Trockner höher einstellen.*
3) *Bei dickwandigen Werkstücken Feuchtlufttrocknung vorziehen.*
4) *Wandstärken der Werkstücke vermindern.*
5) *Werkstücke nicht voll (eben) auf Trocknungsunterlagen aufstellen. Nach Möglichkeit soll die Trocknungsluft das Stück allseitig (auch von unten) umspülen können.*

344. Trockenfestigkeit, keine - bei Trockenpressrohlingen

Dieser Fehler tritt überwiegend beim Volumenpressen von Trockengranulat auf. Bei trockengepressten Werkstücken ist direkt nach der Formgebung nur eine sehr geringe Körperfestigkeit vorhanden, so dass die Presslinge schon bei geringer mechanischer Beanspruchung zerbröckeln. Hierbei sieht man im Innern ein noch lockeres Gefüge ohne die nötige Dichte, so dass der fehlende Zusammenhalt keine genügende Trockenfestigkeit gibt.

Dieser Fehler bringt vor allem bei automatischem Produktionsablauf (Granulatherstellung - Granulatzuführung - Pressen - Werkstückausstoß - und Weitertransport oder direkte Einfüllung in Brennkapseln oder Behälter) einen hohen Bruchanteil. Dieser geschieht z.B. bei elektrotechnischen oder chemotechnischen Werkstücken (z.B. Schalterteile, Isolierkörper, Kugeln, Sattelkörper und Füllkörper für chemotechnische Bereiche), welche auch nach dem Brennen nicht mehr die geforderten Eigenschaften (wie Festigkeit, Dichte, Säurebeständigkeit u.a.) erreichen. Die Ursachen der geringen Pressfestigkeiten können sowohl in der chem.-mineralischen Zusammensetzung und in der Fraktionsgröße und deren Verteilung als auch in der Granulatdichte u.Ä. liegen, so dass es verschiedene Maßnahmen zur Fehlerbeseitigung gibt.

Hilfe:

1) *Feinste Fraktionen der bindenden Versatzanteile, (wie Ion, Feldspat, Nephelin und sonstige Zusätze) im Masseversatz verwenden, wozu eine intensive Aufbereitung notwendig ist.*
2) *Presshilfsmittel (Wasser, Pressöle, Gleitmittel, Klebe- und Wachsemulsionen) können zu gering sein, so dass zu wenig Rohlingsfestigkeit entsteht.*
3) *Mischzeiten (z.B. Eirichmischer, Zwangsmischer u.a.) müssen verlängert werden, damit eine homogene Granulatmischung entsteht und sich keine Anhäufung (Nestbildung) von Zusätzen bilden kann.*
4) *Ein längeres Lagern (Maukeffekt) des Granulats (12-24 h) erhöht ebenfalls die Presseigenschaften und die Trockenfestigkeit.*
5) *Gute Rieselfähigkeit ist für eine einwandfreie Matrizenfüllung beim Pressvorgang wichtig.*

6) *Granulatdichte erhöhen:*
a) Durch Erhöhen der flüssigen Zusätze, wobei die Rieselfähigkeit erhalten bleiben muss.
b) Durch Granulatvorpressung zu Pellets, die man wieder granuliert und erst hieraus das Werkstück presst.

345. Trockenpressfehler

Hier entstehen Fehler beim Entformen der trockengepressten, rohen Werkstücke, wobei es zu Rissen, und Abbrechen von Kanten und Ecken kommen kann.

Die Arbeitsmasse hat normalerweise 8 % Feuchtigkeit und die Ursachen können sowohl in der Massezusammensetzung als auch im nicht vorschriftsmäßigen Pressvorgang liegen.

Hilfe:

1) *Volle Homogenisierung der Arbeitsmasse muss gegeben sein.*
2) *Exaktes Dosieren beim Matrizen füllen (volumenmäßg oder gewichtsmäßig), je nach Art der Werkstücke und der Presse.*
3) *Pressvorgang beachten (vor allem Entlüftung).*
4) *Pressdruck und Zeit richtig einstellen (evtl. Rückfederung der Presslinge vermeiden).*
5) *Feuchtigkeit der Arbeitsmasse regulieren.*
6) *Presshilfsmittel einsetzen (z.B. Schmierung der Matrizenwand, besonders bei starkwandigen Werkstücken z.B. Klinker u.a.).*

346. Trockenrisse

Trockenrisse sind die Ergebnisse von ungleichen Schwindungen im Werkstück bei Wasserabgabe.

Im etwa gleichem Maße wie die Wasserabgabe erfolgt, rücken die Tonteilchen zusammen und bewirken die Schwindung (ohne auf genaue Teilabschnitte einzugehen).

Durch die hierbei auftretenden Ungleichmäßigkeiten (verschiedene Scherbenstärken, verschiedene Temperaturen an einzelnen Stellen u.a.) entsteht ungleichmäßiges Schwinden, was zu Spannungen führt.

Die hierbei auftretenden Zugkräfte bewirken Verziehen, solange die Masse noch nachgiebig (etwa bis lederhartem Zustand) ist oder bewirken Reißen (im schlimmsten Fall sogar Zerplatzen).

Kachelblattrisse werden einmal sofort sichtbar nach Ausnehmen aus der Kerngussform und teilweise erst nach völliger Trocknung, wenn zwischenzeitlich Teile (z.B. Stege) falsch angarniert wurden (Hier treten die Risse quer zu den Stegen auf).

Hilfe:

1) *Langsamer trocknen, d.h. Temperatur langsamer steigern und Trocknungs-Umluft erhöhen (beschleunigen).*
2) *Bei Werkstücken gleiche Wandstärken ermöglichen.*
3) *Mit Feuchtlufttrocknung arbeiten (besonders bei großen und dichtwandigen Werkstücken).*
4) *Masse abmagern, wobei man je nach Masse und Brenntemperatur mit verschiedenen Rohstoffen arbeiten kann (Schamotte, Scherbenmehl, Feldspat, Nephelin, Lavalit u.a.). Hierbei genügen oft nur geringe Zusätze (5-10%) zur Masse.*
5) *Bei Kachelblattrissen: 1. Kachel früher aus der Form nehmen; 2. aufzugarnierende Stege müssen die gleiche Feuchte wie das Kachelblatt haben (d.h. die hier einsetzende Rest-Trockenschwindung vom Körper muss gleich der aufgarnierten Stege (Teile) sein).*

347. Tropfenbildung bei Glasuren

Bei diesem Fehler können einmal Glasurtropfen auf waagerechten Glasurflächen entstehen, wobei sich unzählige Tropfen nebeneinander bilden und zum andern bilden sich kurze Glasurabläufer an senkrechten Stellen, die meist tropfenartig enden.

Die Ursachen liegen einmal in der Glasurzusammensetzung und zum anderen in der Brenntemperatur, wobei Oberflächenspannung und Viskosität der Glasur eine wichtige Rolle spielen. Bei Ablauftropfen kann auch die Art des Glasierens eine Rolle spielen.

Hilfe:

1) *Bei Glasurtropfenbildung, auf waagerechten Flächen muss die Oberflächenspannung, durch Zusatz von (ca. 4-8%) Oberflächenentspannungsstoffen herabgesetzt werden, wozu sich Alkalifritten, Borax, Soda und Pottasche besonders gut eignen.*
2) *Bei Abläufern zu Tropfenenden (senkrechte Abläufer) muss beim Glasieren darauf geachtet werden, dass sich am oberen Rand keine Schlieren (Verdickungen von Glasurschlicker) bilden, welche im Schmelzfluss ablaufen können.*
3) *Die Viskosität der Glasur muss gering erhöht werden.*
4) *Bei Ablauftropfen (meist gleichzeitig mit Ankleben - Anbacken) kann die Auflagenstärke der Glasur zu dick oder die Brenntemperatur zu hoch sein.*

348. Trommelmühlen-Mahlergebnisse sind fehlerhaft

Hier kommt aus der Nass-Trommelmühle ein Gießschlicker, der nicht mehr die Mahlfeinheit und Schlickerkonsistenz der bisherigen Arbeitsabläufe hat. Es befinden sich auch kleine, unaufgeschlossene Tonteilchen (Masseschwämmchen) im Schlicker und der Siebrückstand ist fast doppelt so hoch als normal.

Die Ursachen bei plötzlich geänderten Mahlergebnissen liegen meist in den nicht korrekten Vorkontrollen (vor allem alle plötzlichen Veränderungen, wie Neulieferungen, Lieferantenwechsel, Frosteinbruch, Stromausfall, neue Verflüssiger, Mahlkugelverlust, neue Wasserquelle u.a.).

Die Ursachen können vielseitig sein und somit gibt es auch verschiedene Hilfsmaßnahmen.

Hilfe:

1) *Überprüfen der pH-Werte des fehlerhaften Schlickers, woraus man evtl. Rückschlüsse ziehen kann.*
2) *Kontrolle der tonigen (äußere) Beschaffenheit, Feuchtigkeit der abzuwiegenden Tonteile (Schnitzel u.A.), Feststellung der übrigen Daten, vor allem bei Neulieferungen.*
3) *Wasserkontrollen (Härte und pH-Wert) sind ebenfalls wichtig.*

349. Topfscheiben - Randrisse

Diese Risse an Topf-Schleifscheiben zeigen sich nur am Topfrand, oft werden sie erst sichtbar beim Abdrehen nach dem Brand, obwohl die Ursache schon in einem früheren Stadium zu suchen ist.

Die Risse verlaufen senkrecht vom äußeren Rand in Richtung Topfboden.

Hilfe:

1) *Unsachgemäßes Ausstoßen nach Pressvorgang kann Ursache sein, so dass hier vorsichtig und langsam (nicht ruckweise) der Ausstoß erfolgen muss.*
2) *Nicht zu hoch übereinandersetzen beim Transport und Trocknen der Rohlinge, möglichst nur eine Lage.*
3) *Vorsichtiges Abdrehen der Aussparungen bei Vorabdrehen.*

350. Überkorn bei der Aufbereitung von Masseschlickern - erhöhter Siebrückstand

Es zeigt sich nach der Aufbereitung feinkeramischer Massen beim Entleeren der Trommelmühle (auch Quirl), über entsprechendes Sieb, ein wesentlich höherer Siebrückstand.

Dies kann, je nach Ursache, zu schwerwiegenden Produktionsschwierigkeiten führen. Es kann zu Veränderungen kommen, wie z.B. bei:

SCHLICKEREIGENSCHAFTEN (Absetzen, Ansaugverhalten etc.); SCHWINDUNGSEIGENSCHAFTEN (Änderungen von Werkstückgrößen);
THERMISCH-PHYSIKALISCHE EIGENSCHAFTEN (Änderung von Sinterung, AK etc.).

Die Ursachen des zu hohen Siebrückstandes können sein:

a) zu kurze Mahldauer im Aufbereitungsaggregat;
b) zu wenig Mahlkugeln in Trommelmühle;
c) zu kalte Temperatur (von Mahlgut und Wasser);
d) zu hohe Viskosität im Mahlgut;
e) falsche Art oder Gewichte der Verflüssigungselektrolyte;
f) falsche Versatzabwägung;
g) zu wenig Vorzerkleinerung und hohe Rohstofffeuchte vor Mühlenaufgabe;
h) neue Rohstoffe (ohne Vorkontrolle) verwendet.

Hilfe:

1) Mahldauer kontrollieren (Einstellung, Stromausfall u.Ä.).
2) Mahlkörper kontrollieren (Gesamtgewicht und Mahlkörpergrößen).
3) Temperatur im Mahlgut darf nicht zu kalt sein (mind. 17 °C).
4) Elektrolyte, Wassergehalt und Wasserkontrolle und Viskosität der Schlickermasse kontrollieren.
5) pH-Wert messen, evtl. andere Elektrolyte verwenden.
6) Rohstoff-Eingabegröße und Feuchtigkeit kontrollieren.
7) Verschluss und Ausmauerung (bei Trommelmühle) kontrollieren.

351. Ungleiche Werkstückgrößen nach dem Brand

Keramiken, die nach dem Brand ungleiche Größen (ungleiche Schwindungen) am gleichen Werkstück (z.B. Ofenkacheln, - trapezförmig u.Ä.) haben, können verschiedene ursächliche Gründe haben. So können 1.) Unterschiedliche Wassergehalte bei der Verformung (alte-, neue Masse); 2.) Unterschiedliche Masseschwindungen (plastische und weniger plastische), wobei auch unterschiedliche Lieferungen mit unterschiedlicher Verteilung der Kornfraktionen die Ursache sein können; 3.) Es können verschiedene Formgebungsarten auch Unterschiede in der Größe bewirken, so einmal unterschiedlichen Pressdruck bei plastischer und halbplastischer Formgebung; 4.) Einseitige Trocknung kann ebenfalls eine Größendifferenz herbeiführen; 5.) Ungleicher Temperaturanstieg an verschiedenen Ofenstellen, mit zeitlich verschieden langen Beeinflussungstemperaturen, können Gründe von ungleichen Endgrößen sein; 6.) Bei gegossener Ware mit großen Höhen (> 300 mm), ist die Masse in den verschiedenen Höhen (durch den unterschiedlichen Flüssigkeitsdruck im Gießschlicker, bei Scherbenbildung und eventuell gleichzeitiger Sedimentation) auch verschieden dicht, erhält eine differente Schwindung und ist (oft) nach dem Brand trapezförmig. Bei diesem Fehler stellt man fest: Je größer die Schwindung (auch höherer Brand), desto deutlicher erscheint dieser Fehler.

Hilfe:

1) *Ware lockerer einsetzen, damit Temperaturverteilung besser wird.*
2) *Etwa 20 K niedriger brennen, dafür Endhaltezeit (Pendelzeit) um etwa 20-30% verlängern.*
3) *Auf gleichartige Formgebung achten.*
4) *Masse gleichartig aufbereiten, längere Lagerzeit vor der Formgebung.*
5) *Bei Gießwaren die höchstmögliche Viskosität und die geringstnotwendige Formenhöhe einsetzen. Sehr große Flachteile (z.B. Großkacheln) möglichst liegend (nicht stehend) gießen.*
6) *Gleichartige und gleichmäßige Trocknung ist hierbei immer von Vorteil.*

352. Ungleiche Dekoreffekte und Glasurfarben im gleichen Brand

Farbige Glasuren zeigen verschieden unterschiedliche Dekoreffekte und verschiedene Farben an Werkstücken.

A. Es kann vorkommen, dass bei kristallinen Mattglasuren an der Außenstelle glänzende und im Ofeninnern matte Oberflächen entstanden sind. Dies ist darauf zurückzuführen, dass außen eine schnellere Abkühlung erfolgte und dementsprechend weniger Zeit im Bereich der Keim- und Kristallwachstumstemperatur war, um zu einer Mattglasur auszukristallisieren. Im Ofeninnern, mit wesentlich langsamerer Abkühlung, ist dagegen die Kristallisation erfolgt.

B. Bei Glasurbestandteilen, die eine hohe Affinität zu Oxiden in der Scherbenunterlage haben, entstehen oft an den heißesten Werkstückstellen (z.B. an Rändern) auch intensivere Reaktionen zwischen Scherben und Glasur, so dass man dies bei farbigen Oxiden durch Farbabänderung erkennen kann. Hat man z.B. eine titanhaltige Glasur (Matt- oder Halbmattglasur), die auf einem eisenhaltigen Scherben liegt, so erkennt man hier ebenfalls an den heißesten Stellen, dass zwischen Glasur und dem Eisenoxid des Scherbens eine besonders intensive Reaktion stattgefunden hat (Bildung von Rutil), was durch eine örtlich bräunliche Farbe zu erkennen ist.

C. Ähnliche Dekorabänderungen kommen vor, wenn an verschiedenen Stellen von Werkstücken die Glasur in unterschiedlicher Stärke aufgetragen ist, so dass die obigen Reaktionen in direktem Scherbenkontakt anders ablaufen als in der äußeren (dickeren) Glasurschicht (meist an Spritzdekoren).

Diese Dekor- und Farbabänderungen sind natürlich auch von den Schmelzeigenschaften der Glasur, wie Viskosität, Oberflächenspannung und Affinität der reagierenden Oxide miteinander abhängig und können auch hiermit zusätzlich gesteuert werden.

Hilfe:

<u>Zu A</u>

1) Brenntemperatur (vor allem die letzten 40K) langsamer steigern.

2) *Endtemperatur-Haltezeit verlängern; Abkühl-Schieber später öffnen.*
3) *Mattierungsmittel erhöhen.*

Zu B

1) *Temperatur erniedrigen (ca. 10-20 K) und/oder Pendelzeit verringern.*
2) *Glasur etwas viskoser einstellen (z.B. 5-10% Kaolinzusatz).*
3) *Trennschicht (Sinterengobe) auf Scherben (vor Glasieren) aufbringen.*

Zu C

1) *Beim Glasieren auf gleichmäßigen Glasurauftrag achten.*
2) *Glasieren durch Tauchen und/oder Übergießen ist vorteilhaft.*

353. Ungleiche Dichten und Unebenheiten bei gepressten Werkstücken

Diese Fehler, die hauptsächlich bei trockengepressten Wand- und Bodenfliesen auftreten, sind zum Teil schon nach der Verformung, stärker nach dem Trocknen und stark nach dem Brennen festzustellen.

Am Rand des Werkstückes treten Festigkeitsverluste auf (Kante ist leicht abreibbar). Die Oberfläche ist uneben (oft schon vor dem Brand erkennbar). Auf der Oberfläche sind an verschiedenen Stellen feinste Gefügerisse (Haarrisse) erkennbar. Das gebrannte Werkstück bläht gering und zeigt nach dem Bruch feinste Spaltrisse (auch mehrere parallel übereinander), die sich an glasierten Stücken meist vergrößern und nach außen eine Wölbung zeigen können. Platten sind konkav oder konvex gebogen (kann u.U. schon beim Trocknen eintreten).

Hilfe:

1) *Rieselfähigkeit der Masse kontrollieren (Masse klumpt??), wiederherstellen der Rieselfähigkeit (weniger Feuchtigkeit; weniger Anteile von plastischen Rohstoffen).*
2) *Gleichmäßige Verteilung des Pressgranulates beim Einfüllen in die Form.*
3) *Pressverlauf kontrollieren (Vor- und Hauptdruck).*
4) *Pressform auf Abnutzung kontrollieren und eventuell erneuern.*

354. Ungleiche Scherbenstärken an (besonders großen) Gießwaren

Bei großflächigen Flachteilen (stehend gegossen), stellen sich oft verschiedene Maße in senkrechter zur waagerechten Richtung ein. So zeigen beim senkrechten Gießen (z.B. bei großen Platten, Verkleidungen, Kacheln u.a.) in den verschiedenen Höhenlagen in der Gießform auch verschiedene Massedichten an, die zu verschieden hohen Schwindungen und zum Verziehen und Reißen führen.

Diese Maßdifferenzen (und unebene Flächen) sind nach dem Brennen noch deutlich größer. Hierbei handelt es sich meist um Kernguss-Werkstücke (auch Vollguss). Beim Hohlguss kann es vorkommen, dass sich die flüssige Gießmasse in der Gipsform absetzt, so dass sich am Boden mehr Feststoffe ansammeln und somit im unteren Formenteil eine wesentlich dickere Scherbenstärke entsteht, wobei sich auch ein dickerer Boden bildet.

Beim nachfolgenden Trocknen und Brennen kommt es zu unterschiedlich schnellen und starken Schwindungen, wodurch örtliche Spannungen entstehen, welche meist Verziehen und Risse bewirken. Eine gute Kontrolle während der Produktion ist die, dass man einen rohen Formling, der gerade der Gießform entnommen ist, von oben nach unten aufschneidet, so dass man den Verlauf der Scherbenstärke (abhängig vom Absetzen der Gießmasse) erkennen kann.

Auch stark ungleiche Saugfähigkeiten (verschieden stark getrocknete) und zu stark getrocknete Gipsformen sind oft die Ursache ungleicher Scherbenstärken.

Hilfe:

1) Kernguss-Flachteile (auch Vollguss - z.B. Großplatten, Kacheln u.Ä.) nicht stehend, sondern liegend gießen.
2) Gießmasse viskoser einstellen (evtl. reichen 5-10% plast. Ton und/oder 1-2% Bentonit).
3) Anmachwasser in Gießmasse vermindern, eventuell Elektrolyte ändern.
4) Druckguss (schon ab 0,5-1 bar) ergibt gleichmäßigere Druckverteilung und verbessert die gleichstarken Scherbenstärken.
5) Gipsformen nicht zu stark und nicht einseitig trocknen (nicht direkt auf Heiztischen trocknen - Zwischenlage verwenden).

355. Ungleiches Aussehen von keramisch gebundenen Schleifscheiben

Die Schleifscheiben (und sonstige Schleifkörper) zeigen im gebrannten Zustand fleckenhafte Oberflächen (helle und dunkler Flecken). Hier können vereinzelt auch dunkle Punkte auftreten.

Die Ursachen können sowohl im Werkstück-Fertigungsablauf als auch im Brand liegen, wobei die Bindung, die Aufbereitung, die Mischung der Schleifscheiben-Pressmasse und die Formgebung mitverantwortlich sein können.

Beim Brennen können die Setzweise, die Ofenatmosphäre wie auch die Temperaturverteilung Mitverursacher sein.

Hilfe:

1) Die Bindung besser aufbereiten (zerkleinern) und bei Trockenmischung Bindungs-Versatzstoffe mit kleineren Fraktionsgrößen verwenden.
2) Besseres (intensiveres) Mischen des Gesamtversatzes vornehmen.

3) *Besseres Sieben des Pressversatzes, damit ein gut rieselbares Pressgranulat entsteht.*
4) *Eine gleichmäßige Füllung und sachgemäße Verteilung in der Pressform ist unbedingt einzuhalten.*
5) *Einen nicht so dichten Ofenbesatz anwenden, wobei ein lockeres Setzen immer günstig ist und für eine bessere Entgasung und gleichmäßigere Temperaturverteilung sorgt.*

356. Ungleiche Porenbildung in keramischen Gewebefiltern

Filterkeramiken, die durch Tränken (Vollsaugen und Auspressen) von keramischer Schlickermasse in Textilien, Kunststoffen, Pappen, Naturstoffen u.a. hergestellt sind, zeigen im Werkstückinnern eine ungleiche Porenverteilung (Masseanhäufung oder Hohlräume), was für verschiedene Anwendungsbereiche (z.B. Flächenbrenner u.a.) zu Mängeln und Reklamationen führt.

Die Ursachen können sowohl in dem organischen Formgerüst (z.B. Kunststoffschwamm u.a.) als auch in der Zusammensetzung des Schlickers und im Produktionsablauf liegen.

Hilfe:

1) *Nur einwandfreie organische Saugmaterialien verwenden, welche die verlangte Porenverteilung besitzen.*
2) *Tränk-Schlicker (Saugschlicker), der durch verschiedene Methoden in das organische Tragegerüst (meist in Werkstückform) eingesaugt wird, muss eine entsprechend geringe Viskosität haben.*
3) *Richtiges (nicht einseitiges) Auspressen des Schlickers ist wichtig, um eine gleichmäßige Verteilung zu erreichen.*
4) *Richtige Schlickereinstellung (hohe Thixotropie) verhindert das Nachlaufen (Ausbluten) aus dem Rohling.*
5). *Beim Brennen muss sehr locker eingesetzt werden, damit die Entgasung, Temperaturverteilung und volle Oxidation erfolgen kann.*

357. Unscharfe Ränder bei Schmelzfarbendekoren

Unscharfe Dekorränder treten nach dem Brand auf, so dass mitunter das Dekor stark verwischt (verschwommen) erscheint. Hierbei sind die Ursachen im Auftragsverhalten und/oder in der Zusammensetzung der Schmelzfarben, sowie im Brand zu suchen.

Hilfe:

1) *Dekormedien weniger stark (dick) auftragen.*
2) *Farbmischung mit weniger Ölen ansetzen.*

3) *Dekormedien enthalten zu viel Fluss, der vermindert werden muss.*
4) *Die Einbrenntemperatur erniedrigen (meist reichen 10-20 K) und/oder die Pendelzeit (um ca. 20-25%) verkürzen.*

358. Unterschiedliche Farbaufnahme beim Dekorieren

Hierbei wird an verschiedenen Stellen zu viel und an anderen Stellen zu wenig Dekormedium (auch Glasuren) auf der Unterlage festgehalten. Hierdurch entstehen nicht nur unterschiedliche Farbtöne, sondern auch verschiedene Oberflächen (rau, halbmatt, matt, glänzend).

Die Ursachen können sowohl in dem Dekormedium (auch Farbglasur) als auch in der Unterlage liegen.

Hilfe:

1) *In den Unterlagen müssen Glasierzeiten stets bei gleichen Temperaturen eingehalten und durchgeführt werden.*
2) *Die Unterlagen müssen gut sauber sein und dürfen keine unsauberen Oberflächen haben, welche mit Fett, Staub, Emulsion, Schweiß u.a. behaftet sind.*
3) *Die Unterlage ist zu dicht (auch an verschiedenen Stellen - z.B. an Press- und Druckstellen) oder zu porig (z.B. bei Vorbrand = Schwachbrand).*
4) *Die Dekormedien müssen voll homogen sein und dürfen sich während dem Auftrag nicht entmischen (z.B. in Spritzpistole).*

359. Unwucht von Schleifscheiben

„Unwucht" bei Schleifscheiben führt sehr oft zu Ausschuss-Qualität, so dass man bemüht ist, diesen Fehler zu beheben und dessen Ursache zu verhindern.

Hierbei sind die Ursachen selten in falscher Massezusammensetzung, sondern in unsachgemäßem Produktionsablauf zu suchen.

Hilfe:

1) *Bei nicht gleichmäßiger Rieselfähigkeit (z.B. Masse klumpt) muss der Verursacher (zu viel Wasser, Leim oder plast. Ton) gesucht und evtl. vermindert werden.*
2) *Pressgranulat hat vor dem Formen zu lange gelagert und muss nachgranuliert (durch Sieben) werden.*
3) *Pressgranulat, beim Einfüllen in Pressform gleichmäßiger verteilen.*
4) *Den Pressverlauf (Vor- und Hauptdruck) richtig einstellen.*
5) *Unwucht durch „Auswuchten" der Schleifscheiben beheben, wozu es verschiedene Methoden der Nachbearbeitung gibt (z.B. Gegengewichte durch Einbringen von gemahlenem Korn, oder kleine Bohrungen an Übergewichtseite).*

360. Verdampfen von Glasurbestandteilen

Verdampfungen in Glasuren bemerkt man zuerst an den Glasuranflügen (vor allem farbige) auf direkt in der Umgebung befindlichen Gegenständen wie z.B. Innenwände von Kapseln, Brennhilfsmittelplatten, Ofenwände u.a. Die Ursachen liegen in saugenden, oft porösen Gegenständen, aber auch in Glasuren, welche ein starkes Reaktionsvermögen mit den vorbeistreichenden Glasurdämpfen haben (siehe auch „253").

Die Verflüchtigung von Glasurbestandteilen kann auch zum Erblinden, Mattwerden und Rauwerden der Glasuren führen. Lösliche Salze (vor allem Alkali-), welche heute nur noch minimal vorkommen (z.B. in Additiven zur Glasurschlickereinstellung), zeigen solche Verflüchtigungen. Meist sind es Flussmittel (überwiegend Alkalien), welche zu Verflüchtigungen neigen, was bei starker Verdampfung zur Schwerschmelzbarkeit der „Restglasur" führen kann.

Allgemein kann man sagen: Je höher die Luftbewegung im Ofenraum, desto größer die Verdampfung, daher sind beim Schnellbrand auch höhere Anteile von Flussmitteln und Farbkörpern (bzw. Oxiden) notwendig.

Hilfe:

1) Temperatur herabsetzen.
2) Mahlfeinheit verringern.
3) Oberflächenspannung und Viskosität erhöhen (Kaolinzusatz).
4) Keine Reduktionszeiten beim Brand (erhöht Verdampfung) zulassen.
5) Umluftgeschwindigkeit im Ofen herabsetzen.
6) Flussmittel nicht als lösliche Salze einsetzen (möglichst Fritten).
7) Bei Glasurneuaufbau Alkalien und ZnO tief halten.
8) Farbkörper an Stelle von Farboxiden verwenden.

361. Verfärbte, unglasierte Werkstückoberflächen

Hier zeigt die Oberfläche, vor allem bei farbigen Massen, eine ungleichmäßige Farbe. Das Werkstück hat ein minderwertiges Aussehen, wobei einzelne Stellen z.B. dunkel rot, blass rosarot oder gar gelblich erscheinen können.

Meist handelt es sich hierbei um Formgebungsmassen, die aus verschiedenfarbigen Rohstoffen (z.B. Tonen, Lehmen u.Ä.) zusammengemischt und nicht vollkommen homogen aufbereitet wurden, wobei zum Teil auch kleine Gefügerisse auftreten können. Dieser Fehler tritt meist bei grobkeramisch aufbereiteten Werkstücken auf.

Hilfe:

1) Aufbereitung (intensivere Zerkleinerung und Mischung) verbessern.
2) Eventuelle Heißaufbereitung (Heißwasser oder Dampf) durchführen.

3) *Mauken durch Lagerzeit (evtl. Nachmischung) durchführen.*
4) *Gleichmäßig verteilte Ofen-Temperaturen und -Atmosphären sind Voraussetzung für einheitliche Brennqualitäten (gleiche Farben).*
5) *Durch die ersten 3 Maßnahmen wird auch die Formbarkeit wesentlich verbessert.*

362. Verfestigung von pulvrigen Glasuren, Fritten und Grundstoffen

Je nach Art der Lagerung von Vorräten an Glasur, Fritten und Glasurrohstoffen kann es zu Verklumpungen kommen, womit es zu Schwierigkeiten beim Abwiegen (automatisch und manuell) kommen kann, da sich außer der Rieselfähigkeit auch die genauen Molgewichte (durch die Wasseraufnahme bei der „Verklumpung") des entsprechenden Stoffes erhöhen.

Die Ursachen der Verfestigung von Pulver zu Klumpen sind auf Wasseranlagerungen (aus Luftfeuchtigkeit) an den Grundstoffen zurückzuführen. Hierbei kann das Wasser mechanisch angelagert sein (z.B. bei Ton, Kaolin etc.) und es kann sich auch chemisch binden (z.B. MgO zu $Mg(OH)_2$ u.a.). Bei sehr langen Zeiten in entsprechender Umgebung kann sich auch CO_2 anlagern.

Hilfe:

1) *Empfindliche Stoffe (meist Frittesalze) sind in Plastiksäcken oder in Holzboxen zu lagern, die im Trockenen stehen.*
2) *Fritten sollten alle in Plastiksäcken (bzw. Papiersäcken mit Folieneinlagen) gelagert werden. Dies gilt auch für Glasuren.*
3) *Kaolin, Ton, Kreide, Feldspat und alle weniger empfindlichen Rohstoffe müssen in trockenen Räumen (auch Säcken, Holzboxen u.Ä.) gelagert werden.*
4) *Nach dem Abwiegen von Einzelrohstoffen sollten diese nur vorzerkleinert (möglichst nach Vormischung) in die Aufbereitungs-Mühle (oder Quirl) kommen.*

363. Verflüchtigung von Glasur-Farben (bzw. Dekor)

Verflüchtigungen von Farben in oder unter Glasuren sind heute selten und fast nur noch bei Sonderdekoren und in Schmelzfarbenbereichen zu beobachten. Das Auflösen der Farben kann in der Zusammensetzung des Farbmediums, in der Zusammensetzung der Unter- bzw. Überzugsglasur und im Brennablauf seine Ursachen haben. Bei Verwendung von stabilen Farbkörpern (z.B. Spinellfarbkörpern) ist eine Farbauflösung in Glasuren fast nie zu beobachten.

Hilfe:

1) *Das Farbmedium hat zu viel Flussmittelanteil, man kann u. U. etwas Al_2O_3-reichen Rohstoff (z.B. Kaolin oder Al-Hydrat) zugeben. Hierbei muss auf Farbänderung geachtet werden.*

2) *Liegt das Farbmedium unter einer Glasur, so muss Letztere etwas viskoser eingestellt werden (evtl. 4-8% Kaolin).*
3) *Die Brenntemperatur muss etwas (ca. 10-20 K) vermindert werden.*
4) *Bei Gasöfen muss voll oxidierend gebrannt werden (Reduktion erhöht stark die Schmelzwirkung und Farbaufzehrung).*
5) *Bei Unterglasuren müssen die Farboxide durch beständige Farbkörper (z.B. Spinelle u.a.) ausgetauscht werden.*

364. Verklumpung von Fertig-Stampfmassen und ff. Klebern

Feuerfeste Stampfmassen (und Flickmassen), sowie Kleber (z.B. im Kachelofenbau) werden in vielen Bereichen für verschiedene Zwecke benutzt, so dass hiervon meist ein Vorrat (meist trocken in Säcken) vorhanden ist.

Bei diesen Fertigmassen handelt es sich um Materialien, welche mit Wasser angefeuchtet (gemischt) und in diesem Zustand verarbeitet werden. Nach diesem Verarbeiten erfogt dann eine hydraulische Bindung mit entsprechender Festigkeit. Im trockenen Vorratszustand muss demnach jeder Feuchtigkeitseinfluss vermieden werden, sonst erfolgen Verfestigung und Verklumpung.

Kommt es in den Vorratsbehältnissen zu Verklumpungen, so ist schon eine Reaktion mit Wasser eingetreten, so dass hiernach beim Verarbeiten nur noch eine geringe Verfestigung erfolgt.

Bei Klebern, deren Verfestigung auch auf hydraulischer Bindung beruht (z.T. Wasserglasbindung), führt ein vorheriges Verklumpen ebenfalls zu einer Verschlechterung, wobei außer der Festigkeit auch die Viskosität (Plastizität) vermindert werden.

Hilfe:

1) *Bei Stampfmassen dürfen verklumpte Anteile nicht verwendet werden.*
2) *Bei Klebern müssen Verklumpungen ausgesondert werden und notfalls mit Wasserglas nachverbessert werden, wobei aber die Feuerfestigkeit (nur in seltenen Fällen)zurückgehen kann.*

Beide Typen müssen trocken (in luftdichten Behältnissen) gelagert werden.

365. Verklumpung von pulvrigen Rohstoffen

Das Verklumpen von Pulver-Rohstoffen geschieht meist da, wo eine längere Lagerzeit vorhanden ist. Die Lagerempfindlichkeit gegenüber Verklumpung an der Luft ist verschieden und hängt von der Reaktion der Luftfeuchtigkeit mit dem entsprechenden Material ab.

So zeigen Fritten, Sintermehl (Glasmehl), Magnesit, Dolomit, Kalkspat, Kaolin, Ton u.a. nach einiger Lagerzeit Verklumpungen, welche durch Wasseranlagerung und teils durch Hydratisieren eintreten.

Wichtig ist, dass man bei sehr genauer Entnahme dieser Stoffe (z.B. für Glasuren) nicht mehr die notwendige Menge (aus Formelberechnung) einführt, sondern weniger (angelagerte Wassermenge). In so einem Fall sollte man bei verklumptem Material erst einen Trocknungsverlust ermitteln. Vor der Trockenbestimmung sollte man zudem die Klumpen zerkleinern, sonst können nach dem Trocknen sehr feste Stücke entstanden sein (siehe auch „262").

Hilfe:

1) *Keine Lagerung empfindlicher Pulverrohstoffe in offenen Silos (schon gar nicht in Metallsilos).*
2) *Pulverrohstoffe möglichst nur in trockenen Räumen lagern.*
3) *Bei Sacklagerung sollte man Plastikinnenschutz verwenden.*
4) *Von empfindlichen Pulverrohstoffen keine großen Vorräte anlegen.*

366. Verlaufen von Goldpräparaten

Bei diesem Fehler zeigt sich, dass die mit Goldpräparaten aufgebrachten Dekore keine scharfen Ränder mehr zeigen und die Konturen stark verwischt werden.

Die Ursachen liegen entweder in starker Verdünnung oder in zu frühem Schmelzbeginn (Reaktionen) der Unterlagsglasur. Die Ursache kann auch in zu dicker Lage von Glanz- oder Poliergold liegen, wobei eine zu geringe Verdünnung zum Abplatzen, Abrollen oder zu Riss- und Kraterbildung führen kann.

Besonders bei dunklen Glasuren zeigt sich oft ein Verschwinden der Golddekore. Hierbei liegt die Ursache in der Zusammensetzung der Glasur, worin Kupferverbindungen ein hohes Reaktionsvermögen mit Goldverbindungen haben, so dass die metallische Goldfarbe verschwindet.

Hilfe:

1) *Richtiges Verhältnis von „Goldpräparat:Verdünnungsöl" vor Auftrag erproben.*
2) *Dekorbrandtemperatur etwas erniedrigen (ca. 10-20 K).*
3) *Unterlagenglasur etwas viskoser einstellen (kann durch Zugabe von ca. 4-8% Kaolin geschehen), bzw. andere Glasur verwenden.*

367. Verlaufen von Glasurdekoren

Beim Verlaufen von Dekoren, wobei die verschiedenen Glasurfarben ineinander verschmelzen oder gar ablaufen, zeigen sich oft nur noch verschwommene Dekore, welche nicht mehr den gewünschten Effekt haben.

Hier können verschiedene Ursachen vorliegen. So kann eine zu dünnflüssige (niederviskose) Schmelze, und/oder eine zu verschiedene Oberflächenspannung der am Dekor beteiligten Farbschmelzen (-Fritten u.Ä.) das nicht gewollte Ineinanderschmelzen verursachen.

Hilfe:

1) *Brenntemperatur erniedrigen (ca. 20 K).*
2) *Haltezeit der Endtemperatur vermindern (ca. 50-60%).*
3) *Keine Reduktionsphase im Ofen oberhalb 700°C (Oxidierend brennen).*
4) *Die Viskosität der am Fehl-Dekor beteiligten Farbglasuren etc. erhöhen (durch ca. 5-8% Kaolinzusatz), wodurch auch gleichzeitig die Oberflächenspannung etwas erhöht wird, was wiederum das Ineinanderverlaufen der Dekore vermindert.*
5) *Oberflächenspannungswerte der am Dekor beteiligten Farbglasuren (-Fritten) ermitteln und vergleichen (mit Benetzungstabletten) und anpassen.*

368. Verschmieren von Schmelzfarbendekor beim Siebdruck

Hierbei entsteht ein unscharfes Dekor, welches schon vor dem Trocknen erscheint und oft verschmierte Ränder zeigt.

Bei senkrechten Teilen erfolgt ein geringes Abrutschen, wobei das Druckdekor (auch Schriften) nach unten verdickte Auflagenstärke zeigt. Hierdurch wird das Austrocknen an diesen Stellen verzögert, so dass bei Kontakt mit den entsprechenden Dekorstellen ebenfalls ein Verschmieren erfolgen kann. Eine Reinigung (Dekor-Rettung) ist hierbei fast nicht mehr möglich.

Die Ursachen können verschieden sein, wie zu dünnflüssiges Druckmedium oder gewärmte Werkstücke (Glas, Porzellan, Steingut etc.), zu grobe (offene) Siebbespannung, Porositätswechsel in der Unterlage (im zu druckenden Werkstück) u.a.

Bei Mehrfarbendruck kann die Erstauflage noch nicht vollkommen trocken sein, oder wird wieder gelöst.

Hilfe:

1) *Siebgewebe-Unterseite stets sauber halten.*
2) *Die richtige Viskosität des Druckmediums durch Probedruck ermitteln.*
3) *Druckmedien mit Verdünnungsölen (Siebdruckmedien) nachstellen, da die Konsistenz beim Arbeiten durch verschiedene Einflüsse (z.B. Trocknen) verändert werden kann.*
4) *Immer gleiche Temperaturen und Porositäten der zu druckenden Werkstücke einhalten. Größere Anzahl von Werkstücken vorher im Druckraum abstellen, damit sich diese temperaturmäßig anpassen können.*
5) *Immer gleiche Auftragsstärke beim Druck einhalten (Rakeleinstellung, Geschwindigkeit u.a.).*
6) *Wenn möglich mit thermoplastischen Präparaten und entsprechendem Druckaggregat arbeiten, da hierbei nach dem Druck ein schnelles Erstarren des Dekors auf den meist kühlen Werkstücken erfolgt.*

369. Verunreinigungen von Masse- und Ton-Rohstoffen

Oft zeigen gebrannte Werkstückoberflächen verschiedene Verunreinigungen, wie schwarze (auch braune, grüne und blaue) Punkte, Krater, kleine Löcher und körnige Erhebungen. Die Ursachen liegen hier fast immer in der Unterlage (Scherben), wobei die Farbtöne auch noch von der Brennatmosphäre beeinflusst werden. Man kann hier Fertigmasse oder die einzelnen Rohstoffe auf Verunreinigungen prüfen, wobei man den fehlerhaften Rohstoff fast immer findet.

Billige Magerungsmittel (z.B. Sand aus Kaolin bzw. Glimmertonschlämme), die man bei niedrigen Temperaturen (max. 1100°C) problemlos in Massen einführen kann, können bei höheren Temperaturen (ab Sinterbeginn) auf der Werkstückoberfläche kleine Körnchen (oft hohl) ergeben, die sich leicht abkratzen lassen.

Hilfe:

1) Von jedem Rohstoff (meist genügen die plastischen Rohstoffe) eine Siebrückstandsprüfung durchführen (es reicht 900-1200er Maschensieb) und den Rückstand eintrocknen. Eine Betrachtung mit Lupe gibt meist schon eine gute Auskunft über Verunreinigungen.

2) Siebrückstand in (auf oder unter) eine weiße Glasur geben und brennen. Hiernach erkennt man an Hand der Farbflecken und sonstigen Effekte, welche Rohstoffe den gesuchten Fehler ergeben.

3) Einen Teil des Siebrückstandes auf Heizplatte oder Asbestsieb verbrennen und Vergasungen oder Verbrennungen feststellen, so dass man auf organische Teile schließen kann.

4) Bei dem Magerungsmittelfehler soll man den Magerungsstoff alleine und in Masse eingemischt mit einer Kleinprobe ca. 20-30 K höher brennen als die Betriebstemperatur ist, um einen Kornaustritt-Effekt in der Oberfläche zu erkennen. Wenn ja, dann ist der Magerungsstoff nicht geeignet.

370. Verwerfungen

Verwerfungen beim Trocknen können von Inhomogenität (Entmischen der Arbeitsmasse), unterschiedlicher Dichte bei der Formgebung (siehe auch „216 und 264") und von zeitlich unterschiedlicher Trocknung am gleichen Werkstück stammen. Hierbei sind Werkstücke mit unterschiedlicher Scherbenstärke besonders gefährdet.

Verwerfungen beim Brand können Fortführung und Vergrößerung der schon bei der Trocknung eingetretenen Auswirkungen von Texturen etc. sein, die unterschiedliche Brennschwindungsgrößen bewirken. Es können aber auch einwandfrei trockene Stücke beim Brand Verwerfungen erhalten, wenn sie z.B. an verschiedenen Stellen unterschiedliche Brenneinwirkungen erhalten (z.B. in Temperatur, Zeit und Atmosphäre).

Hilfe:

1) Arbeitsmasse gut homogenisieren (evtl. Mauken).

2) *Arbeitsmasse abmagern (Schamottemehl, Scherbenmehl, Magertone oder sonstige Hartstoffe).*
3) *Langsamer trocknen (mehr Umluft), eventuell Feuchtlufttrocknung durchführen.*
4) *Temperaturverteilung im Ofenraum verbessern (langsamer hochheizen und/oder die Endhaltezeit verlängern).*
5) *Werkstücke locker und nicht voll plan auf Werkstückboden aufsetzen, damit die Temperatur den Körper stets gut umspülen kann.*

371. Verzehren roter Schmelzfarbe

Beim Aufzehren roter Schmelzfarbe (aus Handmalerei, Siebdruck, Abziehbild u.Ä.) zeigt ein erstes oder völliges Verschwinden der roten Farbe eine zu hohe Brenntemperatur an. Hier bestehen die roten Schmelzfarben überwiegend aus Seleniten (Ausscheidungen u.Ä.), die sich durch zu hohen Schmelzanteil bei zu hoher Temperatur (oder zu langer Einwirkung) im Glasfluss auflösen. Das Rot wird immer blasser je höher die Brenntemperatur war, d.h. der Rotkörper geht immer mehr in die Glasstruktur. Die Zusammensetzung der Unterlagen-Glasur hat hier einen Reaktionseinfluss.

Hilfe:

1) *Niedriger brennen (evtl. dafür etwas länger pendeln).*
2) *Rote Schmelzfarbe etwas dicker auflegen.*
3) *Rein oxidierend brennen. Reduktion kann Farbton schwärzen und Bläschen ergeben.*
4) *Möglichst eine bleifreie Unterlagen-Glasur verwenden.*
5) *Möglichst keine TiO_2-haltige Unterlagen-Glasur verwenden.*

372. Verschiedene Maße an gleichen, gegossenen Werkstücken

Gegossene, meist flache Keramikwerkstücke, zeigen nach dem Brand ungleiche Maße durch unterschiedliche Schwindung (am gleichen Stück). Dies ist am auffälligsten an großen z.B. quadratischen Flachteilen, wie Großkacheln, Feuertonplatten u.a. festzustellen.

Gerade bei fugenlos versetzten Kacheln sind große Maßgenauigkeiten gefordert, so dass ein Nachschleifen kaum umgänglich ist. Es zeigt sich bei Hochkantenguss (senkrecht, meist wegen Platz- und Formeneinsparung) ein starker (reklamierbarer) Schwindungsunterschied zwischen oben und unten am gleichen Werkstück.

Die gleichen Werkstücke, im Flachguss (liegende Platten) produziert, zeigen diesen Fehler nicht. Die Ursachen liegen in der Formgebungsart, denn bei gegossener Ware zeigt der Gießmasseschlicker in verschiedenen Höhen (innerhalb der Form) unterschiedliche Dichten (durch verschiedenen Flüssigkeitsdruck).

So hat die Masse innerhalb der Form auch einen verschieden hohen Anteil an Feststoffen (wird durch Absetzverhalten der Feststoffe noch erhöht). So ergeben sich in den verschiedenen Höhen auch verschiedene Schwindungen und das gleiche Werkstück hat (z.B. oben und unten) verschiedene Maße. Nach dem Brand erscheinen z.B. schwach-trapezförmige Werkstücke, wobei man feststellen kann, dass die Maßdifferenzen mit der Gießhöhe steigen und außerdem mit steigenden Brenntemperaturen zunehmen. Oft bleiben diese Fehler, z.B. durch Kantenschliff unbemerkbar, was aber eine zusätzliche Bearbeitung erfordert.

Hilfe:

1) *Masse so viskos (mit hohem Feststoffgehalt) wie möglich einstellen, wobei eine geringe Thixotropie vorteilhaft ist.*
2) *Die Einführung von Druckguss zeigt erhebliche Verbesserungen.*
3) *Flachguss durchführen, was aber einen großen Platzbedarf erfordert, wobei man sich durch Etagenguss-Verfahren aushilft. Hierbei werden die einzelnen Formen hochgehoben (in Etagen).*
4) *Stapelguss anwenden, wobei aber die Gießformen geändert werden müssen und durch die langen Fließstrecken andere Fehler, wie Luftblasen u.a., auftreten können.*

373. Verschwimmende (verzehrende) Dekore

Die aufgebrachten Dekore sind hierbei ineinander verlaufen, so dass das eigentliche Dekorbild nicht (oder kaum) noch zu erkennen ist. Die Dekormedien bzw. Farbmedien sind im Schmelzbereich viel zu dünnflüssig und verlaufen ineinander. Die Ursachen liegen nicht alleine bei der Viskosität, sondern auch in der Oberflächenspannung der Dekormedien und der umliegenden Glasur. Eine weitere Ursache kann auch der Brennablauf sein (siehe auch „ 189").

Hilfe:

1) *Die Viskosität der Farbmedien erhöhen (geringer Kaolinzusatz).*
2) *Überzugsglasur dünner auflegen.*
3) *Überzugsglasur viskoser machen (z.B. mit ca. 4-8% Kaolinzusatz).*
4) *Niedriger brennen und/oder die Pendelzeit verkürzen.*

374. Verwitterungsausscheidungen an keramischen Fußbodenfliesen

Meist treten diese, etwas beige-grauen Ausscheidungen, nach mehrjährigem Witterungseinfluss an Fußbodenfliesen auf, wobei teilweise auch eine Frostbeschädigung mit eintreten kann. Diese Ausscheidungen sind nur an solchen Stellen, die dem Regen und der Lufttrocknung (auch Sonne) ausgesetzt sind. Die an der Oberfläche auftretenden, meist etwas dunkler gefärbten Ausscheidungen, kristallisieren auf der Oberfläche (meist in Randnähe) mit leichter Erhabenheit aus. Sie lassen sich mit einem Messer o.Ä. abkratzen, wobei die dunklen Verfärbungen nicht zu entfernen sind.

Untersuchte Fehlerfliesen zeigten, dass nur solche Fliesen diese Fehler enthielten, welche im Innern einen dunklen Reduktionskern (-Streifen) hatten. Es liegt also nahe, dass hier im Laufe der langen Zeit Kohlenstoffteilchen (Graphit) in feinster Form durch den Scherben nach oben diffundiert und hier langsam aufoxidierten. Alle Fliesen ohne Reduktionskern zeigten keine Oberflächenverfärbungen (und Ausscheidungen), so dass man festhalten kann: Kohlenstoffzonen in Platten und Fliesen verschlechtern im Laufe der Zeit die Witterungsbeständigkeit.

Bei diesen Fehlern lagen die Wasseraufnahmen zwischen 2,0 und 2,6%.

Hilfe:

1) *Volle Oxidation beim Brand, vor allem ab 700°C bis zur Sintertemperatur. Nach Sinterbeginn ist die äußere Haut schon so dicht, dass ein Kohlenstoffrest kaum noch verbrennen kann.*
2) *Eventuell ein geringer Zusatz (0,2-0,4 %) von Ammonnitrat zur Masse.*
3) *Rohstoffe kontrollieren. Die Rohstoffe mit Kohlenstoffanteil vermindern, eventuell entfernen.*
4) *Höhere Verdichtung der Werkstoffe hilft immer (sicherheitshalber < 1,5% WA), was durch einen höheren Brand und durch eine längere Haltezeit bei Endtemperatur erreicht werden kann.*
5) *Bei kristallinen Ausscheidungen, die sich abkratzen lassen und meist in Fugennähe auftreten, kann der Verlegemörtel Mitverursacher sein.*

375. Verziehen emaillierter Werkstücke

Verziehen und Werfen von emaillierten Werkstücken geschieht meist an Blechemail, wobei das Grundmetall bei höherer Temperatur leichter verformbar ist. Die Ursachen des Verziehens können verschieden sein, so z.B. Spannungen im Blech-Werkstück, unterschiedliche Wärmedehnungen von Blech und Email, ungeeignete Brennhilfsmittel und unsachgemäßes Brennen.

Hilfe:

1) *Durch Vorglühen (der Rohlinge) Spannungen beseitigen.*
2) *Brenntemperatur etwas erniedrigen und kürzere Endtemperaturzeit.*
3) *Ausdehnungswerte von Email und Blech anpassen.*
4) *Brennhilfsmittel und Aufhängungsart beachten (ändern).*
5) *Blechdicken notfalls verstärken.*
6) *Schweißstellen und Verstärkungen an nicht günstiger Stelle.*
7) *Bei häufigem Verziehen: Blechsorten ändern.*

376. Verziehen von flachen Werkstücken (Platten, Fliesen, Ofenkacheln)

Konkav oder konvex verzogene Flachteile bringen oft eine hohe Ausschussquote. Dieser Fehler kann durch ganz verschiedene Ursachen entstehen.

A. Durch ungleich starke Schwindung an Ober- und Unterseite der Keramiken, kann sich das Werkstück schon beim Trocknen (z.B. einseitiger Luftzug oder unterschiedliche Scherbenstärke am Werkstück) verziehen. Die einmal verzogenen Werkstücke bleiben überwiegend auch nach dem Brennen verzogen. Es kann auch sein, dass die Setzweise im Trockner das Verziehen einleitet, wenn z.B. Flachteile (z.B. Platten) voll auf der Unterseite aufliegen oder wenn Schalen und Teller (aller Größen) voll mit der Standfläche aufstehen, so dass dort die Trocknung stark verzögert wird (außer Verziehen auch Risse möglich).

B. Beim Brennen kann es ebenso zum Verziehen kommen, wobei Werkstücke gleicher Massen durch zeitverschobene Schwindung (bei Temperaturunterschieden im Ofen) Deformationen erhalten können. Die thermischen Ungleichheiten im Ofenraum bewirken auch im Werkstück Ungleichheiten und verschiedenartige Reaktionen an verschiedenen Stellen.

Allgemein kann man sagen: Je größer die Schwindung, desto größer die Gefahr des Verziehens. Je dichter die gebrannten Werkstücke sind, umso mehr ist auf die Einsetzweise in Trockner und Ofen zu achten.

Hilfe:

1) *Gleichmäßiger und langsamer trocknen, wobei die Besatzweise (z.B. keine Vollauflage, sondern Lochbleche, Gitter)wichtig ist.*
2) *Gleichmäßige Scherbenstärken.*
3) *Scherbenstabilisierung durch Einbau von Magerungsmitteln in die Masse (wie z.B. Scherbenmehl, Micasil, Feldspat, Quarz u.a.) verbessern.*
4) *Den Ofenbesatz lockerer und ohne Vollauflage(auf Spitzen, Dreikantleisten, Schnellbrandplatten u.Ä.) durchführen.*
5) *Bei stark unterschiedlichen Wärmeausdehnungen (AK) von Scherben und Glasur kann es (vor allem bei dünnen Scherbenstärken) zu konkaven oder konvexen Verziehungen (Krümmungen) kommen. Hier muss die Glasur entsprechend im AK geändert werden, wobei man auf eventuelle Dekoreffektänderungen achten muss.*
6) *Notfalls muss die Scherbenstärke der Platte (Fliese) erhöht werden.*

377. Verziehen (Verbiegen) von Glaswerkstücken im Dekorbrand

Beim Dekorieren von Glaswerkstücken (Bier-, Wein-, Trink-, Fensterglas u.a.) mit keramischen Dekor-Schmelzfarben kann es beim anschließenden Brand zum Verziehen der Einzelteile kommen. So können z.B. Standgläser unrund werden, bei Stielgläser verbiegen sich die Stiele etc..

Oft sind es nur ganz bestimmte Glasstücke, die im Brand verbiegen. Die Ursachen können hier verschieden sein. Die Gläser, die im selben Ofenbrand den Dekor aufgebrannt erhalten, sollten möglichst alle den gleichen Transformationspunkt haben, den man erreichen soll, um eine gute Haftfähigkeit auf dem Werkstück zu erhalten. Es müssen also Gläser und Dekormedien angepasst werden.

Hilfe:

1) Beim Verbiegen von Glasteilen Temperatur erniedrigen.
2) Wenn nur bestimmte Glassorten verbiegen, dann sollten diese für sich alleine bei tieferer Temperatur gebrannt werden.
3) Grundsätzlich ist es immer besser, nur Glas einer bestimmten Qualitätssorte im gleichen Brand zu dekorieren.
4) Haltezeit der Endtemperatur (bei guter Temperverteilung) vermindern.

378. Volumendehnung nach Formenausstoß beim Trockenpressen

In der Regel findet beim Ausstoß eines Formlings eine mehr oder weniger große Volumendehnung statt. Da hierbei unterschiedliche Spannungen senkrecht oder parallel zur Pressdruckrichtung auftreten können, kann es hier zu Rissbildungen und auch zu höherer Porosität kommen. Die Ursachen dieser „Rückwirkung" können in der Elastizität der Feststoffteilchen der Pressmasse, im zu hohen Wassergehalt oder in eingepresster Luft liegen.

Hilfe:

1) Masse mit weniger Feuchtigkeit herstellen.
2) Anteile von unplastischen Anteilen in Masse erhöhen.
3) Fertiges Granulat eine Zeit ruhen lassen (> 8 h), dann nochmals mischen und pressen.
4) Langsames Pressen, gute Entlüftung und kurze Zeitverlängerung beim Enddruckpunkt.
5) Langsameres Ausstoßen der Formlinge.

379. Wasser-(Dampf)Blasen in geformten (gezogenen) Rohlingen

Diese Blasen erscheinen nach dem Formen (Ziehen) nach kurzer Lagerzeit auf der Werkstückoberfläche oder entstehen schneller nach kurzer Zeit im Trockner. Es wurden bei verschiedenen Firmen auch verschiedene Ursachen gefunden und teilweise nachvollzogen.

Eine Ursachen war: Stark gefrorene Hartstoffe, die im Freien lagerten (bei ca. -20 bis -25°C), wurden zur plastischen Aufbereitung einer fertigen Massemischung zugemischt, nach kurzer Zwischenzeit verformt und in den Trockner gegeben, wo sich kleine Austritte von Wassertropfen auf der Oberfläche zeigten.

In einem anderen Fall traten Blasenbildungen, mit ähnlichen tropfenartigen Wasseranreicherungen, im Trockner auf, die nach dem Trocknen als abgefärbte Punktflecken auftraten. Einige dieser Fehlstücke zeigten nach dem Brand (in Klinkerplatten) gelbliche Farbnuancen.

Im letzten Fall stellte man fest, dass Elektrolytsalze vor dem Aufbereiten in die Fertigmassemischung gefallen waren. Auch hier wurde beim Nachvollziehen festgestellt, dass auch ähnliche Alkalisalze (Elektrolyte, Soda, Waschpulver) sehr ähnliche Fehler ergaben, wobei diese Salze doch relativ grob waren. Man muss sich daher Gedanken machen, woher solche „Fremdstoffe" kommen können (z.B. Plastiksacklieferung, Silofahrzeuge u.a.).

Hilfe:

1) Bei der Aufbereitung darauf achten, dass keine hartkristallinen Alkalisalze (evtl. auch Alkalifritten) oder deren Verbindungen in Mischaggregate gelangen.
2) Kontrolle (bei Lieferung) von kleinkörnigen Hartstoffen oder Pulvern, wenn diese in Kesselwagen geliefert werden. Am schnellsten führt man hier eine pH-Kontrolle durch.
3) Eine mind. 24-stündige Maukzeit mit anschließendem Strangpressendurchlauf kann Alkalisalze aufschließen.

380. Weicher Innenscherben bei Vollguss-Rohlingen

Hierbei sind die ausgeformten Vollguss-Werkstücke (z.B. Ofenkacheln, Feuerton) im Scherbeninnern noch so weich, dass diese beim Ausnehmen deformieren.

Hier ist das Scherbeninnere noch nicht genügend entwässert. Dies kann verschiedene Ursachen haben. So kann die Masse zu plastisch sein und einen so hohen Anteil an Feinstfraktionen haben, dass diese Feinstteilchen die Poren der Gipsform schnell verschließen, so dass deren Saugkraft stark vermindert wird und das Scherbeninnere lange weich (nass) bleibt.

Die Ursache kann aber auch die Gipsform selbst sein, wenn diese zu wenig Saugkraft hat (zu feucht, falscher Formengips, siehe auch „169" und „171").

Hilfe:

1) Trockene Gipsformen verwenden.
2) Masse abmagern mit Schamottemehl, Scherbenmehl u.Ä.
3) Plastische Rohstoffe in der Masse vermindern und leicht entwässernde Rohstoffe (glimmerhaltige Tone und Kaolin) in den Versatz einbringen.
4) Saugende Formengipse und besseren Gips/Wasserfaktor verwenden.

381. Weiße Ausscheidungen beim Herstellen dunkler Schleifsteine

Es handelt sich hier um dunkle (braun-schwarze), meist runde Handschleifsteine (Stifte). Hier zeigen sich bei der Produktion nach dem Trocknen (öfter nach dem Brand) weiße Ausscheidungen auf der Werkstückoberfläche.

Ein höherer Brand vermindert zwar die Ausscheidungen, aber der Schleifstein hat nicht mehr den gewünschten Schleifeffekt, wobei ein höherer Brand oft ein Verziehen bewirkt, was zu krummen Steinen (Zigarren) führt. Aber auch in der Anwendung zeigen sich solche weiße Flecken, wenn sie im täglichen Gebrauch zum Schleifen von Messern, Sensen, Sicheln u.a. eingesetzt werden. Hierbei kommen sie oft mit Wasser in Berührung und zeigen nach häufigem Trocknen weiße Schleier auf der Außenhaut, wodurch sich die Schleifwirkung aber nicht vermindert.

Dies sind fast immer Sulfatausscheidungen. Da diese Ausscheidungen nur auf dunklen Steinen auftreten, sind die Ursachen in den Farboxid-Zusätzen, die im Versatzgemisch verwendet wurden, zu suchen. Fast immer sind die Sulfatanteile in den Qualitäten der Mangan- und Eisenoxide vorhanden, so dass man auf S-Verbindungen untersuchen muss.

Hilfe:

1) Mangandioxide (Braunstein) auf S-Verbindungen untersuchen und eventuell durch saubere Mn-Verbindungen austauschen, die aber wesentlich teurer sind.

2) Eisenoxide auf S-Verbindungen untersuchen, wobei auch hier die sauberen Oxide teurer sind.

3) Beim Vorhandensein von S-Verbindungen (weiße Ausscheidungen) Bariumkarbonat dem Versatzgemisch zugeben, wobei man das $BaCO_3$ in Wasser einrühren und flüssig in den Versatz geben soll. Das hier mit eingegebene Wasser ist zu berücksichtigen.

4) Beim Trocknen und Brennen darauf achten, dass die Außenflächen nicht anstoßen oder voll aufliegen, wodurch Brennflecken (durch verschiedene Oxidationsstufen der Auflagenstellen) auftreten können.

382. Werfen und Verziehen beim Strangpressen

Beim Strangpressen erfolgt eine geringe Mischung und eine höhere Verdichtung durch die Schneckenwelle im Presszylinder. Durch Einbau von Vakuum erhält man eine sehr elastische Masse. Durch die wellenartige Transportbewegung zum Mundstück entsteht hier mehr oder weniger starkes Werfen und Verziehen des gezogenen Stranges. Strukturzerstörende Maßnahmen in der Presse sollen dies verhindern.

Trotzdem stellt sich ab und zu ein Verziehen und Werfen der stranggezogenen Werkstücke (wie Ziegel, Fliesen, Spaltplatten u.a.) ein, so dass verbogene Stücke entstehen. Hierbei können die Ursachen verschieden sein.

Hilfe:

1) Strukturzerstörer am Strangzylinder kontrollieren bzw. richten.
2) Schneckenwelle ist abgenutzt und muss erneuert werden.
3) Es wurde ein stark abgeänderter Masseversatz verwendet, der andere Reibungswerte hat.

383. Werkstückrisse (Reißen) von Werkstücken im 2. Brand (oft Dekor)

Hierbei handelt es sich meist um glasierte Werkstücke, die eine Dekorauflage (meist Schmelzfarbe o.ä. mit Hand, Siebdruck, Abziehbild aufgebracht) erhalten, welche in einem zusätzlichen Brand (Schmelzbrand bei 700-800°C) aufgeschmolzen werden.

Die hierzu verwendeten Werkstücke haben meist eine gewisse Quarzmenge in ihrem Scherben, der beim Hochheizen im Dekorbrand durch die Modifikationsumwandlung eine plötzliche starke Volumendehnung (bei 550-600°C) und ein entsprechendes Zusammenziehen bei der Abkühlung durchmacht. Wenn hierbei die thermischen Spannungskräfte höher werden als die Scherbenfestigkeit, so reißen die Werkstücke.

Bei sehr dünnwandigen Stücken (z.B. Feinporzellan) genügen schon wenige Prozent an freiem Quarz (im Scherben), um diesen Fehler zu erhalten.

Hilfe:

1) Lockerer einsetzen.
2) Langsamer hochheizen, dafür Pendelzeit verkürzen.
3) Langsamer abkühlen und erst ab 450°C schneller abkühlen.

384. Wellenartige (unebene) Glasuroberflächen

Die Glasur (auch Email) zeigt eine wellenartige, unruhige Oberfläche (ähnlich leicht bewegter Wasseroberfläche). Hierbei ist die Glasur beim Schmelzen nicht spiegelglatt verlaufen, sondern in, Unruhe abgekühlt.

Die Ursachen liegen bei verschiedenen Faktoren und können von der Zusammensetzung, dem Glasurauftrag und dem Brennablauf abhängen. Hinzu kommt noch, dass beim Schmelzvorgang zwei verschiedene Glasphasen entstehen können, die eine unruhige Schmelze und Glasbildung erzeugen.

Hilfe:

1) Viskosität ist zu hoch, wenig (ca. 5%) entsprechender Fritte zusetzen. Die Fritte soll auf gleicher Basis wie die Glasur aufgebaut sein.
2) Wenn direkt nach dem Trocknen des Glasurschlickers auf dem Werkstück schon wellige, unebene Oberflächen erscheinen, so muss der Druck (an Spritzpistole bzw. Düse) geändert werden.

3) *Beim Spritzen oder Tauchen den Glasurschlicker dünnflüssiger einstellen.*
4) *Langsamer hochheizen, etwas höhere Brenntemperatur (ca. 10K) und/ oder längere Pendelzeit durchführen.*
5) *Bei Glasurneuaufbau den B_2O_3-Anteil vermindern, wobei auch eine Al_2O_3-Erhöhung (über normal: mehr als 1/10 von SiO_2) eine Verbesserung bringt.*
6) *Bei Versatz, der aus verschiedenen Glasurmischungen besteht, darauf achten, dass beide auf gleicher Basis aufgebaut sind und nicht nebeneinander zwei verschiedene Glasphasen entstehen.*

385. Winkelverzerrung (Unwinkeligkeit) bei Eckkacheln

Winkel von Eckkacheln zeigen Verzerrung, so dass sie unwinkelig sind. Bei geringer Verzerrung kann man diesen Fehler durch geschicktes Setzen beim Ofenkachelbau korrigieren.

Am stärksten kommen die unwinkeligen Eckkacheln bei Ofenkacheln mit ungleichen Seitenlängen (Seitenflügel) vor, da hier die Seitenschwindungen längenmäßig die stärksten Unterschiede haben. Je kürzer der Seitenschenkel, desto geringer die Neigung zur Unwinkeligkeit. In der Praxis hilft man sich mit einem „Richten", ein Nachkorrigieren in lederhartem Zustand.

Die Ursachen liegen in Spannungen, die während des Vortrocknens (teils auch schon gering beim Formgeben) da der kurze Schenkel schneller antrocknet (also Scherben bildet) als der lange Schenkel, auftreten. Auch beim Ausnehmen kann es zu geringfügigem Verziehen (Flügeligkeit) kommen. Es muss also eine Entspannung vor dem endgültigen Starrwerden stattfinden, oder es dürfen bei der Herstellung keine derartigen Spannungen auftreten.

Hilfe:

1) *Möglichst Eckkacheln mit geringst möglichen Seitenschenkeln (Seitenlängen) herstellen.*
2) *Ein höherer Schamotteanteil vermindert Schwindung und somit wird auch das Auftreten von Verziehen vermindert.*
3) *Die Masse so mager wie möglich einstellen, möglichst aber nicht mit einem zu hohen (max. 35%) Quarzgehalt.*
4) *Der lederharte Zustand soll genutzt werden, um die bis hier vorhandenen Spannungen (Unwinkeligkeit) durch Bearbeiten zu beseitigen. Hierzu wird die in einem Hilfswinkel eingelegte Kachel mit einem Holzwerkzeug beklopft, um die nach dem „Richten" (winkelig biegen) noch vorhandenen Spannungen zu beseitigen.*
5) *Endtrocknung (meist bei gepressten Kacheln) in eingespanntem Winkelwerkzeug durchführen, worin die Kachel während dem Trocknungsvorgang eingespannt bleibt. Nach dem vollkommenen Trocknen findet kein Verziehen mehr statt, es sei denn, die Glasur ist auf eine zu hohe Druckspannung (zu niederer Glasur-AK) eingestellt.*

386. Wülste an Glasur-Nadelstichen und Krater

Glasurwülste rund um Nadelstiche, Blasenreste und Krater zeigen, dass beim Entgasen an den entsprechenden Stellen die Glasur nach außen weggeschoben wurde und keine Möglichkeit hatte sich auszugleichen. Ob hier die zu kurze Brennzeit oder Viskosität oder zu hohe Oberflächenspannung die Ursache sind, ist schlecht festzustellen, so dass man die verschiedenen Hilfsmaßnahmen nacheinander durchprobieren muss.

Das Anbringen einer Sperrschicht (Sinterengobe mit sehr breitem Sinterintervall) zwischen Glasur und Scherben ist von Vorteil, aber in vielen Fällen durch diesen zweiten Arbeitsgang auch zu teuer.

Hilfe:

1) Höher brennen (ca. 10-20 K) und/oder längere Pendelzeit durchführen.
2) Langsameres Hochheizen bis zum Sinter- und Schmelzbeginn der Glasur.
3) Zusatz von Flussmittel (ca. 5% einer entsprechenden Fritte).
4) Oberflächenspannung bei Glasurneuaufbau etwas herabsetzen oder der derzeitigen Glasur 3-5% Alkaliverbindung (Alkalifritte, Nalsit o.Ä.) zusetzen.
5) Eine Sperrschicht (Sinterengobe) zwischen Glasur und Scherben aufbringen (zusätzlicher Arbeitsgang).

387. Zerbersten (Reißen) von Werkstücken im Brand

Hier gibt es zwei verschiedene Fehlerarten vom Zerbersten keramischer Werkstükke, deren Aussehen aber die Ursache erkennen lässt.

So kennt man Artikel, die schon beim Hochheizen reißen, d.h. eigentlich waren diese noch nicht vollkommen entwässert (nicht voll trocken) und sind beim Brennen durch die schnelle Wasserdampfaustreibung zum Aufplatzen, Bersten und Reißen gekommen. Dies geschieht fast nur bei sehr plastischen Werkstückmassen, wobei die Masse ganz bestimmte, empfindliche Tonminerale enthält (z.B. Fire-clay, Montmorillonit oder Allophane u.Ä.), bei denen beim Hochheizen ein restlicher Wassergehalt eine Dampfkraft erzeugt, die den Scherben verschieden stark aufsprengt. Geschieht dies bei glasierter Ware, so verläuft die spätere Glasurschmelze in die Bruchstellen. Auch eventuelle Reduktion ist im Scherbenquerschnitt zu erkennen.

Eine zweite Art des Zerberstens von Werkstücken (meist Hohlgefäßen) tritt ein, wenn diese (Tassen, Kannen, Vasen etc.) innen eine andere Glasur haben als außen, und diese einen deutlichen AK-Unterschied zeigen. So können bei zu kleinem Glasur-AK der Innenglasur die Druckkräfte so groß werden, dass die Gefäße beim Abkühlen (meist auf Tunnelofenwagen) bersten oder gar zerreißen.

Eine dritte Möglichkeit besteht durch plötzlich entstehende, innere Gasdrücke, die das Gefäß aufreißen.

Hilfe:

1) *Masse wesentlich intensiver trocknen, was besonders bei empfindlichen Tonmineralen im Masseversatz notwendig ist. Dies gilt auch bei rohglasierten Waren, wobei das rohe Werkstück bereits vorgetrocknet war, ehe durch das Rohglasieren wieder reichlich Wasser in den saugenden Scherben eingedrungen ist. Das intensive Nachtrocknen (bis ca. 300°C) ist besonders beim Schnellbrand zu beachten.*
2) *Beim Glasurdruckbersten kann man verschiedene Maßnahmen ergreifen:*
   a) Innenglasur-AK erhöhen (Zugabe von wenig Alkali und Al_2O_3).
   b) Scherben verstärken.
   c) Brenntemperatur erhöhen (wenn zulässig).
3) *Kontrolle der Masse auf „explosionsgefährdende" Masseanteile. Z.B. sind Gipsbrocken, Kalkmörtelteile, Kohle-, Holz-, Gummi und andere organische Anteile, Zementbrocken (Betonsplitter), aus der Masse zu entfernen.*

388. Zerdrücken und Zerreißen von Trockenpresslingen

Bei Trockenpressen von dickwandigen Werkstücken (z.B. Klinkersteine) kommt es vor, dass nach dem Pressen beim Ausschieben der Rohling zerreißt.

Die Ursache kann sowohl bei schwachen Matrizen als auch bei nicht richtiger Entlüftung während des Pressvorgangs liegen. Bei einseitigem Pressen kann auch der Druckausgleich in der Matrize (meist bei sehr mageren Massen) so schlecht sein, dass durch die Druckdifferenz ungleiche Dichten entstehen und ein Zerdrücken erfolgt, wobei ein Zerreißen auch erst im späteren Produktionsablauf erfolgen kann.

Hilfe:

1) *Beim Pressen auf langsame Drucksteigerung und gute Entlüftung achten.*
2) *Matrizen müssen so stark (starr) sein, dass sie bei einem hohen Pressdruck nicht nachgeben und keine elastische Zerdrückungswirkung bekommen.*
3) *Beidseitiger Druck ist immer vorteilhaft.*
4) *Der Granulatmasse etwas mehr Feuchtigkeit geben.*
5) *Druckausgleich schaffen durch Einsatz von Druckausgleichmitteln in der Masse und Schmiermitteln an der Matrizenwandung.*

389. Zerfallen von Trockenpresslingen nach Formgebung

Dieses Zerfallen geschieht einmal direkt nach dem Trockenpressen, wobei schon beim Ausstoß das Werkstück beschädigt wird und zum anderen zerfallen (reißen) die Pressstücke beim Transport in oder aus der Trockenkammer.

Die Ursachen liegen meist in der falschen Massezusammensetzung, weniger oft aber auch im unsachgemäßen Pressen.

Hilfe:

1) Der Pressdruck ist viel zu niedrig und muss wesentlich erhöht werden.
2) Bei Volumenpressen ist die Granulatdichte viel zu gering (Vorverdichten von Pellets).
3) Das Massegemisch hat zu wenig bindende (z.B. plastische Tone) Anteile, die man um wenige Prozente (manchmal reichen 3-5%) erhöhen muss.
4) Das Erhöhen (oder Eingeben) von Pressöl, Pressemulsionen bringt Hilfe.
5) Die Kornverteilung stimmt nicht und muss geändert werden.

390. Zerkratzen von Geschirr (z. B. Teller) nach kurzem Gebrauch

Man erkennt z.B. bei glasierten Tellern, dass auf deren Oberflächen, nach kurzer Gebrauchszeit, starke Kratzspuren und raue Stellen entstanden sind.

Die Ursachen liegen allgemein in einer zu geringen Glasur-Ritzhärte, so dass die Essbestecke (vor allem Messer) Kratzer bewirken. Auch beim Ineinanderstellen von Tellern mit unglasierten Boden-Standflächen, reiben diese gegen die innere Bodenglasur der Teller (Schüsseln), so dass hier auch leichte Anrauungen entstehen.

Eine zu hohe Druckspannung der Glasur kann nach der ersten Beschädigung eine weitere Beschädigung beschleunigen! Letzteres gilt vor allem für kristalline, halbmatte Glasuren. Hier erfolgt im praktischen Einsatz ein schnelleres Ausbrechen von kleinsten Glasursplittern an den entstandenen ersten Glasurbeschädigungen.

Hilfe:

1) Glasurzusammensetzung ändern, wobei vor allem folgende Oxide erhöht werden sollten: CaO, SiO_2, B_2O_3, BaO, MgO, Al_2O_3, und ZrO_2 (bei weißen Glasuren).
2) Bei Glasurneuaufbau soll der SiO_2- und CaO-Gehalt so hoch wie möglich eingeführt werden (bei Temperaturen über 1200°C, mehr als das 10-fache von Al_2O_3).
3) Oft hilft ein höherer Glattbrand und/oder eine längere Pendelzeit.
4) Der Glasur-AK darf nicht so tief sein, dass eine zu hohe Druckspannung entsteht (Probe: Bei Schlag auf Tellerkante - z.B. starkes Gegeneinander stoßen, darf keine Absprengung entstehen). Man kann diesen Schlag auch mit einem Hartholz (z.B. Hammerstiel) durchführen.

391. Zerspringen und Reißen bei Temperaturschock

Dieses Reißen und Zerspringen von keramischen Körpern bei schnellem Temperaturwechsel tritt bei vielen keramischen Produkten auf, die nicht alle Voraussetzungen für das Überstehen von Temperaturschock haben.

So können Geschirre schon bei niedrigem Temperaturschock (z.B. kochendes Wasser oder Aufsetzen auf heißen Herd) zerspringen und in Stücke zerfallen. Dies kann auch mit Fliesen bei Heißwasser- oder Dampfbeeinflussung geschehen, so dass sie Oberflächenrisse und Körperrisse erhalten können.

Die Temperaturschockempfindlichkeit kann man verbessern, wenn man die verschiedenen beeinflussenden Faktoren kennt. Dies sind die WÄRMEDEHNUNG der Werkstücke und die WÄRMELEITFÄHIGKEIT, die wiederum von der CHEMISCHEN ZUSAMMENSETZUNG und TECHNISCHEN WERTEN (Dichte, Festigkeit) abhängen. Die Thermospannungen, die hierbei entstehen, sind auf die Dehnungsdifferenzen in den verschiedenen Werkstückteilen zurückzuführen, die durch die Temperaturdifferenzen im Werkstück auftreten.

Je dicker ein Scherben und je plötzlicher ein Temperaturschock erfolgt, desto größer werden die Thermospannungen, bis diese die Werkstückfestigkeit übersteigt und es zerstört. Beim schnellen Temperaturausgleich (z.B. bei guter Wärmeleitfähigkeit, geringer Scherbendicke etc.), entstehen keine zerstörenden Thermospannungen.

Hilfe:

1) *Die Scherbendicke möglichst gering halten.*

2) *Eine dichte Glasphase leitet die Wärme besser und ergibt einen schnelleren Temperaturausgleich, so dass fast keine Thermospannungen entstehen und hiermit auch eine höhere Scherbenfestigkeit erreicht wird. Hierfür kann man Flussmittel: Feldspat, Sintermehl u.Ä. in die Masse einführen.*

3) *Die Wärmeausdehnung (AK) hat einen sehr hohen Einfluss. Je höher der AK (von Scherben und Glasur), desto weniger gut ist die Temperaturwechselbeständigkeit. Hier muss man eine Masse mit niedrigem AK herstellen. Eine geringe Verbesserung bringt ein erheblicher Zusatz von Kaolin, wobei aber fast alle anderen Scherbeneigenschaften verändert werden. Daher ist meist ein Masse-Neuaufbau notwendig.*

4) *Bei feinkeramischen Kochgeschirren (z.B. Töpferware, Steingut, Steinzeug) empfiehlt sich ein Zusatz von dichtgebranntem Schamottemehl mit kleinem AK.*

5) *Allgemein kann man feststellen: Eisenoxidhaltige Keramiken mit bunten Scherben (auch bei Mn-haltigen Massen) haben gegenüber weißen Massen eine höhere Temperaturwechselbeständigkeit.*

6) *Eine Steigerung der Brenntemperatur ergibt meist höhere Festigkeiten und eine AK-Erniedrigung, so dass auch hiermit eine Verbesserung zu erreichen ist.*

392. Ziegelausblühungen

An Ziegel- und Klinkererzeugnissen zeigen sich oft Ausblühungen, die als pelziger weißer (auch hellfarbiger) Belag auf der Werkstückoberfläche auftreten.

Die Ursachen dieser Ausblühungen, welche sich durch die dunkle Brennfarbe der Ziegelerzeugnisse farblich deutlich abheben, liegen meist in Sulfatsalzen, die meist an Alkalien (Na, K) gebunden sind.

Seltener sind sie an andere Elemente wie Ca, Mg, Fe oder V gebunden. Die entstehenden Farben der Ausblühungen geben erste Auskunft über die Sulfatbindung. So sind bei weißen Ausblühungen meist Na, Ca, K, oder Mg als Partner vorhanden, während grünliche Farbsalze meist V- und gelbliche bis braune Ausscheidungen meist eine Fe-Bindung zeigen.

Die ausblühfähigen Salze können A) im ROHSTOFF, B) im ANMACHWASSER, C) im ZUSCHLAGSTOFF (z.B. Eisenrotschlamm, Manganton u.a.) und D) in SO_3-GASEN der Brennatmosphäre ihre Ursachen haben.

Hilfe:

Zu

A) *Rohstoffe auf Wasserlöslichkeit und Menge solcher Sulfatsalze untersuchen und $BaCO_3$ (Faktor 1,5) hinzugeben, damit sich im Brand unlösliches $BaSO_4$ (Bariumsulfat) bildet, wodurch keine Ausblühungen mehr auftreten.*

B) *Anmachwasser auf Sulfat untersuchen (meist bei Brunnen- und Recyclingwasser), dann die gleichen Maßnahmen wie zu A) treffen.*

C) *Zuschlagstoffe ebenfalls untersuchen und evtl. Zusatzmenge vermindern oder völlig rausnehmen und evtl. durch sulfatfreie Salze ersetzen. Ansonsten Maßnahmen wie zu A).*

D) *Die Brennatmosphäre kann SO_3-Gase enthalten (die auch aus dem Brenngut kommen können), so dass man Brennstoffe verwenden soll, die frei von S-Verbindungen (seltener auch V) sind.*

Allgemein:

Durch Zusätze von Phosphatsalzen (z.B. Na-Phosphat) erreicht man die Bildung von unlöslichem Calciumphospat und Magnesiumphosphat, so dass kein $CaSO_4$ und $MgSO_4$ erhalten bleibt. Gleichzeitig wird die rote Brennfarbe stark intensiviert.

Ein geringer Zusatz von (0,1-0,4%) NaCl (Kochsalz) kann erhebliche Verbesserung bringen. Hierbei soll, durch die früher einsetzende Silikatisierung von CaO und MgO, keine Sulfatverbindung mehr erhalten bleiben.

393. Zurücktreten der Glasur vom Rand (z. B. bei Fliesen)

Es zeigt sich an Platten und Fliesen, dass die Glasur mehr oder weniger stark abzieht. Die Vorstufe zu diesem Fehler ist oft das Bilden von schwachen Glasurwülsten am Rand.

Hier fehlt die Haftfähigkeit am Werkstückrand und außerdem besitzt die Glasurschmelze eine zu hohe Oberflächenspannung. Der Fehler wird durch Entgasungen aus dem Scherben unterstützt.

Hilfe:

1) *Nach Glasurauftrag langsamer trocknen und völlig trocken in den Ofen geben.*

2) *Brenntemperaturerhöhung (10-20 K) und/oder längere Pendelzeit vornehmen. Bei sehr hoher Oberflächenspannung hilft dies nicht.*
3) *Glasur ist zu dick aufgelegt, also: dünnere Glasurlage auflegen.*
4) *Glasur ist zu fein aufgemahlen, also: Mahldauer verkürzen. Bei Neuansatz zu gröberer Glasur kann man (meist) ca. 10% der „Fehlglasur" - durch Einmischung - mitverwenden.*
5) *Glasur ist zu viskos, also wenig Flussmittel (z.B. 4-8%) zusetzen.*
6) *Oberflächenspannung erniedrigen durch Zusatz von Alkalifritte o.Ä.*

394. Zusammenbacken unglasierter Keramiken (auch Schüttgut)

Hierbei ist das Zusammenbacken von sich berührenden Werkstücken meist so groß, dass diese nach dem Brand zusammenhängen und nur schlecht zu trennen sind.

Dies ist häufig bei gesintertem Schüttgut zu beobachten, wenn im Brand erhebliche Temperaturunterschiede in dem Schüttgutvolumen entstehen. Die Ursachen sind einmal in dem kurzen Sinterintervall der Masse und zum anderen in schlechtem Temperaturausgleich in der Brennzone des Ofens zu suchen.

Hilfe:

1) *Temperatur gering erniedrigen (10-20 K), dafür Haltezeit(-zone) verlängern.*
2) *Weniger dichten Ofenbesatz durchführen. Bei Schüttgut die Schütthöhe vermindern oder Schütthöhe in mehrere Etagen aufteilen.*
3) *Masse von Erdalkali (CaO, MgO) befreien, die ein sehr kurzes Sinterintervall haben, dafür Alkalirohstoffe (Feldspäte, Nephelin-Syenit, glimmerhaltige Rohstoffe) einführen (bzw. erhöhen).*
4) *Zusatz von (ca. 10%) kaolinitreichen Rohstoffen zur Masse.*

395. Zusammenbacken glasierter Keramiken

Beim Ofenaussetzen sieht man, dass Werkstücke zusammengebacken sind, wobei diese zum Teil fest miteinander verbunden sind und zum Teil erkennt man Stellen, wo im Brand ein Schmelzkontakt vorhanden war. Hier erscheint ein Fleck, eine glasurfreie Stelle, eine Vertiefung oder ein Dekorschaden.

Die Ursachen liegen hier:

1) in zu dichtem Besatz, wobei die Werkstücke zum Teil in direkter Berührung eingesetzt sind;
2) wenn die Glasuren der Werkstücke beim Schmelzvorgang große Blasen bilden, die bis zum nahestehenden Nachbarstück reichen und hier Kontakt mit dessen Glasur aufnehmen, so dass entstehende Reaktionen nach dem Brand sichtbar sind und fast immer zu Ausschuss führen.

Hilfe:

1) *Beim Abstand glasierter Waren entsprechenden Abstand (mind. 8-10 mm) einhalten.*
2) *Langsame Temperatursteigerung im Schmelzbereich der Glasur vermindert die Großblasenbildung und kann ein Zusammenbacken verhindern.*
3) *Möglichst Glasuren verwenden (Fritte-reicher Versatz), die im Brand keine oder nur wenig Reaktionsblasen ergeben.*

396. Zusammenbacken (Anbacken) von Schleifwerkstücken

Dies geschieht fast nur an übereinander gestapelten Schleifscheiben, Schleifsteinen u.a., welche nach dem Brand fest miteinander verklebt sind.

Diese „Verklebung" ist durch eine Schmelzreaktion zwischen den Auflagenflächen eingetreten.

Es kommt auch vor, dass flache Schleifkörper auf der Unterlage (Brennhilfsmittel) festbacken. Grundsätzlich sind immer Schmelzreaktionen die Ursache. Es sind zu große Schmelzphasen an den Berührungsflächen vorhanden. Bei SiC kann es auch (zusätzlich) zum Aufblähen und Verziehen kommen.

Die Ursachen des Zusammenbackens können verschieden sein und sowohl im Pressmassenversatz, im Ofenbesatz als auch im Brand liegen.

Hilfe:

1) *Beim Besetzen des Ofens die jeweilige Unterlage (Brennhilfsmittel, bzw. Auflagenfläche der Werkstücke) mit einer Trennschicht (z.B. Korundkorn) bestreuen und die Werkstücke voll plan aufsetzen.*
2) *Niedriger brennen (10-20 K), notfalls bei erniedrigter Temperatur die Haltezeit verlängern, um bessere Temperaturgleichheit zu erhalten.*
3) *Bindungsanteil erniedrigen.*
4) *Flussmittelanteil in der Bindung gering herabsetzen.*
5) *Bindung kontrollieren, ob Versatz stimmt oder ob neue Versatzstoffe (vor allem Feldspat) ohne Vorkontrolle eingeführt wurden.*
6) *Feldspat durch Nephelin-Syenit (noch besser Nalsit = synth. reiner Nephelin) ersetzen, um ein breites Sinterintervall zu erhalten.*
7) *Nicht zu hohes Übereinandersetzen (Stapeln) bei Werkstücken und genügend Trennkorn zwischen den Einzelstücken.*
8) *Bei Werkstücken mit sehr großem Gewicht nur Einsetzen durchführen.*

397. Zusammenfallen von Werkstücken nach nasser Formgebung

Man erkennt das Zusammenfallen der frisch geformten Rohlinge: A. direkt nach dem Gießen und B. direkt nach dem plastischen Stanzen oder Töpfern.

Bei der Gießformgebung kann im ungünstigsten Fall der Rohling schon beim Auskippen der Überschussmasse aus der Gipsform mit ausfallen (siehe auch „053“). Bleibt der Rohling hier noch ganz erhalten, so kann er trotzdem in sich zusammenfallen.

Meist geschieht dies (oft an plastisch verformten Werkstücken) bei der ersten kleinen Erschütterung, durch nahe stehende laufende Motoren oder Transport zum Trockner o.Ä. Die Ursachen liegen in dem noch labilen Festigkeitszustand der frischgeformten Werkstücke.

Hilfe:

Zu A

1) *Hier soll man die Gießrohlinge, ehe man sie aus der Form herausnimmt, noch eine längere Zeit (bis etwa zum lederharter Zustand) abtrocknen lassen und dann erst ausformen. Hierbei kann man die Antrocknung, besonders von größeren Hohlraumstücken, durch eingehängte Schwachheizquellen (z.B. Glühlampe) in die ausgegossene Form, beschleunigen.*

2) *Man muss im Gießmassenversatz die Anteile der hochplastischen Tonrohstoffe durch glimmerartige oder kaolinithaltige Tone ersetzen, die sich schneller entwässern lassen.*

Zu B.

1) *Die Masse ist thixotrop und verliert in feuchtem Zustand bei geringer Erschütterung den Zusammenhalt und fällt in sich zusammen. Durch Zugabe von wenig (0,1-0,3%) $Ca(OH)_2$ (gelöschten Kalk) wird die Thixotropie aufgehoben und der Rohling bleibt stabil.*

398. Zusammenrollen von Schmelzdekoren (Abziehbild, Siebdruck)

Dieser Fehler zeigt sich nach dem Schmelzdekorbrand (Drittbrand), wobei sich die Dekorflächen an der Seite zusammenziehen oder gar abrollen und die zusammengezogenen Stellen verdickt erscheinen.

Das Dekor (z.B. Bild, Wappen, Schrift u.a.) ist stark beschädigt und meist ist das entsprechende Werkstück nicht mehr zu verwenden. Die Ursachen können vielfältig sein und reichen von falschen Dekormedien bis zur nicht genauen Beachtung des Dekorauftrags oder falschem Brennverlauf.

Hilfe:

1) *Die Unterlage (Glasur, Email, Glas u.Ä.) hat eine zu hohe Transformationstemperatur, so dass die Schmelzfarbe schon schmilzt und sich bei gering zu hoher Oberflächenspannung zusammenzieht, da noch keine Reaktion mit der Unterlage stattfinden kann. Hier muss das Schmelzmedium (Dekor) schwerer schmelzbar werden, oder aber die Unterlage muss etwas früher schmelzen. Ist die Unterlage eine Glasur, so muss man dieser etwas Flussmittel (ca. 5-8%) zusetzen.*
2) *Die Unterlage war nicht sauber, z.B. Staub, Fett, Schweiß u.Ä., so dass diese Anteile vergasen und die Reaktion zwischen Unterlage und Dekormedium verhindern wird und die Schmelzfarbe für sich alleine schmilzt und sich zusammenrollt.*
3) *Die dekorierten Teile sind in noch nicht vollkommen trockenen Zustand in den Ofen eingesetzt und hochgeheizt worden, so dass die Verdampfung von Wasser und organischen Bindern die Verbindungsreaktion mit der Unterlage verhindert. Es muss dementsprechend ein gutes Trocknen der Dekore erfolgen, ehe der Schmelzbrand beginnen darf.*
4) *Die Schmelzdekore sind zu dick aufgetragen, so dass diese nur in der Berührungsfläche mit der Unterlage verschmelzen und verzahnen und sich der zu dicke Teil zusammenzieht oder bei senkrechten Flächen abrutscht. Dieser Fehler kommt am häufigsten bei Siebdruck und Handmalerei vor. Hier ist eine dünne, aber noch ausreichend deckende Auflagenschicht erforderlich.*

399. Zusammenziehen von Glasur und Email

Die Glasur (Email) hat sich im Brand beim Schmelzvorgang so stark zusammengezogen, dass glasurfreie Stellen entstanden sind. Es fehlt hier also völlig die Benetzung und Reaktion mit der Unterlage.
Die Ursachen können bei diesem Fehler sehr verschieden sein und reichen von der Aufbereitung bis zu Auftrag und Brennen (siehe auch „004, 048“).

Hilfe:

1) *Nicht saubere Unterlage beim Glasurauftrag, wie Fett, Staub, Schweiß, Öl u.a., können den Fehler bewirken. Säubern der Unterlagen ist eine wichtige Voraussetzung für einwandfreien Glasursitz (Emailsitz).*
2) *Bei rohglasierten Keramiken, empfiehlt es sich, das Werkstück mit einem ausgedrückten, nassen Schwamm abzuschwämmen, damit sich die letzten Staubanteile (Masseteilchen) mit dem Scherben verkleben.*
3) *Zu dicke Auflage der Glasur kann Verursacher sein, dementsprechend Glasur dünner auflegen.*
4) *Zu rapides Trocknen und zu schnelles Hochheizen sind Mitverursacher (hauptsächlich bei Schnellbrand) des Zusammenziehens. Hier ist eine vollkommene, intensive Trocknung vor Ofeneinsatz erforderlich.*

5) *Zu große Oberflächenspannung der Schmelze (Glasur-, Email-) ergeben fast immer solche Fehler, so dass man hier Stoffe mit niedrigen Oberflächen-Spannungswerten in die Glasur einbauen muss (so z.B. Alkalien und gleichzeitig SiO_2).*

400. Zusammenziehen (Bündeln) von Heizspiralen im E-Ofen

Hier zeigt sich ein Zusammenziehen der Spiralen auf ihren Trägern (meist Heizleitertragerohre), wobei stellenweise Spiralenbündel entstehen und dafür die übrigen Spiralen weit auseinander gezogen werden. Hierdurch entstehen örtliche Überhitzungen und damit ungleiche Temperaturverteilungen und Brennergebnisse im Brennraum (diese Spiralenbündel sind auch oft Ursache des Durchbrennens!!).

Die Ursachen liegen zum großen Teil in der Vorbehandlung der Spiralen, bei deren Herstellung, so dass in solch einem Falle der praktische Anwender nur noch wenig tun kann. Beim Drehen der Spiralen (auf der Drehbank) aus Widerstandsdraht wurde mit zu wenig Wärme gearbeitet, so dass Spannungen eingeformt wurden, die sich bei späterem, praktischem Einsatz (Erhitzen) derart auswirken, dass eine Bündelung (oft auch ein festes Aufziehen auf das Tragerohr) auftritt.

Je höher die Spiralentemperatur (Brenntemperatur), desto stärker das Zusammenziehen. Je nach Drehrichtung (bei Spiralenwickeln und Überziehen auf Tragerohre) kann auch ein Aufdrehen (oft Durchhängen) der Spiralen erfolgen, vor allem bei hohen Anwendungstemperaturen und langen Einsatzzeiten.

Hilfe:

1) *Nach ersten Bündelerscheinungen, die Spiralen glühen (evtl. mit Lötlampe oder Brenner) und im heißen, glühenden Zustand wieder richten (evtl. mit breitem Schraubenzieher und Flachzange auf richtigen Abstand auseinander ziehen), nochmals kurz glühen, um evtl. hierbei entstandene Spannungen in der Spirale aufzuheben.*
2) *Bei neuer Spiralisierung dickere Spiralen (größerer Drahtdurchmesser) einsetzen, wobei diese Maßnahme seitens der Ofenfirma (oder eines Elektrikers) durchgeführt werden muss.*
3) *Die Brenntemperatur senken, bzw. Spiralen höherer Qualität einbauen.*
4) *Die Ursache kann auch in viel zu alten (verbrauchten) Spiralen liegen, wobei auch zusätzlich an anderen Stellen ein Durchhängen der Spiralen eintreten kann. Hier ist die Spirale fast völlig aufoxidiert (verbrannt), so dass nur noch ein dünner Metallkern übrig ist (Amperemeteranzeige!). Hier ist ein neuer Spiralensatz notwendig.*

401. Zusammenziehen von Schmelzfarbendekorteilen

Dieser Fehler tritt bei gebrannten Schmelzfarbendekoren bei Keramiken (Steingut, Steinzeug, Porzellan, Glas, Email) auf und zeigt ein Abrollen (selten Aufreißen) bzw. Zusammenziehen von dekorierten Schmelzfarben. Häufig tritt dieser Fehler in Manufakturen auf und kann verschiedene Ursachen haben. So in der Werkstückvorbehandlung, im Auftrag (manuell oder maschinell), in der Trocknung und im Brennablauf.

Hilfe:

1) Oberflächen der zu dekorierenden Werkstücke gut reinigen, wobei auch das Einweichwasser (für Schiebebilder) häufiger zu erneuern ist.
2) Schmelzfarben in geringerer Auftragstärke aufbringen.
3) Langsamer trocknen um eine vorzeitige Dekor-Oberflächentrocknung zu vermeiden, während im Dekorinnern noch weiche Farbpaste vorliegt (hier könnte Aufreißen der Oberflächenhaut vorkommen, was zu Adernbildung führt).
4) Nur Werkstücke mit vollkommen trockenen Dekoren in den Ofen geben.
5) Zu schnelles Hochheizen vermeiden, vor allem im unteren Temperaturbereich, wo sich die Verdampfungsgase der organischen Anteile bilden.
6) Geschieht das Zusammenziehen (z.B. bei manuellem Dekorauftrag) nur an gewissen Stellen, so muss hier entsprechender Flussmittelzusatz erfolgen.

402. Nadelstiche rund um Dekorflächen bei Feinkeramik (Schnellbrand)

Ursachen sind immer Gasentweichungen durch die Glasur, wobei diese Gasdurchbrüche nicht mehr ganz schließen und als Nadelstiche übrig bleiben.

Die Entstehungsmöglichkeiten und Gasherkunft:

A) Aus dem Scherben;
B) Aus Farbmedium (Dekorfarbe);
C) Aus Glasurmedien;
D) Aus Brennatmosphäre.

Zu A

Der Scherben ist vorgeglüht und sollte alle Entgasungsarten bei einer sauberen Masse beendet haben. Wenn allerdings zu wenig oxidierend und zu tief vorgeglüht wurde, so können C-Reste bleiben. Beim Rohglasieren sind im Scherben stets, außer den Wasserabspaltungen, geringste Verunreinigungen, die fast immer aus dem Tonanteil kommen.

Hilfe:

1) Höhere Vorbrenntemperatur (Vorglühen) bei Nadelstichen, je nach Keramiktyp 20-30K.
2) Längere Pendelzeit durchführen.
3) Voll oxidierende Atmosphäre beim Brand.
4) Möglichst viele unplastische Anteile im Versatz, die nicht entgasen.

Zu B

Die Dekorfarbe enthält organische Klebemittel, die zwar getrocknet sind, ehe glasiert wird, aber mit dem Aufbringen des Glasurschlickers werden die Kleber wieder gelöst. Diese diffundieren gering in den Scherben, so dass kleinste organische Anteile auch in die Dekorauflagenfläche des Scherbens gelangen, beim folgenden Brand wieder vergasen und bei entsprechenden Vergasungstemperaturen an Stellen mit dem geringsten Widerstand zuerst entweichen. D.h., dass sehr geringe Gasanteile des Scherbens, auch seitwärts von der Dekorauflage eindringen und später nach oben diffundieren, während die Hauptmengen direkt durch das Glasurmedium nach oben dringen.

Hilfe:

1) *Nur Dekorhilfsmittel einsetzen, die bei niedrigen Temperaturen restlos vergasen, wobei es Emulsionen gibt (für Siebdruck und Schmelzfarben), die unterhalb 350°C vollständig verdampft sind.*
2) *Dekorieren auf rohe Ware mit anschließendem Vorglühen, nachfolgendem Glasieren und Brennen lässt die Nadelstiche meist verschwinden.*

Zu C

Bei einer frittereichen Glasur dürften die Entgasungen noch im Bereich der porösen Scherbenzustände zu Ende sein. Beim Glasurversatz sollte nur ein kleiner Anteil (ca. 5-10%) von einem sauberen, plastischen Ton (weißbrennend) zugesetzt werden.

Hilfe:

1) *Bei Nadelstichen auf der Gesamtoberfläche Glasurviskosität erhöhen.*
2) *Endtemperatur-Haltezeit etwas (ca. 20%) verlängern.*
3) *Bei Feldspat im Versatz, diesen durch Nephelin Syenit ersetzen.*
4) *Bei Talkum im Versatz, diesen auf Entgasung kontrollieren und evtl. austauschen.*

Zu D

Die Brennatmosphäre sollte, im Bereich bis zum Schmelzbeginn der Glasur, oxidierend sein. Hiernach kann eine leichte Reduktion (bei hohen Temperaturen) die Schmelze und Scherbenfarbe (vor allem bei Porzellan) verbessern.

Hilfe:

1) *Langsames Hochheizen bis 300°C, dann schneller und volloxidierend bis 950°C, dann schneller bis Endtemperatur.*
2) *Die Haltezeit ist relativ kurz (ca. 12-15 Min.).*
3) *Abkühlen bis 700°C sehr schnell in neutraler Atmosphäre. Ab hier, je nach Quarzanteil und Werkstückgröße, langsamer bis 500°C, dann wieder schnelleres Abkühlen.*

403. Abbiegen von Tellerfahnen und Rändern bei Dichtbrandkeramik

Hier sind Tellerfahnen und Ränder anderer Werkstücke nach unten abgesenkt oder sonst stark verbogen. Diese Erscheinung tritt bei dichtgebrannter Feinkeramik, wie Porzellan und Steinzeug, häufiger auf.

Die Ursache liegt bei zu starker Glasphasenbildung im Brand. Der Fehler wird beim Vorhandensein von Formgebungsspannungen noch erheblich verstärkt wird, wobei der Scherben erweicht und sich meist nach unten biegt. Je weicher der Scherben und je schwerer das Randgewicht, desto stärker tritt dieser Fehler auf.

Die zu starke Glasphasenbildung ist auf zu hohe Brenntemperatur, auf zu hohe Flussmittelanteile der Arbeitsmasse oder zu starke (dicke) Glasurauflage zurückzuführen. Oft geschieht dies auch nach Neulieferung von Flussmitteln (z.B. Feldspat, Nephelin-Syenit, Sintermehl u.a.), die nicht kontrolliert wurden, ehe sie in den Masseversatz eingegeben wurden.

Auch Aufbereitung, Formgebung, Setzweise und fehlerhafte Brennverlaufregelung können Mitverursacher sein.

Hilfe:

1) Niedriger brennen (meist reichen 20 K) und dafür eine Verlängerung der Pendelzeit wählen. Dies hilft meist, wenn der Fehler nur in Energie-Nähe (Außenbesatz) vorkommt.

2) Masse kontrollieren, ob Sintertemperatur stimmt und ein genügend breiter Sinterintervall vorhanden ist. Hier hilft oft ein Teilaustausch des Feldspates (ca. 1/4 bis 1/3), durch einen Nephelin-Syenit (bzw. synth. Nephelin), der ein breites Sinterintervall bringt.

3) Masseaufbereitung kontrollieren (z.B. Siebrückstand), ob nicht eine zu feine Kornfeinheit (z.B. zu lange Mahldauer) Ursache für eine schnellere Sinterreaktion war.

4) Glasurauflage prüfen, die (besonders bei Porzellan und Feinsteinzeug) nicht zu dick sein darf.

5) Scherbenstärke der Ränder prüfen, die besonders bei großvolumigen Werkstücken (wie Teller, Schüsseln, Schalen u.a.) dünner sein sollten. Dies gilt auch für schamottierte Sinterware (z.B. Klinker- und Steinzeugschalen).

6) Tellerfahnenwinkel etwas anheben.

7) Eine lockere Setzweise ergibt gleichmäßige Temperaturverteilung im Brennraum und ist immer von Vorteil, besonders dann, wenn nur im Außenbesatz das Abbiegen erfolgt.

404. Glasurspaltrisse an plastisch geformten Werkstücken

Sie entstehen an Stellen, wo die Werkstücke bei der Formgebung (Pressen, Eindrehen, Stanzen u.a.) keinen richtigen Massezusammenhalt erfahren haben. Die Ursachen liegen bei feinsten Spaltbildungen im Scherben und können schon in der Zusammensetzung und nicht homogener Massemischung liegen.

So kann ein nicht genügendes Mauken der Massebatzen Mitverursacher sein. Ebenso kann die Pressfeuchte und auch das Pressöl (o.Ä.) mitverantwortlich für eine Trennschichtbildung im Scherben sein.

Auch beim Einmischen von Abfallmasse (auch Pressabfall und Bruch), wobei in den Einzelbestandteilen verschiedene Feuchten vorliegen, kann es bei nicht intensiver Aufbereitung (und Mauken) zu Spaltrissen kommen. Oft sind diese Spaltrisse schon nach dem Trocknen (notfalls mit Lupe) sichtbar, vergrößern sich beim Brand, so dass hier die flüssige Glasur einschmelzen kann. Nach dem Brand erkennt man eine grabenförmige, glasierte Rille.

Hilfe:

1) *Voll homogene Masseaufbereitung mit anschließend langer Maukzeit (mind. 24 h) bei Normaltemperatur.*
2) *Beim Pressvorgang mit genügend hoher Feuchtigkeit arbeiten (je nach Art der Keramiktypen und Formgebung).*
3) *Beim Verwenden von „Pressölen" darauf achten, dass es sich um wasserfreundliche (wassermischbare) Emulsionen handelt, die keine Trenneffekte bei der Werkstück-Verformung erzeugen, was meist bei zu steifen Massen geschieht.*
4) *Pressdruck und Presszeit können (vor allem bei zu steifen Massen) Mitverursacher der Spaltbildung sein.*
5) *Pressabfall möglichst nicht zum Pressen verwenden, sondern wieder voll mit aufbereiten.*

405. Glasurriss-Entstehung im praktischen Einsatz (z. B. an Geschirr, Fliesen u.Ä.)

Dies sind Glasurrisse, die erst nach mehr oder weniger langer Gebrauchszeit auf den Werkstückoberflächen entstehen. So erkennt man z.B. bei Geschirren meist ein immer stärker werdendes Glasur-Rissenetz, welches im Laufe der Zeit dunkler wird. Sehr ähnlich erscheinen mehr oder weniger häufig Risse auf Wandfliesen (z.B. im Bad).

Diese Risse waren auf der Neuware nicht vorhanden, so dass Spannungen, welche die Risse erzeugten, während der Gebrauchszeit entstanden sein müssen. Hierbei entsteht im Scherben (durch laufende Feuchtigkeitsaufnahme) eine immer größer werdende Feuchtigkeitsdehnung („FD"), welche die Glasur nicht mitmacht, so dass es zu einer immer größer werdenden Zuspannung kommt, die schließlich zu Glasurrissen führt.

Es gilt also Masse herzustellen, die von der Zusammensetzung her keine Stoffe enthält, welche zur Feuchtedehnung führen, sondern die FD verhindert, zumindest aber so weit vermindert, dass keine Glasurrisse entstehen können.

Auch ein höherer Brand kann u.U. diesen Fehler vermeiden, vermindert aber zwangsläufig die Porosität des Scherbens, was in der Praxis nicht immer von Vorteil ist.

Hilfe:

1) *In den Masseversatz möglichst Kalkverbindungen einbauen (Kalkspat, Kreide, u.a.). Je höher der CaO-Gehalt, desto geringer ist die Feuchtedehnung.*
2) *Zusätze von Magnesit und Dolomit vermindern ebenfalls die FD.*
3) *Zusätze von Bariumcarbonat (max. 5%) vermindern die Feuchtedehnung.*
4) *Höher brennen (ca. 20 K) und Pendelzeiten verlängern.*
5) *Kaolin (kaolinitische Tone) aus dem Versatz herausnehmen.*

406. Zu lange Druckgusszeiten bei feinkeramischen Werkstücken

Die Formgebungszeit beträgt beim Druckguss gegenüber älteren Gießverfahren (Normal-Atmosphärendruck in Gipsformen) nur noch einen Bruchteil. Trotzdem sollen die Taktzeiten immer wieder gekürzt werden.

Mit Druckerhöhung kann man zwar die Druckgusszeiten herabsetzen, aber der Formling erhält immer eine höhere Festigkeit, somit eine höhere Verdichtung, was beim weiteren Produktionsablauf (z.B. Entgasen beim Schnellbrand u.a.) zu Fehlern in der glasierten Oberfläche führen kann. Bei der Verwendung von Gipsformen ist deren Einsatz bei einem immer höher werdenden Druck begrenzt.

Daher ist die Taktzeitverkürzung mittels Druckerhöhung alleine nicht immer vorteilhaft. Es hat sich gezeigt, dass Rohstoffe, die selbst keine quellenden Eigenschaften haben, einen guten Erfolg brachten und auch bei Druckerhöhung gute Kapillarwege für eine schnelle Entgasung bringen.

Hilfe:

1) *Unplastische Rohstoffe in den Versatz einbauen, wobei sich z.B. Schamotte in Kornfraktionen zwischen 5 und 90 µm bewährt hat. Hierbei ist zusätzlich auf die AK-Beeinflussung zu achten.*
2) *Ein Zusatz von gemahlenem Scherbenmehl (aus unglasiertem Brennbruch) verändert den AK nicht, aber die Plastizität wird etwas verringert, was oft bei dieser Verformungsart nicht ganz so wichtig ist. Bei 1) und 2) wurden 20-25% der Druckgusszeiten eingespart.*
3) *Geringer Zusatz an schwachen Säuren wirkt auf tonige Massen koagulierend, wodurch die Wasserdurchlässigkeit steigt, was eine Verkürzung der Druckgusszeit bedeutet. Je nach Massezusammensetzung kann man mit Zusätzen von $Ca(OH)_2$ (0,1-0,5%), mit verd. HCl (0,1-0,8%) oder auch mit 4%iger Essigsäure (0,1-0,5%) u.a. die Druckgusszeiten bis zu 25% verringern.*
4) *Geringe Schlickererwärmung (+ 40 °C) bringt eine schnellere Filtration (Verringerung der Druckgusszeit).*

5) *Druckerhöhung in Kombination mit den Vorschlägen zu 1) und 2), wobei der Fülldruck ca. 1—2 Mpa und der Filtrationsdruck 2-4 Mpa betragen kann (je nach Scherbenart, -dicke und Gießaggregat), bringt deutliche Verkürzungen der Druckgusszeiten.*

407. Grau-schwarze Verschmutzungen der undekorierten Glasuroberflächen bei Gas-Ofen-Dekorbrand (Schmelzbrand)

Hier erscheinen grau-schwärzliche Verschmutzungen im undekorierten Umfeld der Abziehbilder-Dekore. Dieser Fehler zeigt sich oft wie eine Schleierwolke auf der Grundglasur, wobei das Dekorbild meist erhalten bleibt. Dieser Fehler zeigt sich meist beim Brennen in Gasöfen. Wird der Dekorbrand (z.B. Porzellandekorbrand) in einem E-Ofen durchgeführt, so treten diese Fehler nicht auf.

Hierzu muss man wissen, dass Abziehbild-Dekore frühschmelzende Farbglasuren sind, die dekormäßig auf eine sehr dünne, leicht verbrennbare Schicht Papier mit Gelatine u.Ä. aufgebracht sind. Das Bild (auf der Gelatineschicht) wird in Wasser geweicht. Nun lässt sich das Dekorbild (mit Gelatineschicht) vom Papier lösen und wird auf das glasierte Fertig-Werkstück aufgeschoben, so dass es fest auf dem Werkstück klebt.

Die Gelatine (u.Ä.) enthalten Reste an Alkalien (meist Na_2O), welche bei nicht genügender Verbrennung (bei reduzierender Atmosphäre) in der Berührungsschicht die Glasur erweichen (bei ca. 680-750°C) und den Kohlenstoff in die Glasuroberfläche bringen, der auch bei nachfolgender Oxidation fast nicht mehr zu entfernen ist. So bleibt der Kohlenstoff als grauer Schleier sichtbar.

Hilfe:

1) *Beim Wässern (Einweichen) der Abziehbilder das Wasser häufiger erneuern, was schon eine geringe Hilfe bringt.*
2) *Von Anfang an langsam und voll oxidierend hochheizen.*
3) *Den Ofenbesatz lockerer (weniger dicht) einsetzen, wodurch die Verbrennungsgase schneller abziehen können.*
4) *Viskosität der Glattbrandglasur (Unterlagenglasur) erhöhen, was man durch Erhöhen von Al_2O_3 im Glasurversatz (z.B. ca. 5% Kaolinzusatz) erreichen kann.*
5) *Dekorbrand im E-Ofen durchführen (einfachste und sicherste Art!).*

408. Verputzfehler (-Löcher) im oberen Werkstückrand von Gießrohlingen

Beim Verputzen der oberen Werkstückteile (Ränder von Vasen, Gefäßen etc.) wird sehr oft die Werkstückhaut (auch in Gießnähten) abgeschabt, so dass Porenlöcher (geöffnete Poren) zum Vorschein kommen.

Oft sind diese Porenlöcher so groß, dass man diese nicht mehr reparieren kann und somit Trockenbruch entsteht. Liegen die Poren tiefer im Scherben, so ergeben sich später im Brand Fehler (z.B. Nadelstiche, Aufblähungen bei Sinterwaren u.a.). Diese Fehlerursachen sind Lufteinschlüsse in der Gießmasse, welche direkt nach oder schon beim Formenfüllen nach oben steigen und durch die entsprechende Viskosität und Oberflächenspannung der Masse hängenbleiben, wenn dem Luftblasenauftrieb zu viel Widerstand entgegensteht. Dies geschieht am häufigsten an untergriffigen Formenteilen (wie an oberer Gipsformenabdeckung, an oberer Henkelkrümmung, an oberer Rohrkrümmung - z.B. Knie bei Sanitärstücken und ähnlichen Formenstellen).

Hilfe:

1) Keine untergriffigen Gipsformen verwenden, so dass Luftblasen aus dem Gießschlicker nach außen entweichen können. Evtl. kann man auch Entlüftungskanäle (z.B. in große Formen) anbringen.
2) Viskosität und Oberflächenspannung des Gießschlickers so tief wie möglich einstellen, um Luftentweichungen zu erleichtern.
3) Fette (plastische) Tone mit feinsten Kornfraktionen (z.B. Fire-clay Tone, Bentonit-haltige Tone u.Ä.) durch unempfindliche glimmerhaltige oder kaolinitische Tone ganz oder teilweise ersetzen.
4) Nur wenig staubförmige, unplastische Zusatzstoffe der Masse zuquirlen. Wenn notwendig, sollte man diese und auch entsprechende Hartstoffe (wie Schamotte- oder Scherbenmehl) vorher gut anfeuchten, damit keine Poren im Hartstoff verbleiben und mit in die Masse eingeführt werden.

409. Nadelstiche bei glasierter, schamottierter Gießkeramik

Hier sieht man auf der glasierten Oberfläche (z.B. Ofenkacheln, Feuertonwaren u.a.) eine starke Nadelstichbildung, die kraterförmig, zum Teil tief in den Scherben reicht. Da diese Fehler nur vereinzelt und zeitweise auftreten, sind hier meist Produktionsursachen mitverantwortlich.

Hier kann die Art der Schamotte und deren Korngröße, sowie der Gießablauf und auch die Beschaffenheit der Gipsform die Ursache der Fehlerbildung sein. Sehr häufig treten die feinen Nadelstiche auf, wenn die Schamotte (vor allem, wenn sie sehr feinkörnig und porös ist) der übrigen Masse zugegeben und nur kurzzeitig eingequirlt wird. Ist hierbei die Masse schon sehr viskos, so hilft eine Verlängerung der Quirlzeit meist nur wenig, denn die eingeschlossenen Luftteilchen in dem feinporigen Schamottekorn können nur sehr schwer (oft nicht) entweichen. Je poröser die Schamotte ist, desto weniger hilft hier eine Verlängerung der Quirlzeit. Eine nicht evakuierte Gießmasse, die noch Luftbläschen enthält, kann ebenfalls die Ursache der Fehlerbildung sein. Selbst bei einem evakuierten Gießschlicker kann ein zu starker Gießstrahl Luft mit in die Masse einziehen. Diese Luftbläschen werden von einer gut trockenen Gipsform angesaugt und entweichen durch die Poren der Gipsform. Ist der Schlicker zu viskos, so steigen die Luftbläschen viel langsamer und bleiben oft in der steifwerdenden Außenwand hängen.

Hilfe:

1) *Schamottestaub (0-5 µm) aus dem Schamotteanteil entfernen.*
2) *Schamotte zuerst in den Quirl eingeben, eine kurze Zeit (mit Elektrolyten) aufquirlen, dann erst die restlichen Rohstoffe zugeben.*
3) *Beim Ablauf der Arbeitsvorgänge: Schamotteanteil abwiegen, dann mit reichlich Wasser benetzen (Vorwässerung auch bei Scherbenmehl) und jetzt erst dem Quirl (Mühle) zugeben (auf diese Art kann man auch die Schamotte der Schlickermasse direkt zugeben).*
4) *Schamotte mit kleiner Porosität einführen (vereinzelt wegen Qualitätsänderung der Werkstücke nicht möglich).*
5) *Fette Tone (z.B. Fire-clay-Tone) durch glimmerhaltige Tone ersetzen.*
6) *Gießformen gut trocknen aber nicht anwärmen (zu schnelle Hautbildung).*
7) *Feuchte Gipsformen haben eine zu geringe Saugfähigkeit und saugen die Luftbläschen der Gießmasse beim Ankommen an der Gipswand nicht leer, so entsteht Gefahr der Nadelstich- und Kraterbildung.*

Alle Gase der Poren (im Rohling) vergrößern beim Brennen ihr Volumen, drücken nach außen, durchbrechen die Glasurschmelze und bilden Nadelstiche und kleine Krater.

410. Verunreinigungen an verlegten Fliesen, Platten, Cotto u. Ä. (Beseitigung - Reinigung)

Häufiger als gedacht ist das Auftreten von Fugen- und Oberflächenverunreinigungen nach einer gewissen Benutzungszeit von keramischen Oberflächen. So können in Küche, Bad, Wohnung und Außenbereichen (z.B. Fassaden, Terrassen u.a.) diese Fehler auftreten.

Es kann sich hier um Kalkverbindungen, Zementschleier, Mörtelreste, Oxidschichten, Rost, Urinstein, Algen, Fettschmutz, Patinabildungen, Flugstaub, Gummiabrieb, Bitumen und Asphaltreste handeln. Oft sind die Ursachen in der Verwitterung zu suchen, die schon im Lager entstehen kann.

Ohne die vielseitigen Ursachen zu kennen, werden Beseitigungskosten meist von einer Instanz zur nächsten geschoben und es entstehen viel Ärger und Kosten. So wird immer versucht, die Fehler mit Reinigungsmitteln zu beseitigen, was bei ca. 50-60% auch Erfolg bringt. Die Reinigungsmittel werden zum Teil vom Keramikhersteller empfohlen (bzw. auch geliefert).

Es gibt eine Reihe von Herstellfirmen für Reinigungsmittel, die diesen speziellen Fehler bekämpfen. Diese Firmen geben den Anwendungsbereich, die Eigenschaften, die Maßnahmen und Behandlungen für ihre REINIGUNGSMITTEL an, so dass erst einmal die Möglichkeit der Fehlerbeseitigung gegeben sein kann.

Einige Firmen, die Reinigungsmittel herstellen und genaue Angaben über Möglichkeiten, Anwendungsbereiche und Behandlungsmaßnahmen angeben, bevor sie eine Lieferung durchführen, werden als Hilfen angegeben:

Lieferfirma:

1) *Faserit-Liebig, GmbH; Reinigungs- und Pflegemittel; 48683 Ahaus*
2) *Kühn Richard, GmbH& Co.; Reinigungs- & Pflegemittel, Schulze-D.-Str. 6; 30938 Burgwedel*
3) *Witty Chemie, Dr. S. Witty; Herrenrothstr. 12; 86424 Dinkelscherben*
4) *„Hansa" Lettermann, GmbH; ehem. Fabrik am Karlshof 10; 40231 Düsseldorf*
5) *Patina-Fola, ehem. Fabrik GmbH; Keferloherstr. 14 a; 85540 Haar*
6) *Euroclean, Lux - Zentrale; Fangdiekstraße 68; 22547 Hamburg*
7) *Fala, chemische Fabrik GmbH; Stahlstraße 5; 30916 Isemhagen*
8) *Möller Chemie GmbH, Steinpflegemittel; Ziegeltalstraße 2; 93346 Ihrlerstein*
9) *Hauk Chemie, Steinpflegemittel, GmbH; Innstraße 13; 68199 Mannheim*
10) *Späne chemisch-technische Produkte; Schafmatt; 79618 Rheinfelden*
11) *Rabbasol - Chemie, ehem. Fabrik; Fallerslebenweg 13; 42719 Solingen*
12) *Dinotec, chemische Erzeugnisse GmbH; Bahnstraße 36; 82131 Stockdorf*
13) *Stingel-Chemie, chemische Erzeugnisse; Heinr.-Otto-Str. 42; 79618 Wendlingen*

Außerdem gibt es Firmen wie Henkel, Thomson u.a., die dem Fachmann bekannt sind.

411. Gießmassen-Abfallfehler

Gießabfälle werden meist gesammelt und wieder bei der Masseaufbereitung verarbeitet. Der Gießabfall entsteht an verschiedenen Produktionsstellen und kann daher auch verschiedene Zustände erreichen, sei es vom Feuchtegrad oder von der aufgenommenen Verunreinigung her (beim Abfall von plastisch verarbeiteten Massen sind die aufgenommenen Verunreinigungen meist höher, so dass hier immer eine Kontrolle beim Wiederaufbereiten notwendig ist). Abfall von ausgeschnittenen Schonungsrändern können deutliche Spuren von Gips enthalten. Abfall aus Trockenbruch kann, je nach Trocknungsart, Spuren von Anlagerungen (von Umgebungsatmosphären, z.B. im Trockner) enthalten. Je nach Ort und Zeit der Abfallentstehung ist auch der Feuchtigkeitsgrad verschieden, was bei der Wiederaufbereitung beachtet werden muss.

Bereits glasierter Bruch sollte auf keinen Fall wieder zur Aufbereitung gelangen (ganz besonders nicht bei Feinkeramik mit weißem Scherben). Er sollte komplett zum Auschuss.

Hilfe:

1) *Alle sauberen Gießabfälle müssen getrocknet sein, ehe diese bei der Gießmassenaufbereitung zugesetzt werden können. Ansonsten erhält man einen sehr erschwerten Aufschluss, wobei wasserhaltige Teile fast ungelöst im Schlicker schwimmen.*
2) *Es dürfen nur max. 20-25% Gießabfälle zur Neuaufbereitung zugesetzt werden, um die guten Gießeigenschaften nicht zu verschlechtern (z.B. Thioxotropiebildung).*

3) *Eine andere Verwendungsmöglichkeit ist die, dass man die Gießabfälle einsumpft und bei der plastischen Masseaufbereitung zugibt (evtl. zum Pressen von Kleinartikeln wie Aschenbecher etc.).*
4) *Eine weitere Verwendungsmöglichkeit ist die Pulverisierung der eingetrockneten Gießabfälle, die man granuliert und als Trockenpressmasse verarbeitet.*

Wie empfindlich Gießabfälle (besonders wegen der oft unsauberen und schlecht getrennten Sammlung) auf die Veränderung der Eigenschaften wirken, sieht man daran, dass bisher keine MASSE-AUFBEREITUNGS-FIRMA Gießabfälle oder Bruch wieder zurücknimmt.

412. Kristallbildung; fast keine - bei Kristallglasuren

Beim Arbeiten mit Kristallglasuren kommt es öfter vor, dass diese keine oder zu wenig Kristallbildung zeigen.

Hier ist dann der künstlerische wertvolle Kristallüberzug kaum entstanden, so dass die Werkstücke an Wert verlieren. Die Ursache kann sehr verschieden sein, so z.B. der Wechsel in einen anderen Ofen, oder Wechsel der Unterlage (neue/andere Masse), Wechsel einzelner Rohstoffe, geänderte Aufbringungsart oder geänderter Brennablauf u.a.

Hilfe:

1) *Ofenabkühlzeit im Temperaturbereich der Kristallbildung muss verlängert werden, meist bei den ersten 250°C der Abkühlung. Genauer kann man dies aus einer DTA-Kurve (mit Abkühlaufzeichnung) der Kristallglasur erkennen.*
2) *Gleiche Ofenatmosphäre beibehalten, sonst ändern sich viele physikalische Eigenschaften der Schmelze, welche die Kristallbildung stark beeinflussen.*
3) *Glasur dicker auflegen, um mehr niederviskose Schmelzen zu bilden, worin sich die Kristalle besser entwickeln.*
4) *Scherben soll immer die gleiche Zusammensetzung haben und möglichst quarzreich sein.*
5) *Bei zu wenig Kristallbildung, den Al_2O_3-Gehalt der Glasur vermindern.*

413. Schleifkörper ohne Bindefestigkeit

Schleifwerkstück lässt sich beim Anritzen mit Metall (z.B. Schraubenzieher) leicht beschädigen, bricht aus, zeigt zum Teil Löcher und/oder Netzrisse und hat keine feste Verkittung.

Hier können sehr verschiedene Ursachen vorliegen, die vom Rohstoff, vom Versatz des Granulats, von der Verarbeitung oder vom Brennen herrühren können.

Hilfe:

1) *Brenntemperatur erhöhen und Haltezeit der Endtemperatur verlängern.*
2) *Bindemittelanteile müssen erhöht werden (Korn war nicht voll von Bindung umhüllt).*

3) *Organische Anteile kontrollieren und notfalls vermindern. Verbrennungsrückstände sind zu groß (auch Treibwirkung von Gasen) und bilden starke Lücken, welche von sinternder Bindung nicht mehr verkittet werden. Oxidierender Brand bis 900°C (bei langsamer Temperatursteigerung) ist immer von Vorteil.*
4) *Regeneriertes (R) Korn vor Einsatz auf verbrennbare Rückstände untersuchen, Ist dies der Fall nimmt man es aus dem Versatz (Rauchbildung und teilweise Flammenbildung beim Glühen der Probe).*
5) *Bindungsballungen beim Pressgranulat müssen vor der Verpressung beseitigt (Homogenisieren, Absieben) werden.*
6) *Bei zu geringer Verdichtung den Pressdruck bei der Formgebung erhöhen.*
7) *Bessere und dichtere Matrizenfüllung bei Volumenpressung.*

414. Überbrannte (überfeuerte) Schleifkörper

Überbrannte (überfeuerte) Schleifkörper können sich in verschiedenen Fehler zeigen. So kann ein Anbacken an der Unterlage ein Zusammenbacken von mehreren Schleifscheiben (Körper) bei Stapelsetzweise oder ein Aufblühen (Aufkochen) bis zur Blasenbildung auftreten.

Die Ursachen sind meist in zu hohem und falschem Brennen sowie in zu hohen Bindungsanteilen zu suchen.

Hilfe:

1) *Etwas niedriger brennen und/oder die Pendelzeit verkürzen.*
2) *Den Bindungsanteil im Pressversatz verringern.*
3) *Den Flussmittelanteil (Fritte, Feldspat) in der Bindung herabsetzen. Allgemein: Die Viskosität der Bindung erhöhen.*
4) *Beim Aufsetzen auf Brennhilfsmittel und Übereinandersetzen der Schleifkörper muss Trennkorn (Korund, Kugelkorund, Quarz u.a.) in so grober Form als Zwischenlage vorliegen, dass es nicht in das Gefüge des Werkstückes eindringen kann.*
5) *Die Stapelhöhe muss begrenzt sein, um das Auflagengewicht möglichst niedrig zu halten.*
6) *Ofenatmosphäre möglichst oxidierend halten (soweit es der Typ zulässt), um nicht eine erhöhte Dünnflüssigkeit der Bindung zu erhalten.*

415. Topfscheiben-(Schleif-Randrisse)

Die Risse zeigen sich nur am Topfrand und verlaufen senkrecht vom oberen Rand in Richtung Boden. Diese, meist etwas spaltartigen Risse, zeigen sich erst nach dem Brand, obwohl die Ursachen schon in einem früheren Stadium zu suchen sind. So können der Pressversatz, die Pressform, der Pressvorgang, die Trocknung und auch der Transport der Rohlinge die Fehlerursache sein.

Hilfe:

1) *Sachgemäßes Pressen, vor allem gutes, gleichmäßiges Füllen der Pressform und vor allem vorsichtiger Pressen-Ausstoß sind wichtig.*
2) *Das Pressgranulat muss eine genügende Bindung haben. Das heißt, dass sowohl genügender Bindungsanteil als auch klebender Zusammenhalt gefordert sind.*
3) *Starke Rauigkeit (Verbrauch) an Pressformen beseitigen.*
4) *Auf keinen Fall beim Setzen große Stapelhöhen (möglichst nur ein Topf) durchführen und Vorsicht beim Transport der Rohware.*
5) *Beim Abdrehen der Aussparungen (auch schon beim Vorabdrehen) mit großer Vorsicht arbeiten.*
6) *Erste Brennzone stark verlangsamen und volle Oxidation (vor allem beim Gasbrand) einstellen.*

416. Texturen und sonstige Fehler bei strangverformten Werkstücken

Texturen und Schichtenbildungen können bei strangverformten Werkstücken verschiedene Fehler erzeugen, die zu Deformierungen, Erweichungen, Rissen und zum Aufbersten führen können.

ANWÄRMRISSE zeigen sich in Texturrichtung, so dass die Texturspannungen durch zu schnelle Trockung und zu hohe Einführung von trockener Luft (im Trockner) erhöht werden und zu Rissen führen.

ERWEICHEN der plastisch verformten Rohlinge beim Anwärmen im Trockner beruht auf sehr schneller Erwärmung in zu feuchtem Zustand, wobei die Werkstücke weicher werden und sich durch das Eigengewicht in die Unterlage (Roste, Latten u.a.) eindrücken (Verformen der Unterseite).

ABBLÄTTERN von Engoben kann auf das Diffundieren von Salzen beim Trocknen der Werkstücke zurückzuführen sein. Hierbei sammeln sich die Salze an der Werkstückoberfläche, die später die Ursache für das Abblättern sind. Zu zäher Engobeschlicker (auch zu dicke Lage) ist oft die Ursache des Fehlers. Es sollten die Schwindungsverhalten von Engobe und Unterlage (Scherben) angepasst sein. Allgemein kann man sagen: Je feiner die Fraktionen (der Engobe), desto geringer muss das spez. Gewicht des Engobeschlickers sein.

RINGTEXTUREN in gezogenem Strang (Steine, Platten u.a.) können Ursache von Deformationen und obigen Fehlern sein. Beim Verdichten der Masse in der Strang-Schneckenpresse, wird in verschiedenen Richtungen gefördert und verdichtet. Beim Weitertransport in der Presse wird der Strang erheblichen Änderungen unterworfen bis er schließlich in die Verengung des Presskopfes kommt, wobei die Texturen am Mundstück noch nicht völlig beseitigt sind und sich dann im gezogenen Werkstück (z.B. Steine) befinden.

Durch diese Vororientierung sind im Werkstück verschiedene Dichten in verschiedenen Richtungen vorhanden, so dass anschließend hier auch differente Schwindungswerte auftreten. So kann es auch zu Texturfehlern (Verziehen, Aufplatzen, Reißen, Maßabweichungen u.Ä.) kommen. Allgemein kann man feststellen:
Je schneller Formgebung, Trocknung, und Brennen ablaufen, desto stärker sind die Fehler.

Hilfe:

1) *Durch Zusätze von Hartstoffen wie Sand, Schamotte oder Scherbenmehl die Masse magern, wobei man auf Änderungen physikalischer Eigenschaften achten muss.*
2) *Strangpresse langsamer arbeiten lassen.*
3) *Pressmasse vorher länger mauken (länger lagern, mind. 24 h).*
4) *Presszylinder und Schnecke (auch auf Verschleiß) kontrollieren.*
5) *Notfalls Presszylinder im verjüngenden Presskopfteil verlängern.*

417. Fehler bei Terrasigillata-(Naturglanzengobe)Überzügen (Baukeramik und Feinkeramik)

Bei diesen Überzügen handelt es sich um einen feinstfraktionierten, engobeartigen Überzug, der eine glänzende Oberfläche (ohne Flussmittelzusatz) besitzt und nach einer besonderen Versatz- und Aufbereitungsart hergestellt wird.

Terrasigillata-Überzüge, die schon im getrockneten Zustand einen Seidenglanz auf den Werkstücken geben, zeigen selten bei trockenen aber häufiger bei gebrannten Waren Oberflächenfehler. Beim trockenen Werkstück kann auch schon bei zu dicker Lage und zu rapidem Trocknen ein Abblättern erfolgen.
Am gebrannten Stück kann es ein Abblättern, Rissbildung oder Hohlraumbildung in Kanten und Ecken sein, wobei es zu einer Hautbildung (Überdachung) der Ecke kommt, welche sehr leicht (z.B. mit dem Fingernagel) zu durchbrechen ist.

Hilfe:

1) *Beim Abheben im trockenen Zustand kann ein zu hohes Litergewicht die Ursache sein (14-18 Bé), wobei man das richtige Litergewicht einstellen muss.*
2) *Es kann von der Formgebung her ein Hauch vom Formenöl o.Ä. zwischen Scherben und Terrasigillata liegen, welches eine Haftung verhindert. Dementsprechend ist die Oberfläche zu reinigen (evtl. schwämmen), ehe man die TS auflegt. Es ist einfacher, das Formenöl mit einer wasserverträglichen Emulsion auszutauschen.*
3) *Bei Rissen am gebrannten Stück muss man a) das Litergewicht herabsetzen, b) nicht im trockenen, sondern lederharten Zustand den Überzug aufbringen.*
4) *Bei Hohlräumen ist die TS-Schwindung zu hoch. Hier muss man bei der Herstellung die Absetzzeit erniedrigen. Auch Überzug bei lederhartem Zustand kann hier helfen.*

418. Ofenkachelfehler

Hier kann es sich um die verschiedensten Fehler handeln, deren Ursachen im Produktionsablauf liegen.

Es können hierbei A) Maßabweichungen, B) raue Oberflächen, C) punktartige Verfärbungen in Oberflächen, D) Glasurrisse, E) Abheben von Engobe mit Glasur, F) Verziehen, G) Einschrumpfen (Einsacken) der Seitenflächen auftreten.

Da es bei Ofenkacheln verschiedene Herstellungsverfahren gibt, sind teilweise die angeführten Fehler nur bei bestimmten Verfahren möglich.

Hilfe:

Zu A) *Diese Fehler können von unterschiedlichen Brenntemperatureinflüssen an den verschiedenen Kachelstellen herrühren (z.B. ein Kachelteil nahe an der Energiequelle - z.B. Heizspiralen).*
Beim Gießen von Ofenkacheln in senkrechter Lage, wobei verschiedene Dichten in unterschiedlichen Höhen entstehen, gibt es auch verschiedene Schwindungswerte, die zu den Maßabweichungen führen.
Bei Handverformung (nur selten angewendet) kann es zu verschiedenen Pressdichten kommen. Auch können verschieden feuchte Arbeitsmassen am gleichen Stück verarbeitet werden, wodurch es zu Maßabweichungen kommt. Bei Ofenkacheln (Presskacheln), die aus zwei verschiedenen Massen (Grundmasse und Behautmasse) hergestellt sind, kann es bei unterschiedlichen Schwindungen dieser Massen zu einem mehr oder minderstarken Verziehen kommen (konkav oder konvex). Es ist somit auf immer gleiches Schwindungsverhalten von Grund- und Behautmasse zu achten.

Zu B) *Diese Fehler entstehen meist nur bei gegossenen Kacheln, die ohne Engobeschicht hergestellt werden: Beim Verputzen wird die hauchdünne Feinsttonschicht abgeschwämmt, so dass die rauere (meist schamottierte) Innenschicht zum Vorschein kommt und mehr Fluss aus der Glasur absaugt, so dass eine raue Oberfläche an den Putzstellen entsteht.*
Ein zu hoher und ein zu grobkörniger Schamotteanteil kann auch zu rauen Oberflächen führen. Bei Gießkacheln möglichst keine Flächen abschwämmen.

Zu C) *Diese Fehler entstehen nur an Gießkacheln (siehe letzter Abschnitt). Beim Verputzen der Flächen werden auch einzelne Schamottekörnchen in ihren Eigenfarben und Farben von Masseverunreinigungen (gelb, braun bis schwarz) sichtbar.*

Gegenmaßnahmen:

1) Nur schwach verputzen;
2) Nur saubere Schamotte einsetzen;
3) Nur Feinstschamottekorn < 200 µm verwenden;
4) Formen ohne Gießnähte auf Kachelblatt-Sichtfläche verwenden;
5) Deckende Glasuren (Dekore) anwenden.

Zu E) *Die Behautmasse (BHM) wird bei der Formgebung direkt auf das Kachelblatt mit aufgepresst. Wenn hierbei die Arbeitsmasse zu feucht und das BHM-Blatt zu wenig feucht ist, kann es zu Abhebungen (loslösen) kommen (umgekehrt kann es Engobe-Risse geben).*
Diese Fehler sind oft schon nach dem Trocknen sichtbar. Es geschieht auch, dass ein gebranntes Engobeteil mit Glasur aus der Oberfläche herausplatzt, was vom AK-Wert der Glasur noch zusätzlich beeinflusst wird. Gleiche Schwindungsverhalten von Arbeitsmasse und Behautmasse einhalten.

Zu F) *Verziehen kommt immer von unterschiedlichen Schwindungen in verschiedenen Stellen der Kachel (z.B. Kachelblatt und Stege) und von Texturen (bei Presskacheln), sowie von zeitlich unterschiedlichen Schwindungsvorgängen. Gleichmäßiges und langsames Trocknen und Brennen bei einem lockeren Besatz ist immer von Vorteil.*

Zu G) *Dieser Fehler kommt nur bei Gießkacheln vor, wobei sich im Innern des Kachelblattes Hohlräume befinden, welche vom unsachgemäßen Gießablauf kommen. Hier wurde nicht intensiv und früh genug nachgegossen, so dass der Massestrom nach innen nicht mehr erfolgen konnte.*
Oft erscheint dieser Fehler schon nach dem Trocknen. Bei sehr früher Glasurabdichtung kommt es auch zu leichtem Aufblähen, während im Frischzustand (direkt nach Formenentleerung) auch ein Einziehen der Seitenflächen erfolgen kann.

Merke: Beim Vollguss ein Nachgießen durchführen, ehe die Einlauföffnung durch Antrocknen schon geschlossen ist.

419. Fehler beim Rohglasieren

Beim Glasieren von keramischer Rohware kommt es beim Glasurauftrag zu verschiedenen Fehlern, die auch verschiedene Ursachen haben können. Diese können sowohl im Glasurschlicker als auch in der mehr oder minder trockenen Rohware liegen.

Es können hauptsächlich folgende Fehler auftreten: A) Reißen des Rohlings, B) Aufplatzen (Pustelbildung), C) Zerfallen des Werkstückes, D) Verziehen der Rohware, E) Abrutschen der Glasur oder F) verschiedene Glasurstärken am gleichen Stück, u.a..

Zum einem sehr geringen Teil verschwinden diese Fehler beim Trocknen und erscheinen dann wieder nach dem Brennen.

Hilfe:

Zu A)

1) *Die Ware besser vortrocknen. Bei sehr dickwandigen Werkstücken (z.B. dickwandigen Platten) hilft ein direktes Heizen (Anflammen) beim Glasiervorgang.*
2) *Der Scherben ist zu dünn, also stärkere Scherbenstärke herstellen.*
3) *Die Glasiergeschwindigkeit erhöhen (= dünner glasieren).*

Zu B)

1) *Der Scherben ist im Innern noch zu feucht. Es entstehen Aufberstungen (Pusteln), die etwas aufklappen, oft aber beim Trocknen verschwinden und nach dem Brennen wieder sichtbar werden. Hier muss der Scherben wesentlich intensiver vorgetrocknet werden.*

2) *Bei Gießware ist eine Erhöhung der Scherbenstärke von Vorteil, so dass man die Ansaugzeiten der Gießmasse in den Formen etwas erhöhen muss.*

Zu C)

1) *Dies geschieht bei sehr großen Werkstücken, die nicht richtig getaucht und falsch ausgegossen wurden. Man muss die Ware durch den Glasurschlicker durchschwenken, d.h. das Teil was zuerst in den Schlicker eingetaucht wird, muss gegenüber auch wieder zuerst heraus kommen, wobei der gesamte Schlicker auslaufen muss.*

2) *Bei sehr großen Gefäßen hilft man sich, damit dass man zuerst innen ein- und ausgießt, dann eine Antrockenzeit (ca. 3 Min.) einlegt und nunmehr die Außenseite glasiert (durch tauchen oder spritzen).*

Zu D)

1) *Verziehen beim Glasiervorgang oder kurz danach ist fast immer von der Geschicklichkeit des Glasierers abhängig, wobei bei jeder geometrischen Formänderung auch die Tauchtechnik eine andere ist. Beim maschinellen Glasieren muss beim Abnehmen der Ware ebenfalls mit Vorsicht gearbeitet werden, wobei man das Abtrocknen des Glasurüberzugs stets abwarten muss.*

2) *Bei Klein-Hohlware ist es beim Handglasieren vorteilhaft, diese schräg ins Glasurbad einzutauchen, im Schlicker zu drehen und in gekipptem Zustand (Öffnung nach unten) wieder hochzuheben.*

3) *Glasierspritzanlage einsetzen, mit der man variabler und universeller glasieren kann.*

Zu E)

1) *Ein Abrutschen der Glasur (im Tauchbad) geschieht, wenn das Stück zu lange im Glasurschlicker bleibt, so dass die Saugfähigkeit des Scherbens nicht mehr vorhanden (verbraucht) ist. Beim Auftauchen aus dem Schlicker wird dieser wieder zum großen Teil abgezogen bzw. er rutscht ab. Man muss also kürzere Tauchzeit durchführen. Der Scherben muss vorher immer vollkommen trocken sein.*

2) *Beim Spritzen kann ebenfalls ein Abrutschen eintreten, wenn die Glasur am Werkstück zu nass wird. Beim Aufspritzen darf der Glasurschlicker auf dem Werkstück keinen Glanz (wässrig) oder gar Tropfen bilden, die abrutschen (spätestens im Brand).*

Zu F)

1) *Wenn beim Spritzen das Werkstück nicht gleichmäßig überzogen wird, kann es zu verschiedenen Fehlern kommen (meist Risse und Verziehen). Die Ursache liegt hierbei in verschiedenen Geschwindigkeiten beim Glasierens (auch Glasierband).*

2) *Verschiedene Feuchtigkeiten an verschiedenen Stellen des Werkstückes ergeben (vor allem beim Tauchglasieren, z.B. bei Isolatoren) erhebliche Unterschiede in den Glasurstärken, so dass man dies beim Handspritzen korrigieren kann.*
3) *Beim senkrechten Ein- und Austauchen ist das untere Werkstückteil doppelt so lange im Glasurschlicker gegenüber dem oberen Teil, so dass auch unterschiedliche Glasurstärken aufliegen können. Falls hierbei Fehler auftreten (Risse, Dekorunterschiede u.a.), muss man das Glasierverfahren ändern.*

420. Entmischen von Gießschlicker

Es zeigen sich verschiedene Arten von Entmischungen, wobei einmal die spezifisch schweren Teile im Schlicker schneller sedimentieren, so dass diese Teile (meist Hartstoffe wie Quarz, Schamotte, Feldspat u.a.) sich im unteren Bereich anhäufen, während im oberen Schlickerteil die spezifisch leichten Teile wie Kaolin und Ton (meist in Feinstfraktionen) das Übergewicht haben.

Sehr oft ist hier auch die zu geringe Viskosität des Schlickers für die Geschwindigkeit des Absetzens verantwortlich. Bei diesem Fehler zeigen sich auf der Schlickeroberfläche wässrige, teils klare Flüssigkeiten, die auch optisch ein Entmischen erkennen lassen. Beim Gießverformen mit einer solchen Gießmasse findet die Entmischung in der Gießform statt. Diese Entmischung kann man erkennen, wenn man nach dem Ausformen eines Hohlrohlings diesen senkrecht durchschneidet und feststellt, ob die Scherbenwand im unteren Bereich stärker (dicker) ist.

Die zweite Entmischungsart geschieht durch eine Art Thixotropiebildung, wobei sich die einzelnen Tonminerale orientieren und schwache OH-Gruppen bilden, die man oft an der Oberfläche durch Wasseradernbildung (wie eine Priel-Landschaft) erkennen kann. Hierbei erfolgt kaum eine Sedimentation.

Beim Gießen solcher Masseschlicker erscheinen oft Oberflächen mit marmoriertem Charakter (im Rohzustand schon sichtbar), die beim Überzug mit einer transparenten Glasur auch nach dem Brand noch zu erkennen sind.

Eine seltenere Art der Schlickerentmischung entsteht bei eingefärbten Massen, wobei eine geringe Lösung der Farbzusätze (z.B. durch Wasser und Elektrolyteinfluss) farbige Adern ergeben können.

Hilfe:

1) *Wasseranteile im Schlicker vermindern, um in einer erhöhten Viskosität das Absetzen zu verhindern (wenigsten zu vermindern).*
2) *Zusatz von quellfähigen, plastischen Rohstoffen. Je nach Keramiktyp: Illit-Ton (bei Steingut und Steinzeug); evtl. geringe Zusätze von Bentonit (ca. 0,5-1 %).*
3) *Feineres Aufmahlen des Schlickers.*
4) *Änderung der Elektrolyte (oft hilft geringer Wasserglaszusatz).*
5) *Mischung der Schlicker in Vorratsbehälter, wobei ein langsamlaufender Mischquirl ununterbrochen laufen muss (24h) (siehe auch „021“).*

421. Ausblühungen an Ziegeleierzeugnissen

Diese Ausblühungen zeigen sich als weiße (auch cremefarbene bis gelbliche), salzartige Ausblühungen, welche an der Oberfläche der Ziegelerzeugnisse auftreten. Sie können konzentriert an verschiedenen Stellen aber auch fein verteilt als weiße Schleier vorkommen.

Die Ausblühungen haben ihre Ursache in wasserlöslichen Salzen (meist Salze von Alkalien) innerhalb der Ziegelmassen. Oft erscheinen sie auch sehr intensiv (schon beim Trocknen) an Stellen, wo eine erhöhte Dampfdiffusion aus dem Scherbeninnern stattgefunden hat. So kennt man z.B. gleichmäßig verteilte, kreisförmige, helle Ausblühungsflächen, wenn Ziegel-Formlinge auf Lochblechen gestanden haben, wodurch beim Trocknen die löslichen Salze mit dem Wasser nach außen diffundiert sind und diese Ausblühungserscheinungen gebildet haben.

Diese Ausblühungen sind meist weiß, wenn sie von Sulfat-Salzen (z.B. Na_2SO_4, K_2SO_4, $MgSO_4$ und seltener $CaSO_4$) herrühren und sind gelblich (auch grün-gelb) wenn Fe- und Vanadiumsalze die Ursachen sind. Oft erscheinen diese Ausblühungen auch nach längerer Lagerzeit oder erst nach längerem praktischen Einsatz am Mauerwerk (siehe auch „392").

Hilfe:

1) *Zusatz von Bariumcarbonat (meist reichen 0,2-0,6%) zur Masseaufbereitung lässt im Brand $BaSO_4$ entstehen, welches wasserunlöslich ist und somit nicht an die Oberfläche dringen kann.*
2) *Brenntemperatur erhöhen, um die Poren zu vermindern und somit die Diffusion am fertigen Ziegel zu verhindern (zumindest zu vermindern).*
3) *Bei gelblichen bis schwach grünlichen Vanadiumausblühungen sind Gegenmaßnahmen bei porösen Werkstücken fast nicht möglich. Bei höherem Brand (dicht) werden Ausblühungen in der Praxis verhindert. Auch bei einem Glasurüberzug erscheinen keine Ausblühungen.*
4) *Masserohstoffe einzeln auf lösliche Salze überprüfen und bei Bedarf durch saubere Rohstoffe ersetzen (siehe auch „056").*

422. Anbacken von Schleifkörpern an Unterlagen

Hierbei kleben (schmelzen) die Schleifkörper an der Unterlage fest, wobei es sowohl zum Festbacken auf die direkten Brennhilfsmittel, bzw. Trennmittel (Streusand u.Ä.) als auch zum Festkleben und Aneinanderbacken von Stapelware kommt.

Die Ursachen sind immer Reaktionen der Schleifkörper (Bindung) mit der jeweiligen Unterlage und können von der Unterlage, von der Bindung oder von der Brennführung herrühren.

Hilfe:

1) *Niedriger brennen und/oder Pendelzeit verkürzen.*
2) *Die Schmelzviskosität der Bindung erhöhen (Al_2O_3 erhöhen), damit diese nicht als Schmelze nach unten fließt und mit der Unterlage reagieren kann.*
3) *Den Bindungsanteil in Granulatmischung vermindern.*
4) *Den Flussmittelanteil (Feldspat, Fritte u.Ä.) in der Bindung herabsetzen.*
5) *Das Trennmittel (Streusand) möglichst nicht als splittriges Korn, sondern als grobes, rundes Korn (z.B. Kugelkorund) einsetzen.*
6) *Wenn beim Stapelbrand nur die oberen Werkstücke aneinander backen, so muss man eine bessere Temperaturverteilung herbeiführen. Dies kann durch lockeres Einsetzen, niedrigere Stapel u.Ä. bewirkt werden. Auch kann man die Temperatur gering erniedrigen und dafür die Pendelzeit verlängern.*

423. Zerbersten von Werkstücken beim Abkühlen und nach dem Brand

Hier zerbersten oder reißen die glasierten Werkstücke meist hörbar im Abkühlbereich. Dies geschieht überwiegend auf den Tunnelofenwagen und zum geringen Teil auch noch bei der Lagerung.

Dies geschieht fast immer, wenn ein viel zu hoher Quarzgehalt in der Masse vorliegt (bei unglasierten Stücken meist über 40%). Der Fehler tritt auf, wenn Gefäße innen (z.B. weiß) und außen (z.B. transparent oder dekoriert) mit verschiedenen Glasurtypen überzogen sind, die stark unterschiedliche AK-Werte besitzen.

Durch die unterschiedlichen Dehnungswerte (beim Abkühlen = Schrumpfwerte) entstehen so große Spannungen im Werkstück (z.B. in Tassen, Schüsseln, Vasen), dass die Festigkeit in den Werkstücken nicht ausreichen und diese daher zerbersten. Ein langsameres Abkühlen hilft hierbei kaum.

Hilfe:

1) *Den Quarzgehalt in der Masse stark vermindern.*
2) *Die Glasur dünner auflegen.*
3) *Die Scherbenstärken (wenn zulässig) verstärken.*
4) *Ein höheres Brennen ergibt höhere Scherbenfestigkeit. Der Fehler kann somit vermindert werden.*
5) *Die Innenglasur muss im AK-Wert erhöht werden. Man kann auch die Außenglasur im AK erniedrigen (hierdurch meist Dekoränderung!).*
6) *Zur AK-Erhöhung reichen meist 3-5% Zusätze von Alkaliverbindungen, wie Alkalifritte oder Nalsit u.a.!*

424. Veränderungen von Glasur-Effekten bei Masseänderung

Hier zeigen sich bei geringen Materialzugaben zur Masse, die man aus verschiedenen Gründen zusetzt (z.B. Veränderung von AK, Gießbarkeit, Trocken- und Brennverhalten u.a.), völlig veränderte Dekoreffekte in der Glasur.

Während weiße und transparente Glasuren meist nicht verändert werden, zeigen farbige, matte, kristalline oder flockige Oberflächen zum Teil so starke Veränderungen, dass man das Dekor nicht wiedererkennt. So erhalten matte Glasuren glasige Flächen (Flecken), Kristallglasuren zeigen stark verminderte Kristallbildung oder farbige Glasuren erhalten andere Farbtöne.

Hier sind die Hauptverursacher (bei Feinkeramik) vor allem die Zusätze von CaO- und MgO-Verbindungen (ab ca. 5-6%), die Glasureffekte verändern können. Diese Fehler treten nur bei porösen Massen wie Töpferware, Steingut, Ofenkacheln und Fliesen auf, während bei völlig dichten Massen (Porzellan und Steinzeug) diese Oxide (CaO, MgO u.a.) in der genannten Menge nicht vorhanden sind und somit keinen Einfluss nehmen können. Wenn der Masse Rohstoffe mit Farboxidanteilen (z.B. Fe-Ton, Mn-Ton u.Ä.) zugegeben werden, zeigen sich fast immer noch stärkere Dekoränderungen.

Grundsätzlich sind bei Veränderungsvorhaben in der Masse immer zuerst Glasurbrennproben durchzuführen, bevor man in die Produktion geht.

Hilfe:

1) *Der Glasurschlicker muss immer die gleiche Fraktion (Mahlfeinheit), gleiche Auftragstärke und den gleichen Abkühlverlauf haben.*
2) *Die Masse muss stets die gleiche Zusammensetzung haben, wobei eine geringe Schwankung an Quarz (+/- 3%) zulässig ist.*
3) *Den Gehalt an CaO- und MgO-Verbindungen in der Masse auf keinen Fall ändern, wenn man gleiche Glasureffekte (Dekore) sicher erhalten will. Dies gilt vor allem bei Matt- und Kristallglasuren.*
4) *Eine Änderung der Farboxidanteile (oft auch als Verunreinigung) in der Masse kann stärkere Dekorabweichungen ergeben (Rohstoffkontrolle).*
5) *Glasuren mit höherer Viskosität sind stets unempfindlicher gegenüber Masseänderungen.*
6) *Ein Vorglühen (Schrühen) der Werkstücke vor dem Glasieren gibt eine höhere Sicherheit, wird allerdings auch teurer.*

425. Allgemein plötzlich auftretende Produktionsfehler

Plötzlich auftretende Fehler in Produktion und bei Fertig-Werkstücken (z.B. geändertes Verhalten bei Aufbereitung, Verformung, Trocknen, Brennen, auch Verziehen und Blasenbildung in Scherben und Glasur, Flecken, Ausscheidungen, Ausblühungen, Zerbersten etc.), müssen ihre Ursachen auch immer in plötzlichen Änderungen irgendwelcher Art haben.

Häufige Ursachen sind Neulieferungen von Rohmaterialien aller Art, wobei es einzelne Rohstoffe wie auch Fertigmassen, Glasuren oder Farbkörper sein können.

Bei Gas- und Ölöfen kann auch ein plötzlicher Wetterumschwung die Fehlerursache für plötzlich auftretende Fehler sein. Die Fehlersuche ist abhängig von der Art der Fehler (die im Einzelnen bei dem vorliegenden Fehlerinhalt beschrieben sind), wobei stets bei allen Neulieferungen „Material-Eingangskontrollen" die Produktionssicherheit wesentlich erhöhen.

Wenn diese durchgeführt wurden, muss man den weiteren Produktionsablauf verfolgen (z.B. Aufbereitungsart, Aggregatzustand, Verformungsart sowie Formenzustand, Trocken- und Brennablauf und auch entsprechende Änderungen, wie Setzweise, Ofenatmosphären, Wetterveränderung, u.a.).

Wichtigste Eingangskontrollen:

1) *Kornfraktionskontrolle: Bei Tonen und Fertigmassen reicht meist der Siebrückstand, wobei dieser auf oder unter eine Glasurschicht gegeben und dann im Betriebsofen (auch Laborofen) gebrannt werden sollte. Hierbei können sich verschiedenartige Farbflecken bilden. Danach kann man meist Rückschlüsse auf die Art des Siebrückstandes/ der Verunreinigungen schließen.*
2) *Schwindungsmessungen (Trocken- und Brennschwindungen).*
3) *Porositätsfeststellung der Brennproben (Wasseraufnahme reicht).*
4) *Brennfarbe und Glühverlust (auch bei Zuschlagstoffen).*
5) *Schmelzverhalten (bei Glasuren, Fritte, Feldspat, Sintermehl etc.).*
6) *Bei Fertigmassen zusätzlich das Formverhalten, Glasursitz und Enddichte überprüfen.*

Bei plötzlichem Auftreten von Fehlern (und Abweichungen) sollte zuerst geprüft werden, ob neue, unkontrollierte Materialien in den Produktionsablauf gelangt sind. Diese groben Voruntersuchungen können eine erste Maßnahme zur Produktionssicherheit sein. Hiernach sucht man im Fehler-Inhaltsverzeichnis nach genaueren Hinweisen auf Entstehungs- und Beseitigungsmöglichkeiten.

426. Zerbersten (Sprengen) von glasierten Gefäßen beim Abkühlen

Hierbei handelt es sich fast ausschließlich um Werkstücke mit einem entsprechenden Hohlraum (Tassen, Kannen, Vasen, Schüssel etc.), die innen glasiert sind. Es sind fast immer innen und außen verschiedene Glasurtypen aufgebracht, die einen deutlichen AK-Unterschied zeigen. So können Druckkräfte der Innenglasur so groß werden, dass die Gefäße aufbersten (zerreißen).

Es kommt hierbei zur Aufspaltung und teils Sprengen des Gefäßes. Zum Teil hört man diesen Zerstörungsvorgang mit Knistern und Knallgeräuschen. Es kommt auch vor, dass die Werkstücke (z.B. Vasen, Schüsseln u.a.) erst nach einiger Standzeit im Lager (oft mit deutlichem Knall) aufbersten (sprengen). Dies geschieht vor allem an Gefäßen mit verengtem Rand (Hals).

Die Ursachen liegen in einem zu tiefen AK der Innenglasur, die von innen nach außen drückt, was durch einen höheren AK der Außenglasur noch verstärkt wird. Wenn die hierbei wirkenden Druckkräfte größer werden als die Festigkeit des Scherbens, so sprengt das Werkstück auseinander.

Es kann aber auch ein Sprengen der Werkstücke stattfinden, wenn bei einem Gefäß innen und außen die gleiche Glasur aufgelegt ist, so dass kein AK-Unterschied der Glasur vorhanden ist. Dies geschieht, wenn der Scherben einen extrem hohen AK-Wert besitzt, so dass die Spannungen dann durch schon geringe Temperaturunterschiede am Werkstück auftreten (z.B. an Standfläche und oberer Rand). Hier muss man darauf achten, dass der Scherben einen normalen AK-Wert (6,5-7,5 * 10^{-6} K^{-1}) besitzt. In so einem Fall begünstigt eine zu dicke Lage der Innenglasur den Fehler.

Hilfe:

1) *Die Scherbenfestigkeit durch Erhöhung der Scherbenstärke herbeiführen. Hierbei bleibt der Innendruck zwar vorhanden, reicht aber für eine Sprengung nicht aus.*
2) *Der Scherben darf in keinem Fall den AK-Wert von 8,0 * 10^{-6} * K^{-1} überschreiten, sonst kann es unabhängig von der Glasur immer ein Zerbersten (oder Reißen) geben.*
3) *Allgemein ist dünneres Glasieren von Vorteil.*
4) *Den AK der Innenglasur erhöhen, um das Zerbersten zu vermeiden. Hier handelt es sich meist weiße zirkon-reiche Glasuren, die einen sehr niedrigen AK besitzen. Häufig hilft ein Zusatz von Alkali-Verbindungen (ca. 3-5% Alkalifritte), falls Risse in Kombination mit Nalsit (Na-Al-Silikat). Hierbei kann man Alkalifritte mit Nalsit im Verhältnis 1: 1 mischen, um in etwa den Schmelzpunkt beizubehalten.*
5) *Eine Verwendung von Zinndioxid (SnO_2) an Stelle von Zirkontrübungsmittel kann den Fehler ebenfalls beseitigen (etwas teurer).*

427. Reißen von großen Werkstücken im thermischen Einsatz (Verkleidungen von Kaminöfen, Heizgeräten u. a.)

Glasierte und auch unglasierte Werkstücke können diesen Fehler zeigen. So können großflächige, keramische Verkleidungen, die eine Heizquelle nach außen abdecken (z.B. zur Zierde, Wärmespeicherung, Wärmeverteilung u.a.) nach kurzer Einsatzzeit Risse erhalten. Hierbei kann das ganze Werkstück reißen und (je nach Verbund mit der Heizquelle) auch abfallen.

Auch an anderen Werkstücken, welche einer starken Temperaturdifferenz (zwischen beiden Werkstückseiten) ausgesetzt sind, kann dieser Fehler auftreten. Hierbei sind die Dicke des Scherbens und dessen Festigkeit mitbeeinflussend. Es können schon bei Temperaturdifferenzen ab ca. 50 K Risszerstörungen auftreten. Durch die unterschiedlichen Temperaturen an verschiedenen Stellen im Werkstück entstehen hohe Gefügespannungen (Thermospannungen), die bei zu hohen Werten zu Rissen (bzw. zum Reißen) führen. Die Risse können schon beim Abkühlen im Brandes entstehen (bei zu rascher Abkühlung) oder erst bei dauernder Aussetzung von

Temperaturdifferenzen (z.B. bei Ofenverkleidungen), wobei man feststellen kann: Je dicker und großflächiger der Scherben oder das Werkstück, desto größer die Fehlergefahr.

Diese Fehler können zwei Ursachen haben:

1) Der zu starke (große) „Quarzsprung", der schon an anderer Stelle behandelt wurde (zu hoher und zu grober Quarzanteil in der Masse) - siehe auch „225" -.
2) ein allgemein zu hoher Masseausdehnungswert (Masse-AK).

Hilfe:

1) Die Scherbenstärke vermindern, so dass Temperaturdifferenzen im Werkstück und somit die Gefügespannungen geringer werden.
2) Sicherheitshalber eine Dilatometerkurve vom Werkstück anfertigen (lassen), um den Wärmedehnungsverlauf und AK-Wert zu kennen.
3) Den Scherben-AK ändern (senken), was man oft schon durch einen Zusatz von 10% Kaolin zum Masseversatz erreichen kann. Wenn nicht, muss man einen neuen Masseversatz aufbauen.
4) Der Masse-AK darf in keinem Fall den Wert von $8{,}0 \cdot 10^{-6} \cdot K^{-1}$ übersteigen.
5) Etwas höheres Brennen (oder Temperzeit-Verlängerung) ergibt höhere Festigkeit, meist einen niedrigeren AK und verringert so die Rissgefahr.

428. Krummwerden (Verbiegen) von Handschleifkörpern im Brand

Hierbei handelt es sich um runde Handschleifstifte (zigarrenförmig), welche sich im Brand verbiegen (krumm werden). Die stabartigen Schleifstifte (15-25 mm ø), die nach außen konisch verjüngt (bis Spitze) sind, werden zum Handschleifen von Messern, Sensen u.a. verwendet.

Im Ofen, wo diese senkrecht stehend gebrannt werden, verbiegen sie sich bei nicht sachgemäßem Produktionsablauf. Die Massen sind auf der Basis: „Ton-Feldspat-Nalsit-Schleifkorn" aufgebaut, wobei eine plastische Formgebung erfolgt. Die keramische Bindung beruht auf der Sinterung der „Ton-Feldspat-Nalsit-Mischung". Die Fehlerursachen liegen in falscher Vorbehandlung (Formgebungsspannung), falschem Ofenbesatz oder dem Brennablauf.

Hilfe:

1) Die plastische Massemischung muss gut homogen aufbereitet werden. Die Plastizität muss man auf „Handverform-Zustand" bringen, mind. 24 h mauken lassen und dann verpressen.
2) Die frischen Formlinge mind. 24 h stehen lassen, damit sich die Verformungsspannungen ausgleichen, wobei sie etwas abtrocknen aber noch gering verformbar sind. Meist erfolgt in dieser Abtrockenzeit ein geringes Verziehen, was durch Nacharbeiten („richten") beseitigt werden muss.

3) *Senkrechtes Einsetzen in den Ofen, wobei grober Quarzsand als Unterlage ein Anbacken der empfindlichen Standflächen verhindert.*
4) *Langsames Hochheizen mit anschließender langer Temperzeit (bei Sintertemperatur). Der Brand ist bei max. 1200°C (je nach Verhältnis: „Ton-Feldspat-Nalsit-Schleifkorn“) durchzuführen.*

429. Kantenausbrüche bei Schleifscheiben (auch im Einsatz)

Kantenausbrechen wird oft erst im praktischen Einsatz bemerkt, wobei die Gefahr mit zunehmender Korngröße größer wird.

Hier sollte man schon beim Lagern die Schleifscheiben auf Hartholz oder Hartplastik o.Ä. einige Male kippen, um hier schon eine zu geringe Festigkeit festzustellen. In der Praxis kann allerdings auch ein nicht sachgerechter Schleifvorgang das Kantenausbrechen herbeiführen.

Bei einem Kantenausbrechen ist stets die Bindefestigkeit der Schleifscheibe zu gering, was verschiedene Ursachen haben kann.

Hilfe:

1) *Den Pressdruck bei der Formgebung erhöhen.*
2) *Die Schleifscheiben höher brennen, bzw. Temperzeit der Endtemperatur verlängern.*
3) *Feineres Korn verwenden (oder zusetzen), wobei die Bindungsmenge auch gering erhöht werden muss.*
4) *Am Scheibenrand beim Abrichten mehr Volumen abdrehen und feiner abrichten.*
5) *Die Schleifaggregate (bei Praxisfehler) überprüfen (Lager, Spindel, Vorschub etc.).*

430. Verziehen von Schleifscheiben im Brand

Hier zeigt sich ein Verziehen der Scheiben, die keine voll ebene Oberfläche zeigen. Zum Teil sind Einzelscheiben nach oben verzogen (tellerartig). Meist ist dieser Fehler begleitet von nicht gleichmäßiger Bindefestigkeit und zeigt farblich dunklere Flächen (Flecken), welche etwas glänzender sind.

Gleichzeitig sind kleinste Gefügerisse (nur schwer) zu erkennen. Die Ursachen liegen in ungleichmäßig ablaufenden Reaktionen im Brand, die von ungenügender Homogenität der Pressmasse herrühren können.

Hilfe:

1) *Bessere, homogenere Aufbereitung des Pressversatzes (Bindung und Granulat).*
2) *Bessere Vortrocknung (max. 1-1,5% Restfeuchte).*
3) *Langsameres Hochheizen und längere Pendelzeit bei geringer Temperaturrücknahme (um 10-20 K).*
4) *Werkstücke bei lockerem Besatz völlig plan (voll) aufsetzen.*

431. Rissbildung bei Flachgeschirr im Schnellbrand (Glühbrand)

Teller und andere Flachgeschirrteile zeigen zum großen Teil spaltförmige Risse bei der Glühware (Porzellan). Der Schnellbrand erfolgt in einem Herdwagenofen.

Im Innern der Risse zeigen sich im aufgespaltenen Teil gleiche Brennfarbe und Oberfläche wie auch am äußeren Scherben. Wird der Spaltriss weiter aufgebrochen, so erkennt man im neu aufgebrochenen Innern, dass hier Brennatmosphäreneinfluss stattgefunden hat und sich somit geringe Farbunterschiede zu den Spaltrissflächen zeigen. Dies bedeutet, dass es sich nicht um Quarzrisse, sondern um Hochheizrisse der frühen Hochheizphase handelt.

Hilfe:

1) Länger und intensiver trocknen.
2) Die Scherbendicke vermindern.
3) Den Ofenbesatz lockerer einsetzen.
4) Mehr Sauerstoff beim Gasofenbrand einsetzen.
5) Eine Entgasungsanalyse (Groß-GTA) anfertigen (lassen), welche den empfindlichen Temperaturbereich der Masse anzeigt, in welchem nur langsam hochgeheizt werden darf.
6) Den Masseversatz durch den Austausch der empfindlichen Rohstoffe ändern.

432. Zerspringen, Reißen von Geschirren im praktischen Einsatz (Ofen, Herd und Mikrowellen)

Oft zeigen Werkstücke beim thermischen Einsatz (z.B. Kochgeschirre, Backformen, Pizzateller etc.) eine Rissbildung im Scherben, wobei es auch zum Zerfallen in Einzelteile kommen kann. Beim Heilbleiben der Form kann es auch nur zur Glasurrissbildung kommen.

Oft treten die Fehler auch erst nach längerer Einsatzzeit auf. Die Ursachen können vielfältig sein, wobei die Gründe in der Massezusammensetzung, die entscheidend die Wärmeausdehnung, Dichte und Wärmeleitfähigkeit beeinflusst, liegen. Auch eine schlechte Aufbereitung und Formgebung (plastisch, trocken und flüssig) kann durch eingeformte Werkstückspannungen und differente Scherbenstärken Mitverursacher sein.

Die Dicke der Glasurauflage sowie deren Ausdehnungswert müssen beachtet werden. Ein gleichmäßiges Trocknen, Brennen und Abkühlen der Werkstücke sind Voraussetzungen für einwandfreie Waren. Beim Einsatz sollte man, je nach Art der thermischen Behandlung, die Voraussetzungen beachten.

Hilfe:

1) *Volle, homogene Aufbereitung ist stets erforderlich. Bei plastischen Massen sollten keine Spannungen vorhanden sein (entlüften und homogenisieren, z.B. durch Vorbehandlung der plastischen Masse durch Vorformen - Vorquetschen - etc.).*
2) *Die Masse muss so zusammengesetzt sein, dass z.B. wenig Porosität (z.B. bei Mikrowelleneinsatz keine, - siehe „Mikrowellen") vorhanden ist, wodurch eine bessere Wärmeleitung vorliegt. Farbige Massen (z.B. eisen- und/oder manganoxid-haltige Massen) zeigen durch die höhere Wärmeleitung stets trotz eines höheren Ausdehnungswertes eine höhere Beständigkeit. Der AK muss im Bereich der Wärmesteigerung (im Einsatz) eine gleichmäßige Ausdehnung haben und der AK soll möglichst niedrig sein.*
3) *Die Glasur muss im AK dem Scherben angepasst sein und muss in möglichst dünner Schicht aufgelegt werden. Bei Glasurrissbildung sollte man zuerst die Brenntemperatur um ca. 10-20 steigern und/oder die Pendelzeit um 30-50% verlängern. Ist eine Temperaturerhöhung nicht möglich, so muss man den AK der Glasur etwas erniedrigen, was durch einen Zusatz von 4-8% Quarzmehl meist zu erreichen ist.*
4) *Bei der plastischen Formgebung müssen die Texturen und Spannungen in der Arbeitsmasse beseitigt werden (entlüften, homogenisieren, vorformen-vorquetschen), bevor die Werkstückformgebung durchgeführt wird. Bei flüssiger Formgebung muss der Gießschlicker gut viskos sein und darf während der Scherbenbildung nicht so absetzen, dass unterschiedliche Scherbenstärken (und Dichten) entstehen können, welche im späteren Einsatz der Werkstücke zu thermischen Spannungen (Fehlern) führen.*
5) *Oft hilft ein Zusatz von dichtem Schamottemehl (bzw. Porzellanmehl) um eine bessere Temperaturwechselbeständigkeit zu erreichen.*
6) *Beim Mikrowelleneinsatz dürfen die Werkstücke keinerlei Porosität zeigen, müssen also völlig dicht sein.*
7) *Beim praktischen Einsatz (Hochheizen und Abkühlen) sollte man einen Temperaturschock vermeiden.*

433. Risse an Henkeln bei hydrostatischer Pressverformung

Nach der Verformung von Tassen, Schüsseln oder anderen Gefäßen erhalten diese einen Henkel oder anderen Griff angarniert.

Hierbei zeigen sich oft nach dem Brand feine Risse, die auch zum Teil mit Glasur überzogen sind, woraus man schließen kann, dass der Riss schon vor dem Schmelzen der Glasur vorhanden war. Bei genauem Hinsehen, oder besser Überstreichen der entsprechenden Stellen (am trockenen Rohling) mit Petroleum, werden diese Risse beim Abtrocknen sichtbar. Demnach sind die Risse schon beim Trocknen entstanden, was auf zu große Trockenschwindung (meist der Garniermasse) zurückgeführt werden kann.

Hilfe:

1) *Den Garnierschlicker mit 10-20% Feldspat versetzen (bei Steinzeug und Porzellan). Falls schon Feldspat im Schlicker enthalten ist, diesen durch Nalsit (Na-Al-Silikat) ersetzen, da er eine Verbreiterung des Sinterintervalls bringt und gleichzeitig im rohen Zustand die Klebefestigkeit (gegenüber Feldspat) etwas verbessert.*
2) *Zu Garnierschlicker Flussmittel (5-10%) und die gleiche Menge Nalsit einführen. U.U. kann man die Stoffe mit hoher Trockenschwindung vermindern.*
3) *Garnierschlicker herstellen aus:*
   60-70% Pressgranulat
   10-20% Glasur (transparent)
   10-15% Nalsit (notfalls Nephelin-Syenit).
4) *Möglichst keine organischen Kleber in Garnierschlicker einsetzen.*

434. Verziehen beim Trocknen

Das Verziehen von Werkstücken aller Art kann bei fast allen Keramiktypen auftreten, wobei man feststellen kann, dass die trockengepressten Stücke die geringste, die gegossenen etwas höhere und die plastisch geformten Teile die größte Trockenempfindlichkeit zeigen.

Die Ursachen können bei allen Werkstücken ganz verschiedene sein. Sie reichen von falscher Massezusammensetzung über die Aufbereitung, Art und Weise der Verformung bis zur Art und Durchführungsweise der Trocknung, wobei auch die geometrische Werkstücksform eine Rolle spielt.

Hilfe:

1) *Ist die Masse zu feucht (bei plastischer Formgebung) muss der Anmachwassergehalt verringert werden.*
2) *Die Masse ist zu plastisch (fett) und muss abgemagert werden, was durch Zugabe von unplastischen Rohstoffen (z.B. Quarz, Feldspat, Nalsit, Nephelin-Syenit, Schamottemehl etc.) erfolgen kann (dies gilt für alle Formgebungsarten).*
3) *Falsches (oft zu frühes) Ausnehmen aus der Form (wenn noch geringe Klebewirkung des Werkstückes an der Form vorliegt) erzeugt Gefügespannungen im Scherben, wobei ein Verziehen stattfindet. Hier muss man die Entformungszeit (bei Gießverformung) ändern, also den Formling später aus der Form nehmen.*
4) *Beim Stanzen, Pressen, Eindrehen etc. können bei ungenügender Plastizität der Masse (und zu hoher Verformungsgeschwindigkeit) Gefügespannungen (Formgebungsspannungen) im Werkstück entstehen, die beim Trocknen (oft erst nach dem Brennen sichtbar) zum Verziehen führen können. Hier kann ein langsameres Formen oder auch doppelte Verformung (z.B. zweimaliges Stanzen des gleichen Stückes) eine Hilfe bringen.*

5) *Die Wandstärken der Werkstücke sind zu stark oder es sind unterschiedliche Scherbenstärken am Werkstück vorhanden, so dass bei zu schneller Trocknung unterschiedliche Schwindungszustände ein Verziehen bewirken.*
6) *Die Trocknung erfolgt einseitig (kann auch bei Raumtrocknung eintreten). Hier muss eine gute Luftumwälzung im Trockenraum erfolgen.*
7) *Zu schnelles Ausstoßen und falsches Ausnehmen aus der Form kann bei plastischem Formen (z.B. Stanzen etc.) zum Verziehen führen. Hier sind Geschwindigkeit und Abnehmer neu einzustellen. Es kann auch an unsauberen oder verbrauchten Formteilen liegen, die man kontrollieren und verändern muss.*

435. Emailweißgehalt zu niedrig

Meist zeigen die emaillierten Werkstücke einen niedrigeren Weißgehalt als die pure Emailfritte. Die Ursache liegt meist im Tonzusatz des Mühlenversatzes. Dieser Email-Ton ist fast immer hochplastisch und besitzt noch geringe Spuren an Fe_2O_3 und TiO_2, welche den Weißgehalt ungünstig beeinflussen. Außerdem können die Tone sogenannte „Tonschleier" verursachen, die vor allem bei farbigen Emails meist leicht mattierte Verfärbungen ergeben.

Hilfe:

1) *Nur weiße Tone einführen, die außer der guten Schwebefähigkeit und Trockengrifffestigkeit einen sehr geringen Eisengehalt (max. 1,0%) besitzen.*
2) *Verminderung des Tonanteils im Emailversatz und dafür die Einführung von etwas verminderter Menge an Nalsit. Hierbei kann man mit 50% Tonaustausch gegen 30% Nalsit eine merkliche Verbesserung des Weißgehaltes feststellen.*
3) *Eine bewährte Methode ist die völlige Herausnahme des Tones aus dem Emailversatz und hierfür einen Austausch durch Nalsit durchführen. Nalsit ist ein synthetisch hergestellter Nephelin, völlig frei von färbenden Oxiden, und zeigt eine rein weiße Brennfarbe. Hierbei zeigt sich auch eine gute Grifffestigkeit der trockenen Werkstücke. Eine gegebenfalls sogar dünnere Emailauflage ergibt einen hohen Weißgehalt und eine Materialeinsparung, wodurch die Verteuerung (durch Nalsit-Einbau) wieder aufgehoben wird und außerdem der Email in weiteren physikalischen Eigenschaften verbessert wird.*

436. Wellige Oberflächen beim Ein- und Überdrehen von Werkstücken (Teller, Schalen, Schüsseln, Becher, Krüge etc.)

Hier zeigen sich an der Schablonenseite wellige Werkstückoberflächen, welche direkt nach dem Formvorgang nur wenig, nach dem Trocknen deutlicher und nach dem Glasurbrand besonders deutlich sichtbar werden.

Beim Überdrehen (z.B. bei Tellern und flachen Schalen) sieht man, dass die Schablone eine leicht schwingende Bewegung macht, was zu der welligen Oberflächenformung an der Schablonenseite führt. Durch mehrmaliges Heben und Andrücken der Schablone an die Form kann die Ebenheit der Oberfläche verbessert werden, vor allem bei einer weichen Formmasse (hohe Feuchtigkeit).

Hilfe:

1) *Menge der Formmasse verringern (z.B. kleinere Massebatzen bei Eindreh-Werkstücken).*
2) *Dünnere Masseblätter (auch vorgeformt) auf die Überdrehform aufgeben.*
3) *Formgebungsvorgang verlangsamen.*
4) *Masse mit höherer Feuchtigkeit verwenden, die leichter verformbar ist und bei Überschuss diesen abspaltet.*
5) *Bei zu geringer Massezugabe entstehen unregelmäßige Scherbenstärken, welche fast immer zum Verziehen beim Trocknen und Brennen neigen.*

437. Verfärbungen an Email-Werkstücken

Hier zeigen sich Farbabweichungen vom eigentlichen Farbton der einzelnen Email-Werkstücke. Diese Verfärbungen können unterschiedlich sein und ihre Ursachen können sowohl in der Empfindlichkeit des Emailversatzes, in der Stärke (Dicke) der Auflage, in den Brenntemperaturen als auch in den Brennzeiten liegen.

Es kann sich aber auch ein Tonschleier auf der Oberfläche bilden, der sowohl Farbe als auch Glanz beeinflussen kann. Die unterschiedlichen Brenntemperaturen an verschiedenen Orten des Ofens kommen bei den heutigen, gut geregelten Temperaturausgleichen nur noch selten in Frage.

Hilfe:

1) *Auf gleich starke Auflagenstärken beim Emailauftrag achten.*
2) *Gleichmäßig und gut verteilt den Ofenbesatz durchführen.*
3) *Emailversätze verwenden, welche über einen breiten Sinter- und Schmelzintervall verfügen.*
4) *Einführung von Nalsit an Stelle von Feldspat erhöht die Schmelzintervalle und Farbgleichheitsgrad.*

438. Kantenabplatzer an gegossenen Ofenkacheln

Hier zeigen sich bei gegossenen, glasierten Ofenkachel-Kanten Glasurabplatzer, welche bei gepressten Ofenkacheln mit den gleichen Glasuren nicht auftreten.
Die Ursachen sind hierbei gut feststellbar. Da immer die gleichen Glasuren aufgetragen sind, muss die Ursache der Fehler in ungleichen Ausdehnungswerten der Unterlagen liegen.

Da die Presskacheln behautet (engobiert) sind, muss die Engobe eine andere Wärmedehnung haben als die nicht engobierte Gießkachel. Eine Dilatometerprüfung ergibt bei der Gießmasse einen deutlich höheren AK-Wert als bei der Engobe.

Mithin liegt die Glasur bei der Gießmasse unter höherer Druckspannung, wodurch die Glasurabplatzer erfolgen. Die Glasur hat somit gegenüber der Gießmasse einen zu niedrigen Ausdehnungswert (AK). Von der Masseseite her kann man sagen: Die Gießmasse hat einen zu hohen AK.

Hilfe:

1) Die Glasur kann durch Zugabe von Alkaliverbindungen (Alkalifritte, Na-Feldspat, Nalsit, Soda, Lithiumkarbonat u.a.) im AK erhöht werden, so dass die Glasur-Druckspannung vermindert wird. Diese Stoffe erhöhen den Ausdehnungswert, zeigen aber verschiedene Wirkungen auf die Schmelzbarkeit der Glasur, so dass man sowohl schwerschmelzbare als auch Oxide mit Flussmittelwirkung gleichzeitig zugeben muss, um das Schmelzverhalten nicht zu stark zu verändern.

2) Kann man (aus irgendwelchen Gründen) die Glasur nicht verändern, so kann man die Gießmasse im AK etwas herabsetzen. Dies erreicht man durch Zusatz von Kaolin (ca. 10%) zur Gießmasse. Wenn man die Gießmasse neu aufbauen muss, so kann man dies durch Verminderung der CaO-Rohstoffe (Kreide, Dolomit, Wollastonit) erreichen.

3) Eine etwas höhere Brenntemperatur und/oder längere Temperzeit kann eine bessere Verzahnung von Glasur und Unterlage bringen, wodurch die Druckspannung (Fehler) verhindert werden kann. Bei diesen Maßnahmen sind stets Proben erforderlich, da auch andere Eigenschaften (wie z.B. Schwindung, Festigkeit u.a.) hierdurch verändert werden können.

439. Flecken (dunkle) auf rotbrennenden, stranggezogenen Stücken

Auf rotbrennenden, stranggezogenen Werkstücken (z.B. Spaltplatten) zeigen sich dunkle Flächen, die oft ein Schattenbild von Streifen, Fingern oder einer Hand zeigen. Dieser Fehler kommt meist vor bei Strangpressen, deren Mundstücke als Gleitmittel Öle (Press- bzw. Schmieröle u.Ä.) enthalten und somit auf der Oberfläche der gezogenen Stücke eine dünne Ölfilmschicht abgeben. Überall, wo ein solches Werkstück mit der Hand abgenommen oder angefasst wird, drückt sich diese Schicht in die tonige Oberfläche und dichtet diese an der entsprechenden Stelle etwas ab. Im Brand wird an diesen Stellen der Sauerstoff der Brennatmosphäre nicht so stark oxidierend wirken, so dass hier ein nicht voll aufoxidiertes Eisensilikat mit dunklerer Farbe entsteht.

Die Ursache kann man nur beseitigen, indem die Werkstücke (z.B. Spaltplatten) ohne Handberührung in den Trockner kommen oder man aber den Masseversatz ändert und die Gleitmittel durch unempfindliche Medien austauscht. Ein Hantieren mit voll getrockneten Werkstücken zeigt keine Flecken.

Hilfe:

1) *Handabnahme (u. Anfassen) der frisch gezogenen Werkstücke vermeiden. Automaten einsetzen, welche die gezogene Ware direkt an der Strangpresse abnehmen und automatisch dem Transport übergeben.*
2) *Verwendung von Gleitmitteln, die bei sehr niederen Temperaturen (max. 300°C) restlost verdampft sind und keinen Einfluss mehr beim Brennen ergeben können.*
3) *Masse neu aufbauen, wobei man die Tone mit feinsten Fraktionen (< 10 µm) durch Tone mit gröberer Fraktion ersetzt.*

440. Roller-Verformungsfehler bei plastischen Massen

Hier treten nach der Rollerverformung am Werkstück (Teller, Schüsseln, Schalen, Tassen u.Ä.) Fehler am Werkstück-Boden, -Rand und Oberfläche auf. Diese können in Form von Zentriererhebungen (Innenboden), von krummen Rändern (Fahnen), von Rand- und Fußrissen u.a. auftreten.

Die Ursachen können sowohl in der Zusammensetzung und Zustand der Masse als auch im Zustand der Formen (meist Gipsformen), wie auch im Aggregat und dessen Einstellungsparametern, wie Rollerkopf-Temperatur, Differenzgeschwindigkeit u.a. liegen.

Hilfe:

1) *Bei Bodenerhebungen im Zentrum: Die Menge der Arbeitsmasse erniedrigen und/oder Pressgenauigkeit der Form zur Spindel (Roller) überprüfen.*
2) *Bei krummen Tellerfahnen und Verziehen: Plastizität der Masse überprüfen (meist abmagern). Ein Verringern der Differenzgeschwindigkeit kann hier ebenfalls Hilfe bringen.*
3) *Risse sind meist auf zu heiße Rollerkopftemperaturen und/oder zu kurze (magere) Massen zurückzuführen. Dementsprechend einmal Temperatur im Rollerkopf und/oder Arbeitsmasse etwas plastischer (fetter) einstellen. Fußrisse entstehen meist bei nicht vollkommen ausgeformter Masse, oft ist zu wenig oder zu harte Arbeitsmasse die Ursache, so dass man hier entsprechende Gegenmaßnahmen ergreifen muss.*
4) *Ein Quetschen des Masseblattes (Vermindern vorhandener Spannungen) vor der Rollerauflage zeigt immer verbesserte Formungsqualitäten.*
5) *Bei Gipsformenzerstörungen muss die Passgenauigkeit der Formen auf der Spindelaufnahme verbessert und/oder die Trocknungstemperatur der Gipsformen erniedrigt werden.*

441. Fleckenbildung bei trockengepressten Platten und Fliesen

Hier zeigen sich hauptsächlich bei flachen Werkstücken, wie Fliesen, Platten, Steine u.a., oft schmierige, teils schleifartige gelb-bräunliche Farbflecken.

Die Fehlerursachen liegen in Verunreinigungen des Pressgranulats oder Materialabrieb (meist Fe-Verbindungen) des Schiebers (selten von Stempel und Matrize).

Hilfe:

1) *Granulat von verunreinigten Anteilen befreien, notfalls die Einzelrohstoffe des Versatzes überprüfen (z.B. Siebrückstand). Bei Notwendigkeit entsprechenden Rohstoff austauschen.*
2) *Gleitmittel überprüfen und eventuell austauschen.*
3) *Wenn möglich, den Anteil der Hartstoffe im Versatz niedrig halten.*
4) *Beschädigte Teile der Formenwerkzeuge (Matrize, Stempel u.a.) reparieren oder austauschen.*

442. Krumme, trockengepresste Platten und Fliesen

Hier zeigt sich mehr oder minder konkaves oder konvexes Verziehen bei den Werkstücken, was teils nach dem Trocknen und teils nach dem Brennen sichtbar wird. Die Ursachen liegen oft im schlechten Sitz des Unterstempels. Beim einseitigen Pressen kann der Druck zu gering sein, so dass eine einseitige dichtere Schicht entsteht. Dies geschieht besonders bei Platten mit größeren Scherbenstärken, was zum Krummwerden führt. Ein ungleichmäßiges Füllen der Form kann auch als Mitverursacher in Frage kommen.

Zu schnelles und einseitiges Trocknen (und Brennen) kann nach der Formgebung der Grund für krumme Platten sein. Je nach Zustand der Werkstückmasse kann auch die Glasur für ein geringes Verbiegen (vor allem bei dünnen Fliesen) die Ursache sein.

Hilfe:

1) *Auflage (Sitz) des Unterstempels (in Matrize) kontrollieren und verbessern.*
2) *Für gleichmäßige Füllungsverteilung des Granulats sorgen, wobei eine völlig parallele Scherbenschicht ein Keiligwerden der Platten verhindert. Schieber kontrollieren.*
3) *Beim Trocknen muss eine allseitige, gleichmäßige Trocknung der Werkstücke gewährleistet sein.*
4) *Falls glasierte Platten krumm werden, während die gleichen Platten im unglasierten Zustand plan bleiben, so muss die Glasur der Verursacher sein. Hier muss eine AK-Anpassung erfolgen.*

443. Klebenbleiben trockengepresster Platten und Fliesen am Stempel

Hierbei bleiben die Fliesen am Stempel kleben und lassen sich meist nur mit Beschädigung oder Zerstören vom Stempel lösen. Die Ursachen können sehr verschieden sein und in zu feuchter Pressmasse, zu kaltem oder beschädigtem Oberstempel (auch zu rau) liegen. Es sind keine oder falsche Trennmittel beim Pressverformen eingesetzt worden.

Hilfe:

1) *Oberstempel auf Beschädigung überprüfen, notfalls auswechseln.*
2) *Den Oberstempel mit Trennemulsion übersprühen.*
3) *Massefeuchtigkeit verringern. Hierbei Vorsicht bei Zugabe von Trockenmasse, es muss vollkommene Homogenität (möglichst mit 24 h Standzeit) erreicht werden.*
4) *Stempelwerkzeuge häufiger reinigen.*

444. Abgebrochene Kanten und Ecken an trockengepressten Werkstücken

Es zeigen sich oft labile Ecken und Kanten, welche abbrechen. Dies kann verschiedene Ursachen haben. Ähnlich verhalten sich Eckrisse, die man mit dem bloßen Auge kaum erkennen kann und die häufig erst nach dem Brand als Fehler auftreten. Die Ursachen sind meist in dem Presswerkzeug und dem Pressablauf zu suchen.

Hilfe:

1) *Druckstempel (meist Oberstempel) ist beschädigt, so dass hier ein Wechsel erfolgen muss.*
2) *Die Pressform (Matrize) ist zu stark verschlissen und muss erneuert werden.*
3) *Die Verputzvorrichtung für den Pressgrat ist zu stark oder falsch eingestellt.*
4) *Einseitiges Lösen beim Ausstoß kann Eckrisse bringen. Durch Bestreichen mit Petroleum (am trockenen Stück) kann man erkennen, ob solche Eckrisse vorhanden sind. Wenn ja, bleibt der Riss beim Abtrocknen des Petroleums länger dunkel.*
5) *Beim Transport von rohen Fliesen (und beim Stapeln) können Fehler, wie Kantenabbrüche und Risse, durch Druckverlagerung oder schräges Aufsetzen entstehen. Nur eine erschütterungsfreie Lage und vorsichtige Behandlung können einen fehlerfreien Transport gewährleisten.*

445. Bohr-Lochrisse bei Schleifscheiben

Diese Risse sind meist erst nach dem Brand sichtbar und gehen von der Bohrung aus in die Schleifscheibe.

Die Ursache für diese Lochrisse können verschieden sein. Schon beim Pressen kann die Ursache beim Presswerkzeug liegen, z.B. Dorn, wenn dieser rau und leicht beschädigt ist. Die Ursache kann aber auch bei einer ungleichmäßigen Trocknung liegen, da rund um das Loch die Trocknung schneller abläuft. Die Art der Bindung kann hierbei ein Mitverursacher sein. Schließlich kann beim Vor-Abdrehen der Bohrung ein meist nicht sichtbarer Gefügeriss entstehen, der nach dem Brand als Fehler erscheint. Das Nach-Abdrehen am fertigen Stück ist die letzte Station, an der solch ein Fehler entstehen kann.

Hilfe:

1) *Formwerkzeuge (vor allem Dorn) kontrollieren, bei Bedarf erneuern bzw. auswechseln, wenn Beschädigung (auch Rauigkeit) vorliegt.*
2) *Die Schwindung der Bindung im starren Bereich auf ein Minimum bringen, d.h. möglichst wenig hochplastische Tone und sonstige, trocken schwindende Stoffe in den Pressversatz einbringen.*
3) *Die Trocknung muss völlig gleichmäßig erfolgen, was besonders an der Aussparung des Bohrloches gefordert wird.*
4) *Stapel, Transport und Besatz muss mit Vorsicht geschehen.*
5) *Das Vor- und Nachabdrehen ist mit größter Sorgfalt durchzuführen, zu starker und plötzlicher Abtrag führt meist zur Rissbildung.*

446. Risse (feine) beim Trockenpressen

Hier zeigen sich feine Risse im Werkstück, die senkrecht zur Pressrichtung auftreten. Diese Fehler treten häufig bei Granulatmassen auf die sehr feinkörnig sind. Die Ursachen der Rissentstehungen können von verschiedenen Faktoren abhängig sein, so z.B. von der Rieselfähigkeit des Granulats, von der Art der Formenfüllung und vom gesamten Pressvorgang (Vorverdichten, Entlüften mit Druckentlastung, Pressen, Formlingsausstoß).

Hilfe:

1) *Bei feinkörnigen Massen mit Vorverdichtung arbeiten, der Vordruck soll dabei max. 30% des Pressdruckes nicht überschreiten.*
2) *Ein mehrmaliges Vorverdichten kann bei sehr feinkörnigen Massen den Fehler beheben.*
3) *Bei Formlings-Ausstoß sollte ein geringer Restdruck bleiben; um Ausstoßfehler zu vermeiden.*
4) *Form und Pressstempel dürfen keine Rauigkeit oder Beschädigung zeigen (Kontrolle und evtl. Austausch).*
5) *Den Feinstkornanteil der Pressmasse möglichst niedrig halten.*
6) *Rieselfähigkeit kontrollieren und notfalls wieder herstellen (Sieben u.Ä.).*
7) *Feuchtigkeit (bei entsprechenden Massen auch Pressöl, Emulsion u.Ä.) darf nicht zu hoch sein. Feuchtigkeit muss erniedrigt werden, wenn durch Pressdruck (beim Pressen) Flüssigkeit herausgequetscht wird.*

447. Gießlöcher

Diese sind nach dem Ausformen der Werkstücke an deren Oberflächen zu sehen. Sie werden durch Lufteinschlüsse (Luftblasen) verursacht, welche beim Gießen (zum Teil auch schon beim zu schnellen Aufquirlen bei der Aufbereitung) mit einem starken Gießstrahl entstehen und mit dem Gießschlicker in die Gipsform gelangen.

Diese in der Gießmasse eingeschlossenen Luftblasen werden meist erst nach dem Brand (zum geringen Teil auch beim Verputzen) als kraterartige Vertiefungen sichtbar. Ein nicht sichtbarer Anteil kann im Scherbeninnern bleiben und führt bei dichten Massen (z.B. Steinzeug und Porzellan) zu Blasenbildungen, die teilweise als „Geschwulste“ auf der Werkstückoberfläche auftreten.

Hilfe:

1) *Gießmasse gut entlüften (evakuieren).*
2) *Beim Gießvorgang darf kein starker Gießstrahl entstehen, um Lufteinzug zu vermeiden. Gießstrahl nicht in Formenmitte, sondern an innerer Formenseite einlaufen lassen.*
3) *Eingießen über ein in die Form eingehängtes Sieb durchführen, was meist gute Hilfe bringt.*

448. Zehrstellen in Emailoberflächen

Zehrstellen (auch als Verzehrungen bezeichnet) sind Fehlstellen, die örtlich begrenzt und durch eine zu dünn aufgetragene Emailschicht entstanden sind.

Im stark oxidierenden Brand beim Emaillieren wurden metallene Unterlagen aufoxidiert, so dass sich die Emailschicht nicht voll bilden konnte. Die entstandenen Metalloxide wirken ebenfalls der Emailschmelzschichtbildung entgegen, was sich oft an Schnittkanten bemerkbar macht.

Hilfe:

1) *Emailschlicker dicker und gleichmäßig auftragen.*
2) *Emailbeschichtete Rohware muss vollkommen trocken sein, ehe diese in den Ofen eingegeben wird.*
3) *Emailschichtdickenmessung schon am Rohling durchführen.*
4) *Schnittstellen bei Werkstück-Rohlingen sind besonders gut vorzubehandeln und müssen rundum gut beschichtet sein.*

449. Siebrückstand bei Trommelnassmühlenaufbereitung zu hoch

Hier kommt es vor, dass bei normaler Mahldauer der Siebrückstand (bei Filterschlicker, Gießmassen, Glasur, Email etc.) zu hoch ist. Das heißt, die Aufmahlung (Aufbereitung) ist nicht vollkommen, das Mahlgut ist noch zu grob, so dass die im Sieb verbleibenden Anteile im Versatz fehlen.

Es können hierdurch Fehler bei Formgebung, Trocknung, Brand und besonders im Glasur- und Emailbereich auftreten, die hier (bei Nassmahlung) ihre Ursachen haben können.

Hilfe:

1) *Kontrolle der Schlickerfeuchtigkeit, um festzustellen, ob ein Messfehler bei der Wasserzugabe erfolgte.*
2) *Kontrolle der Mahlkugeln (oder Steine) in Gewicht (Masse) und Größe, ob diese sich nach langem, praktischen Einsatz abgenutzt haben und dann ihre Mahlwirkung vermindern. Notfalls alten Zustand, durch entsprechende Zugabe (Kugel-Nachfüllung) wieder herstellen.*
3) *Kontrolle der Gesamt-Umdrehungszahl, notfalls auch -Zeiten. Ausfallzeiten, z.B. durch Stromabschaltungen bei Reparaturen oder auch bei Gewitter u.a., müssen beachtet werden.*
4) *Kontrolle ob Eingangsstoffe (bei Mühlenfüllung) äußerlich etwa gleiche Größe und gleiche Feuchtigkeit haben. Feuchte, stückige Rohstoffe brauchen wesentlich längere Aufschlusszeiten als trockene Stoffe. Liegen Hartstoffe in gleicher Kornfraktion vor wie bei früheren Lieferungen ?*
5) *Sind Zusatzstoffe (Verflüssiger u.Ä.) gleich geblieben, sonst kann z.B. eine höhere Viskosität den Mahleffekt vermindern.*
6) *Sind splittrige, dichte Feststoffanteile im Siebrückstand, so kann auch eine Beschädigung im Trommelfutter vorliegen, welche sich dann schnell vergrößert.*

450. Spritzfehler beim Glasieren

Hier gibt es eine Vielzahl von Fehlern, deren Ursachen sehr verschieden sind. Diese können bei Zusammensetzung und Eigenschaften des Schlickers (Glasur-, Engobe-, Emailschlicker u.a.), an der Funktion der Auftragsaggregate und am Zustand der zu beschichtenden Werkstücke liegen.

Hilfe:

Fehler an der Düse zeigen:

1) *Einseitiges Spritzen = Schmutzteile (oder Überkorn) verstopfen teilweise die Düse und müssen entfernt werden.*
2) *Farbauslauf aus Düse = Düse schließt nicht dicht und muss befestigt werden oder Düsen-Nadel passt nicht genau in Düse (zu dünn, zu kurz, abgenutzt), sodass diese angepasst werden muss.*
3) *Abrutschen und Abrollen der Glasur = Zu dicke Glasurauflage durch zu viskosen Glasurschlicker. Hier muss langsam aufgespritzt werden. Es darf sich während dem Spritzen kein Glanz (von Feuchtigkeit) auf dem Werkstück bilden. Im Werkstück muss die Saugfähigkeit beim Glasiervorgang voll erhalten bleiben.*
4) *Wolkenbildung (auch an Fertigglasur) = 1. Düse zu groß. 2. Spritzdruck zu groß und/oder die Spritzdüse ist zu nahe am Werkstück.*

451. Schleifscheibenverschleiß (zu hoher) im Einsatz

Beim Schleifen von Werkstücken zeigt sich oft ein unsauberer Schliff und der Verschleiß (Abrieb) ist zu hoch, so dass keine gute Schleifleistung erreicht wird. Dies führt zu Reklamationen. Folglich ist es ratsam, stichprobenhaft ein Probeschleifen durchzuführen.

Bei zu hohem Verschleiß liegt eine nicht genügende Bindefestigkeit vor, die verschiedene Ursachen haben kann.

Hilfe:

1) *Höher brennen und/oder die Pendelzeit der Endtemperatur verlängern.*
2) *Den Bindungsanteil im Pressversatz erhöhen.*
3) *In der Bindung den Flussmittelanteil (je nach Temperatur,- Feldspat, Fritte oder Nalsit u.Ä.) erhöhen.*
4) *Dichteres Gefüge im Kornversatz herstellen.*
5) *Beim Schleifen zeigen bräunlich bis bläuliche Schleifspäne, dass eine zu dichte (bzw. zu harte) Schleifscheibe vorliegt.*
6) *Bei der Anwendung eventuell Umfangsgeschwindigkeit der Schleifscheibe ändern.*

452. Reißen von Werkstücken beim Schmelzbrand (bei Porzellan, Steinzeug und Glas)

Der Schmelzbrand wird meist zur Dekoration von glasierten Fertigstücken (bei Porzellan als „Weißware" bezeichnet) und Gläsern durchgeführt, wobei die Dekoaufbringung durch Handmalerei, Abziehbilder oder Siebdruck erfolgt. Hier zeigen sich nach dem Brand Risse, die durch das ganze Werkstück hindurchgehen, wobei dieses oft auch in Teile zerfällt.

Die Ursachen sind thermische Spannungen, die höher sind als die Festigkeit der Werkstücke, wobei diese dann reißen oder zerfallen. Diese Spannungen entstehen durch Temperaturunterschiede in den verschiedenen Punkten der einzelnen Werkstücke. So kann z.B. beim Hochheizen die Werkstückaußenseite schon sehr heiß (z.B. 600°C) sein, während im Innern noch wesentlich niedrigere Temperaturen (z.B. 540°C) vorliegen. Da die Wärmedehnung des Werkstückes mit der Temperatursteigerung stärker wird, entstehen die Thermospannungen, welche diese Fehler ergeben.

Verschiedene Wandstärken des Werkstückes sind ebenfalls Mitverursacher solcher Temperaturdifferenzen, so dass hier ebenfalls eine Ursache zu suchen ist.

Hilfe:

1) *Auf lockeren, gleichmäßigen Ofenbesatz achten.*
2) *Wenn möglich, gleiche Wandstärken am Werkstück herstellen.*
3) *Bei Gläser mit ungleichen Wandstärken (z.B. Wein- und Biergläser) langsam hochheizen und abkühlen.*

4) *Keramische Werkstücke mit dickwandigen und ungleichen Wandstärken gesondert und mit langsamer Hochheiz- und Abkühlzeit brennen, wobei man auch auf Zugluft achten sollte.*

5) *Auf guten Temperaturausgleich beim Schmelzbrand achten, langsam hochheizen und abkühlen, was vor allem bei großen Werkstücken wichtig ist.*

6) *Feststellen, ob plötzliche Wärmedehneffekte, vor allem vom Quarz oder Cristobalit, vorliegen, die zu hohen Thermospannungen im Werkstück und so zu dem Fehler führen können. Hier helfen entweder Masseversatzänderung (mit weniger Quarz), oder (bei Steinzeug) die Ware im Glattbrand höher (ca. 20 K) brennen, und/oder in den entsprechenden Temperaturbereichen (z.B. 450-700°C und umgekehrt) sehr langsam brennen, bzw. abkühlen.*

453. Aufblähungen (kleine Pocken) in Porzellan- und Steinzeuggeschirren

Hier zeigen sich vereinzelte kleine Erhebungen auf der Oberfläche der einzelnen Teile, Es können kleine pockenartige Erscheinungen, wie auch leicht gewellte (geblähte) Erscheinungen vorkommen. Meist zeigen sich die welligen Fehler an plastisch geformten Stücken (z.B. Teller, Schalen, Schüsseln etc.) und die pokkenartigen Fehler an flüssig verformten Werkstücken (z.B. Kaffeekannen, Gießer, Dosen etc.).

Die Ursache ist hierbei immer eine Volumenvergrößerung eines vorhandenen Gases (z.B. Luft) im Innern des Werkstückscherbens, welches sich in einem kleinen Hohlraum (Spalte, große Pore u.Ä.) befindet. Bei Temperatursteigerung (im Brand) vergrößert sich dieses Gasvolumen und erzeugt einen Druck, welcher die schwächste Stelle (dichte Außenhaut) nach außen drückt, die sich dann als kleine Pocke, Blase oder Erhebung zeigt. Die Ursache liegt bei sauberen, feinkeramischen Massen fast immer an Hohlräumen, welche durch Lufteinschlüsse entstehen. Bei Gießmassen sind es feinste Lufteinschlüsse im Schlicker, die durch zu starkes Rühren im Vorratsquirl oder durch zu schnelles Formeneingießen herrühren können.

Bei plastischen Massen sind es meist Schichtbildungen beim Hubelherstellen in der Strangpresse oder bei zu schnellem Verformen (Überschlag der Masse), die mit den Masseschichten auch Luftschichten mitbringen.

Hilfe:

1) *Gießmasse gut entlüften (evakuieren)*

2) *Eingießen in Gießform langsam vornehmen und den Gießstrahl möglichst nicht in der Formenmitte einlaufen lassen. Hier hilft das Eingießen an der Formenseite (Innenwand) und/oder über ein eingehängtes Sieb (siehe auch „447").*

3) *Eine geringe Rotation der Gießformen während des Eingießens ist hier von Vorteil.*

4) *Beim plastischen Verformen die Masse evakuieren und gut homogenisieren. Notfalls die Masse zweimal durch die Strangpresse geben.*

5) *Bei kleinen Mengen kann man die Einformmasse auch durchschlagen (z.B. in Töpferei = Handdurchschlagen = Klotzen).*
6) *Die plastische Formgebung verlangsamen und eventuell nachformen (z.B. in Presse 2-mal verformen).*

454. Schwundrisse („Würmchen - Haarlinien") in Emailoberflächen

Hier zeigen sich feinste Risse, wobei der Untergrund die Risse dunkel erscheinen lässt. Bei farbigen Emails sind hierbei Rissverfärbungen zu erkennen. Im Fehlerbild verlaufen meist mehrere „Haarlinien" parallel nebeneinander. Sind diese Risslinien nur sehr kurz (ca. 1-4 mm), so spricht man oft von „Würmchen".

Die Ursachen liegen im Schwinden der Emailschicht beim Hochheizen, d.h. es sind Nachtrocknungen dieser Schicht, die vorher nicht vollkommen getrocknet war. Beim Einbrennvorgang treten während der schnellen Temperatursteigerung noch plötzliche Schwindungen ein, welche diese „Schwundrisse" (und Würmchen) erzeugen.

Die Ursachen sind fast immer in nicht genügender Nachtrocknung des aufgebrachten Emailschlickers zu suchen, wobei die Trockenschwindung noch nicht vollkommen beendet war. Hierzu muss man die quellenden Zusätze (Ton, Bentonit, organische Substanzen u.Ä.) vermindern, um möglichst keine oder nur eine geringe Trockenschwindung zu erreichen. Hierbei muss man auch berücksichtigen, dass die Klebewirkung und Grifffestigkeit der trockenen Emailschicht erhalten bleiben muss.

Hilfe:

1) *Vollkommene Nachtrocknung nach Schlickerauftrag, jedoch nicht zu rapide, damit der sich bildende Wasserdampf gut entweichen kann.*
2) *Verringerung der quellenden Zusätze im Emailschlicker, wobei man dann dem frischen Schlicker minimale Anteile von Huminsäure zugeben kann.*
3) *Ton-Austausch (teils und vollkommen) durch Einsatz von Nalsit (synth. Nephelin, besonderer Kristallart), der außerdem auch brauchbare Grifffestigkeit beibehält.*
4) *Beim Tonaustausch braucht man weniger Nalsit, gegenüber Ton. Hier sind Vorversuche notwendig, da auch die Verflüssigung begünstigt wird.*
5) *Ein feineres Aufmahlen des Emailschlickers bringt ebenfalls eine Fehlerverminderung, wobei der Ton einen Zusatz von 4-5% nicht übersteigen sollte.*

455. Schonungsrandfehler an Gießrohlingen

Hier können schon, bei Gießmassen mit großen Trockenschwindungen, Abrisse der Schonungsränder (selten) erfolgen, wenn der Schonungsrand stark nach unten verjüngt ist. Es können auch Gipsteile beim falschen Abschneiden des Schonungsrandes (und ungewolltes Gipsabschaben) in diesem Rand hängen und mit zum

Trockenbruch kommen. Beim späteren Masseaufbereiten gelangen diese Bruchteile wieder in die Gießmasse und können dort Ansteifen bzw. Thixotropie bewirken.

Beim Abschneiden des Schonungsrandes am entformten Werkstück können sowohl Verziehen (bei noch zu weichem Scherben) als auch Ausbrechen bei zu trockenen oder zu mageren Massen entstehen.

Hilfe:

1) *Beim Abschneiden der Rohlinge (noch in Gipsform) vorsichtig arbeiten. Hier kann man mit Kunststoffmesser oder mit Abziehen (mit Massepfropfen) arbeiten.*
2) *Beim ausgeformten Rohling soll das Abschneiden der Schonung im lederharten Zustand erfolgen. Bei noch zu weichem Zustand erfolgt meist ein Verziehen des Werkstückrandes, der wieder gerichtet werden muss.*
3) *Falls die Werkstücke zu trocken sind (aus irgendwelchen Gründen) kann man bei runden Rändern diese vorsichtig mit einem Messer abdrehen.*
4) *Abgeschnittene Schonungsränder nicht mehr zur Wiederaufbereitung, sondern zum Abfall (Müll) geben.*

456. Risse (feinste) in schamottierten, gezogenen Spaltplatten

Hier zeigen sich in der unglasierten Oberfläche (z.B. bei Spaltplatten u.Ä.) sehr feine Risse (Haarrisse), welche quer (senkrecht) zur Pressrichtung verlaufen und mit dem bloßen Auge kaum sichtbar sind.

Auch ein Anschlagen (Anklopfen) des dichten Werkstückes zeigt kein Scheppern, sondern einen Klang. Im praktischen Einsatz (bei intensivem Kontakt mit wässrigen Lösungen) zeigen sich diese Risse und führen (vor allem im Säurebau) zu Reklamationen.

Prüfungen der unbenutzten Werkstücke (Platten) bei Einfärbverfahren mit farbigen Lösungen (z.B. Kaliumpermanganat-$KMnO_4$, alkoholischen Farblösungen u.Ä.) lassen die Risse deutlich erkennen. Diese Risse gehen nur wenige mm (1-2 mm) in die Oberfläche (z.B. an den Außenflächen einer Spaltplatte), während der innere Hauptteil des Werkstückes völlig unbeschädigt ist.

Der Fehler kann zwei Ursachen haben, wobei einmal die Rissbildung quer (senkrecht) zur Pressrichtung auf einen geringen Zusammenhalt der Masse schließen lässt. Der äußere Scherben hat durch schlechtes Gleiten (ruckartiger Austritt) aus dem Pressenmundstück einen labileren Zusammenhalt bekommen und reißt schon bei minimaler Trockenschwindung, während der innere Scherben einen etwas festeren Zusammenhalt hat und unbeschädigt bleibt.

Die Fehlerursachen liegen sowohl in der Strangverformung, in der Trocknung als auch in der Massezusammensetzung.

Hilfe:

1) *Masse länger mauken, so dass eine bessere, homogene Masse mit mehr Zusammenhalt entsteht.*

2) *Der Zusammenhalt der Masse ist sehr gering: zu viel Hartstoffe gegenüber den bindenden plastischen Rohstoffen. Es muss der Anteil des Bindetones etwas erhöht werden oder aber der körnige Hartstoffanteil muss etwas vermindert werden.*
3) *Zu viel Feinstteile (staubfein) der Hartstoffe. Hier muss der Staubanteil vermindert werden.*
4) *Feuchtlufttrocknung wird den Fehler vermindern.*
5) *Mundstück kontrollieren, bei Rauigkeit muss es erneuert werden.*
6) *Mundstückbewässerung verbessern, was sicher eine Verbesserung bringt, wobei allerdings eine langsame Trocknung erfolgen muss.*

457. Deformierte Dachziegel

Deformierte (krumme, flügelige, verbogene etc.) sind heute, dank neuerer und guter Produktionsaggregate (bei Aufbereitung, Formen, Trocknen und Brennen) nicht mehr so zahlreich. Trotzdem treten sie immer wieder auf. So zeigen sich Deformationen an der Längsseite der Dachziegel und in der Horizontalen, wobei sie teils flügelig werden.

Meist erkennt man die Deformation erst nach dem Brand (teils schon nach dem Trocknen). Oft ist schon die Ursache in nicht homogener Pressmasse, wodurch auch Texturen im Strang entstehen, zu suchen, vor allem dann, wenn diese Strukturen beim Pressen der Dachziegel nicht beseitigt wurden. Auch unsachgemäßes Aufsetzen der frischen Formlinge und unsachgemäßes Trocknen können schon ein erstes Verziehen bewirken. Beim Brennen können verschiedene Brennphasen auftreten, wie zu schnelles Hochheizen und Atmosphärenwechsel, welche Fehlerursache sein können, wobei falsches Setzen der Dachziegel Mitverursacher sein kann.

Hilfe:

1) *Masse gut aufbereiten und eine Maukzeit (Maukturm oder Heißaufbereitung) einhalten, um besseren Aufschluss und Verformbarkeit zu erhalten: Hier ist auch die Eingangsfeuchtigkeit der Rohstoffe zu beachten.*
2) *Bei Neulieferung von Rohstoffen können (durch andere Mineralanteile) andere Aufschlusszeiten für gute Homogenität notwendig werden.*
3) *Beim Verformen (Pressen) auf richtige Plastizität (Feuchtigkeit) und eventuell Vakuum achten. Zu nasse Masse lässt sich zwar leichter verformen und schont die Formen, zeigt aber Schwierigkeiten bei der Abnahme und begünstigt das Verziehen beim Trocknen.*
4) *Auf gleich große Massebatzen-Auflage (Dicke) an Pressform achten.*
5) *Ziegel nur vollkommen trocken zum Ofenbesatz geben. Höhere Restfeuchte (äußerlich nicht sichtbar) ermöglichen Fehler wie Verziehen, Reißen und teils graue Kerne.*
6) *Ziegel nicht zu dicht und zu hoch setzen und richtige Brennhilfsmittel verwenden.*

7) *Beim Brennen auf gut oxidierende Ofenatmosphäre achten. Atmosphärenwechsel führt zum Verziehen und zu Verfärbungen.*

8) *Wichtig ist eine gute Temperaturverteilung (oft auch von der Setzweise abhängig), damit keine verschiedenen Reaktionen (z.B. Schwindungen) am gleichen Werkstück auftreten können, was zum Verziehen führt.*

458. Beschädigungen an Druckgussformen

Es können beim Druckgießen an Gipsformen Beschädigungen verschiedener Art entstehen. So können die Gipsformen aufplatzen (bersten), was oft erst nach einiger Einsatzzeit geschieht, es können Teile ausbrechen und die Druckgießzeiten können zu lang sein.
Die Ursachen der verschiedenen Formenbeschädigungen können ganz verschieden sein und reichen von unsachgemäßer Formenherstellung (z.B. Gips/Wasser-Verhältnis), Gipssorten, Rühren, Evakuieren, Trocknen, bis zum falschen Einspannen bei Druckgussaggregat, u.a.

Hilfe:

1) *Die Gipssortenmischung muss aus den richtigen Verhältnissen der a-Halbhydrate zu ß-Halbhydrate bestehen. Mit steigendem Anteil von ß-Halbhydraten nimmt die Festigkeit zu, aber die Saugfähigkeit (Porosität) ab. Die Einstreumenge (in Wasser) muss stets genau eingehalten werden. Die fertigen Gips-Mischungen für die verschiedenen Arbeitsformen sind auch als Fertigformengipse bei den Gipswerken zu beziehen.*
2) *Beim Reißen (Bersten, Abplatzen u.Ä.) von Druckgussformen sind oft zu geringe Wandstärken vorhanden, so dass diese verstärkt werden müssen.*
3) *Bei der Formenherstellung müssen Verstärkungseinlagen (Metall- oder Kunststoffgewebe u.Ä.) in den Wandstärken der Gipsformen eingelegt werden.*
4) *Die Formentrocknung darf auf keinen Fall 55°C übersteigen. Für den praktischen Einsatz keine warmen Formen einsetzen.*
5) *Die Einzelformen (oder auch Formenreihen) müssen fest zusammengeklammert werden, damit keine Werkstückfehler (Auslaufen, Hohlräume, dicke Gießnähte u.a.) auftreten.*

459. Aufgesaugte Glasuren auf poröser Feinkeramik

Hierbei ist die Glasurauflage restlos vom Scherben aufgesaugt, so dass nur noch ein glänzender, poriger Scherben zu sehen ist. Die Ursache kann je nach Auftreten (plötzlich bei einer guten Glasur, oder bei einer neu entwickelten Glasur, oder bei einer neuen Masse, bzw. Rohstoff, oder bei neuem Ofen u.Ä., siehe auch „425") von verschiedenen Faktoren abhängen.

Hilfe:

1) *Der Scherben ist zu porös, was z.B. bei einem Glüh-Schwachbrand bei Steingut vorkommen kann. Hilfe bringt hier eine höhere Brenntemperatur beim Vorbrand.*
2) *Das Werkstück hat eine zu dünne Glasurauflage, die beim Schmelzen restlos aufgesaugt wird. Hierbei muss dicker glasiert werden. Der Glasurschlicker muss viskoser eingestellt werden (weniger Wasser).*
3) *Die Glasur ist zu niederviskos und hat außerdem eine viel zu geringe Oberflächenspannung. Hier kann man mit einer Kaolinzugabe (6-10%) eine Verbesserung erreichen.*
4) *Wenn das Aufsaugen bei allen Glasuren geschieht, so muss der Arbeitsmasse etwas Sintermehl (ca. 4-6%) zugegeben werden.*
5) *Bei neuen Öfen kann eine noch vorhandene Restfeuchte (im Ofenmauerwerk) beim Wasserverdampfen eine teilweise Glasurverdampfung bewirken.*

460. Fehler bei tonigen Rohstoffen

Bei Lieferung von tonigen Rohstoffen für die Masseaufbereitung erkennt man oft schon am stückigen Gut einzelne Verunreinigungen. Es können Eisen-, Kalk-, Magnesium-, Mangan-, Schwefel-, Silizium- und andere Verbindungen als Verunreinigungen vorliegen, die später zu Produktionsfehlern führen können.

So erkennt man verschiedene große Farbflecken, helle und dunkle Einschlüsse (von Nadelstichgröße bis Erbsengröße), welche Brennfehler ergeben können. Die Verunreinigungen müssen entfernt oder aber so feinst zerkleinert werden, dass sie kaum noch zu Brennfehler führen können.

In pulverisierten (gemahlenen) Rohstoffen sind die Verunreinigungen optisch fast nicht mehr zu erkennen, so dass hier genauere Eingangskontrollen notwendig werden. Hier zeigt ein Brennen von Stücken (auch Probeplättchen gemahlener Tone), ob Fehler, wie Ausblühungen, Farbabänderungen, Blähen, Verziehen, Schwindungsänderung, Sinter-und Schmelzvorgänge (vor allem am stückigen Gut, auch an örtlich einzelnen Stellen) auftreten. So kann man die fehlerhaften Rohstoffe ausschalten bzw. ersetzen.

Hilfe:

1) *Übergießen einer Probe mit 4%iger Essigsäure, wenn ein Aufbrausen (kleine Bläschenbildung) erfolgt, so zeigt dies, dass eine CO_2-haltige Verunreinigung vorliegt.*
2) *Man kocht eine kleine Probe im Reagenzglas (o.Ä.) mit verdünnter HNO_3 (Salpetersäure), welche dann abgefiltert wird. Nunmehr gibt man Bariumchlorid ($BaCl_2$) zum Filtrat. Wenn sich nach kurzem Schütteln ein weißer Niederschlag (bzw. Trübung) zeigt, so ist eine Sulfatverbindung in der Probe vorhanden (siehe auch „056" und „421").*
3) *Eine Rohstoffprobe wird erhitzt (auf Asbestnetz oder Heizplatte) und zeigt bei Vorhandensein von organischen Verunreinigungen: eine Verkohlung und/oder eine starke Rauchbildung und Verglühen, bei steigenden Temperaturen.*

4) *Weitere Verunreinigungen zeigen sich, indem man eine Tonprobe aufquirlt, wonach man die Tonschlämme absiebt (3 600er Sieb = ca. 150 µm) und den Siebrückstand auf und/oder unter eine weiße Glasur legt und im Betriebsofen mitbrennt. Anhand des Brennergebnisses kann man die Verunreinigungen erkennen (z.B. Farbpunkte, Verfärbungen, Blasenbildung etc.), so dass man den entsprechenden Rohstoff ausschalten kann.*

461. Ziegel-Gelbverfärbung

Rote Ziegelsteine (und sonstige Ziegelerzeugnisse) zeigen nach dem Brennen gelbliche (bis gelbe) Oberflächen, was verschiedene Ursachen haben kann. Hier ist die Gelbfärbung meist in einer Veränderung der Massezusammensetzung begründet.

Bei Änderung der Brenntemperaturen entstehen blassere Rotfarben bei zu tiefen, und dunklere Rotfärbungen bei höheren Brenntemperaturen. Die Ursachen liegen fast immer in den Werten von Fe_2O_3, CaO und Al_2O_3 und den Verhältnissen dieser Oxide zueinander. Außerdem hat der Titanoxidgehalt (TiO_2) einen starken Einfluss auf die Gelbfärbung.

Die Ursache der Gelbfärbung kann durch Änderung in der Massezusammensetzung herbeibeigeführt worden sein. So können z.B. in einem Neuschichtenabbau in der Tongrube, im Neubezug von Rohstoffen oder in falschen Mischungsverhältnissen die Ursachen liegen.

Hilfe:

1) *Möglichst nur CaO-freie (kalkarme) Rohstoffe in den Masseversatz eingeben.*
2) *Tone mit höherem Fe_2O_3-Gehalt zusetzen, bzw. erhöhen.*
3) *Tonerdearme Tone (max. 18-20% Al_2O_3) mit nur wenig CaO-Anteilen in den Masseversatz einbringen.*
4) *Trockene Erzeugnisse (vor Ofeneinsatz) mit einer stark verdünnten Ind.-Calgon-Lösung übersprühen, übergießen oder tauchen. Hierdurch wird die Rotfärbung kräftiger und einheitlicher in der Oberfläche.*

462. Fehler an Oberflächenstrukturen keramischer Werkstücke

Hierbei handelt es sich um Oberflächenstrukturierungen (-Dekore), die durch Eindrücken (Einkerben, Einpressen) in den noch weichen Scherben erfolgten.

Die Strukturierung kann manuell (meist mit Hilfsmitteln aus Holz, Gips, Gummi, pflanzliche Mittel etc.) oder auch maschinell (beim Pressen, Ziehen, Ein- und Überdrehen mit entsprechenden Formwerkzeugen) meist gleichzeitig mit der Formgebung geschehen. Hierbei können 1. Risse im Scherben, 2. Verziehen des Rohlings, 3. Ausbrechen der Dekorstruktur, 4. Abplatzer etc. am Werkstück auftreten.

Hilfe:

Zu 1. *Hier ist meist die Masse (Erzeugnis) schon zu fest (trocken), so dass Risse (teils bis zur Innenseite sichtbar) entstehen. Hier muss mit feuchteren Rohlingen gearbeitet werden. Rohlinge nicht zu lange trocknen lassen (evtl. auch mit weniger plastischen Arbeitsmassen die Rohlinge herstellen).*

Zu 2. *Die Unterlagen sind zu trocken oder aber die Scherbenmasse (Werkstückmasse) ist zu mager, so dass hierbei die Plastizität der Formmasse verbessert werden muss (plastischere Tone oder weniger Magerstoffe zum Masseversatz).*

Zu 3. *Hierbei ist die Unterlage (Werkstück) zu weich, so dass ein Abtrocknen der Rohlinge vor der Strukturierung vorteilhaft ist. Man kann auch die Masse mit weniger Feuchtigkeit herstellen.*

Zu 4. *Meist sind die Werkstücke zu trocken oder die Trocknung ist zu rapide. Man muss die Formmasse feuchter verarbeiten und/oder langsamer trocknen.*

463. Stempeldekorfehler bei Unterglasurfarben

Hier sind Dekore aus Unterglasurfarben-Schlicker mittels Stempel (Schaum- oder Hartgummi) auf die Werkstückoberflächen aufgestempelt. Die Dekoraufbringung geschieht mit Normalstempel oder auch mit Rollstempel auf trockene oder vorgeschrühte Waren, die nachträglich glasiert werden. Das Aufbringen der Stempeldekore kann manuell und maschinell erfolgen, wobei auch die Kombinationen (z.B. Handausmalung) angewendet werden.

Die Fehler können hierbei sein:

1. Abrollen (auch Zusammenziehen der Stempeldekore);
2. Raue Dekoroberflächen;
3. Verblassen (auch Verzehren) der Dekore;
4. Verwischen der Dekore (auch Verlauf der Konturen).

Hilfe:

Zu 1) *a) Stempelfarbe (Schlicker) enthält zu viel plastische Anteile (z.B. Ton, Bentonit, Leime u.a.), so dass eine zu hohe Schwindung (gegenüber der Unterlage) die Ursache des Abrollens ist. Hier muss der Dekorschlicker magerer (mit weniger plastischen Anteilen) hergestellt werden oder man gibt magernde Zusätze (z.B. Nalsit) zum vorliegenden Dekorschlicker hinzu.*
b) Die Stempelauflage ist zu stark (meist zu viskos), dementsprechend dünner auftragen (evtl. Stempelaufsaugung ändern).

Zu 2) *Stempelschlicker enthält zu wenig Flussmittel. Hier hilft meist ein Zusatz (10-20%) von Überzugsglasur.*

Zu 3) *Der Dekorschlicker schmilzt zu früh und enthält zu viel Flussmittel. Hier helfen Erhöhungen der Farboxidanteile (bzw. Farbkörper). Ein Zusatz von wenig Kaolin (3-5%) zum Dekorschlicker und auch eine Verminderung der Brenntemperatur kann hilfreich sein.*

Zu 4)	*Hier kann zu starker Dekorauftrag, zu hoher Flussmittelanteil des Dekormediums und zu hohe Brenntemperatur die Ursache sein. Die Gegenmaßnahmen sind: niedriger brennen; Zusatz von 4-8% Kaolin; dünnerer Dekorauftrag.*

464. Stempeldekorfehler bei Schmelzfarben (auf glasierter Keramik und Glas)

Dies geschieht beim Aufstempeln von Dekoren auf glasierte Werkstücke oder auf Glasoberflächen. Die Fehler werden teils schon nach dem Trocknen oder häufiger nach dem Aufschmelzen sichtbar. Die Brenntemperaturen liegen je nach Art der Werkstücke (Glas - Steingut - Porzellan) bei 500-800°C.

Folgende Fehler können auftreten:

1. Aufreißen der Stempeldekorfläche nach Trocknen und nach Brennen;
2. Dekorfreie Stellen nach dem Brand;
3. Verblassen (Verzehren) der Dekore;
4. Konturen des Stempeldekors werden unscharf und verschwimmen;
5. Nichthaften des Dekors beim Stempeln;
6. Stumpfe und glanzlose Dekorflächen.

Hilfe:

Zu 1) *a) Dekormedium liegt zu dick (Paste oft zu viskos);*
b) Trocken- und Brennvorgänge zu schnell (zu rapide).

Zu 2) *Unterlage ist nicht vollkommen sauber (Fett, Schweiß u.a.).*

Zu 3) *a) Die Brenntemperatur ist zu hoch (oder zu lange Pendelzeit);*
b) Im Druckmedium ist der Flussmittelanteil zu hoch, beim Neuansatz beachten oder zum fertigen Medium 3-5% Quarzmehl zugeben;
c) Farboxid-(Farbpigment)Anteile erhöhen.

Zu 4) *a) Stempel beim Auftrag leicht verrutscht;*
b) Zu hoher Flussmittelanteil im Druckmedium (Änderung wie zu 3b);
c) Bei zu dicker Dekorauflage zu hoch gebrannt.

Zu 5) *a) Unsaubere Unterlagen (dementsprechend reinigen);*
b) Unterlage/Werkstück (besonders bei Glas) zu kalt;
c) Dekormedium hat zu niedrige Viskosität (antrocknen).

Zu 6) *Die Brenntemperatur ist zu niedrig oder die Haltezeiten der Endtemperatur sind wesentlich zu kurz (kann bei Umstellung von dünnwandigen auf besonders dickwandige Werkstücken im normalen Betriebsablauf geschehen).*

465. Absetzen von Emailschlickern

Hierbei zeigt sich oft nach kurzer Standzeit auf der Emailschlickeroberfläche eine dünne Wasserschicht und eine Entmischung. Es wird eine laufende Umrührung des Schlickers notwendig und es treten Produktionsunterbrechungen ein. Oft zeigen sich diese Erscheinungen auch erst nach längerer Standzeit des Emailschlickers.

Beim Tauchen zeigen sich oft unebene emaillierte Oberflächen. Die Ursachen können verschieden sein. So kann das Absetzen durch Hydrolyse und auch durch zu wenige Anteile von Schwebemitteln im Emailschlicker oder auch durch zu hohen Wassergehalt eintreten.

Hilfe:

1) *Mit weniger Wasseranteilen arbeiten.*
2) *Zusatz von geringen Anteilen (max. 0,2%) von Pottasche (K_2CO_3).*
3) *Emailtonzusatz (2-3%) oder Bentonit (0,1-0,4%) kann helfen, aber die Neigung zu Nadelstichen steigt; der Schmelzpunkt steigt gering und der Weißgehalt wird vermindert.*
4) *Ein Zusatz von Nalsit (verflüssigt alleine gering) auf Kosten von Tonanteilen und gleichzeitigem K_2CO_3-Zusatz lässt die Fehler (zu 3) an Nadelstichen und Schmelzpunkterhöhung verschwinden und gleichzeitig steigt der Weißgehalt.*
5) *Zusatz von $MgCO_3$ (max. 0,05-0,10%) wirkt ebenfalls dem Absetzen entgegen.*

466. Risse und Absplitterungen beim inneren Ofenmauerwerk (meist an periodischen Öfen)

Das innere Ofenmauerwerk zeigt meist in höheren Lagen mehr oder minder starke Rissbildungen, Verdichtungen und Absplitterungen. Die Ursachen liegen in den physikalischen und chemischen Veränderungen der inneren Ofenwände und besonders der Ofendecken.

Bei hohen Brenntemperaturen (mit Langzeiteinwirkung) entstehen oft im inneren Mauerwerk (besonders bei Isoliersteinen) sehr geringe Nachschwindungen, die sich mit der Anzahl der Brände addieren. So zeigen Ofenauskleidungen nach längeren Einsatzzeiten mehr oder weniger starke Rissbildungen, wodurch die Isolation zurückgeht, der Wärmeverbrauch und Mauerwerkverschleiß steigen.

In Öfen mit glasiertem Brenngut entstehen noch mehr oder weniger starke Ofendämpfe mit verschieden hohen Russmittelanteilen (z.B. Blei-, Natrium-, Kalium- oder sonstige aggressiven -Dämpfe), die sich mit dem SiO_2 (u.a.) der Ofenverkleidung verbinden. Hierbei entstehen glasige Silikate an der Oberfläche des Mauerwerkes, welches hierdurch schwindet und einen höheren AK-Wert erhält. Diese Vorgänge führen zur Rissbildung und nach längerer Einsatzzeit auch zu Absplitterungen. Besonders schnell und stark stellt man dies bei „Salzbrandöfen“ fest, wo Natriumdämpfe schnell an der Ofenwand (besonders an Ofendecke) eine glasige (Natriumsilikat) Schicht bilden. Hierbei entstehen extrem hohe Schwindungen und auch extrem hohe AK-Werte in der äußeren Ofendeckenschicht, was zu starken Rissen und Abplatzem führt.

Hilfe:

1) *Das Ofenmauerwerk sollte eine wesentlich höher zulässige Einsatztemperatur haben, als die der Produktionstemperatur, was oft bei der Neuanschaffung eines Ofens kaum beachtet wird.*

2) Mauerwerksrisse im Innern des Ofens mit Isoliermasse (ff. Isolierkitt, meist durch die Ofenfirmen erhältlich) ausbessern.
3) Verwendete Glasuren sollen keine oder nur geringe Glasurdämpfe beim Brennen ergeben. Möglichst Glasuren mit hohen Viskositäten einsetzen, wobei der Gehalt an Blei-, Alkali- und Borverbindungen gering sein soll.
4) Abplatzer (meist an Ofendecke) hinterlassen eine Mulde oder Krater, welche mit einem feuerfesten Kitt (siehe zu 2) ausgeglichen werden. Hierbei kann man vorher die Vertiefung sehr dünn mit einer transparenten Glasur bestreichen.

467. Reißen und Zerstören beim thermischen Werkstückeinsatz

Hierbei handelt es sich um keramische Werkstücke (wie Bratentopf, Kochgeschirr, Römertopf, Pizzateller, Kuchenform etc.), die im praktischen Einsatz beschädigt werden. Meist reißen die Werkstücke im Backofen oder auf der Herdplatte, wobei öfter der ganze Inhalt die Umgebung verunreinigt.

Diese Zerstörungen können vielerlei Ursachen haben, wobei die Wärmedehnung, Wärmeleitfähigkeit, Festigkeit, Poren, Formgebung und andere Ursachen die Thermospannungen erzeugen, die zu dem Fehler führen. Die Zusammensetzung und Kornaufbau der Werkstückmasse, sowie die differenten Wandstärken der Erzeugnisse haben ebenfalls eine Mitwirkung.

Hilfe:

1) Masse mit geringerem AK herstellen, d.h. Tone und Zusatzstoffe sollen eine niedrige Wärmeausdehnung haben.
2) Ein Zusatz von Schamottemehl (mit niedrigem AK) verbessert die Temperaturwechselbeständigkeit.
3) Zusätze von Quarzglasmehl und vor allem Zirkonsilikatmehl ergeben gute TWB-Werte.
4) Masse untersuchen (Dilatometer), ob und bei welchen Temperaturen plötzliche Dehnungen (z.B. Cristobalit, Quarz) auftreten, die beim späteren Werkstückeinsatz durch zu hohe Thermospannungen zu Zerstörungen führen. So muß man quarzreiche Rohstoffe durch quarzarme (freie) Rohstoffe ersetzen, wobei immer wieder auf einen niedrigen AK-Wert zu achten ist.
5) Im praktischen Einsatz die gefüllten Werkstücke langsamer hochheizen und abkühlen.
6) Auf eine möglichst gleiche Wandstärke der Werkstücke ist bei der Herstellung zu achten. Je dünner die Wandstärke (bei guter Festigkeit), desto besser.
7) Die Formgebung soll keine Formgebungsspannungen hinterlassen, so zeigt die flüssige Verformung die wenigsten Formgebungsspannungen. Bei plastischer Formgebung soll man möglichst mit weicher Formgebungsmasse arbeiten, wobei die Verformung nicht zu schnell ablaufen soll.

468. Schmelzpunkte auf unglasierten Oberflächen

Hier zeigen sich auf der Oberfläche der gebrannten Werkstücke kleine (verstreute) Schmelzpunkte, die oft auch eine glänzende, glatte Oberfläche haben.

Dies geschieht meist an plastisch verformten Werkstücken, die schamottiert und unglasiert sind (z.B. Spaltplatten, Schalen u.a.). Hierbei zeigen die Oberflächen oft solch glänzende, punktartige Schmelzstellen.

Bei genauer Betrachtung erkennt man, dass es sich um etwa nadelkopfartige (bis ca. 2-3 mm ø), gesinterte bzw. geschmolzene Anteile handelt. Die Ursachen liegen im Versatz der Werkstückmassen, worin die schmelzenden Teile vorhanden sein müssen.

Meist ist die Schmelzfarbe hell und selten dunkelbraun, wobei es sich um nicht genügend zerkleinerte Anteile handelt, die eine große Flussmittelwirkung haben. Sie können aus schlechter Zerkleinerung, schlechter Absiebung (auch Spritzkorn und falsche Lieferung von Tonen, Feldspat, Sintermehl, Fritten, Glimmersand u.a.) kommen, so dass Einzeluntersuchungen der Versatzanteile notwendig werden.

Hilfe:

1) Kontrolle der letzten Lieferungen (vor allem der Hartstoffe wie Feldspat, Glimmersand, Sintermehl, Glasmehl, Fritten) auf Korngröße (siehe in 2.).

2) Absieben der tonigen Rohstoffe (meist reicht ein 900er Sieb, besser ist das 3.600er Sieb), den Rückstand untersuchen, indem man diesen in die rohe Oberfläche von Ton eindrückt und im Ofen brennt. Dunkle Rückstände sind meist aus Verunreinigungen (Pyrit, Markasit u.Ä). So kann man den Fehlerverursacher finden und ausschalten.

3) Hartstoffe (Feldspat, Glimmersand, Fritte, Sintermehl u.Ä.) absieben um Überkorn (auch Spritzkorn) festzustellen. Dann weiter verfahren wie zu 1).

Meist kann man vorher sagen: Helle Schmelzpunkte kommen aus Hartstoffen und dunkle Punkte aus Tonen.

469. Reißen von Email beim Trocknen

Die Trockenrisse beim getrockneten E-Werkstück sind oft nur schwer zu erkennen, so dass die Ware oft mit dem Trockenriss zum Einbrennen gelangt. Nach dem Aufschmelzen sieht man oft feine Linien oder Adern in der Emailoberfläche, so dass keine völlig unifarbene Oberfläche entsteht.

Die Ursachen dieser Trockenrisse kann in zu viel Ton, Bentonit u.Ä. liegen oder auch in noch vorhandenen Formgebungsspannungen (zu wenig Entspannung beim Glühen). Eine zu starke und einseitige Trocknung (auch Zugluft) kann Mitverursacher sein, so dass mehrere Möglichkeiten der Fehlerbeseitigung zu versuchen sind.

Hilfe:

1) Ton im Emailschlicker erniedrigen (max. 4-5%).

2) *Tone (Bentonit und quellende Zusätze) vermindern (oder entfernen), dafür Nalsit (synth. Nephelin) einführen, der auch noch eine gute ausreichende Griffestigkeit bringt.*
3) *Zusatz von K_2CO_3 (max, 0,1%) zum E-Schlicker.*
4) *Wesentlich langsameres und allseitig gleichmäßiges Trocknen.*

470. Pickel (kleine Erhebungen) auf glasierter Einbrandkeramik

Hierbei erscheinen (oft vereinzelt und weit gestreut) kleine körnige Erhebungen, die über die glatte Glasurschicht hinausragen. Man kann Bläschenbildung vermuten, was aber beim Abschleifen nicht als Blase, sondern als Feststoff zu erkennen ist. Oft tritt der Fehler nur kurzfristig auf, so dass man den Zeitfaktor beachten muss (z.B. bei Masse-Neulieferungen, Veränderung der Aufbereitungszeiten u.a.). Wird die Ware vorgeschrüht, so sind die Fehler fast restlos verschwunden. Beim Vorbrennen werden die Werkstücke vorher nicht ganzflächig, sondern nur in den Nähten verputzt, was man vorteilhaft mit einem Fensterleder durchführen soll, wobei kein Ausschwämmen von Feinstteilchen aus der Oberfläche eintritt.

Beim Rohglasieren wird außer der Nahtbeseitigung auch das ganze Werkstück verschwämmt, wodurch nicht nur die an der Oberfläche haftenden Salze (z.B. von Gipsformen), sondern auch immer feinste tonige Bestandteile mit ausgewaschen werden, so dass nur die körnigen Massebestandteile aus dem rohen Scherben ragen.

Diese kleinen Körner sind Hartstoffe (Quarz, Schamotte, Feldspat u.a.) und machen die Schwindung der umliegenden tonigen Bestandteile nicht mit, so dass nach dem Brand die Hartstoffe noch mehr über der Werkstückoberfläche hervortreten und deutlicher bei der Fertigware unter der Glasur erscheinen.

Hilfe:

1) *Siebrückstandskontrolle der Masse durchführen und den Rückstand untersuchen;*
2) *Kontrolle bei Masse- und Rohstoff-Neulieferung und bei eigener Aufbereitung;*
3) *Siebkontrolle, ob Sieb beschädigt ist;*
4) *Masse feiner aufbereiten, evtl. längere Mahldauer bei Trommelmühlen;*
5) *Beim Schwämmen möglichst sehr feinen Schwamm (nicht zu nass) oder besser Fensterleder benutzen, um ein Ausschwämmen von Feinstteilen zu verhindern (vermindern);*
6) *Werkstücke vorschrühen, da man hierbei nicht voll verschwämmen muss und die Feinstteile im Scherben bleiben;*
7) *Bei Rund-Werkstücken nicht verschwämmen, sondern in lederhartem Zustand abdrehen.*

471. Nadelstiche und kleine Narben in Schmelzfarben.

Diese Fehler treten im Schmelzbranddekor (500-800°C) nur in den farbigen Dekorflächen (Pinselauftrag, Siebdruck, Abziehbild)auf. Beide Fehler sind auf Entgasungen während dem Schmelzvorgang der Farbmedien zurückzuführen. Da in den Schmelzmedien immer Bindemittel vorhanden sind, müssen diese restlos entgasen (verbrennen) ehe die Schmelzphase die Dekoroberfläche abdichtet und die obigen Fehler nicht mehr erzeugt werden.

Hilfe:

1) Bei eigener Mischung der Dekormedien weniger Bindemittel (Öle, etc.) einführen.
2) Nur Bindemitel einsetzen, die bei niedriger Temperatur (max. 300°C) restlos entgast sind. Chemische Fabrik zu Rate ziehen (z.B. Z&S).
3) Langsamer hochheizen, im ersten Brennabschnitt (bis etwa 350°C) bringt immer Hilfe.
4) Voll oxidierende Ofenatmosphäre einstellen, wobei im E-Ofen fast immer bessere Qualitäten erreicht werden.Letzteres gilt vor allem bei Weißware, die im Schnellbrand produziert wurde.

Weniger dichtes Einsetzen hilft ebenfalls häufig.

472. Einseitige Fehler im Brennraum

Hierbei sind beim Ofenbesatz die Werkstücke an einer Ofenseite fehlerhaft. Dies können unterschiedliche Glasureffekte, ungleiche Scherbenfestigkeiten und unterschiedliche Größen sein. Unterschiedliche Brennfarbe der unglasierten Teile (vor allem bei bunten Scherben) zeigen sich an den unterschiedlichen Stellen im Brennraum. Es zeigt sich deutlich, dass z.B. an einer bestimmten Ofenstelle diese Fehler auftreten.Die Ursachen können verschieden sein, so z.B. kann eine Seite der Heiz-Spiralen defekt (gebrochen, verschmort, kein Strom) sein und erzeugt keine Temperaur, so dass hier die Temperatur während des gesamten Brandes zurückbleibt. Auch kann die Gasabzugsklappe zu lange (oder auch einseitig) geöffnet sein, so dass alle Abzugsgase hier besonders stark die Werkstücke beeinflussen können, wobei die Temperatur zurückbleibt und eventuell Glasureffekte stark verändert werden (z.B.Kristallisation fehlt bei Kristallglasuren, u.a.). Bei Gasöfen kann einseitig ein Gasbrenner ausgefallen oder beschädigt sein. Eine unterschiedlich Ofenbesatzdichte führt ebenfalls zu unterschiedlichen Temperaturen, Reaktionszeiten und Effekten.

Hilfe:

1) Vor dem Ofensetzen feststellen, ob alle Spiralen (und sonstige Energiegeber wie z.B Gasbrenner) einwandfrei sind. Bei E-Ofen einige Sekunden ein- und dann wieder ausschalten und mit Warm-Hand-Test die Spiralen abtasten.
2) Gleichmäßigen Ofenbesatz durchführen.

3) *E-Ofen kann zu nahe einseitig an einer Wand stehen, was bei Kristallglasuren deutliche Unterschiede in Kristalleffekten und bei Mattglasuren im Glanzgrad ergeben kann. Der Seitenabstand des Ofens soll mind. 40-50 cm betragen. Endtemperatur länger halten (Pendelzeit erhöhen).*

473. Schleier über farbigen Schmelzbranddekoren

Diese Schleierbildung zieht sich in milchiger Art über das Farbdekor und kann verschiedene Ursachen haben.
Wenn der Fehler plötzlich auftritt, so kann bei Gasöfen schon ein Wetterumschlag die Atmosphäre gering ändern und als Ursache in Frage kommen. Es kann aber auch ein Kondensat aus den Verbrennungsgasen abscheiden, wobei auch eine zu hohe Brenntemperatur (auch im E-Ofen) die Ursache sein kann.
Ein Test mit anderen Schmelzdekoren (z.B. Abziehbild) kann die Fehlerfindung einengen. Neue Brennhilfsmittel im Ersteinsatz und Wasserdampf im Brennraum können ebenfalls Mitverursacher sein.

Hilfe :

1) *Dekorierte Teile müssen vor dem Ofeneinsatz gut getrocknet sein, was besonders für den Schnellbrand gilt.*
2) *Volle Oxidation im Brennablauf einstellen und kontrollieren.*
3) *Testbrand mit anderen Dekormedien erproben.*
4) *Weniger dichten Ofenbesatz durchführen.*

474. Ofen (E-Ofen bleibt kalt nach Einschalten)

Nach dem Einschalten des E-Ofens (Muffel, Herdwagen) zeigt sich kein Erwärmen, so dass man bald feststellt, dass der Ofen nicht arbeitet. Die Schalttafel zeigt, dass kein Amperemeter (sofern vorhanden) anzeigt, was bedeutet ‚Ofen bekommt keine Energiemenge' (Strom). Ist hierbei der Hauptschalter in richtiger Stellung, so muss der Elektriker Abhilfe schaffen.

Besitzt der Ofen keine Amperemeter, so kann man sich anders helfen.

Hilfe :

1) *Ofentür öffnen (‚Ofen aus') und Spirale antasten, wobei man jede Spiralengruppe einzeln abtasten muss.*
1a) *Ist nur eine Spirale warm, so ist kein Strom vorhanden oder die Schaltanlage arbeitet nicht.*
1b) *Ist nur eine Spirale kalt, so ist in dieser Spiralengruppe eine Unterbrechung (meist Bruch oder Schmorstelle, letztere kann auch am Außen-Ofenanschluss liegen).*

1c) *Sollte am Thermoelement ein Fehler sein (Bruch am Element, -meist Thermoperle- oder Anschlussunterbrechung), so schaltet die Schaltanlage ebenfalls nicht ein. Hier kann man unter die Thermoelementspitze eine Feuerzeugflamme (o.ä.)halten, wobei im Temperaturmessgerät eine Anzeige erfolgen muss, sonst ist das Element defekt.*

Bei diesen Fehler müssen entsprechende Maßnahmen erfolgen, bei allen anderen Unklarheiten muss der Elektriker Abhilfe schaffen.

475. Graue Stellen unter Glasur im Schmelzdekorbrand

Dieser Fehler tritt vor allem bei Gasofen-Dekorbrand auf. Hier sind fast immer Schwelgase von Schmelzprodukten innerhalb einer reduzierenden Atmosphäre die Ursache, welche bei nicht genügendem Sauerstoffanteil in die Glasur eindiffundieren und als Kohlenstoffreste verbleiben und die grauen Stellen ergeben.

Diese geschieht bei Temperaturen, bei denen die Glasuren schon gut reaktionsfähig sind, d.h. oberhalb ihrem Tranformationspunkt, den man (am einfachsten: dilatometrisch) feststellen sollte, so dass man unterhalb dieser Temperatur schon volle Oxidation im Brennraum haben muss. Ein ‚Nachbrand- Reparaturbrand' bei voller Oxidation lässt den Fehler nicht mehr verschwinden.

Ein Einsatz eines Elektrobrandes ist hier immer vorteilhaft.

Hilfe :

1) *Im ersten Brennnabschnitt schon volle Oxidation erzeugen.*
2) *Absaugung der Ofengase erhöhen, vor allem im unteren Temperaturbereich (ca. 20-400°C).*
3) *Weniger dichten Ofenbesatz durchführen.*
4) *E-Ofeneinsatz bei Schmelzbranddekor ermöglichen.*
5) *Wenn möglich die Grundglasur etwas viskoser einstellen, wobei schon ca. 5% Kaolinzusatz Hilfe bringt. Hierdurch wird die Transformationstemperatur etwas erhöht und die Reaktionsfähigkeit gegenüber den Gasen vermindert.*

476. Zerstören (Verschmoren) von Heizspiralen

Hier zeigt sich öfter ein Durchbrennen (schmoren) der Heizspiralen. Je höher die Temperatur der Spiralen, desto leichter reagieren diese mit ihrer gasförmigen Umgebung.

Hierbei entstehen Verbindungen, die andere elektrische Werte und Schmelzerscheinungen ergeben, wobei oft ein Lichtbogen entsteht, der ein ganzes Stück der Spiralen verschmoren lässt.

So gibt es schädliche (ungewollte) Verbindungen in Werkstückmassen und Glasuren, die solche zerstörende Gase abgeben (wie Schwefel-, Alkali-, Phosphat-, Chlor- u.a. Verbindungen), aber auch Staub und Splitterteile können auf die Spiralen (bzw. Heizleitertragerohre) fallen.

Hilfe :

1) *Spiralen (und Tragerohre) ab und zu reinigen (Befall absaugen).*
2) *Möglichst keine S-haltigen Massen verwenden.*
3) *Press- und Stanzöle (wichtig) müssen S-frei sein, sonst sind sie der Tod der Spiralen.*
4) *Keine phosphathaltigen Massen im E-Ofenbrand verwenden.*
5) *Ofenbesatz mit nur Alkaliglasuren vermeiden, möglichst immer nur einen kleinen Anteil (max. 30%) an Alkaliglasurwerkstücken in einem Ofenbesatz eingeben.*
6) *Möglichst nur oxidierend brennen, da eine Reduktion die Spiralenschutzschicht zerstört. Es muss immer so viel Sauerstoff im glühenden Ofen sein, dass die Oxidhaut der Heizspiralen erhalten bleibt.*
7) *Wasserdampf, Fluor, Chlor und Stickstoff sind im E-Ofenbrand nach Möglichkeit zu vermeiden.*

477. Narbenrisse in glasierter Oberfläche schamottierter Werkstücke

Der Fehler tritt vor allem bei schamottierter, gegossener Ware (z.B. Ofenkacheln) auf. Es zeigen sich hier kleine Glasurrisse (2-5mm Länge), die vereinzelt auf der Glasuroberfläche auftreten.

Man erkennt, dass der Riss etwas breiter war und an die Risskante etwas abgerundet ist, so dass sich oft ein narbenartiger Riss zeigt. Dies lässt darauf schließen, dass Gase vor dem Schmelzbeginn die noch starre Glasurschicht durchbrochen haben und hierbei kleine Spaltrisse erzeugt haben. Bei weiterer Temperatursteigerung schmilzt die Glasurrisskante etwas ab, so dass bei Brandende der Riss noch nicht ganz zugeschmolzen ist. Die Ursache liegt demnach in Scherbenrohstoffen, die beim Brennen in der ersten Brennzone entgasen.

Dies ist oft bei unsauberen Schamotten (CaO- und MgO-haltig) der Fall. Dieses CaO (MgO) reagiert in der Gießmasse mit H_2O zu $Ca(OH)_2$ (bzw. $Mg(OH)_2$), welches beim Brand erst spät und plötzlich seine OH-Gruppen abspaltet.

Hilfe :

1) Nur Schamotten verwenden, die kein freies CaO bzw. MgO enthalten.
2) Bei Produktionsablauf dürfen keine Gipsteile in die Gießmasse kommen.
3) Vorbrennen der Rohware und dann erst glasieren und Glattbrand.

478. Fremdpartikel auf und in Schmelzdekorflächen

Hier sind Fremdpartikel (z.B. helle und dunkle Punkte, einzelne körnige Anteile u.ä.) in die Schmelzoberfläche eingedrungen bzw. festgeschmolzen, wobei oft Farbflecken und Rauhigkeiten entstehen. Die Ursachen liegen in Befallteilen, die schon beim unachtsamen Einsetzen des Ofenbesatzes ihre Ursachen haben können.

Während des Brandes können Partikel von Ofendecke und anderen Orten, z.B. durch zu hohe Umluft (z.B: Staub, Sand, Faserteile u.a.) auf die Glasurfläche kommen.

Hilfe :

1) Auf sauberes Arbeiten beim Einsetzen des Ofenbesatzes achten.
2) Ofendecke vor dem Ofeneinsatz säubern (z.B. abbürsten).
3) Bei lockerer Ofendecke und Ofenwand, diese mit einer Haftschicht (z.B. Mischung 70 Teile Kaolin 30 Teile Glasur) überstreichen.
4) Absauganlage und Ofenumluft nicht zu stark einstellen.

479. Aufheizrisse (siehe auch ‚201' und ‚202')

Es sind sichtbare Risse an gebrannten Werkstücken, die sowohl bei unglasierten als auch bei glasierten Keramiken auftreten können. Die Risse gehen durch den ganzen Körper und zeigen abgerundete Bruchkanten.

Ursachen dafür sind zu schnelles und stark schwankendes Aufheizen, bei meist zu hohen Resten von entgasenden Anteilen in den Rohlingen. Je nach Mineralgehalt und Verunreinigungen der Masse (z.B. chem.geb. H_2O (OH), CO_2, SO_3, u.a.) können auch nach guter Trocknung beim schnellen Hochheizen Aufheizrisse entstehen.

Hilfe :

1) Sehr langsame Temperatursteigerung im ersten Brennabschnitt (bis etwa 450°C).
2) Masserohstoffe mit Mineralanteilen von Montmorillonit, Bentonit und Fire Clay, diese aus der Masse entfernen oder stark vermindern.
3) Bessere Zerkleinerung der Masseanteile bei der Aufbereitung.
4) Zusatz von nicht schwindenden Zusätzen (z.B. Scherbenmehl, Schamottemehl, etc.) Je nach Anzahl und Art der Aufheizrisse reichen 5-10% .
5) Besatzdichte vermindern.
6) Scherbenstärke vermindern.

480. Blasen, Dellen, Verziehen, Zerfallen - schon nach dem Trocknen (Schüsseln, Schalen, Blumentöpfe etc.)

Bei schneller Press- und Stanz-Verformung zeigen die frisch gepressten Teile meist ein gutes Aussehen, aber nach dem Trocknen zeigen sich starkes Verziehen bzw. andere Fehler, wobei es auch vorkommen kann, dass die Teile zerfallen.

Beim Pressvorgang ist die Fließgeschwindigkeit der Masse zu groß, so dass Luftanteile mit eingepresst werden. Zu grosse Batzenaufgabe kann zum Überschlagen der Masse beim schnellen Formen (Pressen) führen und Gleitöle (o.ä.) werden mit in den Scherben eingepresst, was zu den verschiedenen Fehlern führt.

Hier sind verschiedene Vorsichtsmaßnahmen möglich.

Hilfe :

1) *Voll homogene Masseaufbereitung.*
2) *Pressvorgang verdoppeln (2x pressen).*
3) *Während dem Pressen bis zum Pressvorgang eine Entlüftung durchführen.*
4) *Masse etwas magern (8-10% Schamotte- oder Scherbenmehl).*
5) *Masse-Aufgabebatzen gewichtsmäßig verringern, wenn starker Überschuss am Formenrand austritt.*
6) *Gleitöle durch wasserverträgliche Emulsionen ersetzen.*

481. Einsturz eines Ofenbesatzes beim Brand

Hierbei kommt es bei Kammeröfen vor, dass der Besatz zusammengebrochen ist, wobei z.T. die Brennhilfsmittelplatten gebrochen sind und ein Teil des Besatzes umgefallen oder gar zusammengebacken ist. Fallen solche Teile beim Zusammenbruch seitlich von der Unterlage ab, so können sie auch in die Heizspiralen fallen und die Heizleitertragerohre zum Bruch bringen. Handelt es sich um glasierte Waren, die auf Heizspiralen fallen, so können diese durchschmoren, so dass die Heizleistung ausfällt und kein weiterer Temperaturanstieg stattfindet und der Ofen ab diesem Zeitpunkt abschaltet.

Bei Öfen mit offener Flamme läuft der der Temperaturanstieg weiter und es kommt oft zum Zusammenbacken des Besatzes miteinander und dem Festverschmelzen der umgefallenen Teile mit der Unterlage.

Bei Tunnelöfen fallen in solch einem Falle oft Teile nach unten, verklemmen sich in dem Nut- und Feder-Abdichtungslabyrinth und können zu einem Verkleben von TO-Wagen und Ofenseitenwänden führen. Hierbei kann es zu einem Stillstand des Ofenvorschubs kommen. Dies ist dann der Fall, wenn das Wagenvorschubaggregat bei einem entsprechend hohen Gegendruck abschaltet.

Es kann auch ein Ankleben und auch ein Andrücken der obersten Ofenbesatzschicht an die Ofendecke stattfinden, was sowohl zu einem Einsturz beim Tunnelofen und anderen Fehlern bei stehendem Brennbesatz führen kann (siehe Fehler Nr.135).

Hilfe :

1) *Brennhilfsmittelplatten kontrollieren. Es dürfen keine Gefügerisse (oft schwer sichtbar) und keine Anbruchstellen vorhanden sein.*

2) *Nur vollkommen trockene Werkstücke einsetzen, sonst kann ein Bersten und Zerreißen der Stücke zu Schäden führen.*

3) *Je nach Art des Einsturzes (z.B.2) kann auch ein langsameres Hochheizen eine Hilfe sein.*

4) *Bei Schnellbrand sollten die Brennhilfsmittelplatten einen möglichst niedrigen und konstanten Ausdehnungswert haben (Hier muss Lieferant oder eine Dehnungsmessung helfen).*

Bei großen Tunnelöfen mit Begehungskanal sollte man (mit entsprechenden Wärme-Isolier-Kleidungen) im Kanal die Funktionstüchtigkeit des Isolier-Abdichtungslabyriths kontrollieren, ehe der Tunnelofen wieder voll weiterläuft.

482. Abblättern von Engobe an gebrannten Dachziegeln

Hier zeigt sich an gebrannten Werkstücken ein Abheben (Abblättern, Abheben, Abtrennen) von Engoben (meist stellenweise), so dass eine fehlerhafte Oberfläche entsteht. Dieses Abblättern kann am getrockneten, wie auch am gebrannten Werkstück entstehen, wobei die Ursachen beim Trockenfehler (siehe Fehler Nr. 005) meist in Schwindungsdiffenrenzen von Engobe und Werkstück bestehen, wobei man generell erkennen kann: Je dünner die Auflagenstärke der Engobe, desto weniger die Abblätterungsgefahr.

Bei Engoben, die erst im Brand abblättern, können außer unterschiedliche Schwindungen auch andere Ursachen vorliegen.

So können im Brand unterschiedliche Gase in der Zwischenschicht entstehen, die aus Pressölen, Gleitmitteln und auch aus der Werkstückmasse (Pyrite, andere SO_4-Verbindungen u.a.) stammen können.Die Ofenatmosphäre kann hierbei auch eine wichtige Rolle spielen.

Hilfe :

1) *Masse auf S-Verunreinigungen prüfen und im positiven Fall der Masse Bariumkarbonat (ca.0,2-0,6%) zusetzen.*
2) *Langsameres Trocknen der Werkstücke ist immer vorteilhaft.*
3) *Voll oxidierendes Brennen.*
4) *Beim Pressen (Formen) keine Öle (vor allem keine S-haltigen) verwenden, sondern wasserlösliche Emulsionen. Verbrennungsgase können die Engobe vom Scherben trennen und abdrücken.*
5) *Beim Pressen mit Gipsformen dürfen diese für keine zu große Stückzahl eingesetzt werden, da sonst die Gefahr einer $CaSO_4$-Schicht auf der Ziegeloberfläche entstehen kann und später die Engobe zum Abblättern bringt. Richtige Gipssorten bei der Formenherstellung verwenden.*

483. Blähen von Klinkersteinen und dichten Werkstücken

Hier zeigen die Werkstücke eine volmenvergrößerte Aufblähung, wobei sich meist die Seitenflächen nach außen wölben.

Diese Fehler treten oft an dichtgebrannten Werkstücken (z.B.Klinkersteinen) auf, welche in bestimmten Brennabschnitten eine zu schnelle Temperatursteigerung erfahren haben.

Da in den Massen der meisten Klinkersteine meist gasabgebende Stoffe (z.B. Sulfate, organische Teile, Karbonate u.a.) vorhanden sind, kommt es bei einer zu schnellen Temperatursteigerung im Sinterbereich (Dichtbrennbereich) schon zu einer Außenhautabdichtung, ehe alle Gase aus dem Innern der Werkstücke entwichen sind und somit eingeschlossen werden. Bei nun folgender Temperaturerhöhung dehnen sich diese Gase aus und drücken die weiche Werkstückaußenhaut nach außen, wodurch eine Dehnwölbung am Klinkerstein entsteht.

Beim Aufschlagen eines solchen Steines kann man oft erkennen, dass ein dunkler Kern vorhanden ist, welcher auf nicht vollkommen verbrannten Kohlenstoff schließen lässt.

Hier können sowohl organische Verunreinigungen als auch reduzierende Brennabschnitte im unteren Heizbereich die Ursachen sein, wobei Kalk-, Gips-, und Pyritanteile Mitverursacher sein können. (siehe auch Nr. 041)

Hilfe :

1) *Völlig oxidierender Brennablauf muss für eine vollkommene Entgasung (Verbrennung) sorgen.*
2) *Langsamere Temperatursteigerung, kurz vor Sinterbeginn, kann Hilfe bringen.*
3) *Bei entsprechend groben Verunreinigungen (mit Siebanalyse feststellen) kann eine intensive Feinstzerkleinerung bei der Aufbreitung eine Verbesserung bringen.*
4) *Zusatz von feinem Sand kann (soweit es die Masseeigenschaften, wie Plastizität, Kühlrissempfindlichkeit, Dichte u.a. zulassen) hilfreich sein.*
5) *Zusatz von Dichtbrandschamotte-Feinkorn kann die Sintertemperatur etwas erhöhen, so dass Gase länger ohne Schaden entweichen können.*

484. Spannungsrisse bei Glas-Dekorbrand

Es sind Risse in Gläsern, die nach dem Abkühlen des Schmelzdekorbrandes sichtbar werden, wobei oft die Werkstücke in einzelne Teile zerfallen. So z.B. platzen Böden oder Henkel oder Stiele vom Glaswerkstück ab.

Diese Fehler treten vor allem bei dickwandigen und bei Glaswerkstücken mit ungleichen Wandstärken (z.B. Bierhumpen, zylindrische Gläser, Weinpokale u.a.) auf, wobei die Standfläche (Boden) meist eine wesentlich stärkere Wandstärke besitzt.

Vor allem im Schmelzdekorbrand, wobei die Aufheiz- und Abkühltemperatur schnell erfolgt, sind diese Fehler häufig festzustellen. Die Risse entstehen fast immer durch zu hohe Spannungen im Werkstück, die durch Vorhandensein verschiedene Dehnungen (Zusammenziehung) entstehen. So bleiben beim Abkühlen die dickwandigen Wandstärken in Temperatur und Zusammenziehung gegenüber den dünnwandigen Teilen stark zurück und erzeugen die Thermospannungen, die schließlich das Glas sprengen.

Hilfe :

1) *Langsamere Temperatursteigerung und vor allem Abkühlung durchführen, was man bei einem Kammerofen gut regeln kann.*
2) *Bei Bandöfen (auch Tunnelöfen) muss die Bandgeschwindigkeit herabgesetzt werden, was aber zu einer Produktionsverminderung führt. Hier kann man evtl. durch Verlängerung der Kühlzone die Fehler beseitigen.*
3) *Gläser mit gleichdicken Wandstärken verwenden, was aber oft nicht möglich ist.*
4) *Weniger dicht einsetzen. Möglichst nicht auf ganzflächige Unterlage, sondern auf Lochbleche einsetzen.*

485. Schmelzdekorrisse bei Porzellan, Steinzeug, Steingut, u.a.

Hier zeigen sich nach dem Brand durchgehende Risse am Werkstück, wobei oft ganze Teile abplatzen.

So können nach dem Dekorbrand Porzellanstücke (Tassen, Zuckerdosen, Kaffekannen etc.) in zerbrochener Form auf dem Ofenband aus dem Schmelzbrand kommen. Hier ist fast immer ein zu schneller Brandablauf (Hochheiz-und Abkühlzeit) als Ursache anzusehen, wobei im entsprechenden Werkstück kurzzeitig die Temperaturunterschiede von innen nach außen so groß sind, dass Thermospannungen größer sind, als die Festigkeit der Werkstücke, so dass eine Zerstörung stattfindet.
Dieses kann sowohl beim Hochheizen als auch beim Abkühlen stattfinden. Eine gute Umluft ist daher beim Brennablauf von Wichtigkeit.

Hilfe :

1) *Lockerer Ofenbesatz ist notwendig, um eine gute Temperaturverteilung zu erreichen.*
2) *Werkstücke sollten immer so eingesetzt werden, dass sie nicht mit der vollen Standfläche aufstehen, sondern auf Spitzen oder Dreikantleisten oder Rillenplatten.*
3) *Langsameres Brennen und Abkühlen ist immer vorteilhaft. Bei Bandofen kann auch eine Ofenverlängerung eine Hilfe bringen.*
4) *Für bestimmte Werkstücktypen immer das gleiche Brennprogramm anwenden (nicht große Porzellanfiguren mit kleinen dünnwandigen Teilen), sonst ist immer nur für ein bestimmter Typ ein idealer Brennablauf vorhanden.*

486. Ausscheidungenen (auch Blasen)bei glasierten Dachziegeloberflächen

Hier erscheinen vereinzelte Trübungen auf glasierten Dachziegeln. Diese vereinzelten Flecken der Ziegeloberfläche sehen aus wie getrübte, teils blasige Flächen.

Es sind Ausbblühungen, die erst aus dem Scherben entweichen, wenn die Glasur bereits die Scherbenhaut abgedichtet hat. In der Arbeitsmasse sind SO_3-Anteile (meist über 0,15%) vorhanden, welche durch ungenügenden Sauerstoff im Brennraum erst sehr spät entgasen und mit den übrigen Masseanteilen reagieren.

Der Fehler kann sowohl im Brand (zu wenig Sauerstoff und zu schnell) als auch in der Massezusammensetzung (zu hoher SO_3-Anteil), als auch in zu niedrigem $BaCO_3$-Zusatz liegen.
Gipsverunreinigungen (irgendwoher) ergeben auch ähnliche Fehler, treten selten und meist nur zeitweise auf.

Hilfe :

1) *Masse mit richtiger $BaCO_3$-Zusatzmenge (3-5fache vom SO_3-Anteil) versehen, was schon bei der Aufbereitung erfolgen muss.*
2) *Voll oxidierender Brand lässt die Entgasungen früher und vollkommener eintreten.*
3) *Langsamer Hochheizen (vor allem vor Sinterbeginn der Glasur).*
4) *Glasur etwas viskoser einstellen (4-8% Kaolin).*
5) *Masse etwas magern (5-8 % Scherbenbruch), wobei man aber eine eventuelle Schwindungsänderung erhalten kann.*

487. Glasurverdampfung im Dachziegelofen

Dachziegelglasuren sind besonders flussmittelreich, um einen hohen Glanz auf der Oberfläche und somit leichte Witterungssäuberung zu erreichen und somit einer leichten Glasurverdampfung ausgesetzt. Bei Tunnelöfen, in welchen glasierte Dachziegel gebrannt werden, stellt man nach längerer Einsatzzeit fest, dass Ofendecke und -Wände einen glasigen Überzug erhalten. Dies kann so weit gehen, dass Schmelztropfen von der Decke herab auf die Werkstücke fallen.

Die Flussmitteldämpfe (Glasurdämpfe) streichen durch den Ofen und treten mit glasbildenden Stoffen (z.B. SiO_2) in Reaktion unbd bilden ein SiO_2-reiches Glas, was an Wände, Decke, Abzüge, Ofenwagen u.a. geschehen kann. Die Glasurdämpfe bilden sich aus den flussmittelreichen Glasuren, wobei am stärksten die Alkalien und besonders alle Alkaliborate verdampfen.

Außer dem optischen Aussehen einer glasierten Ofendecke (oder Wand) wird die Isolierung des Ofens mit zunehmender Verdichtung (Verglasung) immer schlechter. Die Ofenabzüge und Tunnelofenwagen werden auch in Mitleidenschaft gezogen, so dass die Ofenqualität und Lebensdauer vermindert werden. Hier muss die Glasur verändert werden, wobei man besonders Al_2O_3- und MgO-Zusätze eine Verbesserung bringen. Bei SiO_2-Erhöhung muss vorher eine Erprobung erfolgen, da sich bei verschiedenen Glasurzusammensetzungen die Verdampfung auch verschlechtern kann.

Hilfe :

1) Dünner glasieren .
2) Al_2O_3-Zusätze von 5-12% (je nach Schmelzbarkeit der Glasur) bringen gute Hilfe.
3) Geringe Talkumzusätze (2-4%) bringen Verbesserung.
4) Ofenzug vermindern - Ofen gering unter Druck einstellen.

488. Glasurverfärbungen durch Brenngase

Diese Verfärbungen sind Niederschläge von ‚Verunreinigungen' der Brenngase bei verschiedenen Feuerungsarten (Gas, Öl, Kohle u.a.). So entstehen nach dem Brand Verfärbungsflecken (z.B. gelb, braun, grün, schwarz, metallisch u.a.)

1. Bei Porzellan: hell gelbliche Flecken (wegen der Ursache auch als Luftflecken bezeichnet (siehe auch Fehler Nr. 233).
2. Salzglasur Graublau : helle (gelbl.-grau) Flecken und Flächen, welche ebenfalls die Ursache einer Oxidationzone im reduzierenden Brand haben.
3. Salzglasur Braun : gelblich Flecken mit rauher Oberfläche und graue Flecken mit glänzender Oberfläche.
4. Chinarot (Ochsenblut) Glasur : mit grünen Flecken und Flächen, welche auf Oxidationszonen beim reduzierenden Brand zurückzuführen sind.
5. Farbige Glasuren: Fast alle Farbglasuren/außer kobaltblau und weiß, werden durch Atmosphärenschwankung bzw.-Umschläge farblich beeinflusst.

Hilfe :

Zu 1. Hier muss darauf geachtet werden, dass beim Sinterbeginn (Dichtbrand) bis zur Endtemperatur und in der Abkühlphase (bis ca. 800°C) Reduktionszone im Brennraum erhalten bleibt.
Zu 2. Hier muss vom Sinterbeginn bis Endtemperatur und Abkühlzone bis etwa 900°C die Reduktion (evtl. noch neutrale Zone) erhalten bleiben.
Zu 3. Gelbliche Flecken zeigen zu wenig Glasurüberzug (zu frühes oder zu weniges ‚Salzen'. Graue und dunkle Flecken zeigen Reduktionszonen im oxidierenden Brand. Es muss demnach mit stark oxidierender Atmosphäre gebrannt werden.
Zu 4. Hier sind Oxidationszonen (evtl. durch Falschluft) beim Brand oder beim Abkühlen eines Reduktionsbrandes eingetreten. Beim Brand darauf achten, dass keine Oxidationszone (Luft) eintreten kann.
Zu 5. Alle Farben eines oxidierenden Brandes erscheinen durch Reduktionsphasen dunkler und metallisch bei höheren Farboxidanteilen, man muss also auf die erwünschte Brennatmosphäre achten.

489. Abplatzer an Ziegeln nach längerem Einsatz

Hierbei handelt es sich meist um Dachziegel, welche nach längerer Einsatzzeit auf dem Dach Abplatzer zeigen.

Es zeigen sich kraterartige (oft trichterförmig) Aussprengungen von 1-10 mm Durchmesser, wobei fast immer in der Kratertiefe ein weißer Kern sichtbar wird.

Dies sind nicht genügend zerkleinerte Kalkanteile, welche im Ziegelrohstoff (Lehm oder Ton) schon als Verunreinigung vorhanden waren. Diese Fehler, die (vor allem an engobierten oder glasierten) eine beschädigte und hässliche Oberfläche zeigen, kann man hier nicht mehr beseitigen, sondern man muss Vorsorge bei früheren Stationen des Produktionsablaufes treffen. Hier helfen Maßnahmen direkt nach Ofenausgang oder besser schon bei der Masseaufbereitung.

Hilfe:

1) *Direkt nach dem Brand die oft noch warmen Ziegelwerkstücke (gebündelt) in Wasser tauchen, wobei sich die noch vorhandenen CaO-Teilchen zu $Ca(OH)_2$ umwandeln und diese Kalkmilch sich in die Poren verteilen kann. Die Tauchzeit (zur Bildung von $Ca(OH)_2$) muss erprobt werden.*
2) *Verfahren genau wie zu 1): die Ziegelwerkstücke in stark verdünnte Na-Phospat-Lösung eintauchen, wobei sich Ca-Hydrat und -Phosphat bilden können, die nicht zu Abplatzern führen.*
3) *Schon bei der Masseaufbereitung die Kalkverunreinigungen so stark zerkleinern, dass sich Ca-Silikat mit der Umgebung bildet und kein Ca-Konzentrat-Teilchen übrigbleibt und sich somit kein CaO bildet. Diese Zerkleinerung sind durch engere Spalteinstellung an den Walzwerken zu erreichen.*
4) *Eine Verwendung von heißem Wasser (Anmachwasser) bei der Aufbereitung ergibt eine zusätzliche Hilfe für die $Ca(OH)_2$-Bildung und leichtere Verteilung in der Arbeitsmasse.*

490. Weiße Schleier (wolkenartig) unter Glasur an Dachziegeln (Nach längerer praktischen Einsatzzeit)

Hier zeigen sich wolkenartige, weiße Schleier unter der Glasuroberfläche (besonders stark bei transparenten Glasuren sichtbar), welche nach einer längerer Einsatzzeit entstehen und im Lauf der Monate und Jahre immer stärker werden, so dass oft der rote Dachziegelscherben nicht mehr sichtbar ist.

Es handelt sich hier um Sulfatausscheidungen, welche sich unter der Glasurschicht angereichert haben.

Die Dachziegelmasse enthält eine deutliche Menge an S-Verbindungen (meist Pyrit, Gips, Natrium- und Magnesiumsulfat sowie organische Verbindungen, welche in feiner oder grober und nicht voll keramisch gebundener Form vorliegen und im Ziegel lösliche Sulfate bilden. Hierbei genügen schon 0,01% SO_3 (auf geglühte Substanz), um Ausblühungen zu erhalten.

Bei Erwärmung der Ziegeloberfläche (durch Sonneneinstrahlung) wandern die löslichen Salze zur Warmseite und werden von der Glasurschicht gestoppt. Nach völliger Trocknung der S-Lösungen verbleiben die weißen Ausscheidungen als Schleier unter der transparenten Glasur liegen, so dass nach längeren derartigen Zyklen (oft nach Monaten und Jahren) sich wolkenartige, weiße Ausscheidungen unter der transparenten Glasur ansammeln.

An Stellen, an denen keine Oberflächenwärme entstand, (z.B. in den abgedeckten Falzen u.ä.) entstehen auch keine Schleier.

Hilfe:

1) *Masseaufbereitung muss verbessert werden. Hierbei ist eine intensive Zerkleinerung (z.B. engere Spaltbreite bei Walzwerken) und gute Homogenisierung erforderlich. Masse sollte auf jeden Fall schon mit $BaCO_3$-Zusatz gemaukt werden.*
2) *Höhere $BaCO_3$-Zusätze sind meist notwendig, und der Zusatz muss vor der Massemischung über die Tonmischung gestreut werden.*
3) *Höhere Brenntemperatur bindet mehr S-Verbindungen im Scherben, wobei auch eine längere Endtemperaturhaltezeit eine Verbesserung bringt. Hierbei werden zugleich auch die Werkstückporen vermindert und verkleinert und die Diffussionen gehemmt.*
4) *Ein Tauchen der frisch gebrannten Dachziegel in Silikonlösung verhindert (bzw. vermindert) die Feuchteaufnahme des Werkstückes, so dass sich keine löslichen Sulfate bilden können.*
5) *Einzelrohstoff-Untersuchen lassen den Sulfat-reichen Rohstoff erkennen, der vorerst aus dem Masseversatz herausgenommen werden muss.*
6) *Übersprühen der Rohlinge (vor dem Glasieren) mit einer Boraxlösung erzeugt eine Scherbenabdichtung, so dass das Sulfatwandern etwas früher gestoppt wird und nicht mehr die Glasurschicht erreicht.*

491. Risse in gebrannten Handschlagsteinen

In gebrannten Handschlagsteinen zeigen sich zum einen Risse, die sehr deutlich zu erkennen sind und oft tief in das Werkstück oder durch den ganzen Stein hindurch gehen, und zum zweiten zeigen sich haarfeine Risse (oft netzartig) an der äußeren Oberfläche, wobei es oft vorkommt, dass die Auflagenseite keine Risse zeigt, während die sich frei in der Ofenatmosphäre befindliche Flächen (oben und seitlich) diese feinen Risse zeigen.

Man muss hier genau beobachten, ob diese Risse schon nach dem Trocknen vorhanden sind, was man duch überziehen (überpinseln oder übersprühen) mit Petroleum erproben kann, wobei beim Vorhandensein von Rissen, diese beim Antrocknen etwas längere Zeit feucht, daher dunkler bleiben.

Hilfe:

1) Bei Vorhandensein von Feuchterissen (bei Petroleumprüfung) eine entsprechend vorsichtigere Trocknung durchführen (siehe "Trockenrisse").
2) Bei durchgehenden Rissen handelt es sich meist um Kühlrisse (Quarzrisse), worüber notfalls eine Dilatometerprüfung eine genauere Auskunft geben kann. Quarzanteil in der Masse vermindern und/oder sehr langsam abkühlen.

3) *Bei feinsten Netzrissen fehlt es an Bindekräften, so dass man den Anteil von Bindeton (plastische Tone) im Masseversatz erhöhen muss.*

4) *Sind an der Auflagenseite keine Risse, so muss die Trocknung verbessert und die Hochheizphase langsamer vor sich gehen, so dass an allen Werkstückstellen stets die gleiche Schwindung vorhanden ist. Hierbei hilft auch ein lockeres (nicht vollflächiges) Aufeinandersetzen der Handschlagsteine im Brennraum.*

492. Mikrowellen-Trocknungsfehler

Bei unsachgemäßer Trocknung im Mikrowellen-Trockenofen können Fehler wie Platzen, Reissen und Bersten von Werkstücken auftreten. Dies tritt besonders dann auf, wenn eine Änderung des Besatzbeschickung erfolgt (größere Werkstücke, dickere Wandstärken, dichterer Besatz u.a.).

Mikrowellentrocknung wird hauptsächlich zur starken Verkürzung von trockenempfindlichen Werkstücken eingesetzt.

Bei der Mikrowellentrocknung erfolgt die Erwärmung der Werkstücke nicht von außen, sondern durch die Mikrowellenbestrahlung wird die Wärme durch die Anregung der Wassermoleküle direkt im Innern des Gutes erzeugt. Der hier entstehende Wasserdampf diffundiert nach außen, so dass bei der MW-Trocknung von Innen nach Außen getrocknet wird. Hierbei bleiben die Poren bis zum Schluss erhalten. Der Dampfdruck darf maximal nur so groß sein, dass er die Festigkeit des Werkstückes nicht übersteigt. Das und ein gleichmäßiges Strahlungsfeld bewirkt, dass die Poren bis zum Schluss des Wasseraustrittes geöffnet bleiben.

Bei einem zu hohen Dampfdruck (zu hohe Taktfrequenz und/oder zu hohe kW-Leistung und zu langer Heizdauer) kann dieser das rohe (labile) Werkstück zum Reissen und Bersten bringen.

Hilfe:

1) *Heizdauer am MW-Trockner herabsetzen.*

2) *Die Taktfrequenz erhöhen, wobei aber keine Unterbrechnung der Wasserdiffussion im Scherben eintreten darf.*

3) *Werkstückgrößen und Besatzdichte müssen dem Bestrahlungsfeld im Ofen angepasst sein und sollten bei einmal gutem Trocknungsvorgang nicht wesentlich geändert werden.*

4) *Bei einfachen MW-Trocknern bringt ein sich bewegender (zB. drehender) Innenraum einige Vorteile.*

5) *Der Feuchtluftabzug darf nicht zu hoch sein, da sonst an der Außenfläche der Werkstücke wesentlich tiefere Temperaturen entstehen können, wodurch zusätzlich Thermospannungen im Gut entstehen.*

6) *Möglichst nur Werkstücke mit fast gleichen Wandstärken in MW-Trockner und Trockengut nicht auf voll geschlossene Unterlage einsetzen.*

In letzter Zeit gibt es hier Fortschritte in MW-Trocknung und Brennen, so dass man sich am besten mit Spezialfirmen in Verbindung setzen sollte.

493. Texturen am Strang von Vollsteinen (Ziegelsteine, f.f. Steine u.ä.)

Dieser Fehler ist am Fertigwerkstück kaum zu erkennen. Es zeigt sich meist nur ein geringes Verziehen der Seitenflächen, eine nicht einheitliche Farbe der Oberfläche und vor allem ein Abfallen der Festigkeits- und Dichtigkeitswerte.

Beim Austritt des Massestranges aus der Schneckenpresse sieht man meist nur eine geringe, schlangenartige Strangbewegung beim Austritt aus dem Presskopf. Wenn die Rohlinge geschnitten (Abschneider) in den Trockner kommen, sieht man äußerlich keine Fehler. Nach dem Trocknen und Brand erkennt man geringes Verziehen der Seitenflächen und ganz selten einen Riss. Die Endprodukte zeigen eine unheitliche Qualität in Festigkeit und kleinere Schwindungsdifferenzen.

Beim Aufschlagen der Steine erkennt man kreisförmige Strukturen im Strangquerschnitt, die oft auch kreisförmige Hohlräume, Farben und Dichtigkeiten zeigen.

Schlägt man einen getrockneten Stein auf und taucht ihn in Wasser, wird die Struktur im Strangquerschnitt sehr deutlich sichtbar. Man erkennt, dass die Masse nicht homogen ist, sondern dass durch die Drehbewegung der Förderschnecke in der Strangpresse hervorgerufene Entmischungen eingetreten sind. Diese führen zu Minderqualitäten und je nach Artikel (z.B. säurefeste Steine, u.a.) zum Ausschuss.

Hilfe:

1) An Strangpresse die Förderschnecke auf Verschleiß überprüfen.
2) Strukturzerstörer vor Presskopf einbauen lassen.
3) Masse von gleitenden Mineralteilchen (wie Glimmer, Talkum, Kaolinit, u.a.) befreien und mehr körnige Anteile (Schamottekorn, Brennbruch, illitische Tone, magere Tone, Sand u.a.) in den Versatz geben.
4) Masse nach erstem Pressendurchlauf in Batzen 1-2 Tage mauken lassen und dann erst zu den End-Verformbatzen verarbeiten.

494. Wasserlunker und Ankleben bei plastisch gepressten Werkstücken

Feinkeramische, wie auch grobkeramische, plastisch pressgeformte Erzeugnisse zeigen oft Wasserlunker (halbkugelartige Dellen) auf der Oberfläche und teils Ankleben der Pressfläche an die Pressform.

Diese Fehler treten fast nur bei nichtsaugenden Pressformen (Metall-, Kunststoff-Formen) auf.

So erscheinen diese Fehler in feinkeramischen (z.B. Kleinstfiguren, Abzeichen, Schälchen, Aschern, Fressnäpfe u.a.) und grobkeramischen Bereichen (z.B. Dachziegel, Stallartikel u.a.), wobei das Ankleben meist direkt zum Ausschuss führt, während die Wasserlunker spätestens nach dem Trocknen sichtbar werden und erst nach dem Brennen zu Qualitätsverminderung führen.

Die Ursachen dieser Fehler sind bei zu weichen Massen zu suchen, welche einen zu hohen Wassergehalt haben. Hierbei kleben die Werkstücke an der Pressfläche an und/oder zeigen Wasserlunker (Oberflächendellen), wobei der zu hohe Wasseranteil ausgepresst (Auspresswasser) wird und sich als Wassertropfen in die Außenfläche einformt und nach Verdampfen als eine halbkugelartige Delle (Vertiefung) übrig bleibt.

Hilfe:

1) *Wassergehalt der Pressmasse beim Aufbereiten vermindern.*
2) *Zumischen von trockenem Massemehl oder Magertonen*
3) *Vermindern von blättchenförmigen Tonmineralen (Glimmer, Kaolinit, Talkum u.ä.) durch andere Tonminerale (Illit, Quarz etc.).*
4) *Pressformen aus Formengips (wenigstens Oberform) herstellen und darauf achten, dass diese nicht zu schnell voll durchfeuchtet.*

495. Verschleiß und Durchbrennen von SiC-Heizstäben u.ä.

Hier zeigt sich an den SiC-Heizleiterstäben nach längerem Einsatz,bei hohen Temperaturen (z.B >1350°C) ein Verschleiß in der Mitte der Heizstäbe. Meist ist hier eine äußerlich weiße Schicht entstanden. Bei oxidierender Brennatmosphäre sind bei hohen Brenntemperaturen Kohlenstoffteile (vom SiC) oxidiert (verbrannt) und es hat sich ein weißes SiO_2 gebildet, so dass weniger SiC übrigbleibt. Im Lauf langer Einsatzzeiten wird hier der E-Widerstand so stark verändert, dass die immer höher werdende Temperatur ein Durchbrennen der Heizstäbe verursacht.

Ähnlich verhält es sich auch bei SiC-Heizrohröfen, wobei man allerdings optisch nicht einen immer stärker werdenden Verschleiß des SiC-Heizrohres beobachten kann, so dass man hier immer eine Kontrolle des E-Widerstandes durchführen muss.

Hilfe:

1) *Niedriger brennen (je nach SiC-Stabqualität).*
2) *Bei hohen Temperaturen (>1300°C) eine reduzierende Atmosphäre anwenden.*
3) *Bei entsprechender Querschnittsverringerung in der Heizstabmitte neue Heistäbe einbauen, um einen Fehlbrand, mit oft zerstörenden Folgen, (durch Lichtbogentemperatur) zu vermeiden.*
4. *Heizstäbe besserer Qualität verwenden.*

496. Verziehen von glasierten Spaltplatten

Bei Spaltplatten sind Ober- und Unterseite (bei senkrecht stehender Platte beide Seiten) glasiert und ergeben nach der Spaltung (Trennung) zwei glasierte Platten.

Es kommt vor, dass nach dem Brennen gebogene (krumme) Platten aus dem Ofen kommen, so dass nach der Spaltung die beiden Glasurseiten nebeneinander liegend keine ebene Fläche ergeben. Oft genügt schon ein geringes Verbiegen, dass eine praktische Verwendbarkeit unmöglich ist, so dass Auschuss (selten 2.Wahl-Qualität) entsteht.

Das Verziehen kann verschiedene Ursachen haben und an verschiedenen Stationen des Produktionsablaufes entstehen.

So können schon Formgebungsspannungen in der Strangpresse auftreten, die zum Verziehen führen. Beim Trocknen kann zusätzlich noch eine einseitige Trocknung ein Krummwerden bringen. Verschieden stark aufgebrachte Glasurschichten der beiden Seiten können, vor allem wenn die Glasur unter Druckspannung liegt, zum Verziehen beim Brand führen. Dies kommt vor allem bei sehr feinkörnigen und dichtgebrannten Werkstücken vor.

Hilfe:

1) *Mehr ff. Schamottekorn einführen.*
2) *Langsamer und vor allem gleichmäßiger trocknen.*
3) *Ofenbesatz muss eine gleichmäßige Temperaturverteilung im Ofenraum gewährleisten.*
4) *Glasuraggregate (Pistole, Schleuder, o.ä.) genau parallel einstellen, um gleich starke Glasurschichten auf beiden Seiten zu erhalten.*

497. Bläschenbildung bei Dachziegel-Sinterengoben

Hierbei zeigen sich auf den gebrannten Oberflächen, besonders bei stärker aufgetragenen Engoben, oft zahlreiche Bläschen, die besonders bei Hohlkanten auftreten. An ebenen Oberflächen, die eine dünnere Engobestärke haben, sind diese Fehler nicht zu erkennen.
Bei den Bläschen sind die Sinterreaktionen (Fritte-Tone) noch nicht ganz beendet, so dass die hierbei auftretenden Gasabspaltungen noch nicht beendet sind. In dünnen Lagen, wo eine geringere Engobeschicht aufliegt, sind die Sinterreaktionen schon zu Ende, so dass hier einwandfreie Oberfläche entsteht.

Hilfe:

1) *Endtemperatur länger halten (pendeln) oder, wenn möglich, 10-20°C höher brennen.*
2) *Längere Mahlzeiten der Trommelmühle mit Engobe durchführen.*
3) *Fritteanteil in Engobeversatz gering erhöhen (5-8%).*
4) *Geringerer Engobeauftrag (Wasser im Engobeschlicker erhöhen) durchführen.*
5) *Fritte austauschen (andere Fritte einführen), da diese zu lange Reaktionszeiten mit den übrigen Engobebestandteilen zeigt.*

498. Wellige Oberflächen bei Glasuren und Email

Hierbei sind bei den Oberflächen von Glasuren und Email geringe Welligkeiten zu erkennen.

Man erhält diesen Fehler, wenn der Medienauftrag mit der Spritzpistole am Band oder per Hand erfolgt.

Die Ursachen liegen hier in der Einstellung der Spritzpistole und deren Anordnung, sowie in der Suspension der Schlicker, die meist zu schwach (zu dünnflüssig) eingestellt ist. Es kann auch die Bandgeschwindigkeit Mitverursacher des Fehlers sein.

Hilfe:

1) *Bei Glasurschlicker (Email-) die Viskosität erhöhen (weniger Wasser, mehr Stellmittel, Stellmittelwechsel).*
2) *Bei Stellmittel für Glasuren - Magnesiumchlorid ($MgCl_2$)verwenden. Bei Email ist Mg-Acetat - $Mg(CH_3OO)_2$ - vorzuziehen.*
3) *Brenntemperatur gering erhöhen (wenn zulässig).*
4) *Zusatz mit wenig Flussmittel (Fritte).*
5) *Wenn starke Welligkeit, so ist wahrscheinlich Oberflächenspannung der Schmelze zu hoch, so dass entsprechende Oxide vermindert (wenn möglich) oder Oxide niederer Spannung zugesetzt werden können.*
6) *Spritzpistolenstrahl verbreitern, evtl. mehr Druck bei hoher Schlickerviskosität.*
7) *Bandgeschwindigkeit ändern.*

499. Verfärbungen von Rändern bei weißem, glasierten Steingut (Randverfärbungen bei Tellern, Schüsseln, Tassen u.ä.)

Hier zeigen sich bei Steingut an den transparent glasierten Rändern mehr oder weniger starke gelblich-bräunliche Farbtöne, wobei die übrigen Werkstückteile eine völlig saubere Glasuroberfläche zeigen.

Beim Trocknen findet immer zuerst an den Rändern die Verdunstung statt und die löslichen Salze wandern an die Randoberflächen, wo sie sich konzentrieren und feine Ausscheidungen erzeugen (oft unsichtbar bei weißem Scherben).
Die als mögliche Verunreinigungen in Tonen vorliegenden Vanadinsalze können Monovanadate (farblos), Alkalivanadate oder auch Eisenvanadate sein, welche beim oxidierenden Brennen schon ab etwa 800°C Vanadinpentoxid (V_2O_5) bzw. Eisenvanadate (FeV) bilden, wobei gelbe, grünl.gelbe und bei FeV gelbbraune Farben entstehen.

Diese Vanadinpentoxide sind sehr beständig, so dass man sie kaum beseitigen kann.

Hilfe:

1) *Will man den entsprechend fehlerhaften (V-haltigen) Ton ermitteln, so kann man aus dem Ton Probeplättchen formen und bei 950-1100°C brennen. Die gebrannten Plättchen stellt man hochkant mit halber Höhe in Wasser. Hier zeigen sich (oft erst nach 1-2 Tagen) über dem dem Wasserspiegel gelbliche bis bräunliche Färbungen, was dann als Vorhandensein von V-Salzen gilt, so dass man den entsprechenden Rohstoff aus dem Versatz entfernen kann.*
2) *Sehr langsam trocknen (nur bei Spuren V-Anteil etwas Hilfe).*
3) *Trockene Ränder der Werkstücke reinigen (von Salzen befreien):*
   a) Abreiben (mit zartem Schmirgel).
   b) Abdrehen auf rotierender Scheibe.
   c) Abschwämmen mit leicht feuchtem, stark saugendem Material. (Fensterleder oder zartem PU-Tuch)
4) *Zwischenschicht (nach dem Trocknen) auflegen.*
5) *Deckende Glasuren mit hoher Oberflächenspannung verwenden.*

500. Verfärbungen an Verdunstergefäßoberflächen nach längerem Einsatz (Verdunster/Luftbefeuchter an Heizungsradiatoren, Butterkühler, Wein- und Sektkühler u.ä.)

Hier entstehen nach längerem Einsatz in der Praxis Ausblühungen und Verfärbungen an der Außenseite der Werkstücke.

1. Aus weißen, tonigen Massen hergestellten Verdunster (Hängeverdunster, Flachschalen u.ä.) erhalten gelbe bis gelbgrüne Ausscheidungen.
2. Aus rotbrennenden Tonen hergestellte Werkstücke (Butterkühler, Wein- und Sektkühler u.ä.) erhalten helle (weiß-creme) Ausscheidungsflecken.

Im Falle der gelben bis grünen Ausscheidungen an der weißbrennenden Keramik, ist die Ursache fast immer das Vorhandensein von Vanadinsalzen. Dies kann man kaum entfernen oder chemisch binden, so dass man hier nur andere Hilfen suchen kann.
Bei den hellen Ausscheidungen an rotbrennenden Werkstücken ist die Ursache meist im Vorhandensein von Sulfatsalzen im Werkstück zu finden. Der V-Grobnachweis wird in Fehler Nr. 499 angegeben.

Hilfe:

Zu 1

1) *Langsamer trocknen.*
2) *Höher brennen, damit ein V-Teil keramisch gebunden wird.*
3) *Nach dem V-Nachweis der einzelnen Rohstoffe, diesen aus dem Versatz entfernen (austauschen).*
4) *Nach dem Trocknen die Oberfläche trocken oder feucht abreiben, um angesammelte Salze (meist nicht sichtbar) zu entfernen.*

5) *Die Sichtfront (z.B. beim Hängeverdunster) mit Glasur (meist weiß) überziehen, so dass eine Verdunstung (Salzdiffussion) nur nach hinten erfolgen kann.*

Zu 2

1) *Langsamer trocknen.*
2) *Hier kann man beim Masseversatz 0,3 - 0,5% $BaCO_3$ zuzusetzen und homogen mit aufbereiten. Hierdurch wird das vorhandene Sulfat beim Erhitzen zu $BaSO_4$ umgewandelt, was nicht mehr löslich ist und daher nicht mehr zur Außenfläche wandern kann.*
3) *Auch hier kann man den Rohstoff herausfinden, der die Sulfatsalze enthält, und dann entfernen oder austauschen.*
(Einen Sulfatnachweis kann man durchführen, indem man eine kleine Probe (Teelöffel) in einem Reagenzglas mit stark verdünnter HNO_3 ca. 5 Minuten aufkocht, abfiltriert und in das klare Filtrat Bariumchlorid zugibt. Zeigt sich nach kurzem Schütteln ein weißer Niederschlag oder Trübung, so ist Sulfat vorhanden.

501. Siebdruckfehler bei Schmelzfarbendekoren (Keramik, Glas, Email)

Hier sind in Schmelzfarbendekoren beim Brand fehlerhafte Dekorflächen entstanden, wie 1. schmierige und ungleichmäßige Oberfläche in Dekoren; 2. Nadelstiche, 3. Streifenbildung, 4. Farb-Hofbildung, 5. unscharfe Konturen in Dekoren, 6. dunkle Punkte im Dekorbild, 7. zu blasse Farbentwicklung.

Diese Fehler erscheinen sowohl auf dem fertigen, unglasierten als auch glasiertenProdukten und Glaswerkstücken.

Hilfe:

Zu 1) *Zu zähe Siebdruckpaste verursacht ungleichmäßige und verwischte Oberflächen, hier muss zusätzlich Siebdrucköl (Verdünner) in die Paste eingebracht werden.*

Zu 2) *Hier kann sowohl eine zu dicke Pastenlage, als auch zu zähe Paste die Ursache sein, so dass einmal Hilfe wie zu 1) erfolgen kann und auch ein feineres Siebgewebe Abhilfe bringt.*

Zu 3) *Streifenbildung, meist in Verbindung mit Passungenauigkeit (z.B. bei Golddruck) erscheinen meist bei schlechtem Siebgewebe. (Siebgewebekontrolle und evtl. Austausch).*

Zu 4) *Eine Farbhofbildung wird fast immer durch einen zu hohen Flussanteil in der Druckpaste herbeigeführt, also Fluss in der Paste vermindern. Auch kann hier die Ursache eine zu hohe Einbrenntemperatur (oder ein zu langes Tempern) die Ursache sein, so dass entsprechende Maßnahmen durchzuführen sind.*

Zu 5) *Unscharfe Konturen können verschiedene Ursachen haben, so z.B. zu dicke Auflage (zu warme Druckpaste ; zu hoher Brand ; zu grobes Siebgewebe).*

Zu 6) *Dunkle Punkte in Dekorfläche sind fast immer auf Staubanteile in Druckmedium oder auf dem zu bedruckenden Werkstück zurückzuführen. Sauberer arbeiten.*

Zu 7) *Zu blasse Farbe ist fast immer auf zu wenig Medienanteil auf dem Werkstück zurückzuführen, was wiederum auf zu feines Siebgewebe schließen lässt. Richtiges Siebgewebe einsetzen.*

502. Schnellbrand-Risse an Werkstücken mit größeren Dimensionen

Es zeigen sich in größeren Werkstücken (größer als 25-30 cm) feinste Risse beim Schnellbrand. Diese Risse sind fest nicht erkennbar und oft erst mit Anschlag-Klang festzuzustellen. Hier sind immer größere Spannungen im abkühlenden Werkstück entstanden, als es die Festigkeit zulässt. So entstehen Werkstückrisse durch Abbau hohe Spannungen.

Diese thermischen Spannungen enstehen immer im gesamten Abkühlbereich (am starren Stück), wenn die Temperaturen an verschiedenen Orten im Werkstück nicht stets gleich hoch sind. Je höher die Temperaturdifferenzen und dadurch die Ausdehnungswerte sind, desto größere Thermo-Spannungen entstehen und damit die Gefahr der Rissbildung.

Je größer die Werkstücke sind, desto größer sind auch die Temperaturdifferenzen an den verschiedenen Stellen des Keramikteils, wobei gleichzeitig auch die Thermospannungen mitwachsen.

Hinzu kommt noch, dass dieses durch verschiedene Kristallmodifikationen (Quarz, Cristobalit) im Scherben wesentlich verstärkt wird. Die Ursachen sind am schnellsten zu finden, wenn man eine thermische Ausdehnungskurve (Dilatometer; DS-Kurve) erstellt, an Hand der man die thermischen Dehnvorgänge erkennen und auswerten kann.

Hilfe:

1) *Wenn Quarzanteil stark erkennbar, dann im Versatz Quarz und quarzhaltige Rohstoffe vermindern.*
2) *Langsameres Abkühlen (Verlängern der Abkühlzone oder langsameres Schieben) hilft immer.*
3) *Zusatz von Rohstoffen mit kleinen und gleichmäßigen Ausdehungswerten der Masse zusetzen (z.B. Kaolin, Zirkonsand, u.a.).*
4) *Werkstückmaße verkleinern, Scherbenstärke nach Möglichkeit vermindern.*
5) *Sinnvolleren Ofenbesatz durchführen, so z.B. bei sehr langen Werkstücken (z.B. Platten, Balken, u.a.) diese evtl. quer zur Ofenfahrtrichtung einsetzen. Werkstücke nicht eben aufsetzen (Abstand-Unterlagen).*

503. Abplatzer an Gipsformenaußenflächen bei flüssiger Formgebung

Hier stellt man nach mehr oder weniger langer Einsatzzeit ein Abplatzen von Außenteilen der Gipsform fest. Diese, meist flachen Abplatzungen geht meist eine Rissbildung (kleine Spaltrisse)auf der entsprechenden Formenfläche voraus.
Die Flächen um die Risse sind meist glatt geworden und zeigen oft geringen Glanz, diese kleinen Spaltrisse sind keine Schwindrisse.

Bei Dauereinwirkung von Wasser wird ein geringer Teil des Gipses löslich (0,2-0,8%), welches zur Zerstörung der Gipsstruktur führt. Der dauernde Wechsel von Feuchtigkeit und Trocknung bewirkt durch Auskristallisieren der gelösten Bestandteile eine allmähliche Gefügezerstörung und Festigkeitsverlust.

Sehr oft sind es auch die Standflächen, welche die Abplatzer zeigen, vor allem wenn sie direkt nach dem Einsatz zu schnell und zu heiß getrocknet werden, was auf keinen Fall direkt auf beheizten Unterlagen stattfinden darf. (siehe auch 175)

Hilfe:

1) Zu früher Formeneinsatz. Frisch hergestellte Gipsformen sollen nach dem Abbinden noch wenigstens 24 h (Nachhärtezeit) in einem trocknen Raum (oder Trockner) verbleiben.

2) Gipsformen nicht zu heiß und zu einseitig trocknen (z.B. direkt auf Heizungstischen), auch sollte eine trennenden Unterlage (z.B. Holzleisten) die Aufstellfläche vom direkter Heizunterlage trennen.

3) Gipsformen nicht in feuchtem Zustand lagern, sondern diese erst trocknen und dann erst lagern.

4) Transport und Umstellen der Gipsformen behutsam durchführen, um keine Abplatzer durch Stoß zu erhalten.

504. Dellen und Aufblähungen durch Scherbenhohlräume bei Sanitär

Diese Aufblähungen sind bei Dichtbranderzeugnissen (z.B. Sanitär-Waschbecken, -WC u.a.) auf der gebrannten Oberfläche als Erhebungen, oft wie Pocken oder Geschwulste, zu erkennen. Diese Fehler können sowohl bei Vollguss, Hohlguss und bei Kombinationsguss auftreten.
Im Bereich von Hohlguss entstehen meist größere Aufblähungen, da die Hohlräume (von der Formgebung her, z.B. bei Waschbecken) meist ein größeres Volumen haben, wobei die Hohlräume beidseitig vom Scherben umgeben sind.

Im Bereich von Vollguss sind mehr oder minder kleine Luftlöcher direkt im Scherben und ergeben meist kleinere Erhebungen und pockenartige (teils erbsengroße) Aufblähungen, wobei die Ursachen bei kleinen Luftlöchern im Rohscherben liegen, die durch fehlerhaftes Gießen auftreten können (z.B. zu schnelles Gießen, Gießmasse zu viskos, Gipsformen zu warm, zu kleine Eingussöffnungen, zu wenig Druck auf Gießschlicker u.a.).

Bei beiden Gießarten sind im Rohscherben Hohlräume vorhanden, die mit Gas (Luft) gefüllt sind. Bei steigenden Temperaturen dehnt sich diese aus und dringt durch den Scherben nach außen. Nachdem der Scherben abgedichtet ist (z.B. bei Porzellan, Vitreous, Steinzeug, u.ä.) vergrößert sich das Gasvolumen und erzeugt einen Druck, welcher die schwächste Scherbenstelle (dichte Außenhaut) nach außen (oder auch nach innen) drückt und somit Pocken, Blasen, Nüsse, Geschwulste u.ä. erzeugt.

Hilfe:

1) Gipsformen müssen trocken, sollen aber nicht warm sein.

2) Langsames und stetiges Eingießen verhindert (vermindert) Massestillstand und Verengen der Einfüllwege.

3) Vakuumierte Masse mit leichtem Druck eingießen.

4) Bei Hohlraumteilen diesen im Lederhartzustand (an nicht sichtbarer Stelle) einen Entlüftungskanal (ca.1-2mm Durchmesser) stechen, wodurch auch nach dem Dichtwerden des Scherbens eine Entlüftung gewährleistet ist und sich kein Verformungsdruck aufbauen kann.

5) Der Brand muss bis zur Dichtbrandtemperatur völlig oxidierend ablaufen.

505. Nahterscheinungen auf Werkstückoberflächen

Hier sind auf unglasierten und glasierten Werkstücken Streifen erkennbar, welche genau über den Formenfugen (Nähte) verlaufen. Es können sowohl farbige, angeraute oder dichtere Oberflächenstreifen, wie auch Dekorlinien erscheinen.

Diese Nahtfehler erscheinen immer über den Stellen, wo die einzelnen Formenteile der Gesamtform zusammenstoßen. Bei Gipsformen sind es die Fugen der zusammengefügten Einzelteile, die vor dem Gießen als Gießform bereitstehen, während bei Pressformen die Nähte beim Druckstempel (bwz. Anschlagpunkt der Formenhälften) auftreten. Während es bei Gipsformen fast immer auf die Sauberkeit und Abdichtung der Fugenflächen ankommt, kann bei der Pressverformung (Halb- oder Trockengranulat) auch die Art und Masse des Pressgranulates die Ursache des Fehlers sein.

Die Ursache kann aber auch beim Glätten der Nähte am Rohling liegen, wobei die Haut der entstandenene Naht entfernt wurde, so dass das innere Scherbengefüge (meist grober) an der Oberfläche erscheint.

Hilfe:

A) Bei Gipsformen

1) Qualität der Gipsform ist schlecht. Unsauberes Arbeiten bei der Herstellung der Urform (und Abguss) kann schon zu undichten oder schlechten Anschlagfugen führen.

2) *Gipsform ist zu alt (verbraucht)und zeigt hohen Verschleiß, was zu großen Nähten führt, so dass neue Gipsformen einzusetzen sind.*
3) *Gießmasse hat ein zu grobes Korn, welches einen zu hohen Verschleiß erzeugt und die Einsatzzeit der Gipsform verkürzt. Meist handelt sich hier um zu grobe Hartstoffanteile (Quarz, Feldspat, Schamotte u.a.), so dass deren Anteile erniedrigt werde. Hier kann ein feinerer Kornaufbau der Gießmasse helfen, was man durch Erhöhung der Plastizität (Zusatz von plastischen Tonen und evtl. Kaolin) erreicht.*
4) *Beim Aufstellen der Gipsformen wurden diese nicht gut gesäubert, wobei vor allem die Fugen wichtig sind. Sauberkeit bei Gipsformen-Zusammenbau ist erste Forderung.*
5) *Beim Glätten der Naht (am Rohling) wurde zu viel Nahthaut weggschnitten (vor allem bei zu großen Nähten), anstatt die Nähte nur zu glätten (z.B. mit Fensterleder). Es kann auch ein zu grober Schwamm Mitverursacher sein, der beim Putzen die Feinsttonanteile wegschwämmt und so eine angerauhte Naht ergibt.*

B) Bei Pressformen

1) *Verbrauchte Pressformen (hoher Verschleiß) müssen ausgetauscht werden.*
2) *Zu hoher Füllgrad der Matrize mit Pressgranulat führt bei mehrteiligen Formen bei fast immer großen Nähten. Granulat muss rieselfähig sein und darf nicht klumpen (evtl. über Sieb geben).*
3) *Zu hohe Feuchte des Pressgranulates kann zu größeren Nähten führen.*
4) *Vorverdichten und anschließendes Feingranulieren ergibt bei gutem Füllgrad weniger Nahtbildung, die sich dann leicht glätten lässt.*
5) *Nahterscheinungen an feinkörnigen, sowohl trockengepresst als auch an gesinterten Kugeln (Steinzeug, Porzellan, Oxidkeramik u.a.) können durch Rotieren in schrägstehenden Mischern (Eirichmischer, evtl.auch Zementmischer) abgeschliffen bzw. entfernt werden.*

506. Scherbenstärke - Zu dünne und weiche - (bei flüssiger Verformung)

Hier treten bei der flüssigen Formgebung (Gießen in Gipsformen) beim normalen Produktionsablauf zu dünne Wandstärken bei Hohlkörpern (Vasen, Kannen, Dosen etc.) auf, sowie zu weiche, nicht stabile Rohkörper bei Voll-Gusswerkstücken (z.B. Kacheln, Sanitärteile, Figuren, etc.).

Der Zustand der Rohteile ist so labil, dass meist ein leichtes Verziehen oder gar Zusammenfallen bei Entformen entsteht.

Diese Fehler können verschiedene Ursachen haben, so z.B. kann zu viel Wasser in der Gießmasse sein (hier zeigt sich dann oft zusätzlich ein Absetzen der Festteile im Werkstück, was sich beim Aufschneiden an der stärkeren Wandstärke im Unterteil zeigt). Auch können die Gipsformen durchnässt sein, so dass keine genügend Saugfähigkeit vorhanden ist.

Die Gießmasse enthält zu viel plastische Tone, die H_2O nicht oder nur sehr langsam abgeben.

Zu kalte Arbeitsräume, Gipsformen und Gießmassen können ebenfalls die Absauggeschwindigkeiten und somit die Scherbenstärke vermindern.

Hilfe:

1. *Standzeit der Gießmasse wesentlich verlängern (meist bis über die doppelte Standzeit). Dies kann nur eine Notlösung sein, wobei automatisch die Produktionsmenge weniger wird.*
2. *Gipsformen in nur gut getrocknetem Zustand zum Gießen bereitstellen.*
3. *Gipsformen sind zu alt (durch zu hohe Einsatzzahlen sind die saugenden Poren verschlossen): Hier sollten neue Gipsformen eingesetzt werden.*
4. *Gießmasse hat zu viel plastische Anteile (Tone), die das Wasser nur sehr zögernd oder nicht abgeben. Hierbei mit mageren Zusatzstoffen anreichern (magere Tone, Glimmertone, Kaolin, Quarz, Kalkspat, Dolomit u.a.), wobei diese intensiv in die Masse eingequirlt werden müssen. Auf die eventuelle Änderung der Schwindungen ist zu achten.*

507. Dekorverfärbungen an Ofenkacheln nach längerer Einsatzzeit

An glasierten Ofenkacheln entstehen in der Glasurfläche farbliche Veränderungen, die meist dunkle Flecken und Flächen zeigen.

Dieser Fehler entsteht meist nur an bestimmten Stellen, deren Hinterseiten direkt mit den Energiegasen in Berührung kommen. Bei reduzierenden Brennphasen (meist bei übervollen Feuerungen oder entsprechendem Brenngut) dringen die Gase in den porigen Kachelscherben ein und diffundieren bis zu der Glasurschicht, wo sie sich ansammeln. Dieser Vorgang wiederholt sich unzählig oft, fast nach jeder Feuerstellen-Nachfüllung.

Je nach Art der Brenngasanteile entstehen dunklere (selten hellere) Scherbenverfärbungen, so dass die äußere Glasuroberfläche (meist bei transparenten und glasigen Farbglasuren) dunklere Flächen zeigt, die meist von feinsten Kohlenstoffanlagerungen herrühren.

Wenn diese Fehler einmal vorhanden sind, kann man diese kaum noch beseitigen.

Hilfe:

1. *Beim Bau eines Kachelofens dürfen Kachelrückseiten (bei hochporigen Scherben) nicht direkt mit der Ofenatmosphäre in Kontakt kommen (z.B. Abzugskanäle. etc.).*
2. *Beim Kachelofenbau, Kacheln mit weniger offenen Poren verwenden (max.8-9%) und diese abschirmen.*

3. *Bei der Kachelherstellung zunächst eine weiße Sinterengobe auflegen und darauf erst dann glasieren, somit kommen die verfärbenden Gase nicht mehr bis zur Glasurschicht.*
4. *Glasuren und Dekore verwenden, die eine gute Deckkraft haben, so dass die nachträglich eintretenden Scherbenverfärbungen nicht sichtbar werden.*

508. Pickel und Aufrauen bei glasierten Engobedekoren

Hierbei zeigen Glasuren auf Werkstücken mit bunten Engobedekoren kleine Pickel, wobei der Glasurglanz mit unruhiger Oberfläche vermindert wird. Diese fehlerhaften Stellen können am ganzen Stück sowie einseitig auftreten.
Bei einseitigem Auftreten sind diese Fehler immer an der besonders heißen Ofenstelle (z.B. dicht an der Spiralenseite).

Dieser Fehler tritt auf, wenn die Glasurschmelze mit Farbkörperanteilen der Engobe (z.B. Kobaltblau) in Reaktion tritt und hierbei kleine Bläschen erzeugt, die den Fehler ergeben. Wird der gesamte Ofenbesatz zu hoch gebrannt, so entsteht dieser Fehler beim gesamten Ofenbesatz.

Zeigen unengobierte Flächen diesen Fehler nicht, so ist die Ursache nur in der Zusammensetzung der Engobe zu suchen.

Hilfe:

1. *Niedriger brennen (etwa 10-20 K), evtl. die Pendelzeit der Endtemperatur dafür etwas verlängern.*
2. *Entsprechende Artikel nicht so nahe an die Heizquelle (Spiralen) einsetzen.*
3. *Glasur mit ca. 5-10% Kaolin versetzen und mit aufmahlen.*
4. *Engobezusammensetzung ändern (ff. Farbkörper einsetzen).*

509. Engobemalerei (z.B.Dekor, Schrift) verschwindet im Brand

Hier sind Dekorationen, welche mit Engobeschlicker auf den Scherben der Glasur aufgebracht waren, beim Brand (eventuell auch nur teilweise) verschwunden und von der Glasurschmelze aufgelöst worden.

Die Glasur ist so aggressiv, dass die darunterliegenden Engobedekore aufgelöst (oder stark angelöst) werden.

Die Engobe ist demnach nicht genügend feuerfest oder die Glasurschmelze ist zu wenig viskos. Es kommt auch vor, dass nur bestimmte Farbengoben dieses Auflösen zeigen, so muss man nur diese entsprechend verändern.

Hilfe:

1. *Niedriger brennen (10-20 K) oder die Pendelzeiten der Endtemperaturen vermindern.*

2. *Etwa 5-10 % Kaolin der Glasur zusetzen, um die Viskosität und somit die Aggresivität zu vermindern.*
3. *Bei Engoben sollen diese mit ca. 10% Kaolin und 5% Quarz versetzt werden, um sie feuerbeständiger zu machen.*
4. *Entstehen in den Fehlerstellen bunte Farbhöfe, so müssen in den Engobeversätzen die Farboxide durch feuerbeständige Farbkörper (z.B. Spinelle) ersetzt werden.*

510. Schleifsteine (dunkle, dichte Schleifstifte) werden porös

Hierbei handelt es sich um runde Handschleifsteine mit meist dunkel-braunem bis schwarzem Farbton, die nach dem Brand (meist unter 1200°C) poriger werden, wodurch diese weniger hohe Festigkeit erhalten und im Gebrauch schnell verschmieren. Meist erkennt man schon an der heller werdenden Brennfarbe, dass die Dichte nicht erreicht ist.

Die Ursachen können verschieden sein, wobei einmal der Brand, sowie auch die Zusammensetzung (oft bei Rohstoffneubezug) die Verursacher sein können.

Hilfe:

1) *Höher brennen oder die Endhaltezeit verlängern.*
2) *Bei Neubezug den entsprechenden Rohstoff kontrollieren, wobei sich meist die Schleifkornsorten nicht verändern.*
3) *Alle Tone (die meist bei solchen Schleifstiften im Versatz sind) auf Brenndichte kontrollieren.*
4) *Bei Klebsandanteil sollte man diesen durch einen sehr mageren Ton ersetzen.*
5) *Bei plastischen Massen, diese wenigstens 1 Tag liegen lassen und in gut homogenem Zustand verpressen.*

511. Verfärbungen und Ausscheidungen unglasierter Verdunstergefäße nach längerer Einsatzzeit

(Verdunster/Luftbefeuchter an Heizungsradiatoren, Wein- und Sektkühler, Butterkühler, Schalen u.a.)

Hier entstehen, nach längerer Einsatzzeit Ausblühungen und Verfärbungen an den Außenflächen.

1. Aus weißen Massen hergestellten Verdunster erhalten gelblich bis grünliche Ausscheidungen und Verfärbungen.
2. Aus rotbrennenden Massen hergestellte Werkstücke (z.B. Wein- und Sektkühler u.a. erhalten weiß bis cremefarbene Ausscheidungsflecken.

Während im Falle die gelben bis grünen Ausscheidungen von Vanadinsalzen herrühren, sind bei den hellen Ausscheidungen (meist auf roten Werkstücken) Sulfatsalze, die als Ursache in Frage kommen.

Hilfe:

1) Bei Tonen mit Vanadinausscheidungen (gelblich-grün) hilft nur ein höheres Brennen (evtl. längeres Pendeln). Wenn kein Erfolg, so muss der Rohstoff ausgetauscht werden. Brand muss voll oxidierend sein!
2) Einzelne Rohstoffe (Vanadin meist nur in weißen Tonen vorkommend) auf V prüfen: Tonplättchen 950-1000°C brennen und in Wasser so eintauchen, dass ca. 2-3 cm herausragen. Nach ca. 1-2 Wochen (bei Zimmertemperatur) erscheinen in dem überstehenden Rand gelblich-grüne Verfärbungen bei V und evtl. weiß-creme bei S., so findet man u.U. den Ursachenrohstoff.
3) Zeigen sich bei rotbrennenden Werkstücken creme-weiße Aussscheidungen (Verfärbungen), so ist sicher S vorhanden. (kann durch einfache qualitative Analyse feststellen). Hier hilft ein Zusatz von $BaCO_3$ zur Arbeitsmasse (mit aufbereiten), wobei ein Zusatz von 0,3-0,5% voll ausreichend ist.
   Ein höheres Brennen vermindert hier ebenfalls die S-Ausblühungen, vermindert (bezw. verhindert) aber stark die geforderte Wasserverdunstung im Werkstück; also hier nicht zu empfehlen.
4) Bei beiden Fehlern vermindert ein sehr langsames Trocknen die Intensität der Verfärbungen.

512. Aufschäumen von Glasurbereichen

Hierbei zeigen sich, besonders bei starken Glasurauflagen Schaumbildung in der Glasur, die oft in Anhäufungen von kleinsten Blasen inselförmig (Schauminsel) auftreten können.

Am häufigsten geschieht dies bei Glasuren, wobei Versatzanteile bei Ende des Brandes noch in voller Reaktion (Entgasung) sind.

Es sind meist Stoffe, die beim Schmelzvorgang Sauerstoff abgeben (Wertigkeitsänderung) oder aber durch noch nicht beendete Glasbildung (Schmelze) Oxidationen und Reduktionen durchmachen. Außer den entsprechenden Versatzstoffen kann auch zu grobes Korn von schwerschmelzbaren Anteilen (wie Farboxide, Farbkörper u.a.) den Fehler verursachen. Es sind können verschiedene Maßnahmen notwendig werden, um die Schaumbildung zu verhindern.

Hilfe:

1) Glasur dünner auftragen.
2) Viskosität der Glasur erniedrigen durch geringen Flussmittelzusatz.
3) Die Brenntemperatur gering erhöhen und/oder die Pendelzeit der Endtemperatur verlängern.
4) Glasurversatz besser aufbereiten, so dass eine feinere Kornfraktion entsteht.
5) Schwerschmelzbare Oxide und Farbkörper nur in feinsten Fraktionen einführen.

6) *SiC (auch in Spuren) im Glasurversatz führt in allen Glasuren zur Bläschenbildung (SiC-Brennhilfsmittel kontrollieren).*

7) *Gipsverunreingigungen, die irgendwie in den Glasurversatz gekommen sind können ebenfalls Verursacher sein.*

513. Nahtrisse an gebrannten Werkstücken

Diese sind Risse, die nach dem Brand an Werkstücken (meist Hohlgefäßen) auftreten. Der Riss verläuft an der Stelle, bei der während der Formgebung die Gipsformteile aneinanderstoßen.

Beim Ausnehmen der Rohlinge (siehe auch Fehler 046) sind diese noch nicht voll von der Gipsform gelöst und kleben zum Teil noch an der Form, so dass beim Versuch des Ausnehmens an der Naht Risse entstehen. Oft sind keine sichtbaren Risse erkennbar und im Scherbeninnern sind hierbei Zusammenhalt und Scherbenbindung stark gelockert. An diesen Stellen entstehen erst nach dem Brand mehr oder weniger starke Risse (oft sind diese Risse auch mit Glasur gefüllt).

Bei Verdacht auf Nahtrissbildung kann man die Nahtstellen beim trocknen Rohling mit Petroleum überstreichen, wobei beim Trocknen dieser Stellen (im Falle eines Risses) rissförmige Strukturen einige Sekunden länger dunkel sichtbar bleiben und dann erst voll austrocknen (heller werden).

Hilfe:

1) *Nach Ausgießen der Form den Rohling länger in der Form belassen.*

2) *Gipsform besser vortrocknen.*

3) *Gipsform ist zu lange im Einsatz - neue Gipsformen einsetzen.*

4) *Gießmasse lässt sich zu schwer entwässern. Magerungstoffe zusetzen, je nach Art der Masse: Quarz, Feldspat, Kreide, Schamottemehl u.a.).*

5) *Tone im Versatz austauschen, z.B. plastische Illit-Tone vermindern und Glimmer-bzw. Serizit-Tone erhöhen.*
Plastische Fireclay-Tone vermindern und Kaolinrohstoffe erhöhen.

514. Mikrorisse in Back- und Kochgeschirrteilen nach längerem Einsatz (Auflaufformen, Platten u. andere Geschirre)

Es handelt sich hier um sogenannte „Feuerfest-Geschirre“ , welche zum Braten und Kochen genutzt werden.

Diese Werkstücke haben eine sehr niederen Wärmeausdehnungswert und sind aus keramischen Rohstoffen mit hoher Feuerbeständigkeit und niedrigem Ausdehnungswert und einer passenden Glasur hergestellt. Nach längerem (ca. 25maliges praktischen Kocheinsatz) zeigen die Werkstücke vereinzelte kleinste Mikrorisse im Werkstück, die bei weiterem Einsatz zunehmen.

Ausdehnungsmessung an Scherben und Glasur zeigen einen niederen AK, der keine Rückschluss zulässt. Da die Wasseraufnahme unter 0,5% liegt, kann auch die Ursache aus der FD-Richtung ausgeschlossen werden.

Die einzelnen Rohstoffe haben fast immer verschiedene AK-Werte, so dass bei Anwesenheit verschiedenen Korngrößen hierdurch Spannungen (beim Hochheizen und noch mehr beim Abkühlen) entstehen, die zu diesen Mikrorissen führen können.Da die Versatzrohstoffe mit unterschiedlichen AK-Werten meist verschiedene Korngrößen im Feinstbereich zeigen, hilft Anpassung, so dass eine völlig homogene Grundmasse (auch im Feinstkornbereich) entsteht.

Hilfe:

1) Höhere Brenntemperatur durchführen (20–30 K), falls die Stabilität des Werkstücks dieses zulässt.
2) Bei der Masseaufbereitung der Gießmasse die Laufzeit stark erhöhen.
3) Die einzelnen Rohstoffe in Pulverform einführen (was die Masse verteuert), aber die Qualität erhöht.
4) Rohstoff mit deutlichem Korn evtl. gegen anderen Rohstoff (mit gleichem oder niedrigerem AK) austauschen.

515. Verschieden starke Wandstärken beim Gießen

Hierbei treten bei der Gießverformung unterschiedliche Wandstärken auf, die zu Fehlern, wie Kleben an der Form, Verziehen, Reißen und verschiedenen Gewichten führen können.

Ein zu langsames und ungleiches Ansaugen der Gießmasse durch die Gipsform führt zu dünnen und ungleichen Wandstärken, was oft bei zu feuchten Formen geschieht. Ebenfalls führt eine zu plastische (fette) Gießmasse zu einer Verminderung des Ansaugens in der Gipsform. Ein zu hoher Wassergehalt ergibt ebenfalls eine zu dünne Wandstärke in gleicher Zeiteinheit. Der Standort und Aufstellart der Gipsformen , z.B. in kalten und ruhigen Räumen mit Luftstillstand, kann zu einer Verminderung der Scherbenstärke führen, gegenüber einer lockeren Formenaufstellung an Orten mit guter Luftbewegung. Zu trockene (evtl. noch warme) Formen bewirken stärkere Wandstärken und stärkere Unterschiede an der Stelle des Auftreffens vom Gießstrahl, wo der Wasserentzug direkt sehr intensiv ist.

Bei Gipsformen mit stark unterschiedlichen Wandstärken erfolgt verschieden starkes, langes oder ungleichmäßiges Ansaugen, was zu unterschiedlichen Scherbenstärken führen kann, die als Mitverursacher der obigen Fehler anzusehen sind.
(siehe auch 354 und 216)

Hilfe:

1) Gießmasseversatz laufend kontrollieren.

2) *Bei zu dünnen Wandstärken:*
a) Wassergehalt vermindern;
b) Gießmasse abmagern, je nach Massetyp durch Zusatz von Quarz, Feldspat, Nalsit, Kreide, Schamottemehl u.ä.;
c) Austausch der fetten Tone durch Einsatz von glimmerhaltigen oder kaolinitischen Tonen.

3) *Bei ungleichen Wandstärken: keine gebrauchten Formen und neue Formen in einer Gießgruppe zusammenstellen.*

4) *Gipsformen mit möglichst gleicher Wandstärke verwenden.*

5) *Alle Gießvorgänge in gleichtemperierten und belüfteten Räumen durchführen und die Scherbenstärke vor dem Ausgießen prüfen (Einschnitt).*

516. Verzogene Ränder bei kreisrunden und kastenförmigen Gefäßen (bei Gieß- oder Presswerkstücken)

Dieses Verziehen geschieht meist schon beim Trockenvorgang und verstärkt sich beim Brand derart, dass bei Gefäßen z.B. die dazugehörenden Deckel nicht mehr passen, so dass die Werkstücke oft nicht mehr brauchbar sind.

Bei kastenförmigen Stücken sind die Längsseiten oft sehr stark verzogen, so dass minderwertige Stücke und Ausschuss entstehen. Das Verziehen kommt oft von ungleichen Wandstärken, von unsachgemäßer Verformung und noch mehr von ungleichem, zu schnellem Trocknen an den verschiedenen Werkstückseiten. Hierdurch entstehen durch verschiedene Schwindungsgeschwindigkeiten im Werkstück Spannungen und Verzüge, die sich auch beim Brennen nicht beseitigen lassen, sondern eher verstärkt werden.

Hier haben sich außer der Masseversatzänderung vor allem Hilfsmaßmahmen bewährt, die beim Trocknen die unterschiedlichen Schwindungsvorgänge vermindern oder gar aufheben. So kann man beim Trocknen die rohe Scherbenwände abstützen, indem man diese Stützen (z.B. Kunststoffhilfen, Styropor, u.a.) zwischen die Wände der frischen Rohlinge schiebt, um dem Verziehen entgegenzuwirken. Allgemein kann man feststellen: Je größer die Trockenschwindung, desto größer ist die Gefahr des Verziehens.

Hilfe:

1) *Je dicker und ungleichmäßiger die Wandstärken, desto größer die Fehlergefahr, also möglichst gleichstarke Wandstärken fertigen.*

2) *Je weniger die Trocknungsluft den Körper allseitig umspült, desto größer werden die Fehler, also für Umluft und Belüftung sorgen.*

3) *Je schneller die Verdampfung vor sich geht, desto größer sind die Spannungen im trocknenden Körper, also entsprechend langsamer trocknen.*

4) *Die Scherbenwände der frischen, gefährdeten Rohlinge gegenseitig abstützen.*

5) *Bei runden Werkstücken, z.B. Schüsseln, Dosen , etc. kann man kegelförmige Hilfsmittel (umgekehrt) in die Öffnung hängen (Hier gibt es Hilfsmittel aus verschiedenen Medien (Gips, Kunststoff, Styropor u.a.)*

6) *Bei Gefäßen mit Abdeckung hilft auch beim Brand ohne Glasur (z.B. Vorbrand, Klinkerbrand) oft ein Brennen mit aufgesetztem passendem Deckel.*

7) *Falls die Hilfsmaßnahmen aus irgendwelchen Gründen nicht durchgeführt werden sollen, so hilft auch ein Stabilisieren der Arbeitsmasse durch Zusatz von Magerungsmittel (z.B., je nach Keramikart: Quarz, Feldspat, Nalsit, Kreide, Schamottemehl u.a.), wodurch die Schwindung vermindert und die Masse unempfindlicher wird.*

517. Entgasungsfehler an Werkstücken in Öl- und Gasöfen

Hier entstehen die verschiedensten Fehler, deren Ursachen in ungenügender Oxidation beim Brennen liegen.

Dies sind Fehler wie Blasen (in Glasur und/oder Scherben), Krater, Stippen,Schaumbildung in Glasuren, und Farbflecken, unklare, teils noch Reste (z.B. Körnchen) in Schmelzoberflächen (z.B. bei Glasur, Farbmedien u.a.), dunkle Stellen in oder auf Werkstücken (wie z.B. in Ziegeln, Klinker, Schleifkörpern u.a.), welche die Endeigenschaften verschlechtern.

Bei allen diesen Fehlern ist während des Hochheizens durch zu wenig Sauerstoff im Brennraum die Aufoxidation zu spät erfolgt (oder gar beim Brandende noch nicht vollendet), so dass die Außenhaut verdichtet und den inneren Kohlenstoffrest abschirmt und dieser nicht verbrennen kann.

Hilfe:

1) *Hier hilft ein Erhöhen der Verbrennungsluft.*

2) *Zugabe von reinem Sauerstoff (aus Sauerstoff-Tank) in die Brennzone, was eine deutliche Verbesserung der Qualität bringt.*

3) *Zusatz von reinem Sauerstoff in die Verbrennungsgase (Brenndüse)*

Die Maßnahmen 2 und 3 haben sich vor allem bei Schnellbrandöfen bewährt, wobei auch die Ofendurchlaufzeiten deutlich vermindert werden können, was gleichzeitig eine Energieeinsparung bedeutet. Hierdurch werden die Sauerstoff-Kosten fast aufgehoben. Abgesehen von den produktiven Vorteilen wird auch die Schadstoffemission gesenkt.

518. Schwarze Punkte in Glasuroberflächen

Hier entstehen, vor allem bei farblosen und weißen Glasuren gut sichtbar schwarze Punkte in der Glasuroberfläche. Vor allem beim Schnellbrand, wobei die Schmelzzeit der Glasur immer kürzer wird, erscheint dieser Fehler öfter als beim althergebrachten klassischen Brand.

Diese schwarzen Punkte sind meist nicht von der Glasur angelöst, so dass keine Farbhöfe entstehen. Vereinzelt treten auch blaue Punkte auf, die aber starke Farbhöfe bilden, woran man eine schwach kobalthaltige Verunreinigung erkennen kann.

Bei einer wesentlich stärkeren Vermahlung der Glasur in der Trommelnassmühle werden die Punkte deutlich kleiner. Bei einer Siebrückstandsfeststellung (Rückstand - 10000 Maschen) stellt man schwarzen Punkte fest, wobei man auf Eisenverbindungen schließen kann. Gibt man diesen Rückstand auf oder unter eine Glasurauflage, so werden diese Punkte als unlösliche Verunreinigungen sichtbar.

Falls blaugefärbte Punkte (Farbhöfe) entstanden sind, so muss auch eine kobalthaltige Verunreinigung vorliegen. Dies geschieht meist in verschiedenen Kaolinrückständen bestimmter Lagerstätten, wobei auch das Kaolinveredlungsverfahren beteiligt sein kann.

Bei den nicht angelösten Farbpunkten liegt jedenfalls eine Fe-Verbindung vor, welche einen sehr hohen Schmelzpunkt hat, so könnte es z.B. Fe_2O_3 (Smp. 1544°C), Fe_3O_4 (Smp. 1527°C) unter Umständen auch MnO_2 (Smp. 1705°C).
Diese Verbindungen sind also noch nicht in dem Glasurfluss angelöst (bwz. gelöst), die Viskositöt der Glasurschmelze ist hierfür noch zu zäh, so dass man solche punktartigen Verunreinigungen auch in Frittenstücken finden kann.

Durch Auflegen der Siebrückstände auf eine rein alkalische Fritte (wegen niedriger Viskosität ein Schälchen verwenden) werden die Rückstände teils aufgelöst und ergeben farbige Schmelzhöfe, so dass man erkennen kann, es können Verbindungen von

Eisen bei braunen,
Nickel bei grauen,
Mangan bei violetten,
Kobalt bei blauen (meist hell) Farbtönen sein.

Meist kommen die obigen Verunreingungen in Tonen, Kaolinen sowie auch öfter in Quarzsanden vor. Gerade beim Schnellbrand, wobei der Schmelzbereich der Glasur immer kleiner und kürzer wird, erscheint dieser Fehler öfter als beim althergebrachten klassischen Brand.

Hilfe:

1) *Glasurschlicker besser aufbereiten (längere Mahldauer).*
2) *Glasuren mit niedrigerer Viskosität verwenden .*
3) *Brenntemperatur erhöhen, bzw. Pendelzeit verlängern.*
4) *Glasurrohstoffe einzeln, vor allem QUARZ , TON und KAOLIN mit Siebrückstandsprüfung kontrollieren und evtl. austauschen.*
5) *Fritte mit Mikroskop (starker Lupe) untersuchen.*
6) *Ton und Kaolin bei weißen Fritten (und Glasuren) völlig austauschen- und Nalsit (mit geringem Anteil an $MgCl_2$) als sehr sauberes Schwebemittel einsetzen. Gleichzeitig wird der Weißgehalt deutlich erhöht.*

519. Tropfende Verdunster (Luftbefeuchter) an Heizaggregaten

Bei den Luftbefeuchtern handelt es sich um poröse Behälter (Sichtfront oft glasiert), die als Standgefäße (oft in Schüssel- bzw. Kastenform) auf die Heizaggregate aufgestellt oder um hohe flache Hohlgefäße, die in die Lamellen der Heizungsradiatoren eingehängt werden.

Die Fehler sind zu starke Wasserdurchlässigkeiten, die ablaufenden Tropfen bilden und Beschädigungen, z.B. am Fußboden bewirken können. Hier können verschiedene Ursachen vorhanden sein, die von der Zusammensetzung der Arbeitsmasse, der Brenntemperatur, der geometrischen Form und Herstellweise herrühren können.

So kennt man Fehler : a) durch Wasserabgabe über die Standfläche des Verdunsters, b) von der geometrischen Form des Hängverdunsters, c) von der Zusammensetzung des Verdunsterscherbens.

Hilfe:

Zu a

1) Bei Standverdunstern müssen die Standflächen so klein wie möglich sein, um eine große Übergangsfläche (für Wasserentzug) zu vermeiden.
2) Arbeitsmasse möglichst mit feinkörniger Masse (möglichst hoher Anteil von feinkörnigen/fetten Tonen) herstellen.
3) Scherbenstärke soll mind. 4,5 -5mm betragen.
4) Höhere Brenntemperatur - es muss aber mind. 8-10% Porosität vorhanden bleiben.
5) Das Glasieren des inneren Bodens kann eine gute Hilfe sein.

Zu b/c

1) Höhere Brenntemperatur (siehe a 4).
2) Seitliche Wände so gestalten, dass diese nicht voll an die Heizaggregate anlehnen.
3) Vordere Sichtfläche rundum bis auf ca. 1 cm Seitenwände glasieren, da meist hier der Verdunster voll anliegt, was eine ungünstige Kontaktfläche (für stärkeren Wasserentzug) ergeben kann.
4) Scherbenstärke auf mind. 4,5-5mm bringen.
5) Masse mit feinsten Korn-Fraktionen (plast.Tone) verwenden.

520. Rissbildung in schamottierten Feuerungsauskleidungen (z.B. in Kachelöfen und sonstigen Feuerstellen)

Im inneren Feuerungsraum von Kachelöfen (und anderen Feuerungen) entstehen mehr oder minder starke Risse in der keramischen (meist schamottierten) Auskleidung. Es können hierbei einzelne große (meist durchgehende) Risse, wie auch ein ganzes Rissenetz entstehen.

Dies führt zu einer Verminderung der Isolierung, so dass Brenngase hier durchdringen und in das innere Ofensystem gelangen. Diese Gase können, je nach Ofenbauart in den Wohnräumen zu Belästigungen führen. Da diese Gase oft gesundheitsgefährdend sind, muss stets gelüftet werden, wodurch viel Wärmeenergie verloren geht. Oft wird auch die Wärmedämmung der Feuerungsauskleidung so vermindert, dass der Ofen auf der Außenseite (Wohnseite) so heiß wird, dass es zu Verbrennungen kommen kann.

Die einmal entstandenen Risse werden im Lauf der Zeit immer größer, so dass eine neue Auskleidung im Feuerraum notwendig wird. Der Hersteller der Keramik-Auskleidung erhält so meist eine Reklamation, die empfindliche Kosten verursachen kann.

Die Risse dieser fehlerhaften Platten (oder Steine) können verschiedene Ursachen haben, so z.B. schlechter oder falscher Brand, falsche Zusammensetzung der Arbeitsmasse, oder geänderte Masserohstoffe (z.B. bei Neulieferung) oder falscher Formgebung.

Hilfe:

1) *Der AK (Wärmedehnungswert) ist falsch. Er kann zu hoch sein, er kann aber auch nicht linear sein und Dehnungssprünge im unteren Temperaturbereich (bis max.600°C) haben. Hier ist es ratsam die mageren Versatzstoffe durch Kaolin zu ersetzen.*

2) *Die Schamotte kann einen extrem starken Quarzgehalt haben, was bei Ofenkachelschamotten vorkommen kann. Auch kann die quarzreiche Schamotte durch zu hohen Brand einen starken Cristobalitanteil enthalten. Beide, ein zu hoher Quarzgehalt und auch ein zu hoher Cristobaligehalt, ergeben bei Temperatursteigerungen und Abkühlungen starke, plötzliche Dehn- bzw. Schrumpfeffekte, die durch hohen Materialspannung zu Rissbildungen führt. Hier hilft meist ein Austausch der Schamotte durch quarzärmere Schamotten.*

3) *Eine Dilatometerkurve vom Keramikmaterial und dann von der Schamotte einzeln zeigt das Dehnverhalten und lässt erkennen, in welchem Temperaturbereich die hohe, plötzliche Dehnung entsteht und woher dieser Effekt kommen kann. Ein CRISTOBALIEFFEKT (bei ca. 200-300°C) kommt fast immer von der Schamotte, während der QUARZSPRUNG (bei 550-600°C) auch von einem Ton oder sonstigen quarzhaltigen Versatzrohstoffen kommen kann. Je nach Ergebnis muss ein quarzärmerer Ton und/oder eine Schamotte mit gleichmäßigerem Dehnverhalten einführt werden. Ein Kaolinzusatz ist fast immer hilfreich.*

521. Risse (feinste) in Gießrohlingen

Diese haarfeinen, glatten Risse (meist nur 1-3 cm Länge) waagerecht, fast parallel verlaufend sieht man nach dem Ausformen an den Außenflächen der Gießwerkstücke. Diese kleinsten Risse sind im Ausformzustand nicht erkennbar, werden aber nach dem Trocknen deutlich sichtbar und geben nach dem Brennen deutliche Oberflächenfehler.

Beim Normalguss tritt dieser Fehler vereinzelt auf, während beim Einsatz von Gießautomaten eine sehr hohe Fehlerhäufkeit (bis über 90%) auftreten kann. Dieser Fehler tritt meist bei feinkeramischen Massen beim Hohlgussverfahren vermehrt, beim Vollguss nur minimal auf. Es zeigt sich, dass an den Fehlstellen der notwendige Zusammenhalt (Verzahnung) der Masseteilchen fehlt und an den Stellen eine minmale Entmischung stattgefunden hat.

Meist ist eine zu hohe Oberflächenspannung der Gießmasse der Hauptverursacher. Auch zu warme Gipsformen und ein zu hoher Anteil von Feinstfraktionen der Massezusammensetzung sind oft Mitverursacher.

Hilfe:

1) *Masse mit Hartstoffen abmagern, um bessere Verzahnung und Trocknung zu erhalten. Hier hilft ein Zusatz von 3-5% gemahlenem Scherbenmehl, je nach Massetyp auch Feldspat, Quarz u.a.*

2) *Zusatz von Natrium-Aluminium-Silikat (Nalsit) zum vorhandenen Gießschlicker erniedrigt die Oberflächenspannung, die Viskosität und Thixotropie und verbessert den Zusammenhalt der Masseteilchen, das Trockenverhalten und die Trockenfestigkeit. Zusatz 0,05-0,10% a.Tr.*

3) *Beim Gießautomat mit weniger hohem Druck und möglichst breitem Gießstrahl arbeiten.*

4) *Die Temperatur der Gipsformen darf beim Einguss nur max. 30°C betragen.*

5) *Laufende Absiebung ist beim Gießautomat sehr vorteilhaft.*

522. Poren (zahlreiche, feinste) an Hohlguss-Rohlingen

Diese feinsten Poren sind auf Außenflächen von feinkeramischen, gegossenen Rohlingen (Steing. & Porz.) sichtbar. Beim Normalguss tritt dieser Fehler selten auf (wie auch bei Fehler 521), während es vor allem bei Gießautomaten auftritt, bei denen der Gießstrahl aus einer gewissen Höhe in die Gipsformen und in die bereits vorhandene Teilfüllung einläuft und hierbei Luft mit dem Einfließen des Gießschlicker mitreisst. Diese feinsten Luftbläschen werden durch den Gießstrahl nach außen geleitet und werden von den saugenden Gipswänden mit dem Schlickerwasser an die Gipswand gezogen. Bei zu hoher Oberflächenspannung (und zusätzlich hohen Viskosität) bleiben diese kleinsten Lufteinschlüsse, als Bläschen geschlossen und von Schlickerwasser umhüllt, an der äußeren Gipswand (Gefäßwand) hängen. Erst die anschließende Trocknung beseitigt die Bläschenhaut, so dass der Luftblasenhohlraum als Pore übrig bleibt.

Hilfe:

1) *Bei unerwartetem Auftreten des Fehlers Viskosität, Oberflächenspannung, Litergewicht und Temperatur des Gießschlickers kontrollieren.*

2) *Schlickertemperatur soll 18-23°C betragen (18°C= Mindestemperatur). Das Litergewicht ca. 1700g/l (nicht höher bei Feinstfraktionen und Automatenguss (z.B. Elevatorguss).*

3) *Oberflächenspannung erniedrigen (0,05-0,10% Na-Al-Silikat), vorteilhaft mit Nalsitzusatz zur bestehenden Gießmasse.*

4) *Beim Gießautomat mit weniger hohem Druck und möglichst breitem Gießstrahl arbeiten, hier hat sich bewährt, dass man die Einlaufdüsen mit Gießschläuchen verlängert (Gummischlauch), so dass keine direkte hohe Fallhöhe vorhanden ist und somit ein Lufteinzug verhindert wird. Hierbei großen Schlauchdurchmesser (mind. 30mm ø) verwenden, um Entlüftung des Gießschlickers zu gewährleisten.*

5) *Es ist auch möglich, dass durch irgendwelche Produktionsabläufe die Gießmasse Luftanteile enthält,die man vorteilhaft durch eine Vakuumierung (in Massebehälter oder Gießleitung) beseitigen muss (Vakuumaggregat).*

6) *Laufende Absiebung des Gießschlickers ist beim Gießautomat sehr vorteilhaft.*

523. Frostschäden mit Verwitterungsschäden an Steinzeug-Fußböden

Am Fußbodenbelag von glasierten Steinzeugplatten (überdachter Freisitz) zeigten sich erst nach dem ersten Winter eine geringe Anzahl von Oberflächenfehlern, die sich im zweiten Winter sehr stark vermehrten.

Es handelte sich hierbei überwiegend um Abspaltungen (parallel zur Oberfläche) und wenigen Spaltrissen (senkrecht zur Fliese), sowie Mikrorisse in der Oberfläche.

Untersuchungen (an noch vorhandenen Restfliesen) zeigten im Scherbeninnern einen mehr oder minderbreiten dunklen Reduktionsstreifen (kohlenstoffhaltig, parallel zur Oberfläche verlaufend). Die Wasseraufnahme dieser Fliesen lag bei 2,4%. Es zeigten sich einzelne Mikrorisse, die auf schlechte Homogenität evtl. auch auf nicht richtigen Pressvorgang herrühren können. Die Reduktionsflächen verlaufen parallel zur Oberfläche (Pressrichtung). Diese Kohlenstoffreste führen im praktischen Einsatz im Laufe der Jahre durch Einflüsse von Sonne, Regen und Frost zur Verminderung der Verwitterungsbeständigkeit, so dass die Frost-Tau-Wechsel zu immer mehr Fehlern führen.

Hilfe:

1) Beim Pressen auf gute Homogenität der Arbeitsmasse, wie auch auf richtigen Pressablauf achten.
2) Höher brennen, um die WA zu reduzieren (darf bei frostsicherem Steinzeug maximal 1,5% betragen).
3) Volle Oxidation, vor allem beim Hochheizen in Versinterungsbereichen, bei Schnellbrand muss dementsprechend das Brennprogramm geändert werden.
4) Zusatz von geringen Salpetermengen (0,3-1,0%) begünstigen die Kohlenstoffverbrennung (beseitigen die Reduktionsstreifen).

524. Scherbenporen in Gießwerkstücken

Diese können Auftreten in dünnwandigen- (Geschirren) und häufiger in dickwandigen Werkstücken (Sanitär- und Hotelporzellan).

Bei dickwandigen Werkstücken sind diese nur zu erkennen, wenn nach dem Brand pockenartige Erhebungen auf den Werkstücken entstehen, während bei dünnwandigen Werkstücken oft lochartige Vertiefungen auftreten, die oft noch einen mehr oder weniger zugeschmolzenen kleinen Krater zeigen. Die Ursachen sind Luft- oder sonstige Gasblasen, die sich im Gießschlicker bilden oder vorhanden waren und bei der flüssigen Verformung mit der Schlickereinbringung im Scherben bleiben. Während der Ansaugphase der Gipsform wird der Schlicker von den Gipswänden angesaugt, wobei durch das Absaugen des Schlickerwassers der Scherben entsteht. Hierbei wandert auch die Blase im Schlicker mit in Richtung Gipswand. So ist es leicht erklärlich, dass beim Hohlguß (einseitiges Ansaugen) die Blasen näher an die Außenwand gelangen und meist kraterförmig aufplatzen, während diese beim Vollguß (beidseitiges Ansaugen) fast in der Scherbenmitte bleiben und oft (bei Sinterscherben) pockenartige Erhebungen ergeben.

Die Entstehungsursache der Blasenbildung kann sehr verschieden sein, wobei die verschiedensten Maßnahmen Hilfe bringen können.

Hilfe:

1) *Die Innenteile der Gipsform vor dem Zusammensetzen und Aufstellen gut zu säubern und ausblasen, denn auch Massekrümel können Ursache von späteren Poren sein.*
2) *Die Viskosität des Gießschlicker soll nicht zu hoch sein, so dass eingeschlossene Gasblasen (meist Luft) leicht entweichen können. Hautbildung im Schlicker-Vorratsbehälter vermeiden und Gießmasse dauernd in Bewegung halten.*
3) *Ungenügende Homogenität (nicht voll aufgeschlossenene Masseteilchen, vor allem von quellfähigen Rohstoffen (Ball-Clay, Fire-Clay-Tone) und kohlenstoffhaltige Rohstoffe können Verursacher der Poren sein.*
4) *Beim Gießen den Schlicker über eine Vakuum-Entlüftungsanlage in die Gießaggregate geben.*
5) *Die Gießgeschwindigkeit erniedrigen, da beim schnellen Gießen Lufteinschlüsse entstehen können.*
6) *Auch soll der Gießschlicker nicht senkrecht in bereits eingebrachte Suspension ein fallen (es kann dabei Luft miteingezogen werden), sondern an der Form-Seitenwand einlaufen.*
7) *Die Gießformen so konstruieren, dass der Gießschlicker von unten in der Gipsform hochsteigen kann und somit alle Luft nach oben ausdrückt. Hierbei ist es oft möglich (je nach Formenart und Größe) einen Stapelguß einzurichten, wobei man Arbeitsplatz einspart.*
8) *Auch winzige organische Anteile in der Masse können Verursacher sein, wobei außer den Rohstoffen auch Verflüssigungshilfsmittel (wie Kasseler Braun, Quebeck u.a.) mitverantwortlich sind. Hierbei sind Standzeiten und Temperatur vom Gießschlicker gleichzuhalten.*

Ein Einsatz von chemisch sauberen Verflüssigern sollte Voraussetzung sein, falls der Fehler auftritt.

525. Strukturrisse an schamottierten Werkstücken (Risse in plastisch gepressten Werkstücken (z.B. in Steinen, Kugeln, Platten u.ä.)

Diese Risse treten an rohen (meist dickwandigen) Werkstücken nach dem Verformen und Trocknungsvorgang (weniger auch in gebrannten Stücken) auf und sind auch im Innern der Werkstücke vorhanden. Es fehlt hier an Bindung der einzelnen Massebestandteile untereinander.

a) Beim Fehler an Rohlingen ist oft keine Bindung zwischen tonigen und festen Stoffen vorhanden, so dass beim Trockenschwinden die Abstände zwischen den Stoffen größer werde und die Strukturrisse ergeben.

b) Beim Fehler an gebrannten Werkstücken fehlt die Verzahung, die innerhalb des Brandes auftreten soll (hier kann der Fehler zu a) noch zusätzlich auftreten.

Hilfe:

zu a) *Anfeuchten (Besprühen) des Schamottekorns u.ä. (Mehl), dies soll kurz vor der Zugabe ins Mischaggregat (bei der Aufbereitung der Arbeitsmasse) erfolgen.*
Eine längere Maukzeit (Standzeit) der Arbeitsmasse vor der Verformung ist vorteilhaft.

zu b) *Wenig Zugabe (3-5%) an Sinterungsmittel, wie Pegmatit, Feldspat, Glasmehl, Fritte, u.ä. (je nach Werkstücksbrenntemperatur) in die Aufbereitungsmasse.*
Eine Erhöhung der Brenntemperatur (ca. 20 K) oder eine Verlängerung der Ofen-Temperzeit ergeben Vorteile.

526. Allgemeine Massefehler im Aufbereitungsbereich!

Oft treten bei der Produktion plötzliche, zunächst unerklärliche Fehler auf, die auf Masseveränderungen schließen lassen. So können folgende Fehler auftreten: Absetzen der flüssigen Arbeitsmasse im Gießbehälter, Hautbildung auf der Gießmasse, Verziehen der Werkstücke beim Trocknen, veränderte Ansaugzeiten beim Gießen, Hohlräume im Scherbeninnern, Nadelstiche (oft schon in Rohware),verändertes Formverhalten (bei flüssiger und plastischer und trockener Verformung), rauhe Scherbenoberfläche und vieles mehr. Überall, wobei die Masse eine Fehlerursache sein könnte, sollte stets die Qualität der Arbeitsmasse festgestellt werden.

Oft ist es so, dass die Arbeitsmasse fertig von einer Masseaufbereitungsfirma bezogen wird, so dass Teil der obigen Kontrollen nicht zu ermitteln ist und man muss sich auf gleichbleibende Qualität verlassen. Trotzdem sollte eine kleine Sicherheitskontrolle die Qualität bestätigen, so dass folgende Kurzkontrollen für eine erste Produktionssicherheit sorgen.

1. pH-Wert feststellen(mit ph-Meter, notfalls mit Neutalit®-Papierstreifen von Merck);
2. Absetzverhalten bei Gießmassen (in Glaszylinder);
3. Korngrößenkontrolle (Siebrückstand auf Standard-Sieb - z.B. 900 Maschen-);
4. Sulfatnachweis (wenig Gießmasse abfiltern, z.B. in Reagenzglas mit wenig Bariumchlorid aufschütteln. Bei Sauberkeit darf keine Trübung entstehen);
5. Einfache Plastizitätsmessung durch Eindrücken eines Federgewichts (oder genauer durch Plastizitätsprüfung);
6. Kontrolle der Brennfarbe ist für einige Keramiksparten wichtig und hierbei durchzuführen, möglichst mit einem Glasurüberzug (transparent), um etwaige Masseverunreinigungen zu erkennen;

7. Schwindungskontrollen sind durchzuführen, vor allem bei einigen Keramikypen, wobei die genauen Endmaße wichtig sind.

Bei Selbstfertigung der Arbeitsmasse kommen hierzu noch zusätzlich die Dosierungskontrolle der einzelnen Versatzrohstoffe; die Sulfatkontrolle, wobei die Kontrolle der plastischen Versatzstoffe ausreicht und die Korngröße (evtl. Mahlfeinheit) der Versatzrohstoffe.

Fehlerhafte Aufbereitung, und ungenügende Vakuum- und Maukzeit-Werte können ebenfalls zu Verformungsfehlern führen, was leider meist erst innerhalb des Produktionsablaufes erkennbar wird. Erfahrene Meister erkennen durch Brechen eines kleinen Tonstranges, ob sich im inneren Gefüge Strukturen zeigen, die zu Formgebungsschwierigkeiten führen können.

Bei einem Großteil der Produktionsfehler sollte man stets die Möglichkeit der Massefehler mit berücksichtigen.

527. Hohlräume in Keramikfilter

1) Keramikfilter auf der Basis von zugesetzten Ausbrennstoffen.

Durch Einmischen von organischen Zusatzstoffen bei der Masseaufbereitung, so z.B Sägemehl, Kohlegrieß, granulierte Olivenkerne und Obstkerne, organische Schlamm-Rückstände.

Hilfe:

Die trockenen Werkstücke müssen beim Einsetzen in den Ofen locker gesetzt werden, damit die entweichenden Verbrennungsgase der organischen Zusätze ohne großen Widerstand entweichen können.
Beim Dichtbrand (bei Sinterware) sollten alle Gase entwichen sein, ehe entstehender Gasdruck die dichte (weiche) Wand nach außen drückt und somit Hohlräume erzeugt. Außer einem lockeren Einsetzen muss beim Brennen die Temperatursteigerung vor allem in der Vergasungszonen langsam erfolgen, wobei man längere Pendelzeiten einbauen sollte.

2) Keramikfilter auf Beschichtungsbasis organischer Rohlinge

Die zweite Art der keramischen Filterherstellung geschieht durch vollständiges Diffundieren von verschiedenen Keramikschlickern in ein saugendes, organisches Werkstück. (z.B. Naturschwamm, Pappen, Baumwolle, Textile, verschiedene Kunststoffschwammarten wie Polyuretane, ausgetrocknete Pflanzen und Früchte). Hierbei werden die saugenden organischen Werkstücke (die vorher oft schon eine bestimmte Formgebung erhalten können) in einen keramischen Schlicker (z.B. Gießmassen u.ä. für Steinzeug, Porzellan, Al_2O_3 u.a.) eingedrückt und mehrmals einsaugen lassen und wiederholend ausgedrückt.

Nach dem Trocknen erfolgt im oxidierenden Brand das Ausbrennen des organischen Werkstückes, so dass das "Gerüst" als Keramikfilter als Endprodukt übrigbleibt. Gute Entgasungsmöglichkeit beim Brennen verhindert das Auftreten der Reduktionsfehlern (Kerne).
Zeigt das Werkstück im Innern nach dem Brand noch Hohlräume, ist die Filterwirkung schlecht. Kontrolle kann durch praktisches Filtern und durch Gewichtsbestimmung erfolgen.

Hilfe:

Im Innern des Rohlings ist nicht ausreichender Keramiküberzug auf die organischen Strukturen erfolgt, so dass noch Stellen ohne keramischen Rohüberzug vorhanden waren, so dass hier der organische Teil verbrannt ist und Hohlräume ergibt.
Der organische Rohling (z.B. Schwamm) muss intensiver dem Saug- und Auspressvorgang unterzogen werden.
Bei entsprechenden Stücken kann auch hier eine Gewichtskontrolle gute Dienste leisten.

528. Festigkeitsverlust beim Brennen von Keramikfiltern

Hierbei zeigen die Filter eine labile Festigkeit, was sich erst beim Einbau in technischen Anlagen zeigen kann. Es kann sich aber auch schon beim Ausnehmen aus dem Produktionsofen, je nach Porenvolumen und Porenart, eine labiles, teils mürbes Aussehen zeigen, was schon bei leichtem Handdruck den Filter zerstören kann. Es ist hier in jedem Fall die Bindung der keramischen Umhüllungmasse nicht hoch genug, es liegt noch keine oder zu wenig Sinterphase vor.

Hilfe:

1) *Die Brenntemperatur war nicht hoch genug (höher brennen).*
2) *Die Pendelzeit bei Endtempertur ist zu kurz (muss verlängert werden).*
3) *Die Zusammensetzung der keramischen Beschichtungsmasse enthält zu wenig Flussmittel- oder sonstige Bindungsanteile (Versatz kontrollieren bzw. ändern).*
4) *Es sind im fertigen Werkstück noch Kohlenstoffanteile, die eine Sinterung (etc.) verhindert haben (lockerer setzen bzw. mehr Sauerstoff beim Brennen).*
5) *Festigkeitskontrollen durchführen.*

Die Hilfsmaßnahmen gelten sowohl für Filter auf Basis von Zusatzstoffen zur Grundmasse, wie auch für Filter auf Basis von Keramikbeschichtung organischer Rohlinge.

529. Reduktionskerne in Keramikfiltern

Äußerlich sind die Reduktionskerne und innere Reduktionsbereiche an den Keramikfiltern nicht zu erkennen. Es zeigt sich hier ein zu geringer Filterdurchgang, welcher sich mit verschiedenen Möglichkeiten (z.B. Wassermengendurchgang u.a.), was meist mit einer (nicht immer) Verringerung der Porosität parallel verläuft.

Beim Aufschneiden oder Aufbrechen eines Filters lassen sich die kohlenstoffhaltigen Rückstände erkennen.

Hilfe:

1) *Zu dichter Ofenbesatz (lockerer einsetzen).*
2) *Zu tiefe Ofentemperatur (höher brennen und Pendelzeit)*
3) *Ofenatmosphäre muss mehr oxidierend eingestellt werden (für guten Abzug des Brennraumes sorgen).*
4) *Temperaturkurve mit einer zusätzlichen Pendelzeit im Entgasungbereich einstellen.*

530. Falsche Endmaße bei gebrannten Werkstücken

Es gibt, z.B. bei Nachbestellungen von gleichen Serientypen und vor allem bei Keramiken für technische Bereiche Werkstücke, die ein genaues Endmaß haben müssen, um z.B. in vorgefertigte Grundkonstruktionen eingebaut zu werden.

Hier gibt es bei der Herstellung oft Maßungenauigkeiten, wobei sowohl zu kleine als auch zu große Werkstücke aus dem Ofen kommen. Hierbei ist nicht nur die Temperaturhöhe des Brandes als Ursache anzusehen, sondern es können eine Vielzahl von Faktoren diesen Fehler ergeben. Hier spielt die Zusammensetzung der Arbeitsmasse, die Art und Massevorbehandlung bei der Formgebung und Brennablauf eine wichtige Rolle.(siehe hierzu auch Nr.216 und 351).

Hilfe:

1) *Versatz kontrollieren. Bei neuen Rohstofflieferungen die techn. Daten kontrollieren. Aufbereitete Arbeitsmasse muss immer gleiche Kornverteilung haben.*
2) *Den Anmachwassergehalt und vor allem die Feuchtigkeit der Arbeitsmasse vor der Formgebung kontrollieren und evtl. korrigieren. (z.B. zu viel Wasser ergibt zu kleine Endgrößen)*
3) *Bei Trockenpressverfahren von techn. Teilen mit vorgepressten Massegranulaten, auf die Korngröße (Volumen) und Füllungsgrad bei der Matrize achten.*
4) *Pressdruck und Presszeiten müssen immer gleich sein.*
5) *Brennprogramm, Atmosphären und Pendelzeiten müssen immer gleich sein.*
6) *Formen auf Verschleiß prüfen, im Bedarfsfall erneuern.*
7) *Bei Gießverfahren kann auch das Absetzverhalten während der Ansaugzeit (in Gipsform) Mitverursacher sein.*
8) *Eine Veränderung von Press-Additiven kann eine minimale Schwindungsdifferenz ergeben.*
9) *Bei plastischer Formgebung muss auf einwandfreie Entlüftung (Vakuum) geachtet werden.*

531. Durchgehende Risse bei Schleifscheiben (-Körpern)

Hier erscheinen unregelmäßige Risse, die durch den ganzen Körper hindurch gehen. Man kann feststellen, dass die Schleifkörner (in den Rissen) nicht gebrochen sind und die betroffenen Stellen bei geringer Erschütterung vom Schleifkörper abfallen oder dass die Scheibe ganz zerbricht.

Hilfe:

1) *Kontrollen der Homogenität der Pressmasse;*
2) *Vorsichtige Behandlung der Rohlinge;*
3) *Richtiges Stapeln der Rohlinge (ebene Aufsetzflächen);*
4) *Zu hohes Übereinanderstapeln vermeiden;*
5) *Erschütterungen beim Transport der Rohling vermeiden*

532. Farbflecken auf Schleifkörpern (- Scheiben)

Farbunterschiede kleiner Bezirke auf der Körperoberflächen zeigen an, dass die einzelnen farblichen Zonen unterschiedliche Wertigkeiten besitzen. Hier sind an der Oberfläche durch zu wenig oxidierende Atmosphäre die meist dunkleren Oberflächenbereiche entstanden.

Hilfe:

1) *Ofenatmosphäre oxidierender einstellen;*
2) *Lockeren Ofenbesatz beachten;*
3) *Nach Möglickeit nicht stapeln;*
4) *In den Ausbrennbereichen der organischen Anteile voll oxidierend und langsamer hochheizen;*
5) *Gasabzüge am Ofen offenhalten.*

533. Rissbildung bei Schmelzdekorbrand

Hierbei handelt es sich meist um Risse, die beim zu schnellen Abkühlen entstanden sind, wobei die Risse meist durch den ganzen Körper gehen.

Es können hier auch Risse nur im Dekor auftreten, was durch eine zu große AK-Differenz (zwischen Unterlage und Schmelzfarben) entsteht.

Wenn diese AK-Differenzen sehr hoch sind, so können ganze Schmelz-Dekorbereiche abplatzen.

Hilfe:

1) *Wesentlich langsamer abkühlen;*
2) *Ausdehnungswerte von Körper und Dekorschmelze anpassen;*
3) *Bei Dekorabplatzungen: dünnerer Schmelzfarbenauftrag.*

534. Bruch beim Abdrehen von Schleifscheiben

Nach dem Trocknen kommen die („grünen") Schleifkörper meist zum Brennen. Bei Abmessungen, die beim Pressen nicht realisierbar waren, wird oft als weiterer Bearbeitungsvorgang das „Vorabdrehen" dazwischengeschaltet. Hierbei erhalten die entsprechenden („grünen") Schleifscheiben eine mechanische Materialabtragung durch Abdrehen.

Hierbei kann es zu Bruch kommen, dies sind oft Teil-Ausplatzungen oder ganzes Zerbrechen der Schleifscheibe. Ähnliche Fehler gibt es auch beim "Nachabdrehen" von gebrannten Schleifscheiben.

Hilfe:

1) Intensivere Trocknung, um die Festigkeit zu erhöhen;
2) Bessere Homogenität der Pressmischung herstellen;
3) Erhöhen der Trockenfestigkeit (bei „Grünabdrehen") durch Erhöhen der Bindungsanteile;
4) Vorsichtigeres Abdrehen (keinen ruckartigen Abtrag zulassen);
5) Beim „Nachabdrehen" eine bessere Bindung erzeugen duch einen höheren Brand oder durch längere Endtemperatur-Pendelzeiten.

535. Auflösen von Farben und Konturen in Schmelzdekoren

Hier zeigt das aufgebrannte Dekor Farbauflösungen, keine scharfen Abgrenzungen, sondern ein Verwischen der Konturen.

Es kann vorkommen, dass nur bestimmte Farben verwischen und Auflösungserscheinungen zeigen, was besonders bei selbstgemischen Schmelzfarben vorkommt. Es liegen unterschiedliche Schmelzeigenschaften (Schmelzpunkt, –Intervall, -Oberflächenspannung, -AK) vor, die mitbeeinflussend sind.

Hilfe:

1) Niedrigere Brenntemperatur einstellen;
2) Endtemperaturpendelzeiten verkürzen;
3) Dünneren Dekorauftrag durchführen;
4) Anpassen der Schmelzeigenschaften.

536. Schichtbildung an Kunstharz-gebundenen Schleifkörpern

Hier zeigen die Schleifkörper (-Scheiben) unterschiedliche Härten und Schleifzeiten. Äußerlich sind diese schwer festzustellen, hierbei ist selten ein geringes Aufblähen der Oberflächen erkennbar. Im Innern der Körper zeigt sich ein Spalt (ähnlich wie Spaltrisse). Dieser spaltartige Hohlraum entsteht durch zu schnelle Erhitzung, d.h. die äußeren Zonen sind bereits so verdichtet (somit verformbar), während im Kern, die sich bei der Härtung bildenden Gase noch nicht entwichen sind und den Hohlraum bewirken.

Hilfe:

1) *Durch längeres Halten der Entgasungstemperatur (80-90 K);*
2) *Bindungsanteile vermindern;*
3) *Härtetemperatur verhindern;*
4) *Darauf achten, dass keinerlei Feuchtigkeit in Mischung oder Bindung vorhanden ist.*

537. Verziehen und Verbiegen bei Glasdekorbrand

Meist sind hiervon Trinkgläser (Wasser-, Saft- Wein- Biergläser, u.a.) betroffen. Hier zeigen sich nach dem Brand verschiedene Fehlererscheinungen wie Verziehen des Werkstücks aus Glas, Verziehen des oberen Glasrandes, wobei die Kreisförmigkeit verloren geht.

Bei Glaswerkstücken mit ungleichen Wandstärken ist die Gefahr des Verziehens besonders groß. Dies sind z.B. Weingläser, Weinkrüge, Wasserkrüge, Biergläser, u.a., wobei dickere Glas-Wandstärken durch Stiele, Boden, Henkel u.a. zu erwähnen sind. Hier ist besondere Vorsicht geboten.

Beim Verwenden von Glaswerkstücken verschiedener Herstell.-Firmen muss man damit rechnen, dass hierbei fast immer Unterschiede in den verschiedenen Glaszusammensetzungen vorliegen. Dies bedeutet andere Reaktionsabläufe auch beim Dekorbrand. Zu schnelles Hochheizen und Abkühlen kann bei unterschiedlichen Wandstärken zu Rissen führen.

Hilfe:

1) *Niedrigere Brenntemperatur einstellen;*
2) *Beim Tunnelofen schnelleren Durchlauf bewirken;*
3) *Gefäße mit stärkerem Boden beim Brand nicht voll aufsetzen;*
4) *Glasgefäße von einem Hersteller möglichst zusammensetzen;*
5) *Großwerkstücke sehr langsam hochheizen und besonders langsam abkühlen.*

538. Sprühkornfehler (Granulat zu klumpig, zu pulvrig)

Hier werden flüssige bis pastöse Keramikmassen über eine schnell rotierende Scheibe in einen Heißluftstrom eingegeben. So entstehen in Bruchteilen von Sekunden homogene Pulver bzw. Granulate.

Da für die einzelnen Weiterverarbeitungen verschiedene Sprühkorngranulate notwendig sind, werden von dem getrockneten Material verschiedene Zustände gefordert. So kann das Sprühkorn für Fliesenpressung noch zu nass sein oder schon zu pulvrig für die Plastifizierung.

Diese Fehlereigenschaften hängen von der Temperatur, dem Heißluftstrom und von der Geschwindigkeit der rotierenden Scheibe ab, vorausgesetzt dass Elektrolytverflüssiger und Zusammensetzung des eingegebenen Sprühschlickers stets gleichbleiben.

Hilfe:

1) Bei zu großem Granulat: Rotationsgewindigkeit erhöhen; evtl. Druckluft verändern;
2) Bei zu nassem Granulat: Temperatur von Heißluftstrom erhöhen;
3) Bei zu trocknem und kleinem Korn; Rotationsgeschwindigkeit vermindern und Heißluft gering vermindern.
4) Bei verklebendem Korn: Elektrolyt des Schlickers verändern.

539. Reißen und Bersten von Werkstücken im Dekorbrand

Hier zeigen die dekorierten Werkstücke nach dem Brand oft ein Reißen oder Zerfallen, so z.B. sehr oft bei Biergläsern, Wasser- und Saftgläser, hohen Glasvasen und anderen Großgläser.

Dies geschieht häufig bei Werkstücke mit großen Abmessungen und unterschiedlichen Wandstärken wie z.B. beim Weinglas (Stiel und Wand), Bierglas (Wand und Boden) und anderen Produkten.
Diese Zerstörungen haben ihre Ursachen in den unterschiedlichen Ausdehnungen in den verschiedenen Werkstückstellen (z.B. in dickem Boden und dünner Wand) bedingt durch Temperaturdifferenzen beim Hochheizen (und Abkühlen), wodurch Spannungen im Werkstück entstehen. Werden diese inneren Spannungen zu hoch (durch die jeweiligen Ausdehnungen), so reißen, bersten oder zerfallen die Werkstücke.

Hilfe:

1) Werkstücke mit dickem Boden nicht voll (sondern hohl) aufsetzen;
2) Sehr langsam Hochheizen;
3) Sehr langsam Abkühlen.

Hochheizrisse erkennt man an abgerundeten Bruchkanten, während Abkühlrisse sehr scharfe Bruchkanten zeigen. Hiernach kann man besonders Hilfe 1) oder 2) durchführen.

4) Werkstücke mit möglichst gleichen Wandstärken verwenden.
(beachte hierzu auch Fehler Nr. 537)

540. Nadelstiche bei vorgebrannten (geglühten) Werkstücken

Dieser Fehler tritt oft sporatisch auf, wobei Werkstücke teilweise Nadelstiche und kleine Bläschen zeigen, während anderere Teile eine einwandfreie Glasuroberfläche zeigen.

Hierbei zeigt die glasierte Werkstück-Unterseite eine einwandfreie, glatte Glasuroberfläche. Dies bedeutet, dass die Glasur einwandfrei ist und die Fehlerursache muss im Scherben liegen muss, von wo aus noch entstehende Gasblasen nach oben in die Glasur aufsteigen. Hierbei ist die Glasur oft schon in Schmelze, wodurch die Gasentweichung noch erschwert wird und Bläschen und Nadelstiche entstehen.

Hilfe:

1) Die Pendelzeit (bei Vorbrand-Endtemp.) verlängern;
2) Die Vorbrandtemperatur (Glühtemp.) erhöhen, diese sollte mind. 900°C betragen;
3) Den Ofenbesatz beim Vorbrand lockerer einsetzen.

541. Ankleben, Risse u. Abplatzer an Standflächen an Werkstück-Standflächen beim Trocknen

Hier reißen Teile der Standflächen (Fuß von Vase, Krug,Teller, Figur u.a.). Es können hier Teile abplatzen und es kommt vor, dass die trockenen Werkstücke fest an der Trocknungsunterlage festkleben.

Die Ursache liegt im Nicht-Absaugen des Trocknungsdampfes, der kondensiert und an der Abstellfläche die Masse stark erweicht. Der Scherben wird schließlich flüssig-weichplastisch und klebt fest auf der Trocknungsunterlage. In diesem festverbundenen Zustand erfolgt die weitere Trocknung, so dass die trockenen Werkstücke an der Trocknungsunterlage festkleben. Beim Abnehmen der Werkstücke von der Trockungsunterlage haften diese oft so fest, dass hierbei einzelne Stücke aus der Standfläche ausbrechen oder gar ganz zerbrechen.

Es dürfen also keinesfalls Trocknungsunterlagen verwendet werden, die eine dichte, glatte Oberfläche besitzen.

Hilfe:

Nur Trocknungsunterlagen verwenden, die saugende Eigenschaften besitzen.
So eignen sich am besten:

- *Poröse Keramikplatten (auch poröse–geschrühte Fliesen oder Platten .*
- *Hartschaumstoff–Unterlagen .*
- *Stark genoppte, nichtrostende Metall-Unterlagen (z.B. Aluminum, Edelstahl).*
- *Eng-gelochte nichtrostende Metallunterlagen (Siebbleche u.ä.).*
- *Poröse Keramikplatten, bezw. Werkstück mit voll ebener poröser Oberfläche.*

Aushilfsweise kann man bei größeren Werkstücken Schamotte-Flachstäbe unterlegen (ähnlich wie Dreikantleisten –ohne Spitze-) oder flache Bruchstücke.

Gipsplatten-Unterlagen möglichst vermeiden, da hier immer Gefahr besteht, dass Sulfate (aus Gips) während der Trockenreaktionen in den Werkstückkörper eindiffundieren. Im späteren Brand ergeben sich (vor allem bei roten Massen) weiße Ausscheidungen und bei Glasuren verschiedenste Glasurfehler.

542. Unrunde Öffnungen

Bei keramischen runden Werkstücken mit kreisrunden Öffnungen (Tassen, Schüsseln, Becher, Töpfe etc.) zeigen sich nach dem Trocknen verzogene, unrunde Öffnungen.

Werden diese Gefäße mit unrunden Öffnungen weiter in die Produktion gegeben, so entstehen oft unbrauchbare Werkstücke, die oft ihren Zweck nicht erfüllen. So passt zum Beispiel oft kein Deckel mehr auf Dosen, Krüge, Töpfe, und sonstige Behältnisse, was dann zu Schwierigkeiten führen kann.

Entstehen beim Trocknen solche unrunden Öffnungen, kann es verschiedene Ursachen geben:

1. Stark einseitiges Trocknen (zu wenig Umluft im Trockenraum).
2. Formgebungsspannungen im Werkstück, wobei plastisch verformte Artikel mehr Scherbenspannungen haben.
3. Ungleiche Wandstärken des Werkstückes.

Hilfe:

a. *Bestes Gegenmittel (ohne weitere Änderung im Produktionsablauf) ist der Einsatz von Bomsen.*
b. *Lockeres Einsetzen (hilft selten).*
c. *Intensivere Luftumwälzung im Trockner*
d. *Abmagern der Masse (falls möglich).*

Bomsen
Bomsen sind gedrehte, gepresste oder gegossene und gebrannte Hilfsmittel, die helfen, das Verziehen beim Trocknen zu vermeiden. Die Zusammensetzung der Bomsen kann aber auch aus anderem Material bestehen, z.B. verschiedene Kunststoffarten (z.B. Hartschaum)

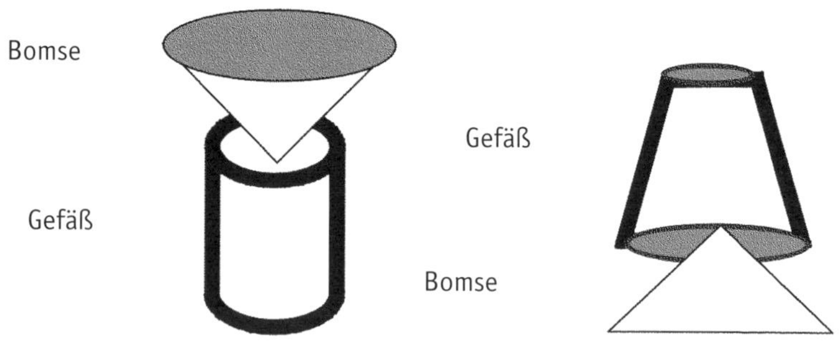

Die Bomsen sollen ein geringes Gewicht und keine rauhe Oberfläche haben.
Man kann die kegelförmigen Bomsen von oben in die Öffnung setzen oder aber umgekehrt (z.B. bei dickwandigen, runden Erzeugnissen) als Unterlage verwenden.

In der Feinkeramik wird die Bomse meist oben eingesetzt.
Eine andere Maßnahme gegen unrunde Ränder kann man meist erreichen, indem man den Rand bördelt, was aber optisch nicht für jedes Werkstück Vorteile bringt.

543. Rissbildung, Aufplatzen, Abfallen an Garnierstellen

Die Fehler sind: Rissbildung, Abplatzer an den Garnierstellen oder Abfallen von Teilen (z.B. Henkel vom Gefäße, Teile von Figur u.a.) vom Werkstück.

Beim Garnieren werden manuell oder maschinell geformte Einzelteile in feuchtem Zustand zusammengefügt. Hierbei handelt es sich um ein Ansetzen von Henkeln, Schnaupen, Ausgüsse an Gefäße oder um ein Angarnieren von Rohren zu Abzweigern. Auch Einzelteile von Figuren und Isolatoren werden zusammengefügt. Beim Garnieren wird am Werkstück und an dem anzugarnierenden Teil an den Berührungsflächen die Außenhaut aufgeraut und etwas angefeuchtet. Ein Garnierschlicker (Werkstückmasse wird mit Wasser zu einem zähflüssigen Garnierschlicker gemischt) wird auf beide Raustellen dünn aufgetragen und beide Teile fest aneinander gepresst. Anschließend wird die Garnierstelle verputzt.

Am fertig garnierten Werkstück dürfen Ansatzstellen nicht zu sehen sein.

Fehlerursachen:

1. Unterschiedliche Schwindung der Einzelteile.
2. Zu schwaches und ungleichmäßiges Andrücken.
3. Schlechtes Benetzen vor dem Angarnieren.
4. Zu wenig Aufrauen der Ansatzfächen.
5. Keine parallele Berührungsfläche beider Garnierteile.
6. Zu schnelle Trocknung kann zu zeitlich differenten Schwindungen in Werkstück führen, was ein Verziehen und unrunde Öffnungen ergibt.

Hilfe:

1. *Gleicher Feuchtigkeitszustand beider Garnierstellen.*
2. *Besseres Aufrauen beider Garnierstellen (z.B. Drahtbürste, Gabel u.a.).*
3. *Gutes und festes Andrücken der Teile.*
4. *Parallele zwischen Werkstück und Garnierteil, damit keine unterschiedlichen Dicken (Stärken) in der Schlickerzone entstehen (= Rissbildung).*
   Bei maschinellem Ansetzen sind die passgenauen Anschnitte der Berührungsflächen äußerst wichtig.
5. *Ansatzrand gut verputzen, es darf kein Spalt übrigbleiben, sonst gibt es hier später Glasurfehler (meist Risse). Es können sich hier Lufteinschlüsse bilden, die, vor allem in dichtbrennenden Artikeln (z.B. Steinzeug und Weichporzellane), beim Glattbrand Abplatzer ergeben können.*

544. Dunkle Kerne und Hohlräume in Porenkeramik

Diese Fehler können in porösen Werkstücken wie Isoliersteinen, Saugkeramik, Filterkeramik u.a. auftreten.

Falls die Poren in den entsprechenden Werkstücken durch ausbrennbare Masseanteile wie bei Schaumkeramik (siehe: Filtermasse*) von Kunststoffschwamm oder organischen Anteilen (siehe : z:B: Sägemehl) erzeugt werden, können diese Fehler entstehen.

HOHLRÄUME:

Bei hochporöser Schaumkeramik (auf Ausbrennbasis; siehe: Hochporöse Filtermasse*) wird die entsprechende Schlickermasse manuell oder maschinell eingesaugt.

Wird hierbei der poröse und saugende Kunststoff (oder Naturstoff) im Innern nicht voll gefüllt, so bleiben diese verbleibenden Hohlräume bis nach dem Brand bestehen.

Die Ursache kann sein :

1. Es wurde zu wenig Schlicker eingesaugt.
2. Zu hohe Viskosität des Schlickers.
3. Zu niedere Visksoität des Schlickers, so dass der Schlicker nach dem Füllvorgang zum Teil wieder ausläuft, was vom zu schnellem Erwärmen noch gefördert wird.

Beim Einbau von Feststoffen (z.B. Sägemehl, Korn aus Naturkernen, bzw. Gries), ist keine vollkommen homogene Mischung entstanden, so dass sich noch "Nester" Ausbrennstoff bilden können, die nach dem Brennen die Hohlräume bilden.

Hilfe:

1. *Schlicker intensiver (länger) einsaugen.*
2. *Schlickerviskosität erniedrigen.*
3. *Schlicker gering höhere Viskosität geben.*
   Oft hilft auch ein minimaler Zusatz von Klebemitten (z.B. CMC).

DUNKLE KERNE:

Beim Brennen von Werkstücken, nach obiger Art hergestellt, kommt es zeitweise im Inneren des Scherbens zur Bildung von dunkelgrauen bis schwarzen Kernen.

Hierdurch gehen verschiedene Eigenschaften des Werkstückes verloren. So geht z.B. die Porosität zurück und die Festigkeit wird stark vermindert.

Die Kerne sind Kohlenstoff-Anteile, die sich beim Verbrennen von organischen Teilen bei nicht vollkommener vollkommender Oxidation bilden.

Hilfe:

1. *Ofen auf höhere Oxidation (mehr Verbrennungsluft) einstellen,*
2. *Langsamer Hochheizen, vor allem in den Verbrennungsbereichen der Zusatzstoffe.*
3. *Ofenbesatz viel lockerer gestalten.*
4. *Den Anteil der Zusatzstoffe verringern.*

Ein Erkennen von inneren dunklen Kernen und auch von Hohlräumen ist, ohne das Werkstück aufzubrechen (bzw. Aufschneiden), kaum möglich.
Genaue Gewichtserfassung (nur bei besonderen Artikeln) läßt eine Aussage zu.

545. Hautbildung auf Gießmasseoberfläche

Hierbei zeigt sich eine Hautbildung auf der Schlickeroberfläche, wenn diese eine gewisse Zeit nicht bewegt wird. Es kann sich auch schon in der gefüllten Gipsform an der Oberfläche eine Haut bilden. Bei Durchfahren der Schlickeroberfläche (mit Finger oder Stab) zeigt eine Faltenbildung die Haut sehr deutlich.

Eine Kontrolle am Gießmassen-Vorratsbehälter zeigt ebenfalls die Hautbildung.

Beim Ausgießen der Gießform (nach Scherbenentstehung) werden diese Hautteile automatisch mit in die Rücklaufmasse gegossen, um schließlich im Vorratsbehälter die Homogenität zu verschlechtern. Mit dieser fehlerhaften Mischung kommt der Schlicker zum nächsten Guss in die Gießform, wo es beim Ansaugen in der Gipsform zu erheblichen Fehlern bei der Scherbenbildung kommen kann.

Die Ursachen der Hautbildung können sein :

1. Unsaubere Rohstoffe, unsaubere Lagerung, Kontakt mit Verunreinigungen.
2. Gelöste (oder lösbare) Schwefelsalze in Masse, wobei minimale Anteile reichen.
3. Anmachwasser ist oft die Ursache; möglichst nur sauberes (SO_2-freies) zur Schlickeraufbereitung verwenden.
4. Zu warme Umgebung kann zur Verdampfung von Wasseranteilen führen, vorbeugend sollte der Vorratsbehälter gut abgedeckt werden.
5. Schlickermasse ist zu lange ohne Bewegung, so dass ein Absinken gewisser Tonteilchen und Entflockung erfolgen kann.
6. Elektrolytanteile sind zu hoch.

Hilfe:

1. *Untersuchung auf S-Verbindungen der einzelnen Rohstoffe.*
2. *Viskosität prüfen, evtl. nachstellen.*
3. *Zu viel Verflüssigungsmittel (Elektrolyte), dementsprechend vermindern.*
4. *Einführen (bzw. Zugabe) von 0,1-0,3 % $BaCO_3$ in den Grundversatz, um die Wirkung von S-Salzen ausschaltet.*

5. *Nach einer längeren Standzeit (z,B, Wochenende, Feiertag, Urlaub, etc.) im Vorratsbecken die Viskosität überprüfung. Es kann eine Wasserverdunstung stattgefunden haben, die zur Erhöhung der Viskosität führt. Hier macht man die Litergewichtsprobe.*
Falls das Litergewicht erhöht wurde, muss so viel Wasser zugequirlt werden, bis der alte Viskositätzustand wieder erreicht ist.
Erst jetzt sollte man mit dem Gießen beginnen.
6. *Massebehälter immer gut abdecken (wegen Verdunstung und Schmutz).*
7. *Im Vorratsbehälter muss die Gießmasse ununterbrochen mit einem langsamlaufenden Rührwerk bewegt werden.*
8. *Rücklaufmasse stets über ein Sieb geben, um Verunreinigungen, verfestigte Masseteile und evtl. Anteile an Hautmasse zurückgehalten werden. Erst hiernach darf die Rücklaufmasse in den Massevorratsbehälter gefördert werden.*

546. Gipsformenrisse

Hier zeigen sich in der unteren Zone von Gipsformen deutliche Rissbildungen. Diese Risse sind an der Standfläche der Form am stärksten, wobei die Risse so stark sind, dass hier die Kapillarwirkung des Gipses verloren geht.

Dies geschieht vor allem an Gießformen, die beim Gießablauf und während der Ansaugzeit direkt auf einer warmen Unterlage aufstehen. Stehen die mit Schlicker gefüllten Formen direkt auf der Heizquelle (z.B. auf Gießtischen aus Warmwasser-Rohren,u.ä.), werden die Formenböden viel wärmer und diffundieren von hier auch mehr alkalihaltige Schlickerwasser zur Aussenwand.

Die gelösten Alkalien haben auf den Gips leicht zerstörende Wirkung, die sich durch Wärme bei steigendem Ablauf summiert und zu Rissen und leichten Beschädigungen führt.

Hilfe:

1. *Gießformen nicht direkt auf eine Wärmequelle aufstellen.*
2. *Auf Heizquelle (z.B. Rohre) erst eine Abstandzone errichten z.B. mit ein Holzlatten-Gitter (15-25 cm) über der Heizquelle.*
3. *Unter den Freiraum des Gießtisches eine Luftumwälzung anbringen, (z.B. langsam laufender Ventilator, o.Ä.).*

547. Abnutzung von Relief–Gipsformen

Diese Gipsformen haben an der Innenseite (Innenwand) Reliefmodellierungen verschiedener Art eingearbeitet. Somit entstehen am Formling reliefartige Ansichten, so z.B. positive oder negative (hervortretend-erhabene oder vertiefte) Oberfächen.

So entstehen verschiedene Scherbenreliefdekore, zum Beispiel Figuren, Schriften, Wappen und Logos, in den Gipsformen, die nach einer gewissen Produktionszeit unscharf werden oder gar nur als Spuren übrigbleiben.

Die Ursachen liegen hier in der langsamen Zerstörung durch lösliche Salze in der Gießmasse und in der Abreibung durch einen zu groben Schlicker beim Ein- und Ausgießen der Form.

Hilfe:

1. *Gipsformen mit größerer Gipshärte verwenden [Gipsmischung:Wasser:Gips] und herstellen. Härtere Gipsformen benötigen aber eine etwas längere Ansaugzeit.*
2. *Ein- und Ausgießen des Schlickers langsamer durchführen.*
3. *Schlickermasse feiner absieben.*
4. *Bei Pressen von reliefierten Artikeln etwas weniger steife (weniger Plastizität) Pressmasse bei geringerem Pressdruck anwenden.*

548. Ausblühung an Gipsformen

Diese Ausblühungen erscheinen auf der Gipsoberfläche als weiße Ausblühungen, die nach sehr langen Einsatzzeiten bis zu einige Millimeter dick werden können.

Die Ursachen sind ausdiffundierte verunreinigte Lösungen, die aus dem Innern der Gipsform an deren Außenfläche kristallisiert sind. Durch eine lange Produktionszeit vermehren sich diese Kristalle und erscheinen als Ausblühungen. Außer der längeren Einsatzzeit können als Ursache zu hohe Elektrolytgehalte und falsche Elektrolytanteile, sowie verunreingte Anmachwasser auftreten.

Hilfe:

1. *Die nach dem Gießen erneut getrockneten Formen sollen, vor dem nächsten Einsatz, immer wieder im Innern mit einem angefeuchteten Schwamm (besser Schwammtuch) abgeputzt werden.*
2. *Andere Elektrolyte einsetzen.*
3. *Formen möglichst nur in gut trockenem Zustand einsetzen.*
4. *Keine zu lange (zahlreiche) Einsatzperioden.*

Wissenswertes : Gips-Wasser-Mischungen für verschiedene Gipsformarten !

Bereich 1 für Modellieren *100 Gew.Teile Wasser + 76-70 Gew. Teile Gips*
Bereich 2 für Pressen *100 Gew.Teile Wasser + 78 Gew. Teile Gips*
Bereich 3 für Gießen *100 Gew.Teile Wasser + 90 Gew. Teile Gips*

549. Abgasrohr-Verengung beim Schmelzbrand

Beim Aufbrennen von Schmelzdekoren (Farben, Abziehbilder, Lüster, Gold u.ä.) auf Glasur, Glas, Email u.a., "sublimieren" die organischen Anteile vom festen in den gasförmigen Zustand. Diesen unmittelbaren Übergang vom festen in den Gaszustand und umgekehrt bezeichnet man als Sublimation.

Diese heißen Gase strömen in Abgasrohre oder Kamine, wo sie bei Temperaturerniedrigung sublimieren, sofort wieder in den festen Zustand übergehen und an dabei den Wänden festkleben und erstarren. Beim nächsten Brand geschieht dasselbe, so dass diese Belagschicht immer dicker wird und nach langer Zeit sind die Abzüge schließlich verstopft.

Hilfe:

1. *Die Abzugsrohre müssen auseinander gezogen werden, dann die einzelnen Rohstücke senkrecht aufstellen und seitlich die Rohrwand so stark beklopfen, bis die starre, teerartige Schicht abfällt und nach unten herausfällt.*
   Die sauberen Rohre kann man wieder zusammenstecken. Die Rohrleitung ist dann wieder für eine längere Zeit (meist 6-10 Monate) wieder einsetzbar.
2. *Da diese "Sublimatgase" leicht brennbar sind, ist das Verbrennen dieser Gase die sauberste Lösung. Hier muss eine Gasverbrennung stattfinden, ehe die heißen, noch brennbaren Gase in die Abzüge gelangen.*
   D.h.: Die Verbrennung muss zwischen Ofenausgang und Abzugskanal stattfinden. Es gibt Einbaufilter, wobei in den Keramikfilter Elektroglüher eingebaut sind. Diese sind bis heute nur für kleine Öfen (max. 0,5 m^3) lieferbar.

Die Möglichkeit die Sublimatgase an der ensprechenden Stelle mit offener Flamme zu verbrennen sind sehr verschieden und oft auch aufwendig zu bauen.

550. Ofenabgase beim E-Ofenbrand
(in Keramikbetrieben, Laboratorien und Schul-Werkräumen)

Ofenabgase in Arbeitsräumen führen fast immer zu gesundheitlichen Schäden. Langzeitliche Einatmung der Abgase kann schließlich zur Berufsunfähigkeit führen. So prüfen Berufsgenossenschaft und Gewerbe-Aufsichtsämter diesen Bereich (oft nicht sichtbarer Bereich) in gewissen Zeitabständen sehr genau.

Beim Brennen von keramischen Werkstücken entstehen im Brennraum des Ofens neue Gasvolumen, die von Abspaltungen gasbildender Stoffe aus dem Brenngut gebildet werden. Mit steigender Temperatur werden die Volumen dieser Abgase im Ofen immer größer, so dass sie durch eine Abgasöffnung (im oberen Brennraum) entweichen können. Die Abgase müssen durch Anschluss an einen Kamin, bezw. Abgasrohr (> 2m über Dachfirst) abgeleitet werden.

(Z.K. Bei Geruchsbelästigung durch Schmelzdekorbrand von glasiertem Steingut, Steinzeug, Porzellan,Glas, u.ä. fordert die Gewerbeaufsicht 3 m über Dachfirst—siehe Inhalt)

Im Brennraum muss eine direkte Frischluftzufuhr gegeben sein (Fenster, Türen). Sind Brennöfen direkt im Werkraum (auch Schule) aufgestellt, so dürfen diese nicht an Tagen des Werkunterrichtes, oder nur bei Nacht gebrannt werden.

Problemlose Abgase (nicht direkt giftige) entstehen bei Porzellan, Schamottewaren, Schleifmitteln, und sonstigen Hartstoffkeramiken, sowie bei weißbrennenden Feinkeramiken, die mit neutralen Silikatverbindungen hergestellt sind. Hierzu gehören hauptsächlich: Kaoline, weiße Tone, Feldspat, Pegmatit, Siliziumkarbid, Korund, Fritten, Sintermehle, Wollastonit, Kreide, Dolomit, Nepheline, u.ä., einzeln oder als Gemische.

Bei sonstigen rotbrennenden Massen sind oft kleine Verunreinigungen der eisenhaltigen Tone (meist S- und F-Verbindungen) enthalten, die beim Brand schädlichen Ofenabgasen ergeben können. Hier muss die Tonanalyse (oder Masseanalyse) zeigen, ob giftige Abgase entstehen können und entsprechende Maßnahmen getroffen werden müssen. In größeren Betrieben wird eine Abgasanalyse durchgeführt, die dann zeigten soll, ob ein Abgasfilter oder eine höhere Firsthöhe des Abgaskanals ausreichend ist, was meist der Fall ist. Bei schlechten Analysenwerten kann eine neue Massemischung erforderlich sein. Diese kann durch entsprechende Zusätze (Bei S hilft $BaCO_3$) oder durch eine neue Massemischung mit anderen Tonen hergestellt werden.

Alle Bindungen, welche Kunstharze und andere organische Bindemittei enthalten, dürfen mit den Abgasen des Brennofens erst gefiltert ins Freie befördert werden. Hierbei gibt es auch die Möglichkeit des Abfackelns, wozu ein erhöhter Aufwand durch eine Ofenfirma erforderlich ist.

551. Ankleben und Anstoßen an Einsetzplatten-Unterseite im Brand

Keramische Massen mit deutlichen Anteilen an den Mineralen Quarz, Glimmer, Illite, sowie kalkhaltigen Rohstoffen besitzen eine relativ hohe Wärmedehnung (in einer Dilatometerkurve, vom rohen Werkstück, genau erkennbar), welche bei ca. 900°C bis zu 1,5% betragen kann. Für die Gesamthöhendehnung des Ofeneinsatzes, kommt noch die Wärmedehnung vom gesamten Brennhilfsmittel-Aufbau hinzu.

In diesem Temperaturbereich sind die meisten feinkeramischen Glasuren schon in Schmelzreaktion, wobei in der glasierten Oberfläche noch zusätzliche Höhendehnungen von zeitlich auftretenden Schmelzblasen entstehen können.

Bei ungnügendem Abstand zur nächsten Einsetzplatte, können diese anstoßen und hiermit reagieren, so dass meist Anklebungen oder Beschädigungen am oberen Werkstückrand entstehen.

Hilfe:

Beim Ofen-Einsetzen darf der obere Werkstückrand nicht zu nahe an der überdeckenden Einsatzplatte sein.
So soll der Abstand für größere (höhere) Werkstücke eingehalten werden.
Als Sicherheitsfaktor gelten 10% der roh glasierten Werkstückhöhe, während bei glasierten vorgeglühten Werkstücken der Abstand etwas geringer sein darf.

552. Zu hohe Bleilässigkeit bei glasierten Werkstücken

Oft ist die Bleilässigkeit bei glasierten Werkstücken zu hoch, so dass diese (aus gesundheitlichen Gründen) für Lebensmittel-Behältnisse (z.B. Vorratsbehälter, Geschirre, Obst- und Gebäckschalen, etc.) nicht einsetzbar sind.

Da aber oft die allgemeine Betriebsglasur, alleine aus diesen Gründen, nicht vernichtet werden soll (oder kann), sucht man nach verbessernden Abhilfen, wobei meist nur ein Zusatz zur Betriebsglasur Hilfe bringen soll.

Hilfe:

1) *Geringer Zusatz (ab 5%) von Al_2O_3-reichen Rohstoffen (z.B. sauberen Kaolin)*
2) *Geringe Erhöhung von CaO-haltigen Rohstoffen (z.B. Kreide ,ab 5%, oder Wollastonit, ab 3%).*
3) *Geringer Zusatz von Quarz (max. 5-8%).*

Die Zusatzmengen sind abhängig von dem Schmelzverhalten der Glasur.

Hinweis:

Der im vorliegenden Text häufig erwähnte Rohstoff „**synth. Nephelin**" mit der Formel $Na_2O*Al_2O_3*2\ SiO_2$ ist im Handel unter dem Namen „**Nalsit**" (Na-Al-Silikat) erhältlich.

KERAMIKBEDARF
Ing. Skokan GmbH

Rauchgasse 33
A-1120 Wien
Fon: 0043 - 1 - 817 56 56
Fax: 0043 - 1 - 817 56 57
keramikbedarf@skokan.at
www.skokan.at

TONE · GLASUREN · ROHSTOFFE
WERKZEUGE · GIESSFORMEN
TÖPFERSCHEIBEN · BRENNÖFEN
SPRITZKABINEN · MASCHINEN
BRENNSERVICE · TÖPFERKURSE
ALLES FÜR RAKU + EMAIL

Fordern Sie unseren Katalog an

Keramik-Brennöfen

Michael Uciechowski
Fleetrade 14a
D-28207 Bremen
Tel. +49 (0) 4 21-49 21 11
Fax: +49 (0) 4 21-4 99 21 04
info@uciechowski.de
www.uciechowski.de
Sonderanfertigungen
Raku-Öfen / Form nach Ihren Wünschen / Unkonventionelle Lösungen / Montageservice

online-shop

**www.
keramik-design
-bs.de
+
05306 - 932288
Im Moorbusche 10
38162 Cremlingen**

Keramik-Design

- Ton - Glasuren
- Töpferscheiben
- Brennöfen - Speckstein
- Maskenbau - Formenbau
- Glasfusing - Art Clay silver

Fachberatung & Ofenreparaturen

Töpfereibedarf & Werkstatteinrichtung

Marienfeld GmbH

Keramikbedarf-Brennöfen

KERAMIKBEDARF MARIENFELD

Metzer Str. 61
D-44137 Dortmund
Tel. +49 (0) 2 31-13 66 16
Fax: +49 (0) 2 31-13 66 17
marienfeldgmbh@ish.de
www.marienfeld-dortmund.com

WILKE KERAMIK

St.Leonhard Wilke
Pestalozzistraße 19
D-93173
Wenzenbach bei Regensburg

Tel. +49 (0) 94 07-97 89 67
Mobil: +49 (0) 1 72-8 92 46 59
info@wilke-keramik.de
www.wilke-keramik.de

Lehnhäuser / Lehnhäuser

Produktions- und Oberflächenfehler in keramischen Bereichen
(Ursachen und Beseitigung)

Steinreuschweg 2, D-56203 Höhr-Grenzhausen
Tel. +49 (0) 2624-948068
Fax: +49 (0) 2624-948071
info@neue-keramik.de
www.neue-keramik.de

ISBN 978-3-932673-14-6